입지론

공간구조와 시설 입지

김홍배 저

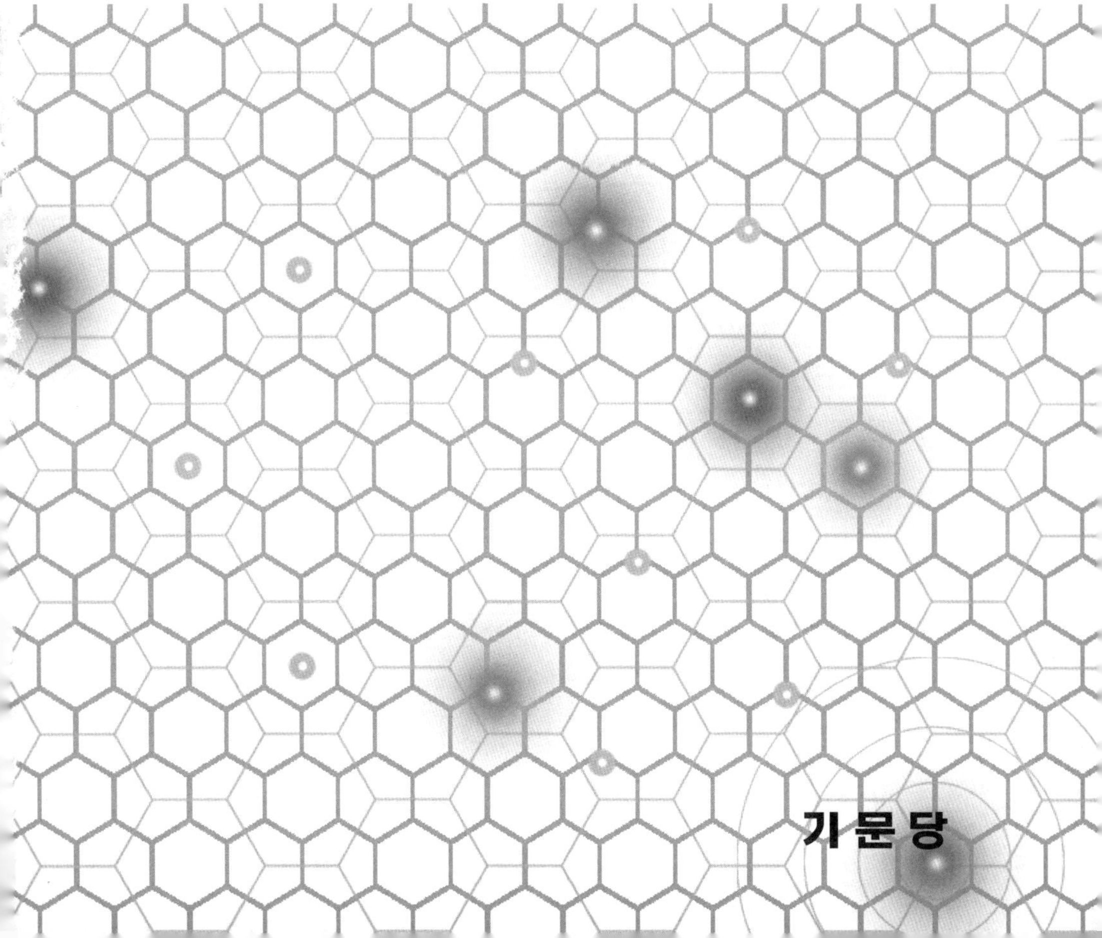

기문당

| 머리말 |

본서는 도시나 지역의 공간구조 형성의 메커니즘과 시설의 최적입지에 관한 이론을 설명한 책이다. 우리는 3차원의 세계(시간을 생각하지 않는다면), 즉 공간의 세계에 살고 있지만 우리가 살고 있는 공간이 무엇인가를 모두가 공감할 수 있도록 말하기는 어렵다. 왜냐하면 보는 관점에 따라 공간의 인식범위와 내용이 달라지기 때문이다. 예를 들어 건축가의 공간인식은 개별필지가 직면한 환경에 초점이 맞춰지는 반면 도시계획가나 도시설계가는 커뮤니티 차원의 환경에 초점이 맞춰진다. 또한 도시경제학자는 공간의 특성을 교통비와 연관시켜 나타내는 반면 지역경제학자는 제품 또는 생산기술의 특성으로 나타낸다. 이와 같이 공간을 다루는 학문분야에서도 공간은 서로 다르게 인식되고 있는 것이다.

본서에서 말하는 공간의 인식이란 바로 접근성을 기준으로 인간활동이 일어나는 공간과 공간 사이의 거리를 고려함을 의미한다. 그리고 이러한 공간인식은 구체적으로 경제주체인 소비자나 생산자의 이동거리와 교통요율에 따라 발생하는 교통비로 나타난다. 교통비를 생각한다면 이로부터 이어지는 질문은 바로 누가 교통비를 지불할 것인가 하는 것이다. 물론 현실에서는 경제주체들이 각자의 교통비를 지불하지만 입지이론 정립을 위해서는 소비자건 생산자건 한쪽에서 지불한다고 전제해야 한다. 그리고 지불주체를 누구로 할 것인가에 따라 접근하는 이론체계가 달라진다. 따라서 입지이론을 정립하는 데 있어 첫걸음은 바로 교통비의 지불주체를 정하는 것이라 할 수 있다.

교통비 지불주체에 대한 명확한 전제는 현실 이해와 이론 정립에 있어 탄탄한 밑그림을 제공한다. 이것은 매우 중요하다. 왜냐하면 그러한 밑그림은 정보통신기술이나 교통기술의 발전과 같은 환경변화가 공간구조나 시설입지에 미치는 영향을 보다 정확하게 예측할 수 있는 틀(framework)을 제공하기 때문이다. 문헌을 보면 입지이론을 설명한 많은 책들이 있지만 입지이론들을 교통비 지불주체에 의해 구분하여 설명한 책은 매우 드문 실정이다. 이것이 본서를 집필하게 된 직접적인 배경이 되었다. 이에 저자는 전통적인 입지이론에 초점을 맞추어 공간구조 형성과 시설입지의 근본원리에 대한 이해를 제공하려고 하였다.

본서는 교통비의 지불주체에 대한 기본 시나리오를 바탕으로 내용을 3편 8장으로 구성하였다. 각 편에서 다루어지는 중심내용만 간략하게 소개하면 다음과 같다. 제 I편은 소비자가 교통비를 지불하는 시나리오로 중심지 이론을 통해 도시나 지역 그리고 국토의 공간체계 형성에 대해 설명하였다. 또한 순위-규모법칙이나 성장거점이론도 맥락상 중심지 이론과 동일선상에 있는 이론임을 설명하였다. 제 II편은 생산자가 교통비를 지불하는 시나리오로 도시 내 토지이용과 시설의 최적입지에 대해 설명하였다. 마지막으로 제 III편은 교통비뿐만 아니라 생산자의 입지선택에 영향을 미치는 요소들을 종합적으로 고려하여 입지를 결정하는 방법과 시설의 건설이 지역과 전국에 미치는 파급효과를 고려하여 입지를 결정하는 방법에 대해 설명하였다.

본서는 저자가 입지론과 관련해 그동안 강의하고 연구해온 내용을 종합한 것이며, 도시나 지역의 공간문제를 다루는 학과의 대학생과 대학원생 그리고 계획 및 개발 분야에 종사하는 실무자들을 위한 책이라고 할 수 있다. 아무쪼록 공간구조와 시설입지에 관심이 있는 학생들과 실무자들에게 조금이라도 도움이 될 것을 기대한다. 본서를 저술함에 있어 자료정리에 도움을 한양대학교 도시공학과 내 지역개발연구실의 최준석 선생과 정일남 군 그리고 주진호 군을 비롯한 연구생들에게 감사의 뜻을 전한다. 그리고 부족한 책을 출판하게 해주신 기문당 강해작 사장님과 여러 담당자들께 깊은 감사를 드린다.

저자가 오늘에 있기까지 하염없는 사랑으로 보살펴 주신 부모님께 감사드리며, 본서가 출판되기까지 항상 곁에 있어 힘이 되어준 아내에게 감사를 전한다. 마지막으로 부족한 저자에게 늘 건강과 지혜 그리고 능력을 주시고 이 모든 것을 이루게 하신 하나님께 모든 영광을 돌린다.

2011년 8월

행당동에서 저자

| 차 례 |

제 III 편 시설관련 입지결정

제1장 공간의 인식과 입지분석의 기본 시나리오

본 장에서는 공간구조나 시설입지 등과 같이 공간과 관련된 입지문제를 접근성 측면에서 분석할 수 있는 틀(framework)이 3개의 기본 시나리오를 통해 제시된다. 제시되는 기본 시나리오는 공간을 바라보는 기본 관점을 제공하기 때문에 이에 대한 이해는 매우 중요하다. 그리고 본서에서 설명되는 입지이론들도 기본 시나리오를 바탕으로 한 것이다. 본 장은 3절로 구성되는데, 1절에서는 공간의 인식에 대해 그리고 2절에서는 교통비 지불주체를 중심으로 3가지의 시나리오가 설정된다. 그리고 3절에서는 본서의 구성에 대해 설명된다.

1.1 공간의 인식

최근 한 조사에 의하면 우리나라 만 6세 이상의 인구 중 인터넷 이용자는 2010년 현재 전체 인구의 78.3%에 해당하는 약 3,628만 명으로 나타났다(한국인터넷진흥원, 2010). 이처럼 높은 인터넷 이용 비율은 인터넷이 현대인의 삶의 일부가 되었음을 가리키는 것이라 할 수 있다. 인터넷을 비롯한 다양한 정보통신 네트워크는 국내외 개인들과 기업들 그리고 정부기관들을 하나로 연결시킨다. 그리고 그러한 네트워크를 통해 누구든지 언제 어디서나 국내외 정치, 경제, 환경, 기술 등 전 분야의 정보들을 손쉽게 얻는다. 이러한 환경을 생각해 보면 오늘날의 사회는 네트워크 사회라 할 수 있다. 네트워크에서 정보는 절대속도로 이동하기 때문에 정보를 주고받는 데 있어 거리와 위치는 문제가 되지 않는다. 이러한 특징 때문에 네트워크 사회는 거리와 시간이 사라진 사회로 묘사될 수도 있다.

네트워크는 사람들의 활동을 연결시키기 때문에 정보이동은 사람들의 물리적 통행을 대체한다. 이러한 대체관계를 생각한다면 네트워크 사회에서의 공간구조는 사람들의 물리적 통행을 바탕으로 수립된 전통적인 공간구조와는 다를 수밖에 없다고 생각할 수 있다. 이에 신기철(1998)은 네트워크 사회의 공간적 변화를 netropolis의 개념을 통해 제시하기도 하였다. 그는 실제의 물리적 공간은 다양한 네트워크로 대체되고, 결국은 네트워크의 결절점인 netropolis가 대도시(metropolis)의 기능을 대체할 수 있음을 제시하였다. 그러나 문헌을 살펴보면 정보통신기술의 발전이 공간구조나 자원배분에 미치는 효과는 분명하지 않은 실정이다(Graham, 1997; Saloman, 1996). 김홍배(2003)는 정보통신기술의 급격한 발달에도 불구하고 공간은 자원의 배분에 있어 주요한 역할을 지속적으로 담당하게 될 것임을 지적하였다. 근본적으로 말해, 인간의 발이 지상에서 해방되지 않는 한 공간이 인간의 활동에 미치는 영향은 사라지지 않을 것이다. 즉, 비록 네트워크 사회라 해도 공간구조의 급격한 변화는 없을 것이라 조심스럽게 전망할 수 있다.

무엇보다도 정보통신 기술의 발전과 같은 환경의 변화가 도시나 국토의 공간구조에 미치는 영향을 분석하기 위해서는 가장 먼저 전통적인 공간구조의 형성 메커니즘을 이해해야 하며, 공간을 구체적으로 인식해야 한다. 여기서 공간을 인식한다는 것은 공간의 특성이나 그 안에서 일어나는 활동의 특성을 바탕으로 공간 사이의 차이를 구분해야 됨을 의미한다. 예를 들어 기후나 지형 및 지질과 같은 자연환경의 차이, 사람들의 문화나 언어 및 선호도의 차이, 경제규모나 수준의 차이, 또는 생산자들의 생산기술의 차이 등 다양한 관점에서 공간은 구분될 수 있다. 강조하자면, 공간의 인식은 공간과 공간 사이의 차이를 인식하는 것이며, 공간 사이의 차이 인식은 구체적으로 공간사이의 거리(distance)를 인식할 때 가능하게 된다.

본서에서 거리를 인식한다는 것은 사람의 이동이 거리에 의해 제약되고, 자유롭지 못하게 됨을 인식하는 것이다. 이러한 인식하에서 이동(movement)이란 거리의 제약을 극복하는 것이며, 거리를 극복하는 과정에서 교통비가 발생하게 되는 것이다. 사람의 이동이 고려될 때 등장하는 개념이 바로 접근성(accessibility)이다. 일반적으로 접근성이란 출발지와 목적지 간의 통행의 용이성을 말한다. 모든 입지이론의 기초는 접근성에 바탕을 둔다고 할 수 있으며, 접근성에 의해 공간은 구분된다. 왜냐하면 출발지의 위치에 따라 목적지로 향한 접근성은 달라지기 때문이다. 그러나 김광식(1987)이 지적하였듯이 접근성의 개념은 적용 분야에 따라 다르며 측정방법도 다양하다. 이에 본서에서는 접근성을 통행과정에서 발생되는 교통비로 나타내기로 한다. 따라서 이동에 있어 교통비가 많이 발생하면 접근성은 양호하다고 할 수 없지만, 교통비가 적게 발생하면 접근성은 좋다고 말할 수 있는 것이다.

교통비는 도시나 지역의 공간구조와 토지이용, 그리고 시설의 최적입지 등의 문제를 푸는 열쇠라고 할 수 있다. 왜냐하면 사람들이 필요로 하는 것들을 모두 제공하는 공간은 없기 때문이다. 즉, 사람들은 자신들이 필요한 것을 얻기 위해 이동을 해야 하며 그러한 이동과정에서 교통비가 발생한다. 만일 교통비가 발생하지 않는다고 하면, 그것은 이동할 공간이 없다는 것을 의미하는 것이다. 이 경우 특정 시설이나 시장에 대한 접근성의 개념도 사라지고 공간 사이의 차이도 없게 된다. 결과적으로 교통비가 없다는 것은 도시나 지역의 공간구조가 형성되지도 않고, 체계적인 토지이용도 이루어지지 않게 됨을 가리키는 것이다. 이것이 경제학에서 말하는 완전경쟁시장의 조건인 완전이동(perfect mobility)이 의미하는 바이다. 완전이동 조건이 충족되는 경제는 공간이 없는 점경제(point economy)가 되므로 공간구조나 입지분석은 근본적으로 다룰 수 없게 된다.

입지이론에 대한 설명에 앞서 독자들이 이해해야 할 것이 있다. 그것은 바로 이론에 있어 가정의 중요성이다. 도시나 지역 그리고 더 나아가 국토의 공간구조를 이해하는 데 있어 어려움은 너무나도 많은 요인들이 포함되어 있다는 것이다. 그러므로 현실을 단순화 하는 것은 이론에 있어 피할 수 없는 것이다. 많은 학자들(Kaldor, 1975; Kim, 2000)이 지적하였듯이 이론에 있어 단순성과 일반성 사이에는 상반관계(trade-off relationship)가 존재한다. 다양한 요인들을 고려하여 이론의 구조가 충분히 복잡해질 때, 이론은 보다 일반적이 되지만, 이론의 해(solution)를 구하기는 그만큼 어려워진다. 해가 없다면 이론이라고 할 수 없기 때문에 이론구조의 복잡성에는 기본적으로 한계가 있게 된다. 복잡한 이론구조는 현실성을 높이는 동시에 해를 얻지 못할 가능성도 함께 높이는 것이다. 반대로 단순구조의 이론은 현실적인 면을 많이 반영하지 못해 일반성이 낮아지지만 해를 구하는 데는 용이하므로 이론으로서의 의미는 일단 갖게 된다.

이론에서 가정을 통한 현실의 단순화는 필수적인 것이다. 왜냐하면 단순화 없이는 이론의 해를 구하기가 근본적으로 어렵기 때문이다. 특히 현실의 단순화는 경제학 분야에서는 더욱 두드러지게 나타난다. 이러한 점 때문에 경제학은 가정의 학문으로 불리는 것이다.(이는 지역경제학이나 경제지리학에서도 마찬가지이다.) 가정의 학문으로 경제학을 설명하는 다음과 같은 예화가 있다. 중앙아메리카의 카브리해에서 태풍을 만나 배는 난파되고, 그로부터 유일하게 생존한 로빈슨 크루소가 외딴 무인도에 도착하였다. 굶주림 속에서 그가 발견한 것은 1개의 과일 통조림이었다. 통조림 따개가 없는 로빈슨 크루소는 어떻게 과일통조림을 먹을 것인가? 그가 통조림 뚜껑을 여는 방법은 그가 대학에서 전공한 분야에 따라 다르다고 한다. 먼저 로빈슨 크루소가 대학에서 화학을 전공하였다면 그는 불을 지피고 불 속에 통조림을 넣을 것이다. 왜냐하면 그는 불로 인해 팽창한 내부압력이 통조림을 터뜨릴 것이라 믿기 때문이다. 이것이 화학을 전공한 로빈슨 크루소가 통조림의 뚜껑을 여는 방법이다.

만일 로빈슨 크루소가 물리학을 전공하였다면 그는 통조림을 가지고 산으로 올라갈 것이다. 왜냐하면 산으로 올라갈수록 위치 에너지는 커지고 지상으로 떨어뜨렸을 때 통조림이 받을 충격량도 커질 것이기 때문이다. 그러면 로빈슨 크루소는 어디까지 올라갈 것인가? 그는 충격량이 통조림을 충분히 깨뜨릴 수 있을 높이까지 올라갈 것이다. 이것이 물리학을 전공한 로빈슨 크루소의 방법이다. 반면 로빈슨 크루소가 경제학을 전공하였다면 어떻게 할 것인가? 그는 먼저 이 섬 어딘가에 통조림 따개가 있다고 가정하고, 이 가정을 바탕으로 빠른 시간에 통조림 따개를 찾을 수 있는 최단의 경로(critical path)를 구하려고 할 것이다. 이것이 경제학을 전공한 로빈슨 크루소가 과일 통조림 뚜껑을 열기 위해 취하는 방법이다. 과연 경제학을 전공한 그가 과일 통조림을 먹을 수 있을 것인가에 대해서는 독자들의 상상에 맡기기로 한다. 이와 같이 경제학은 현실에 대한 가정으로 시작하여 해를 얻고, 그로부터 현실이해와 정책의 시사점들을 도출하는 학문이다. 그러면 입지이론에서 공간이동에 따라 발생하는 교통비와 교통비 지불주체에 대해서는 어떻게 가정되는지 살펴보자.

현실에서 나타나는 도시나 지역의 공간구조 그리고 도시 내 토지이용 등을 이해하기 위해서는, 언급하였듯이 공간의 인식, 즉 거리와 교통비를 구체적으로 고려해야 한다. 일단 공간이동 과정에서 발생하는 교통비를 인식한다면 다음으로 '누가 교통비를 지불할 것인가?' 하는 지불주체를 결정해야 한다. 이는 입지이론을 정립하는 데 있어 가장 기본적이면서 가장 중요한 것이다. 왜냐하면 교통비 지불주체를 누구로 할 것인가에 따라 접근방법과 이론구조가 달라지기 때문이다. 본서의 주된 목적은 바로 교통비의 지불주체에 따라 공간구조와 입지문제를 다룰 수 있는 틀(framework)을 제시하는 데 있다. 이러한 목적 아래 본서에서는 교통비를 누가 지불할 것인가와 그로부터 이루어지는 공간구조의 문제에 초점이 맞춰진다. 그러나 교통비의 지불대상, 즉 누구에게 교통비를 지불할 것인가에 대해서는 논외로 한다.

만일 교통비 지불대상인 교통서비스 부문을 고려한다면 이론구조는 복잡해지고, 그에 따라 이론의 해를 얻기가 그 만큼 어려워진다. 그리고 교통서비스 부문을 구체적인 경제주체로 고려한다면 그것은 본서의 수준을 훨씬 초과하는 내용이 된다.(엄밀히 말해 교통서비스 부문을 구체적으로 고려한 이론은 문헌에서도 매우 드문 실정이다.) 따라서 본서에서는 교통서비스 부문에 대해서는 고려하지 않기로 한다.

1.2 기본 시나리오의 설정

생산자와 소비자는 공간적으로 서로 떨어져 있기 때문에 각자가 교통비를 지불하는 것이 현실이다. 대부분의 경우 생산된 제품을 공장에서 시장으로 운반할 때는 생산자가 교통비를 지불하며, 시장에서 소비자가 제품을 구입한 다음부터 발생하는 교통비는 소비자가 지불한다. 그러나 입지이론에서 소비자와 생산자가 각각의 교통비를 지불한다고 가정하면, 그것은 이론의 해를 구하는 데 어려움을 준다. 왜냐하면 이러한 가정으로 인해 이론구조가 복잡해지기 때문이다. 앞서 언급하였듯이 '해가 없는 이론'은 이론이라고 할 수 없으므로 생산자와 소비자 모두가 그들의 교통비를 지불한다고 하면 그것은 이론 측면에서 볼 때 적절하다고 할 수는 없다. 따라서 이론에서는 생산자 또는 소비자 한쪽에서 교통비 전부를 부담한다고 가정해야 한다. 문제는 '누가 교통비를 지불할 것인가?' 하는 것이다. 이에 본서에서는 입지분석을 위한 기본 틀을 다음과 같이 크게 3가지의 기본 시나리오를 통해 제시하기로 한다.

- 시나리오 I: 소비자가 제품 운반 시 발생하는 교통비를 지불하는 경우
- 시나리오 II: 생산자가 제품 운반 시 발생하는 교통비를 지불하는 경우
- 시나리오 III: 생산자가 원료와 제품 운반 시 발생하는 교통비를 지불하는 경우

위의 기본 시나리오들은 공간과 관련된 입지문제를 접근하는 데 있어 기본 관점을 제공한다. 그리고 문헌에서 소개되는 입지관련 이론들도 기본 시나리오들에 의해 구분될 수 있다고 할 수 있다. 따라서 본 절에서 제시되는 기본 시나리오들을 이해하는 것은 중요하다. 각 시나리오들에 대한 구체적인 설명은 다음과 같다.

1.2.1 시나리오 I: 소비자가 제품 운반 시 발생하는 교통비를 지불하는 경우

소비자가 제품의 구입과정에서 발생하는 교통비를 지불한다고 가정하면, 이는 생산자가 공간이동을 하지 못함을 의미하는 것이다. 왜냐하면 교통비는 공간이동 과정에서만 발생하는 것이기 때문이다. 따라서 시나리오 I에서 소비자는 공간적으로 이동이 가능한 반면 생산자는 지리적으로 고정되어 있다고 가정한다. 이러한 가정과 함께 시나리오에서의 초점은 소비자의 선택, 즉 소비자는 어느 생산자의 제품을 구매할 것인가에 맞춰진다. 생산자들이 공급하는 제품이 동질적이라고 가정한다면, 소비자의 선택은 지불하는 교통비를 최소화하고 자신의 구매력을 극대화하려는 효용극대화 원리에 의해 이루어진다. 이러한 소비자들의 선택으로부터 도시나 지역 그리고 국토의 공간구조 형성으로 논의가 확장되는 것이다. 기본 시나리오 I은 세부적으로 다음과 같이 가장 단순상태에서 보다 현실적인 상태로 전개된다.

- 시나리오 I-1: 단일제품 - 단일생산자의 경우
- 시나리오 I-2: 단일제품 - 다수생산자의 경우
- 시나리오 I-3: 다수제품 - 다수생산자의 경우

단일제품에 단일생산자가 존재하는 시나리오 I-1은 현실에서 나타날 수 없는 가장 단순한 상태이나 이로부터 공간구조를 이해하는 데 필요한 기초개념, 예를 들면 생산자가 시장에 남아 있기 위해 필요한 제품의 수요량, 즉 최소수요량(threshold)과 생산자가 담당할 수 있는 시장의 공간적 범위인 도달거리(range) 등이 제시된다. 그리고 단일제품–단일생산자의 시나리오에 생산자들의 경쟁을 고려하게 되면 시나리오 I–2가 된다. 단일의 제품을 다수의 생산자가 공급할 때 자연히 생산자들 사이에 시장 확보를 위한 경쟁이 일어나게 되고, 그 결과 시장의 물리적 형태가 육각형(hexagon) 형태가 된다. 그리고 다수의 제품에 다수의 생산자가 존재하는 시나리오 I–3은 가장 현실적이라 할 수 있으며, 여기서의 핵심은 '어느 공간에서 어떤 제품이 공급되는가?' 하는 것이다. 시나리오 I–3으로부터 중심지체계의 형성 규칙과 이를 바탕으로 한 도시나 지역의 공간구조가 제시된다.

시나리오 I을 그림으로 표시하면 그림 1–1과 같다. 시나리오 I은 언급하였듯이 교통비를 지불하는 소비자의 효용극대화 원리에 의해 이루어지는 공간구조 형성에 초점이 맞추어진다. 이를 위해 시나리오 I에서는 선호도와 소득수준이 동일한 소비자들이 모든 공간에 균등하게 분포되어 있으며, 생산자가 생산하는 제품은 가격과 품질 측면에서 동일하다고 가정한다. 이러한 가정 하에서 소비자의 생산자 선택은 자연히 교통비에 의해 결정된다.

그림 1–1에서 보이는 바와 같이 a, b, c, d에 위치한 소비자는 교통비 최소화를 위해 가장 가까운 곳에 위치한 생산자를 선택하게 된다. 왜냐하면 교통비 최소화는 바로 소비자의 구매력 극대화를 의미하기 때문이다. 소비자의 선택으로부터 생산자가 담당하는 시장범위가 그림에서와 같이 구분된다.(그림에서 각 생산자가 담당하는 시장의 범위는 점선으로 표현되었다.) 이러한 소비자의 선택을 확장하면 중심지체계의 형성원리가 도출된다. 이것이 바로 크리스탈러(Christaller)와 로쉬(Lösch)가 주창한 중심지이론(central place theory)의 핵심이다. 중심지이론은 소비자가 교통비를 지불하고 생산자를 선택하는 시나리오를 바탕으로 하기 때문에 소비자 중심의 이론이라고 할 수 있다. 오늘날까지 공간구조이론 중 중심지이론만큼 공간구조를 분석하는 데 널리 적용되는 이론은 없다고 해도 과언이 아닐 것이다.

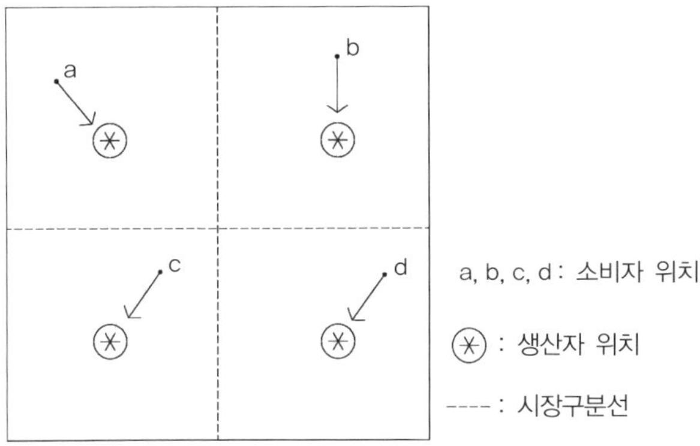

그림 1-1 소비자의 생산자 선택(시나리오 I의 경우)

중심지이론이 제시하는 공간구조는 도시나 지역에만 국한되지 않는다. 공간의 범위를 전국으로 확장한다면 중심지이론은 국토의 공간구조까지 설명할 수 있다. 또한 중심지들의 위계(hierarchy)로부터 도시들의 순위와 도시의 인구규모 사이의 관계도 도출되는데, 이러한 관계는 지프(Zipf)의 순위-규모법칙(rank-size rule)에서도 제시된다. 따라서 순위-규모법칙은 바로 시나리오 I에서 다루어질 수 있는 것이다. 그리고 중심지이론에 의한 공간체계를 바탕으로 거점개발정책(growth pole policy)과 같은 지역개발정책의 방향도 제시될 수 있다. 왜냐하면 거점개발정책의 대상이 되는 도시도 중심지이론에서 제시되는 공간체계에서 도출될 수 있기 때문이다. 이와 같이 시나리오 I은 도시 및 지역 그리고 국토의 공간구조뿐만 아니라 지역정책의 방향까지 제시할 수 있는 입지이론의 가장 기본적인 바탕이라고 할 수 있다.

1.2.2 시나리오 II: 생산자가 제품 운반 시 발생하는 교통비를 지불하는 경우

시나리오 II는 앞의 시나리오 I과는 반대로 생산자가 교통비를 지불하는 경우이다. 시나리오 II에서 생산자는 공간적으로 이동을 할 수 있으나 소비자는 지리적으로 움직일 수 없는, 즉 도시에 고정된 상태를 가정한다. 따라서 시나리오 II는 생산자 중심의 이론이라고 할 수 있다. 생산자가 교통비를 지불한다면 생산자의 위치에 따라 생산자의 수익은 달라진다. 다시 말해, 시장과 근접한 생산자는 멀리 떨어진 생산자에 비해 교통비를 덜 지불하게 되고, 그에 따라 생산자의 수익도 상대적으로 많아지게 된다. 따라서 생산자에겐 공간은 동일하지 않으며 시장과 떨어진 거리에 의해 공간은 구분되는 것이다.

그림 1-2는 시장과 생산자의 위치를 표시한 것이다. 그림에서와 같이 b에 위치한 생산자는 a에 위치한 생산자보다 시장에서 더 멀리 떨어져 있으므로 제품운반에 더 많은 교통비를 지불해야 한다. 물론 여기서도 필요한 가정은 동질의 제품, 동일한 생산기술과 생산비용, 동일한 제품가격, 그리고 동일한 토지 생산성이다. 이러한 가정 하에서 a에 위치한 생산자는 상대적으로 낮은 교통비를 지불하므로 제품 한 단위 판매로부터 얻는 수익이 b에 위치한 생산자보다 높게 된다. 그리고 b에 입지한 생산자는 동일한 이유로 c에 입지한 생산자보다 수익이 높게 된다. 생산자가 그의 총수입에서 생산비용과 제품 운반에 지불된 교통비를 제외한 순 수입, 즉 수익을 입지지대(location rent)라고 한다. 따라서 그림에서 입지지대는 동일한 제품을 생산한다면 a에서 가장 높고 c에서 가장 낮게 된다.

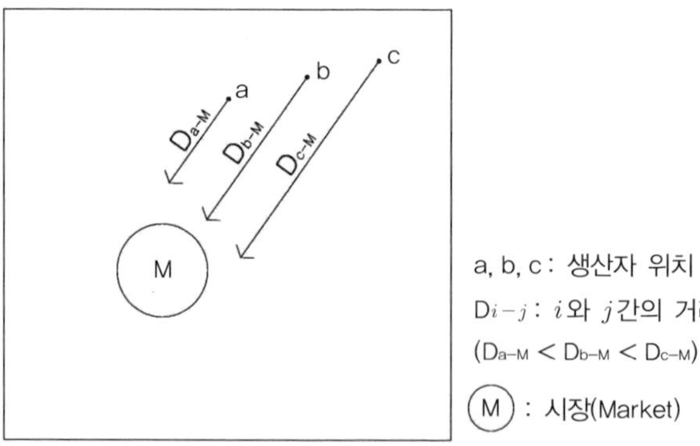

그림 1-2 생산자 위치에 따른 이동거리(시나리오 II의 경우)

시나리오 II는 시나리오 I의 경우와 같이 단순상태부터 보다 현실적인 상태로 전개되는 3가지 세부 시나리오로 구분된다. 각 세부 시나리오는 다음과 같다.

- 시나리오 II-1: 단일시장 - 단일제품의 경우
- 시나리오 II-2: 단일시장 - 다수제품의 경우
- 시나리오 II-3: 다수시장 - 다수제품의 경우

시나리오 II에서의 핵심은 교통비를 지불하는 생산자의 선택으로부터 도시의 공간구조를 도출하는 것이다. 세부적으로 시나리오 II-1은 가장 단순한 상태이지만 이론 전개에 필요한 기본 개념, 예를 들면 입지지대가 0이 되는 무지대 한계점(marginal point of zero location-rent)과 시장에서 무지대 한계점까지의 거리 등이 제시된다. 시나리오 II-2에서는 단일시장에 다수의 제품이 공급될 때의 생산자 선택으로부터 농작물 재배의 분포와 도시 내 토지이용이 도출된다. 그리고 시나리오 II-3에서는 다수의 시장에 다수의 제품이 공급될 때 지역 내 토지이용의 공간적 분포가 제시된다. 또한 세부 시나리오별로 생산자의 선택은 다르게 나타나는데, 예를 들어 시나리오 II-1에서 생산자의 선택은 위치에 따른 제품의 생산여부, 즉 제품을 생산할 것인지 아니면 생산을 포기할 것인지를 결정하는 것이다. 시나리오 II-2에서는 다양한 제품 중 생산자의 위치에 따라 어떤 제품을 생산할 것이며, 이를 위해 얼마만큼의 토지를 투입할 것인가를 결정하는 것이다. 그리고 시나리오 II-3에서 생산자의 선택은 어떤 제품을 생산하기 위해 얼마만큼의 토지를 투입하며, 그 제품을 어느 시장에 공급할 것인가 하는 것이다.

위와 같은 생산자의 선택이 바로 튀넨(Thünen)이 가지고 있었던 핵심질문이었다고 할 수 있다.(물론 튀넨은 입지지대를 통하여 농업토지이용을 설명하였지만, 본서에서는 좀 더 일반화하여 토지이용을 바탕으로 공간구조 이론으로 설명하기로 한다.) 생산자의 선택은 이윤 극대화 원리에 의해 이루어지며, 기본적으로 주어진 위치에서 가장 높은 입지지대를 제공하는 제품을 선택하여 생산하게 된다. 그리고 그러한 선택의 결과는 토지이용으로 나타나게 된다. 현실에서 공간의 입지지대는 교통비뿐만 아니라 제품가격, 생산비용, 그리고 생산자의 생산성 수준 등 생산자가 직면한 환경특성에 의해 결정된다. 그러므로 환경이 변한다면 생산자들의 선택은 달라지고, 그에 따라 토지이용도 달라진다. 시나리오 II는 접근성을 비롯한 환경변화가 도시의 토지이용, 제품의 공급량 그리고 제품의 가격에 미치는 영향분석 등에 적용할 수 있는 유용한 입지분석의 틀이라고 할 수 있다.

1.2.3 시나리오 III : 생산자가 원료와 제품 이동 시 발생하는 교통비를 모두 지불하는 경우

시나리오 III은 생산자가 생산원료와 제품을 운반하는 데 발생하는 교통비를 지불하는 경우 생산자의 최적입지에 관한 것이다. 생산자는 실제로 노동과 자본과 같은 생산요소뿐만 아니라 생산원료의 투입을 통해 제품을 생산한다. 한국은행에서 정기적으로 발표하는 투입산출표(input-output table)를 보면 모든 산업들의 제품생산 과정에 다양한 원료가 투입됨을 알 수 있다. 시나리오 III의 핵심은 생산원료도 생산자의 입지결정에서 중요하게 고려되어야 한다는 것이다. 왜냐하면 생산원료의 공간적 이동은 제품과 마찬가지로 교통비를 발생시키기 때문이다. 바꾸어 말하자면, 생산자가 입지한 공간에 모든 생산원료가 존재하지 않을 때, 생산자는 원료이동에 따라 발생하는 교통비를 지불해야 한다. 따라서 생산자의 선택에 영향을 주는 입지요소는 생산원료와 제품의 이동에서 발생하는 교통비이다.

시나리오 III에서는 생산원료를 교통비의 발생여부에 따라 구분해야 한다. 생산원료 중에는 어느 곳에서나 얻을 수 있는 유비쿼터스 원료(ubiquitous input)가 있는 반면 특정 지역에서만 얻을 수 있는 특화원료(localized input)도 있다. 여기서 특화원료는 공간이동에서 교통비를 발생시키므로 생산자의 입지 선택에 영향을 주는 입지요소가 된다. 예를 들어 파인애플 주스를 만들기 위해 투입되는 원료는 크게 파인애플과 물이다. 파인애플은 기후와 토양 등의 환경조건이 맞는 지역에서만 재배되지만 물은 어느 곳에서나 얻을 수 있다. 즉, 파인애플은 특화원료인 반면 물은 유비쿼터스 원료가 되며, 파인애플의 이동에만 교통비가 발생된다. 그러므로 생산자가 지불할 교통비는 파인애플을 운반할 때와 생산된 파인애플 주스를 시장으로 운반할 때 발생하게 된다. 이러한 상태 하에서 생산자의 최적입지는 특화원료인 파인애플과 생산된 파인애플 주스 운반 시 발생하는 총교통비를 최소화시키는 위치가 된다.

그림 1-3은 특화원료가 2개인 경우 생산자의 입지결정을 표시한 것이다. 그림에 보이듯이 생산자는 두 지역 R과 S에 특화된 2개의 생산원료, i와 j를 투입하여 제품을 생산한다. 각 지역에서 제공되는 특화원료와 생산된 제품의 무게(weight)가 서로 다르다면 생산자가 지불할 교통비는 거리와 함께 운반되는 원료나 제품의 무게에 의해 결정된다. 이러한 경우 비용 최소화를 통해 최대의 수익을 취하려는 생산자의 최적입지는 어디인가? 이것이 웨버(Weber)가 가진 산업입지 이론의 기본 질문이다.

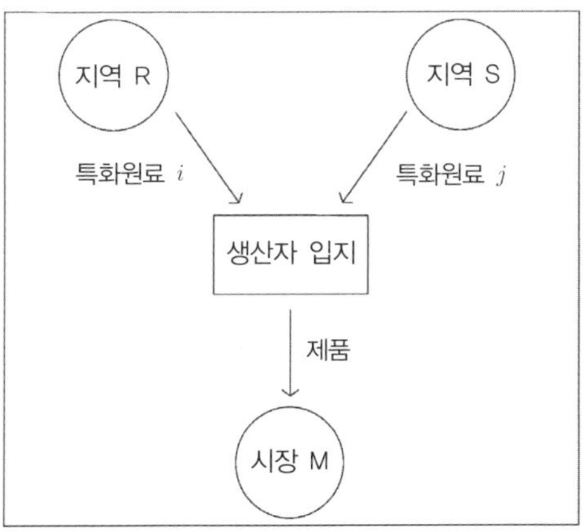

그림 1-3 **생산자 위치에 따른 원료 및 제품 운반거리(시나리오 III의 경우)**

시나리오 III에서 교통비는 거리뿐만 아니라 생산과정에 투입되는 원료와 생산된 제품의 무게에 의해서도 영향을 받는다. 왜냐하면 운반하는 원료 및 제품의 무게에 따라 운반수단과 수단별 운반비용이 달라지기 때문이다. 따라서 시나리오 III에서 총교통비를 계산할 때 원료와 제품의 무게는 거리와 동일하게 취급된다. 여기서도 제품의 가격이나 생산비용, 그리고 지형에 대한 물리적인 조건 등은 모두 동일하다고 가정하면 결국 생산자의 수익은 교통비에 의해 영향을 받게 된다. 따라서 시나리오 III에서 입지요소는 원료와 제품의 무게와 거리이며, 다음과 같이 두 개의 세부 시나리오로 구분된다.

- 시나리오 III−1: 단일의 생산자 입지결정
- 시나리오 III−2: 다수의 생산자 입지결정

시나리오 III−1은 다수의 특화원료 지역과 시장을 대상으로 단일의 생산자 입지를 결정하는 경우이다. 그리고 시나리오 III−2는 시나리오 III−1의 조건과 동일한 상태에서 다수의 생산자 입지를 결정하는 경우이다.

시나리오 III에서 생산자의 최적입지는 비용 최소화를 통해 결정되며, 비용 최소화 입지는 바로 수익 최대의 입지가 된다. 여기서 비용 최소입지가 수익 최대입지가 되기 위해 필요한 가정은 동일한 생산요소 가격, 동일한 시장규모 그리고 집적경제의 부재이다. 이러한 가정들이 충족되는 환경은 현실적이기보다는 이상적인 환경이라고 할 수 있다. 만일 이러한 조건들이 충족되지 않았을 때의 총교통비 최소지점은 최적입지가 되지 않을 수도 있다. 왜냐하면 비용최소의 입지와 수익 최대의 입지가 서로 일치하지 않을 수 있기 때문이다. 따라서 현실에서 생산자의 최적입지를 구하기 위해서는 생산가격과 시장규모, 생산규모, 그리고 집적경제의 유무가 구체적으로 고려되어야 한다. 그러나 이러한 생산자의 최적입지를 모색하기 위한 기본 틀은 바로 최소교통비 지점으로부터 시작하여야 한다.

1.3 본서의 구조

본서는 기본적으로 앞 절에서 설명한 입지분석의 기본 시나리오를 바탕으로 다음과 같이 3편 8장으로 구성된다.

- 제1장: 공간의 인식과 입지분석의 기본 시나리오
- 제I편 시나리오 I: 소비자가 교통비를 지불하는 경우
  - 제2장: 중심지이론
  - 제3장: 중심지이론의 확대
- 제II편 시나리오 II와 III: 생산자가 교통비를 지불하는 경우
  - 제4장: 지대이론 및 공간구조
  - 제5장: 생산자의 최적입지
  - 제6장: 교통비 최소시역과 생산자 최적입지
- 제III편 다수의 입지요인을 고려한 시설입지결정
  - 제7장: 시설입지의 기준 및 다기준 평가법
  - 제8장: 국제공항 건설의 파급효과와 입지결정

제I편은 소비자가 교통비를 지불하는 시나리오 I을 바탕으로 중심지이론과 관련이론들을 설명한다. 제II편은 생산자가 교통비를 지불하는 시나리오 II와 시나리오 III을 바탕으로 지대이론과 공간구조, 토지이용 그리고 생산자의 최적입지가 설명된다. 제III편은 교통비뿐만 아니라 생산자의 입지 선택에 영향을 미치는 요소들을 종합적으로 고려하여 입지를 결정하는 방법과 시설의 건설이 지역과 전국에 미치는 파급효과를 고려하여 입지를 결정하는 방법에 대해 설명한다. 각 장에서 다루어지는 내용을 좀 더 구체적으로 설명하면 다음과 같다.

먼저 제2장에서는 독일의 경제지리학자인 크리스탈러(Christaller)가 정립한 중심지이론이 소개된다. 중심지이론은 소비자의 선택, 즉 어떤 생산자의

제품을 구매할 것인가에 초점이 맞춰진다. 이러한 소비자의 선택대상을 단일의 제품에서 다수의 제품으로 확대하면 궁극적으로 도시나 지역, 더 나아가 국토 공간구조의 형성원리가 된다. 공간구조 형성의 원리에서 핵심은 바로 중심지간 간격(spacing)과 중심지들의 공간적 배열(sequence)에 대한 규칙성을 찾는 것이다. 구체적으로 크리스탈러가 제시한 중심지체계 형성의 3원리(시장원리, 교통원리 그리고 행정원리)와 원리별 중심지들의 배열 및 중심지체계의 특징 그리고 이론의 한계에 대해 설명된다.

제3장에서는 로쉬(Lösch)의 중심지이론과 순위-규모법칙 그리고 성장거점이론이 설명된다. 로쉬의 이론은 크리스탈러의 이론과 유사한 가정을 바탕으로 하지만 접근방법에 있어서는 서로간의 차이가 뚜렷하다. 크리스탈러의 이론은 묘사적인 접근(descriptive approach)에 의한 것이지만, 로쉬의 접근방법은 규범적인 접근(normative approach)이다. 이러한 차이로 인해 두 이론이 제시하는 결과는 다르게 나타난다. 구체적으로 크리스탈러와 로쉬의 이론을 중심지체계 및 공간구조, 중심지 위계결정 및 중심지특화, 중심지들의 관계 등의 측면에서 비교해 보면 두 이론은 서로 유사한 이론이라기보다는 서로 별개의 이론이라 할 수 있다. 로쉬가 제시한 중심지체계의 특징은 중심지 사이의 거리 최소화와 발생되는 교통비의 최소화, 소비자 구매력의 극대화 그리고 도로거리의 최소화로 요약된다. 로쉬의 이론은 크리스탈러에 비해 현실적이라고 할 수 있으나 이론전개에 있어 모호한 점들도 포함되어 있는 것이 약점이라고 할 수 있다. 여기서 말하는 모호한 점은 시장망의 회전과 중심지들의 최대 중첩상태 확인여부 그리고 교통노선 등이다.

또한 제3장에서는 순위-규모법칙과 성장거점이론을 중심지이론에서 살펴본다. 순위-규모법칙은 도시의 규모와 순위 사이의 일정한 관계를 제시하는 법칙으로 국가의 공간체계를 분석하고 진단하는 데 유용하지만, 이론적인 측면이나 공간인식 측면 그리고 정책적인 측면에서 취약한 것이 한계가 있다. 도시인구의 규모와 도시가 보유하고 있는 기능의 복잡성과의 관계 그리고 순위-규모법칙에 의한 도시의 배열과 중심지이론에서 제시되는 중심지 배열을 고려한다면 순위-규모법칙은 바로 중심지이론과 같은 선상에 있다고 할 수 있다. 그리고 성장거점이론과 중심지이론의 관계도 서로 밀접하다. 성잠거점이론에서의 핵심은 위계에 따른 분산과 확산이다. 제품의 흐름을 보면 중심지이론에서도 확산이 핵심이라고 할 수 있다. 왜냐하면 높은 위계의 도시에서 낮은 위계의 도시로 높은 위계의 제품이 이동하기 때문이다. 이렇게 중심지 위계에 따른 제품의 흐름을 생각하면 성장거점이론은 중심지이론과 맥을 같이 한다고 할 수 있다.

제II편은 3개의 장으로 구성되는데, 먼저 제4장은 생산자가 제품 이동에서 발생하는 교통비를 지불하는 시나리오 II에서 이루어지는 공간구조에 대해 설명한다. 이동에 따른 교통비를 생산자가 지불할 때 모든 공간은 생산자에게 동일하지 않게 된다. 왜냐하면 시장과 떨어진 거리에 따라 교통비는 달라지고, 생산자가 얻는 수익도 달라지기 때문이다. 거리에 따른 수익의 차이가 입지지대이며, 입지지대에 의해 농작물 재배의 공간적 분포와 도시내부의 토지이용이 결정된다. 입지지대는 시장과 멀어질수록 감소하기 때문에 시장과의 접근성이 바로 토지의 가치결정에 핵심이 된다.

교통시설의 투자로 인해 접근성이 향상되었을 때, 입지지대는 상승하게 되고, 그 결과는 제품의 가격변화와 생산면적의 확대를 통해 토지이용의 변화로 나타나게 된다. 제4장에서는 이러한 접근성 향상에 따른 토지이용의 변화를 분석할 수 있는 모형이 소개된다. 또한 역 튀넨(reversal of von Thünen)과 도시 주변에서 이루어지는 토지이용에 대해서도 설명된다. 튀넨 이론의 핵심은 시장에서 멀어질수록 입지지대는 감소한다는 것이다. 그러나 토지 소유자들이 갖는 용도변환의 기대가치를 고려한다면, 도시에 가까울수록 농작물 재배로 인해 얻게 되는 토지의 지대는 낮아지고 멀어질수록 높아지는 현상이 나타날 수도 있다. 이러한 현상을 역 튀넨이라고 하며, 주로 성장하는 도시 주변에서 나타난다.

제5장에서는 생산자가 제품과 생산원료 이동 시 발생하는 교통비 모두를 지불하는 시나리오 III을 바탕으로 한다. 먼저 시나리오 III에서의 기본 질문은 생산원료 지역과 제품이 소비되는 시장이 공간적으로 떨어져 있으며, 생산원료와 제품이 무거울 때 생산자의 최적입지는 어디인가 하는 것이다. 이에 대해 생산자의 최적입지를 단일의 최적입지와 다수의 최적입지로 구분하여 결정하는 방법이 설명된다. 단일의 최적입지를 찾는 방법으로 동심원적 등수송비곡선과 반복수렴 기법(iteration method)이 소개된다. 그리고 다수의 시설입지를 결정하는 데 있어 핵심인 입지와 할당(location and allocation)에 대해서도 설명한다. 여기서 입지와 할당이란 시설이 일단 특정 위치에 입지하면, 이에 따라 그 시설이 담당하는 공간범위가 동시에 결정되는 것을 말한다. 이러한 입지와 할당을 바탕으로 다수의 시설입지도 반복수렴 기법에 의해 결정하는 방법이 설명된다. 다수시설의 입지결정 과정은 4단계, 즉 공간좌표화 단계, 시설입지 및 공간할당 단계, 시설별 발생교통비 계산 및 최적입지 판정단계, 그리고 총교통비 계산 및 전체 시설들의 최적입지 판정단계로 구분하여 설명된다.

제6장에서는 비용 최소입지와 수익 최대입지의 차이에 대해 설명된다. 앞장에서는 생산요소의 가격과 생산자가 직면하는 수요는 생산자의 입지에 관계없이 동일한 것으로 가정한다. 이는 바로 교통비 최소입지가 비용 최소입지이며, 결국은 수익 최대입지임을 의미하는 것이다. 그러나 이러한 가정은 현실을 대신하는데 한계가 있다. 왜냐하면 기본적으로 제품에 대한 수요규모와 생산요소의 수준 및 가격, 그리고 집적경제(또는 집적의 불경제)의 효과가 지역별로 다르기 때문이다. 따라서 공간별 수요규모와 생산원료의

수준 및 가격, 그리고 집적경제(또는 집적의 불경제)의 유무가 생산자에게는 중요한 입지요소가 된다. 제6장에서는 공간별 수요의 차이는 도시의 인구 잠재력(population potential)이나 시장 잠재력(market potential) 그리고 도시의 영향범위에 의해 나타낼 수 있음을 설명한다. 그리고 지역별 수요의 차이가 반영된다면 교통비 최소입지는 생산자의 최적입지가 아닐 수 있음이 설명된다. 또한 생산요소들이 동질적이지도 않고 요소가격도 지역별로 다를 때, 교통비 최소입지는 생산자의 최적입지와 다를 수 있음을 웨버의 임계등교통비선(critical iso-dapane)에 의해 설명된다. 아울러 생산원료의 가격이 지역별로 다를 때, 생산규모의 증가에 따라 원료의 배합이 달라지고 생산자의 입지도 달라질 수 있다.

겉으로 드러나는 경제활동의 일반적인 특징은 바로 공간적 집중이다. 경제활동이 어떤 특정 공간에 집중되는 것은 생산자들이 그 공간에 입지하여 집적의 편익을 얻을 수 있기 때문이다. 생산자의 수익은 집적의 경제 또는 불경제에 따라 변하게 되고, 이에 따라 생산자의 입지도 달라질 수 있다. 종합하면, 공간별 수요와 생산요소의 규모 및 가격 그리고 생산규모와 집적의 효과 사이에는 복잡한 순환관계가 존재한다. 그러므로 생산자의 최적입지를 결정하기 위해서는 무엇보다도 각 입지요소들에 대한 종합적이고 체계적인 이해가 필요함이 제6장에서 강조된다.

제III편은 교통비를 포함한 다양한 입지요인들을 종합적으로 고려하여 시설의 최적입지를 결정하는 방법에 대해 설명한다. 구체적으로는 계층분석과정(analytical hierarchical process, AHP)기법을 이용한 시설의 입지결정과 파급효과를 바탕으로 한 입지방법이 다루어진다. 앞에서 언급하였듯이 시설의 입지결정에 있어 핵심은 접근성에 있다. 그러나 접근성 측면에서 일반적인 시설들의 입지결정 기준에는 총거리 최소화 기준, 극소극대 거리기준, 균등배분 기준, 최소수요 제약기준, 용량제약 기준 그리고 하이브리드(hybrid)

방식 등이 있다. 그러나 시설의 최적입지를 결정하는 데 있어 문제는 바로 접근성에 대한 통일된 기준이 없다는 것이다. 이는 한 측면에서 도출한 최적입지가 다른 측면에서 볼 때 최적입지가 아닐 수 있음을 의미한다. AHP 기법은 다면적 평가기준에 의해 제기되는 복잡한 문제를 체계적으로 단순 구조화시킴으로써 의사결정자의 합리인 결정을 유도하는 방법이다.

제7장에서는 AHP기법을 이용한 의사결정과정을 크게 의사결정문제의 계층구조화 단계, 요소들 간의 쌍대비교자료 수집단계, 요소들의 가중치 추정단계, 일관성 검정단계 그리고 최종의사결정단계로 구분하여 설명한다. 그리고 독자의 이해를 위해 가상의 지역 내 첨단산업 입지결정을 AHP기법을 이용하여 결정하는 과정이 상세하게 제시된다.

마지막으로 제8장에서는 국제공항 건설이 지역 및 국민경제에 미치는 파급효과를 바탕으로 입지를 결정하는 방법에 대해 설명한다. 국제공항의 건설이 국민 및 지역경제에 미치는 효과는 다양하지만, 문헌을 살펴보면 그러한 효과를 구체적으로 분석하여 제시한 연구는 많지 않은 실정이다. 연구가 많이 이루어지지 않았다는 것은 그 만큼 그 시설의 파급효과에 대한 이해 수준이 낮음을 가리키는 것이다. 그리고 시설의 파급효과에 대한 이해수준이 낮을 때 최적의 시설입지를 결정하기는 어려운 것이다. 국제공항의 건설은 바로 지역 측면에서 볼 때 국제시장에 대한 접근성 향상이다. 그리고 그러한 접근성의 향상이 지역 및 국가 전체에 미치는 영향은 다양한 부문에서 나타나기 때문에 공항 건설의 파급효과 분석에서 가장 중요한 것은 항목화이다. 제8장에서는 파급효과의 항목을 공항운영에 따른 고용창출효과, 해외 접근성 향상에 따른 물류비용 절감효과, 공항 이용자들의 비용절감효과 그리고 외국인 방문 증가효과 등으로 구분한다. 그리고 항목화된 효과들의 공간적 범위와 특성을 고려하여 적정한 분석모형이 제시되며, 이를 가상의 다지역 경제에 적용하여 입지를 결정하는 방법이 설명된다.

I 편

소비자가 교통비를 지불하는 경우(시나리오 I)

제2장 | 중심지이론
제3장 | 중심지이론의 확대

제2장
중심지이론

본 장은 앞 장에서 제시된 시나리오 I을 바탕으로 크리스탈러의 중심지이론을 설명하며, 6절과 부록으로 구성된다. 1절에서는 중심지이론의 기본 전제와 개념에 대해 그리고 2절에서는 시나리오 I을 세부 시나리오로 구분하여 제품들의 시장면적과 중심지들의 간격과 위계가 설명된다. 3절에서는 공간구성 원리와 구성원리별 중심지체계에 대해 그리고 4절에서는 공간구성에 의해 이루어지는 중심지들의 공간적 배열과 특징에 대해 설명된다. 5절에서는 접근성의 향상이 중심지체계의 변화에 미치는 영향을 분석할 수 있는 틀이 제시되며, 6절에서는 본 장에서 다루어진 내용이 요약된다. 마지막으로 부록에서는 우리나라 지방에서 나타나는 중심지체계를 분석하여 중심지이론의 현실 설명력에 대해 살펴본다.

2.1 기본 전제와 개념

우리가 접하는 사회과학 분야에서의 이론은 셀 수 없이 다양하고 많다. 문제는 어떤 이론을 선택할 것인가 하는 것이다. 이론의 선택은 중요하다. 왜냐하면 선택하는 이론에 따라 현실이해가 달라지고 이에 따라 제시되는 정책의 방향도 달라지기 때문이다. 일반적으로 이론은 3기준에 의해 선택된다고 한다. 첫째는 단순성이다. 제1장에서 강조하였듯이 현실에 대한 가정은 필수불가결한 것이다. 그만큼 우리가 사는 사회가 복잡하고 다양하기 때문이다. 따라서 문제의 본질적인 면을 중심으로 이론은 전개해 나가야 한다. 이는 가장 단순한 모형이 가장 좋은 이론이 될 수 있음을 내포하는 것이다.(The simplest is the best) 여기서 단순한 이론이 좋다고 할 때, 그 이론은 본질적인 핵심요소 중심으로 구성된 이론을 의미하는 것이다.

이론 선택의 두 번째 기준은 경쟁이론의 여부이다. 이론이 많다는 것은 어떤 이론도 절대 우위에 있지 못함을 가리키는 것이다. 반면 경쟁이론이 상대적으로 없다는 것은 특정 이론이 관련 분야에서 지배적인 위치를 점하고 있음을 뜻하는 것이다. 그러므로 상대적으로 경쟁이론이 없다는 것은 그 이론이 합리적 측면에서나 현실적 측면에서 우수하다는 것을 의미한다. 마지막 기준은 이론의 현실성이다. 아무리 정교한 이론이라고 해도 그 이론이 현실에서 나타나는 현상을 설명하지 못한다면 그 이론은 의미 없는 것이 된다. 요약하면 다양한 이론 중 단순하면서도 경쟁이론이 없고 그러면서도 현실을 잘 설명하는 이론을 선택해야 한다. 중심지이론은 이러한 이론 선택의 기준에 모두 부합하는 이론이라고 할 수 있다. 이는 본 장에서 설명되는 중심지이론이 그만큼 도시나 지역의 공간체계를 분석하는데 있어 유용함을 의미하는 것이다.

본 장은 1930년대 독일의 경제지리학자인 크리스탈러(Christaller)가 정립한 중심지이론(central place theory)에 대해 설명한다. 중심지이론은 도시나 지역의 공간구조의 형성원리를 설명하는 간단하면서도 유용한 이론이며, 오늘날까지도 중심지이론만큼 공간구조를 분석하는 데 널리 적용되는 이론은 없다고 해도 과언이 아니다. 앞 장에서 설명하였듯이 중심지이론의 전제는 바로 소비자가 교통비를 지불하는 것이다. 즉, 생산자는 공간이동을 하지 못하고 지리적으로 고정된 상태이고, 제품구입을 위해 소비자가 이동해야 한다. 이러한 전제는 생산자에게 장소의 의미가 부여되었음을 가리킨다. 다시 말해, 중심지이론에서 생산자는 제품을 공급하는 장소로서의 의미가 포함되어 있는 것이다.

중심지이론은 소비자의 선택, 즉 어떤 생산자의 제품을 구매할 것인가에 초점이 맞추어진다. 그리고 소비자의 선택대상을 하나의 제품에서 전 품목의 제품으로 확대하면, 궁극적으로 도시나 지역 더 나아가 국토의 공간구조의 형성원리가 된다. 공간구조 형성의 원리는 바로 중심지간 간격(spacing)과 중심지들의 공간적 배열(sequence)에 대한 규칙성을 찾는 것이라 할 수 있다. 공간적으로 떨어진 중심지간의 거리는 얼마이며, 크기가 다양한 중심지들은 어떻게 공간적으로 배열되는지를 파악하는 것이 중심지이론의 핵심이다. 이러한 중심지이론은 다음과 같이 3가지의 기본 가정을 바탕으로 한다.

- 가정 1: 사람이 사는 땅은 끝없이 펼쳐지는 동질의 평지(homogeneous unbounded plain)이다.
- 가정 2: 사람들은 평지에 균등히 분포되어 있으며, 각 사람의 소득과 선호도는 모두 동일하다.
- 가정 3: 생산자와 소비자는 완전한 정보를 갖고 있으며, 이를 바탕으로 합리적인 의사를 결정한다.

위의 가정들이 의미하는 바를 설명하면, 우선 가정 1은 모든 지형이 평탄하고, 사람이 이동하는 데 있어 호수나 강 또는 산과 같은 이동의 방해물이 없고, 토양이나 토질, 비옥도, 지하자원 등의 측면에서 모든 평지가 동일함을 의미한다. 따라서 그림 2-1에 보이는 바와 같이 교통비는 이동방향에 관계없이 정해진 교통요율(transport rate)과 거리에 의해 결정된다. 여기서 교통요율이란 단위거리당 발생하는 교통비를 말하는데, 중심지이론에서 교통요율은 왕복거리를 기준으로 한다. 왜냐하면 교통비는 제품을 구입하기 위해 소비자가 집에서 시장으로 이동할 때와 제품을 구입 후 시장에서 집으로 돌아갈 때 동일하게 발생하기 때문이다.

$$T = t \cdot d, \qquad \text{...식 (2-1)}$$

T: 교통비용(원), t: 교통요율(원/km), d: 거리(km).

동일한 소득을 가진 사람들이 평지에 균등하게 거주하고 있다는 가정 2는 공간의 크기가 바로 제품에 대한 수요의 크기임을 의미한다. 따라서 어떤 제품에 대한 수요가 크다면 그 제품에 대한 수요는 넓은 지역에 걸쳐 존재한다고 할 수 있으며, 반대로 제품에 대한 수요가 적다면 그 제품의 수요범위는 공간적으로 좁다고 할 수 있다. 그리고 가정 3은 완전한 정보를 소유한 생산자나 소비자 모두는 합리적으로 행동하는 최적자(optimizer)임을 뜻한다. 소비자의 행위는 그의 효용 극대화를 통해 그리고 생산자의 행위는 수익 극대화를 통해 표현된다. 이러한 생산자와 소비자의 최적자로서의 행위는 구체적으로 다음과 같이 나타난다. 즉, 소비자의 행위는 교통비 최소화를 통해 구매력을 극대화시키는 선택으로 그리고 생산자의 수익 극대화는 마이너스 수익의 최소화를 통해 나타난다.

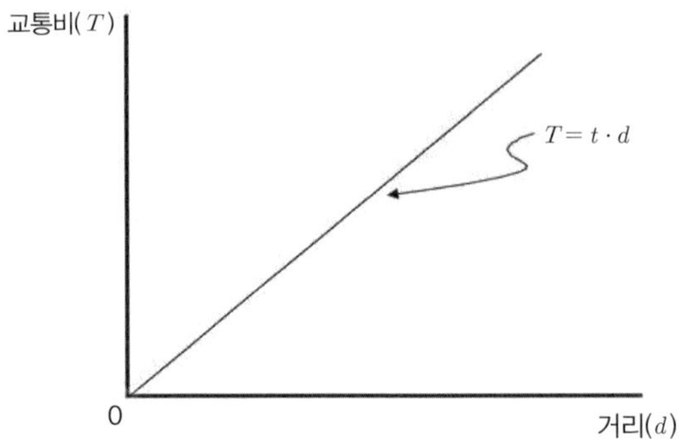

그림 2-1 거리에 따른 교통비

위에서 설명한 가정과 함께 만일 소비자가 특정 제품 소비에 소득의 일정부분을 지출한다면 소비자의 지출은 제품구입에 지불한 비용과 이동과정에서 지불한 교통비로 구성된다. 이러한 소비자의 지출과 고정된 소득을 고려하면 소비자의 위치는 제품의 실질적인 소비량에 결정적 역할을 하게 된다. 왜냐하면 생산자와 소비자 간의 거리에 따라 교통비가 결정되고, 교통비를 제외한 나머지 금액이 바로 제품구입을 위해 지출할 수 있는 금액이 되기 때문이다. 따라서 제품구입 과정에서 교통비가 많아지면 소비자의 제품 소비량은 작아지고, 교통비가 적어지면 소비자의 소비량은 많아진다. 이를 식으로 표현하면 다음과 같다.

$$y = p \cdot q(d) + t \cdot d, \qquad \text{…식 (2–2)}$$

y : 특정 제품 소비에 지출할 수 있는 소득,
p : 제품의 단위가격,
$q(d)$: 거리에 따른 제품 소비량.

위의 식에서 소득과 제품의 단위가격 그리고 교통요율은 외생적으로 결정되므로 결국 소비자의 소비량은 오로지 이동하는 거리에 따라 달라진다. 거리에 따른 제품의 수요함수는 식 (2–2)로부터 다음과 같이 표현된다.

$$q(d) = \frac{y - t \cdot d}{p}. \qquad \text{…식 (2–3)}$$

소비자의 제품 소비량은 식 (2–3)에서 알 수 있듯이 소득과 제품의 단위가격, 교통요율 그리고 거리에 의해 결정된다. 구체적으로, 제품의 소비량은 소득과는 양(+)의 관계가 있는 반면 교통요율과 거리 그리고 단위가격과는 음(–)의 관계가 있다. 따라서 제품의 소비량은 소비자의 소득이 높을수록 많아지지만 교통요율이 클수록, 거리가 길수록 그리고 가격이 높을수록 제품의 소비량은 작아진다. 또한 식 (2–3)을 그림으로 나타내면 그림 2–2와 같다. 그림에서 보이듯이 거리에 따라 소비자의 소비량이 변하는데, 예를 들어 이동거리가 0이 되면, 즉 소비자가 생산자와 동일한 지점에 위치한다면 그의 소비량은 최대가 되며, 소득을 모두 교통비로 지출하게 되면 소비량은 0이 된다.

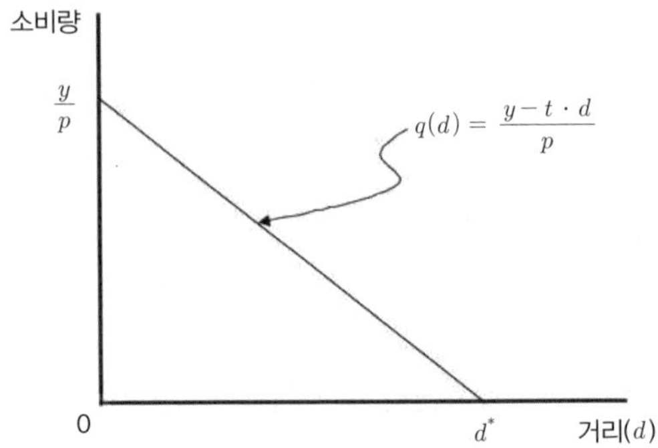

그림 2-2 거리에 따른 소비자의 제품 소비량

중심지이론을 이해하기 위해서는 가장 먼저 최소수요요구량(threshold)과 도달거리(range)에 대한 이해가 필요하다. 최소수요요구량이란 생산자가 생산활동을 지속하기 위해 필요한 최소한의 수요를 말한다. 만일 생산자가 직면한 수요가 최소수요요구량보다 적을 때 생산자는 생산을 포기하고 공장문을 닫게 된다. 왜냐하면 제한된 수요로 인해 제품판매로부터 얻은 수입이 제품의 생산비용조차를 충당하지 못하고 손실이 발생하기 때문이다. 이 경우 앞에서 언급하였듯이, 생산자가 시장을 떠나는 것은 바로 손실, 즉 마이너스 수익을 최소화시키는 생산자의 합리적인 의사결정이 된다. 또한 수요규모는 공간범위로 나타낼 수 있으므로 최소수요요구량이 크다면 그 제품의 공간적 수요범위는 넓고, 반대로 최소수요요구량이 적다면 그 제품의 공간적 수요범위는 좁은 것이다.

도달거리는 생산자가 제품을 팔 수 있는 최대의 거리를 말한다. 그러나 중심지이론에서는 소비자가 이동함을 전제하므로 제품의 도달거리는 위치가 고정된 생산자에게 소비자가 올 수 있는 최대의 거리라고 할 수 있다. 바꾸어 말하면, 소비자가 제품구입을 위해 할당한 소득을 교통비로 전부 지불하게 되는 거리가 바로 도달거리이다. 그러므로 생산자로부터 도달거리만큼 떨어진 곳에 위치한 소비자의 소비량은 0이 된다. 그리고 제품의 도달거리

밖에 있는 소비자는 생산자가 있는 지점까지 왕복하는 데 발생하는 교통비가 제품구입에 지출할 수 있는 소득보다 크게 되므로 그는 제품구입을 포기하게 된다. 따라서 도달거리는 생산자가 그의 제품을 공급하는 범위를 결정짓는 기준이다. 이러한 제품의 도달거리는 식 (2-3)에서 다음과 같이 구해진다.

$$d^* = \frac{y}{t}, \qquad \text{...식 (2-4)}$$

d^* : 제품의 도달거리.

만일 어떤 제품의 수요함수가 주어졌다면, 주어진 수요함수로부터 해당제품의 도달거리는 구체적으로 계산될 수 있다. 예를 들어 수요함수와 거리에 따른 가격변화가 아래와 같이 주어졌다고 하자.

$$q(d) = a - b \cdot p(d), \qquad p(d) = p_o + t \cdot d.$$

위의 두 식을 하나로 합치면 결국 제품의 수요함수는 거리의 함수가 된다.

$$q(d) = a - b \cdot (p_o + t \cdot d).$$

위와 같은 수요함수로부터 제품의 수요가 0이 되는 지점, 즉 제품의 도달거리는 다음과 같이 구해진다.

$$d^* = \frac{a - b \cdot p_o}{b \cdot t}.$$

앞서 가정하였듯이 사람들이 사는 평지는 모두 동질하며, 그 위에 사람들이 균등하게 거주하므로 그림 2-2에서 수요함수의 선을 원점 중심으로 360° 회전시키면 생산자가 담당할 수 있는 최대의 수요규모가 된다. 그림 2-3에 보이는 원뿔의 체적이 바로 생산자가 담당할 수 있는 최대수요가 된다. 그 최대수요는 다음과 같은 식에 의해 계산될 수 있다.

$$D_{\max} = \frac{\pi}{3} \cdot h \cdot (d^*)^2 = \frac{\pi \cdot y^3}{3 \cdot p \cdot t^2}, \qquad \text{...식 (2-5)}$$

$D_{\max}$: 생산자가 담당할 수 있는 최대수요량.

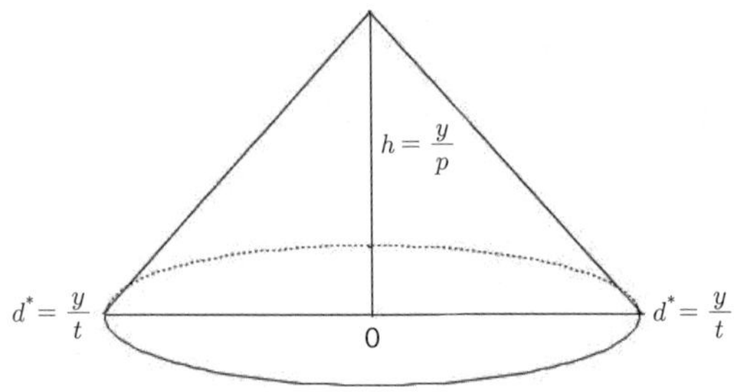

그림 2-3 생산자가 담당할 수 있는 최대수요량($D_{\max}$)

여기서 중요한 것은 그림 2-4의 두 그림과 같이 제품의 최대수요량과 생산자의 최소수요요구량과의 비교이다. 만일 그림(a)와 같이 최대수요량이 최소수요요구량보다 클 때, 생산자는 생산활동 유지를 위한 최소수준 이상의 수요를 갖게 되고, 초과된 수요로 인해 이익도 얻게 된다. 따라서 이 경우 생산자는 당연히 생산활동을 지속하게 된다. 또한 최대수요량이 최소수요요구량과 같을 때에도 생산자는 생산활동을 지속하게 된다. 그러나 그림(b)와 같이 최대수요량이 최소수요요구량보다 적을 때 생산자는 생산활동을 중단하게 된다. 왜냐하면 언급하였듯이 최소수요요구량보다 수요가 적다는 것은 생산자가 제품을 팔아 얻은 수입으로는 생산비용을 충당하지 못함을 가리키기 때문이다. 최대수요량이 최소수요요구량보다 적은 경우는 생산자가 생산을 중단한 상태, 즉 생산자가 없는 상태가 되고, 그 결과 자연히 공간구조는 형성되지 않는다. 따라서 본 장에서는 제품에 대한 최대수요량이 그의 최소수요요구량 보다 크거나 같음을 전제한다.

$$D_{\max}\begin{Bmatrix} > \\ = \\ < \end{Bmatrix} D_{threshold} \Leftrightarrow \text{생산자 활동}\begin{Bmatrix} \text{지속} \\ \text{지속} \\ \text{중단} \end{Bmatrix}, \qquad \ldots \text{식 (2-6)}$$

$D_{threshold}$: 최소수요요구량.

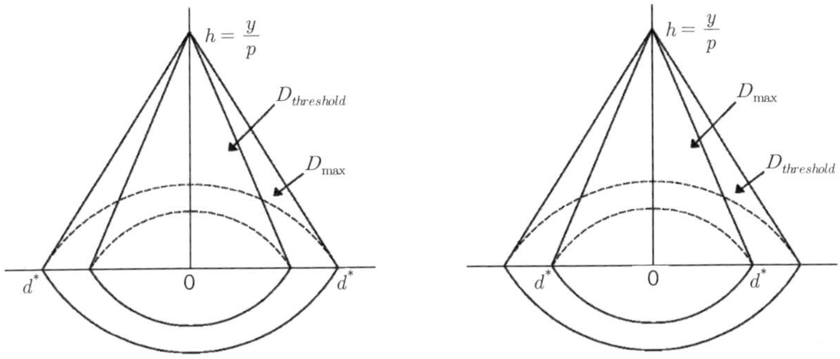

(a) $D_{threshold} < D_{\max}$ (b) $D_{threshold} > D_{\max}$

그림 2-4 최소수요요구량과 최대수요량과의 관계

2.2 중심지이론의 세부 시나리오

중심지이론은 앞 절에서 설명한 기본 내용을 바탕으로 하며, 세부적으로는 다음과 같은 시나리오를 통해 전개된다.

- 시나리오 I-1: 단일제품-단일의 생산자의 경우
- 시나리오 I-2: 단일제품-다수의 생산자의 경우
- 시나리오 I-3: 다수제품-다수의 생산자의 경우

각 시나리오에 대한 설명은 다음과 같다.

2.2.1 시나리오 I-1: 단일제품-단일의 생산자의 경우

단일제품에 단일생산자가 존재하는 시나리오 I-1은 현실에서 나타날 수 없는 가장 단순한 것이라 할 수 있다. 오로지 한 생산자만이 있기 때문에 시나리오 I에서 공간구조는 물론 형성되지 않으며, 단지 공간은 그림 2-5와 같이 생산자의 제품이 공급되는 지역과 제품이 공급되지 않는 지역으로만 구분된다. 그리고 생산자의 제품이 공급되는 시장면적과 시장 내 제품의 최대수요는 다음과 같은 식에 의해 계산된다.

$$S^{시나리오 I-1} = \pi \cdot (d^*)^2,\quad D_{\max}^{시나리오 I-1} = \frac{\pi}{3} \cdot h \cdot (d^*)^2, \quad \ldots 식\ (2-7)$$

$S^{시나리오 I-1}$: 시나리오 I-1에서 생산자의 시장면적,

$D_{\max}^{시나리오 I-1}$: 시나리오 I-1에서 생산자가 직면한 제품의 최대수요량.

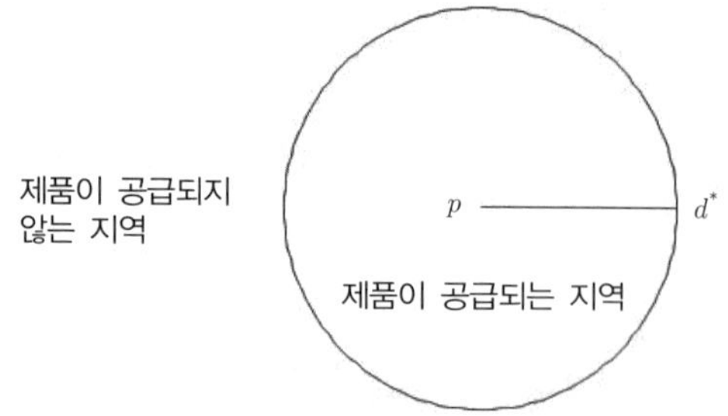

그림 2-5 단일제품-단일생산자의 경우 시장범위

2.2.2 시나리오 I-2: 단일제품-다수의 생산자의 경우

단일제품에 다수의 생산자가 존재할 때 생산자 사이에는 자연히 경쟁이 있게 된다. 생산자 사이의 경쟁으로 인해 나타나게 되는 생산자의 시장범위와 시장의 형태를 살펴보는 것이 시나리오 I-2의 목적이다. 기본적으로 다수의 생산자가 있을 때, 그들의 배열은 제품이 공급되지 않는 지역(unserved area)을 최소화하는 방향에서 이루어진다. 먼저 생산자들의 배열은 그림 2-5와 같이 크게 두 가지 형태로 생각할 수 있다. 즉, 그림(a)와 같이 생산자들이 일렬로 바르게 배열되는 경우와 그림(b)와 같이 생산자들 간 열이 어긋난 상태로 배열되는 경우로 구분할 수 있다. 제품이 공급되지 않는 면적을 최소화 하는 측면에서 보면 생산자의 배열은 그림(a)보다는 그림(b)와 같은 형태가 될 것이다. 왜냐하면 그림(b)에서 제품이 공급되지 않은 면적이 더 작기 때문이다. 그러나 문제는 생산자들이 어긋나게 배열된다고 해도 제품이 공급되지 않은 공간은 여전히 발생한다는 것이다.

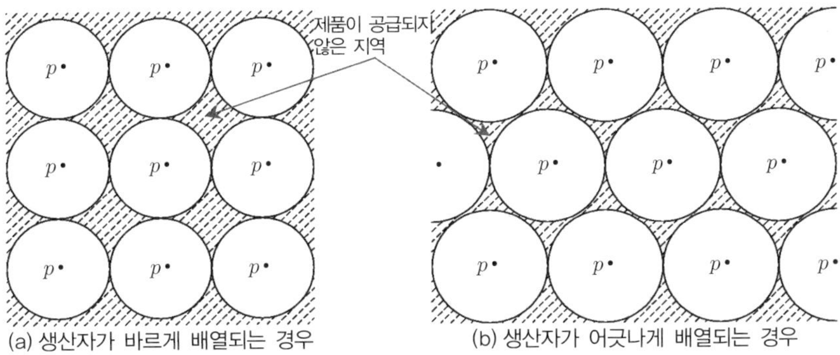

그림 2-5 **생산자의 공간배열의 방향**

제품이 공급되지 않은 지역을 최소화시키는 최선의 방법은 모든 공간에 제품을 공급시키는 것이며, 이는 그림 2-6과 같이 각 생산자들이 담당하는 시장이 서로 겹쳐질 때 가능하게 된다. 그리고 시장이 겹쳐진 공간은 다시 해당 생산자들에 의해 균등히 분담된다. 이렇게 될 때 각 생산자가 담당하는 시장의 물리적 형태는 각 변의 길이가 제품의 도달거리인 정육각형(hexagon)이 된다. 만일 육각형 내 존재하는 시장수요의 규모가 최소수요요구량보다 크면 초과이익이 발생하게 되고, 이로 인해 새로운 생산자가 들어와 기존 생산자와 경쟁하게 된다. 그러므로 다수의 생산자가 있을 때 각 생산자가 담당하는 수요량은 궁극적으로 최소수요요구량이 된다.

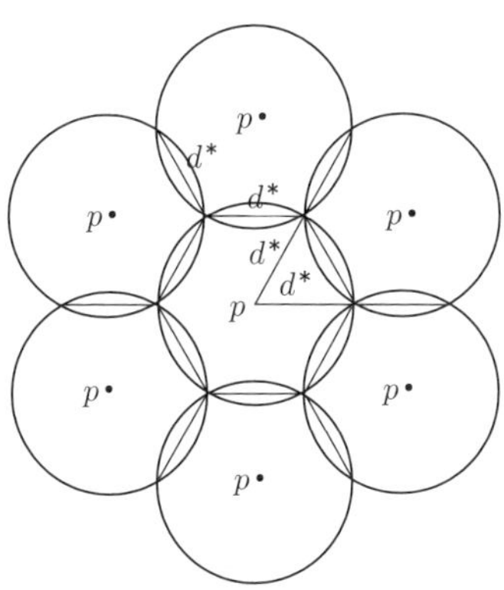

그림 2-6 **단일제품-다수의 생산자의 경우 시장형태**

정육각형의 시장은 그림 2-6에서 보이듯이 각 변이 제품의 도달거리인 6개의 정삼각형으로 구성된다. 따라서 각 생산자의 시장면적은 다음과 같이 계산된다.

$$S = 6 \cdot \left(\frac{1}{2} \cdot d^* \cdot d^* \sin 60° \right) = \frac{3\sqrt{3}}{2}(d^*)^2, \qquad \text{…식 (2-8)}$$

S : 생산자가 담당하는 시장면적.

또한 생산자 사이의 거리도 계산할 수 있다. 우선 그림 2-7에서 두 생산자 간의 거리를 D라고 해보자.

$$P_1P_2 = P_2P_3 = P_1P_3 = D.$$

그림에서 P_1T와 P_2T는 다음과 같이 표현된다.

$$P_1T = \frac{D}{2},\ P_2T = P_2S + ST = d^* + \frac{d^*}{2}.$$

P_1P_3T의 삼각형으로부터 생산자간들 사이의 거리를 피타고라스 정리를 이용해 나타내면,

$$(P_1P_2)^2 = (P_1T)^2 + (P_2T)^2.$$

위의 식을 생산자 간 거리와 제품의 도달거리로 나타내면 아래와 같다.

$$D^2 = \left(\frac{D}{2} \right)^2 + \left(\frac{3 \cdot d^*}{2} \right)^2.$$

따라서 생산자 간 거리는 식 (2-9)와 같이 표현된다.

$$D = \sqrt{3} \cdot d^*. \qquad \text{…식 (2-9)}$$

그러므로 제품의 도달거리가 주어진다면 생산자 사이의 거리는 식 (2-9)를 이용하여 구체적으로 계산될 수 있다.

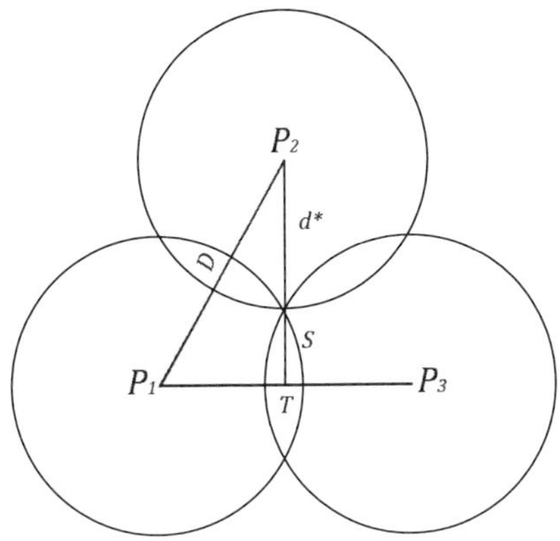

그림 2-7 **생산자 사이의 거리**

시나리오 I-2를 종합하면 단일제품을 공급하는 다수의 생산자가 존재하는 경우, 각 생산자가 남낭하게 될 시장은 각 변의 길이가 제품의 도달거리인 정육각형이 된다. 그리고 평지는 그림 2-8과 같이 정육각형의 단위 시장으로 구성된 그물망(net)으로 나타나게 되며, 이때 생산자 간의 거리는 $\sqrt{3} \cdot d^*$이다. 시나리오 I-2도 단일제품의 경우이기 때문에 시장의 그물망만 존재할 뿐 공간구조는 형성되지 않는다.

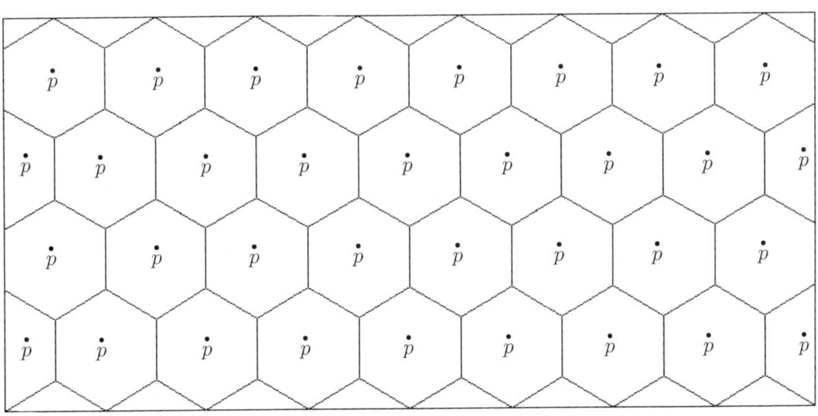

그림 2-8 **단일제품-다수의 생산자의 경우 시장 그물망**

2.2.3 시나리오 I-3: 다수의 제품-다수의 생산자의 경우

본 절에서는 다수의 제품에 다수의 생산자가 존재할 때 형성되는 공간구조에 대해 설명한다. 제품이 n개일 때 그림 2-8과 같은 제품의 그물망은 n개 존재하게 된다. 그물망들이 어느 공간에 많이 중첩되는가에 따라 해당 공간에서 제공되는 제품의 수는 달라지고, 이에 따라 공간의 중요도와 위계가 결정된다. 그리고 결정된 공간의 중요도와 위계가 외부적으로 나타나는 것이 바로 공간구조이다. 따라서 본 장에서 말하는 공간구조란 어느 공간이 어떤 제품들을 공급하는가에 따라 결정되는 공간의 위계를 바탕으로 형성되는 중심지체계(system)를 의미한다. 여기서 가장 기본적인 질문은 다수의 제품들을 어떤 기준에 의해 구분할 것인가 하는 것이다. 이 질문은 공간구조 결정에서 핵심적인 질문이다. 왜냐하면 중심지 위계는 바로 중심지에서 공급되는 제품의 위계에 의해 결정되기 때문이다.

일반적으로 제품들은 가격이나 용도 또는 특성 등 다양한 기준에 의해 구분될 수 있으나 중심지이론에서는 소비자들의 소비 빈번도(consumption frequency)에 의해 구분된다. 소비 빈번도란 소비자들이 제품을 얼마나 자주 소비하는가를 말한다. 예를 들어 일상에서 소비의 빈번도가 높은 대표적인 제품은 우유나 야채, 커피, 햄버거와 같은 패스트푸드(fast food) 등을 포함한 음식료품일 것이다. 이러한 제품들은 일반적으로 거의 하루 또는 최소 일주일에 한 번 이상 소비되는 제품이라고 할 수 있다. 음식료품보다 빈번도가 떨어지는 제품으로는 서적이나 의류제품, 연극과 뮤지컬 등과 같이 몇 개월에 한 번 소비되는 제품도 있다.(물론 이러한 소비의 빈번도는 개인의 선호도에 의해 달라진다.)

반면 주택이나 자동차와 같이 수년 또는 그 이상의 기간 동안 한 번 소비하는 제품도 있다. 그리고 동일한 제품이라고 해도 제품이 소비되는 장소에 따라 빈번도는 달라질 수 있다. 예를 들어 음식료품이라고 해도 집에서 소비하는 경우와 일반음식점에서 소비하는 경우 그리고 호텔이나 고급음식점에서 소비하는 경우 모두 빈번도는 다를 것이다. 행정서비스에 대한 수요도 만찬가지이다. 사람들이 동사무소에 가는 경우와 구청이나 시청 또는 중앙행정부처에 가는 경우를 비교해 보면, 아마 동사무소에 가는 빈번도가 제일 높을 것이며, 다음으로 구청이나 시청 방문이 높을 것이고, 중앙행정부처에 방문하는 빈번도가 가장 낮을 것이다. 이와 같이 모든 제품은 소비의 빈번도에 의해 구분이 가능하다고 할 수 있다.

위에서 설명한 소비의 빈번도와 제품의 위계와는 서로 역의 관계가 있다. 즉, 소비의 빈번도가 높은 제품은 낮은 위계의 제품(low-order good)이라 할 수 있으며, 빈번도가 낮은 제품은 높은 위계의 제품(high-order good)이라고 할 수 있다. 그리고 제품의 위계에 따라 그 제품에 대한 수요의 공간범위도 달라진다. 높은 위계의 제품에 대한 수요는 넓은 공간에 걸쳐 발생하는 데 비해 낮은 위계의 제품에 대한 수요는 상대적으로 좁은 공간에서 발생한다. 위에서 언급한 동사무소와 구청 및 시청 그리고 중앙행정부처를 생각해본다면 동사무소는 낮은 위계의 행정서비스이고, 구청이나 시청은 중간위계의 행정서비스 그리고 행정부처는 높은 위계의 행정서비스라고 할 수 있다.

또한 낮은 위계의 제품은 소비자들이 빈번하게 제품을 소비하기 때문에 사회 전반에 걸쳐 많은 수요가 존재하며, 그 수요를 충족시키기 위해 다수의 생산자가 제품을 공급한다. 다수의 생산자가 수요를 분담하기 때문에 낮은 위계의 제품에 대한 최소수요요구량은 높은 위계에 비해 크지 않으며, 결과적으로 생산자가 담당하는 시장범위도 공간적으로 좁다. 중심지이론에서 생산자는 제품이 공급되는 장소로서의 의미를 갖기 때문에 낮은 위계의 제품이 다수의 생산자에 의해 공급된다는 것은 바로 다수의 지점에서 제품이 공급됨을 가리킨다. 그러나 높은 위계의 제품은 소비 빈번도가 낮기 때문에 제품의 최소수요요구량을 확보하기 위해서는 공간적으로 넓은 시장을 확보해야 한다. 또한 제품의 시장범위가 넓기 때문에 전체적으로 생산자의 수는 적게 되고 결과적으로 제품은 소수의 지점에서만 공급되게 된다.

표 2-1 소비 빈번도에 의한 제품 구분

소비 빈번도	제품위계	도달거리	최소수요 요구량	생산자	예
높은 제품	낮은 위계	짧음	작음	많음	우유와 야채, 커피 등의 식음료품, 동사무소 수준의 행정서비스 등
…	…	…	…	…	
중간 제품	중간 위계	중간	중간	중간	서적, 의류제품, 컴퓨터 소프트웨어, 연극, 구청이나 시청 수준의 행정서비스 등
…	…	…	…	…	…
낮은 제품	높은 위계	김	큼	적음	자동차, 주택, 중앙행정부처 수준의 행정서비스 등

위에서 언급하였듯이 높은 위계의 제품은 소수의 지점에서 공급되는 반면 낮은 위계의 제품은 많은 지점에서 공급된다. 그러면 각 생산자들은 어떻게 그들의 입지를 결정하는가? 일반적으로, 생산자들은 개별적으로 공간에 분산하여 입지하기보다는 특정 지점에 서로 모여 입지하려는 경향이 높다. 왜냐하면 다양한 생산자들이 한 곳에 집적할 때 공공시설의 공동소비로 인한 비용절감이나 집적경제로 인한 생산성 향상 등의 경제적 편익이 발생하기 때문이다. 크리스탈러는 생산자들이 집적하려는 공간을 중심지(central place)라고 명명하였다.

중심지의 주 기능은 바로 중심지 주변 사람들에게 다양한 제품을 공급하는 데 있다. 제품에 위계가 있듯이 중심지에도 중요도와 영향범위에 따라 위계가 존재한다. 높은 위계의 중심지란 위계가 높은 제품을 공급하는 장소이며, 낮은 위계의 중심지는 낮은 위계의 제품을 공급하는 장소이다. 그리고 위계가 높은 중심지는 소수이지만 위계가 낮은 중심지는 다수 존재한다. 여기서의 관심은 다양한 위계의 중심지들이 공간적으로 어떻게 배열될 것인가 하는 것이다. 이에 대해 크리스탈러는 이른 바 포섭원리(nested principle)가 작용함을 지적하였다. 포섭원리란 어떤 위계의 중심지는 그의 위계에 해당하는 제품을 공급할 뿐만 아니라 그보다 낮은 위계의 모든 제품도 함께 공급함을 가리키는 원리이다. 따라서 이 원리에 의하면 위계가 높은 중심지는 높은 위계의 제품을 공급하며 공급하는 제품도 다양한 반면, 낮은 위계의 중심지는 낮은 위계의 제품만을 공급하며 공급하는 제품의 수도 한정적이고 적다. 이러한 원리가 작용할 때 생산자들의 입지는 예를 들어 표 2-2와 같다고 할 수 있다.

표 2-2는 가상의 10개 제품과 제품별 생산자가 입지한 중심지를 보여주고 있다. 표에서 제품들은 그들의 최소수요요구량의 크기에 따라 정리되었으며, 최소수요요구량은 제품 1이 가장 크고 제품 10이 가장 작다. 또한 중심지들도 위계에 따라 중심지 A, 중심지 B 그리고 중심지 C로 나뉘었다. 편의상 중심지 A를 대도시로, 중심지 B를 지방의 시급 도시로 그리고 중심지 C를 농촌도시의 읍급 도시로 생각해 보자. 표에 보이듯이 중심지 A에서는 모든 제품이 공급되는 반면 중심지 C에서는 낮은 위계의 제품(제품 8,9,10)만 공급된다. 표는 위계가 다른 제품들이 어떤 중심지에서 공급되는가를 보여주고 있다.

최소수요요구량이 가장 큰 제품 1의 생산자는 가장 넓은 시장을 확보할 수 있는 곳에 입지하게 된다. 따라서 제품 1의 생산자가 입지한 중심지 A가 바로 가장 높은 위계의 중심지가 되는 것이다. 만일 '어떤 국가에서 중심지 A와 같은 중심지는 몇 개가 적정한 것인가?'라는 질문이 있다면, 이에 대한 답은 바로 제품에 대한 수요의 크기에 따라 달라진다는 것이다. 예를 들어 제품 1의 최소수요요구량이 100만 명의 수요이고, 그 국가의 전체인구가 500만 명이라고 한다면 중심지 A와 같은 중심지는 5개가 적정한 것이라 할 수 있다.

표 2-2에서 제품 2와 3은 비록 제품 1보다는 최소수요요구량이 적지만 가장 큰 중심지 A에만 입지하게 된다. 그러면 왜 제품 2와 3은 하위위계의 중심지 B와 C에서 공급되지 않는가? 그것은 바로 중심지 A 이외의 지역에 존재하는 제품 2와 3에 대한 수요가 그들의 최소수요요구량보다 적기 때문이다. 그러므로 제품 2와 3을 공급하는 생산자가 중심지 B와 C에 입지하게 되면 수요가 충분하지 못해 손해가 발생되고, 결과적으로 생산자는 생산을 중단하게 된다. 그러면 제품 4의 경우를 살펴보자. 제품 4는 중심지 A와 중심지 B에 동시에 입지하고 있다. 제품 4의 최소수요요구량이 상위위계의 제품보다 적다는 것은 수요의 공간적 범위가 상대적으로 좁다는 것을 의미한다. 바꾸어 말하면, 상대적으로 시장범위가 좁다는 것은 제품 4의 생산자가 중심지 A에만 입지하였을 때 제품이 공급되지 않은 지역이 상대적으로 넓음을 가리키는 것이다. 그리고 제품이 공급되지 않은 지역에서의 수요가 그의 최소수요요구량 이상이 될 때 생산자는 중심지 B에 진출하게 된다. 위계 측면에서 제품 4와 같은 제품을 위계적 한계 제품(hierarchical marginal good)이라고 한다. 표에서는 제품 4와 같이 제품 8도 위계적 한계 제품이다.

생산자들은 제품의 최소수요요구량과 공간에 존재하는 수요를 고려하여 최적의 중심지에 입지하게 된다. 이러한 현상은 우리 주변에서 쉽게 찾아 볼 수 있다. 예를 들어, 우리나라의 신도시 개발과정과 인구성장을 살펴보자. 도시의 인구규모는 바로 제품에 대한 수요의 규모라고 할 수 있다. 왜냐하면 인구규모와 구매력 규모는 서로 밀접한 관계를 갖기 때문이다. 따라서 도시의 인구가 증가할 때 도시의 구매력은 증가하게 되는 것이고, 그에 따라 제품에 대한 수요규모도 커지는 것이다. 신도시는 일반적으로 장기간에 걸쳐 건설되므로 건설 초기에는 많은 사람들이 입주하지 않는다. 이는 건설 초기단계에서 신도시 내에 존재하는 제품의 수요규모가 크지 않음을 가리키는 것이다. 그 결과 입주한 주민들에게 높은 위계의 제품은 공급되지 않고, 신도시의 주민들은 인근 도시로 가서 높은 위계의 제품을 구입하게 된다. 그러나 신도시 건설이 완료되고 주민들이 모두 입주하게 되면 신도시 내 수요는 커지게 되고, 이에 따라 높은 위계의 제품들을 공급하는 생산자가 들어오게 된다. 이렇게 될 때 신도시 내 주민들이 높은 위계의 제품을 구입하기 위해 인근 도시로 이동하는 현상은 없어지게 된다. 이와 같이 생산자는 공간에 존재하는 수요와 그들의 최소수요요구량을 고려하여 입지할 중심지를 결정하게 된다.

표 2-2 제품의 위계와 중심지 위계

최소수요 요구량	제품	높은 위계 ◀——▶ 낮은 위계		
		중심지 A	중심지 B	중심지 C
높음	제품 1	●		
▲	제품 2	●		
	제품 3	●		
	제품 4	●	●	
	제품 5	●	●	
	제품 6	●	●	
	제품 7	●	●	
	제품 8	●	●	●
▼	제품 9	●	●	●
낮음	제품 10	●	●	●

2.3 크리스탈러(Christaller)의 공간구조 원리

표 2-2와 같이 공급되는 제품의 위계에 따라 중심지들의 위계는 결정되고, 공간상에서 중심지들이 체계적으로 배열될 때 도시나 지역의 공간구조가 외적으로 나타나게 된다. 이에 대해 크리스탈러는 중심지체계가 매우 규칙적인 원리에 의해 형성됨을 주장하였다. 먼저 그는 중심지체계에서 각 위계의 중심지 간에는 고정된 관계가 존재하며, 그 관계는 k-value로 특징지을 수 있다고 하였다.(여기서 k는 상수를 의미한다.) k-value는 각 중심지의 시장 안에서 형성되는 낮은 위계의 중심지와 시장의 수를 가리키며, 이를 식으로 표현하면 다음과 같다.

$$k = \frac{(h-1)\text{위계 시장(또는 중심지)의 수}}{h\text{위계 시장(또는 중심지)의 수}}, \qquad \ldots\text{식 (2-10)}$$

h : 중심지의 위계.

크리스탈러는 구체적으로 다음과 같이 3원리에 의해 중심지체계가 형성된다고 보았다.

- k=3 원리: 시장원리(market principle)
- k=4 원리: 교통원리(traffic principle)
- k=7 원리: 행정원리(administrative principle)

각 원리에 대한 설명과 각 원리별 중심지체계에 대해 살펴보자.

2.3.1 $k = 3$ 원리

k=3 원리는 일명 시장의 원리라고 하는데, 그 이유는 최소의 중심지로 최대의 소비자들에게 제품을 공급하는 원리이기 때문이다. k=3 원리에 의해 이루어지는 중심지체계의 형성과정은 그림 2-9에 제시된 바와 같다. 먼저 그림(a)에서 중심지 A는 가장 위계가 높은 중심지이다. 따라서 중심지 A에

서는 모든 제품이 공급된다. 여기서 표 2-2의 제품 4와 같은 위계적 한계 제품을 공급하는 어떤 생산자가 중심지 A 이외의 지역에서 존재하는 수요가 그의 최소수요요구량 이상이라고 할 때 그는 어느 곳에 입지하겠는가? 그 생산자는 기존의 중심지 A에서 가장 먼 장소로 이동하여 입지하려고 할 것이다. 왜냐하면 기존 중심지에서 멀어질 때 생산자는 더 많은 수요를 확보할 수 있기 때문이다. 따라서 위계적 한계 제품의 생산자는 중심지 A의 정육각형 중심에서 가장 먼 위치, 즉 꼭짓점에 위치하여 그의 시장을 확보하려 할 것이다. 이 경우 중심지 B의 형성은 그림(a)에 보이는 바와 같으며, 꼭짓점에 형성되는 중심지 B는 중심지 A의 하위위계의 중심지가 된다. 물론 생산자들의 경쟁으로 인해 중심지 B의 시장도 정육각형 형태가 된다.

그림 2-9에서 알 수 있듯이 중심지 A의 정육각형에서 모든 꼭짓점은 다른 두 개의 중심지 A와 접하고 있다. 따라서 중심지 B에 위치한 생산자가 담당하는 시장범위는 3개의 상위 위계의 중심지 A에 걸쳐 있게 된다. 이러한 과정을 모든 제품에 대해 전개하면 중심지 A와 B 그리고 C로 이루어지는 중심지체계는 그림(b)와 같다. 그림에서 나타나는 k=3 원리의 중심지체계에서 상위 중심지와 하위 중심지 간의 중심지의 수와 시장의 수의 관계를 살펴보자. 식 (2-10)에 의하면 중심지 A의 시장 내 하위위계의 중심지 B의 중심지와 시장의 수는 각각 3개씩 존재하게 된다.

중심지 위계별 중심지수와 시장수는 그림에서도 확인할 수 있다. 중심지 A의 육각형 시장 내 중심지 B의 시장은 3개, 즉 중앙에 한 개와 6꼭짓점에서 형성되는 시장 2개가 존재한다. 6개 꼭짓점에서 형성되는 시장이 2개인 이유는 바로 각 꼭짓점에서 이루어지는 중심지 B의 시장이 3개의 상위 중심지에 분담되기 때문이다. 그러므로 중심지 A 내 중심지 B의 시장수는 3개(1+6/3 = 3)가 된다. 단, 중심지 B는 이미 중심지 A에 포함되어 있기 때문에 A 시장 내 존재하는 중심지 B의 수는 2개이다.

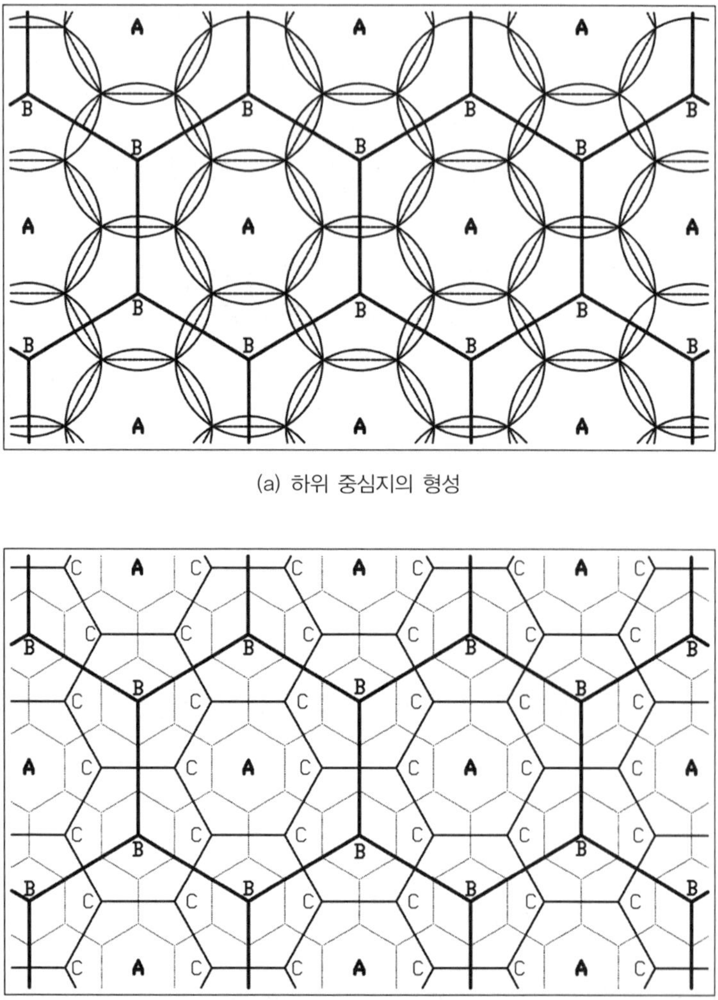

(a) 하위 중심지의 형성

(b) 중심지체계

그림 2-9 시장원리(k=3 체계)에 의한 중심지체계

k=3 원리에 의한 중심지체계에서 위계별 중심지들 간의 거리는 다음과 같이 계산된다. 먼저 식 (2-8)을 이용해 계산되는 중심지 A가 담당하는 시장면적을 S_A라고 할 때 중심지 B의 시장면적은 $\frac{S_A}{3}$이 된다. 왜냐하면 언급

하였듯이 중심지 A의 시장은 3개의 중심지 B의 시장으로 구성되기 때문이다. 그리고 중심지 A와 B의 시장면적으로부터 중심지 B에서 공급되는 위계적 한계 제품의 도달거리($d_B^{*,mkt}$)는 아래의 식과 같이 계산된다.

$$S_B^{mkt} = \frac{S_A}{3} = \frac{3\sqrt{3}}{2}\left(d_B^{*,mkt}\right)^2, \ S_A = \frac{3\sqrt{3}}{2}\left(d_A^*\right)^2, \qquad \text{...식 (2-11)}$$

S_B^{mkt} : 시장원리에서 하위위계의 중심지 B의 시장면적,

d_A^* : 중심지 A에서만 공급되는 제품의 도달거리,

$d_B^{*,mkt}$: 시장원리에서 중심지 B의 위계에 해당하는 제품의 도달거리.

위의 식에서 $d_B^{*,mkt}$를 d_A^*의 관점에서 표현하면 다음과 같다.

$$d_B^{*,mkt} = \frac{1}{\sqrt{3}} d_A^*. \qquad \text{...식 (2-12)}$$

그러므로 중심지 B간 거리는 식 (2-9)와 식 (2-12)로부터 다음과 같이 계산된다.

$$D_{BB}^{mkt} = d_A^*, \qquad \text{...식 (2-13)}$$

D_{BB}^{mkt} : 시장원리에서 하위 중심지 B들 사이의 거리.

위와 같은 과정을 상위위계의 중심지부터 하위위계의 중심지까지 적용하면 k=3 원리에서 위계별 중심지들의 수와 시장수, 시장면적, 중심지 사이의 거리 등이 표 2-3과 같이 구체적으로 도출된다.

표 2-3 k=3 원리에 의한 중심지체계

위계별 중심지	중심지 간격	도달거리	시장면적	시장수	중심지수
A	$\sqrt{3}\cdot d_A^*$	d_A^*	S_A	1	1
B	d_A^*	$\frac{d_A^*}{\sqrt{3}}$	$\frac{S_A}{3}$	3	2
C	$\frac{d_A^*}{\sqrt{3}}$	$\frac{d_A^*}{3}$	$\frac{S_A}{9}$	9	6
D	$\frac{d_A^*}{3}$	$\frac{d_A^*}{3\sqrt{3}}$	$\frac{S_A}{27}$	27	18

• 중심지 A: 대도시, 중심지 B: 중소 시급 도시, 중심지 C: 읍사무소 소재, 중심지 D: 면사무소 소재

2.3.2 $k=4$ 원리

앞에서 설명한 k=3 원리에 의한 중심지체계는 교통 흐름의 측면에서 볼 때 비효율적이라 할 수 있다. 왜냐하면 중심지들을 연결하는 도로(route)의 노선이 지그재그(zig-zag)의 형태로 나타나기 때문이다. 이는 중심지들의 연결노선이 불필요하게 돌아가게 하는 문제가 있음을 가리키는 것이다. 이에 대해 크리스탈러는 중심지들의 형성에는 시장의 원리 이외에도 교통의 원리가 작용함을 주장하였다. 교통원리는 k=4 원리로 표현되기도 한다. 교통원리는 그림 2-10에서 보이듯이 동급위계의 중심지를 직선으로 연결하는 노선상에 하위위계의 중심지들이 입지하는 원리이다. 이렇게 형성된 중심지체계는 이동 측면에서 k=3 원리에서 이루어지는 중심지체계보다 저렴하고 효율적이라고 할 수 있다.

교통원리에 의해 이루어지는 중심지체계는 그림 2-10의 그림(b)와 같다. 하위 중심지는 그림에서 보이는 바와 같이 2개의 상위위계의 중심지에 의해 분담되며, 중심지의 수는 k=3 체계에 비해 더 많이 형성된다. 좀 더 구체적으로 설명하면, 중심지 A내에 포함된 중심지 B의 시장은 중앙에 위치한 시장 한 개와 6개변에서 형성된 중심지 시장 3개가 존재한다. 6개변에

서 형성되는 시장이 3개인 이유는 바로 각 변에서 중심지 B의 시장은 2개의 중심지 A에 의해 분담되기 때문이다. 그러므로 중심지 A 내 중심지 B의 시장수는 총 4개($1+\frac{6}{2}=4$)가 된다. 단, 중심지 B의 중심지수는 3개 존재한다. 왜냐하면 중앙에 위치하는 중심지 B는 이미 중심지 A에 포함되어 있기 때문이다.

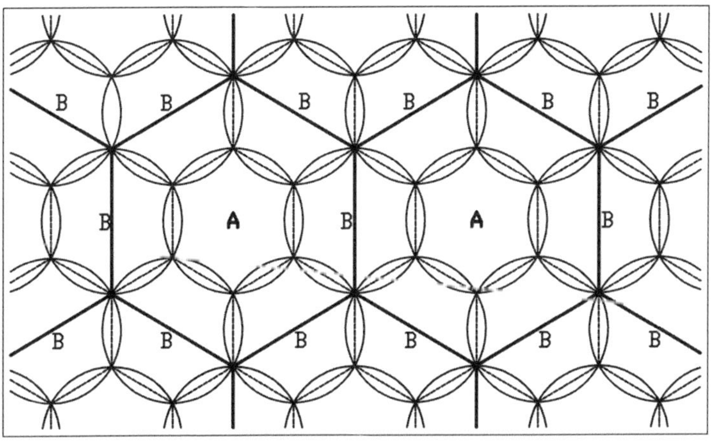

(a) 하위 중심지의 형성

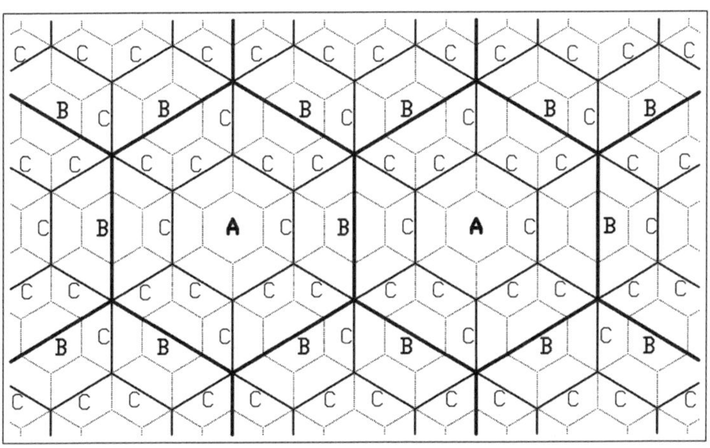

(b) 중심지체계

그림 2-10 교통원리(k=4 체계)에 의한 중심지체계

k=4 원리에 의한 중심지체계에서 위계별 중심지들 사이의 거리는 k=3 원리에서와 마찬가지로 중심지들의 시장면적으로부터 도출된다. 예를 들어 중심지 B의 시장면적은 중심지 A의 시장면적의 1/4이므로 이를 식으로 표현하면 다음과 같다.

$$S_B^{traffic} = \frac{S_A}{4} = \frac{3\sqrt{3}}{2}\left(d_B^{*,traffic}\right)^2, \quad S_A = \frac{3\sqrt{3}}{2}\left(d_A^*\right)^2, \quad \text{...식 (2-14)}$$

$S_B^{traffic}$: 교통원리에서 하위위계의 중심지 B의 시장면적,

d_A^*: 중심지 A에서만 공급되는 제품의 도달거리,

$d_B^{*,traffic}$: 교통원리에서 중심지 B의 위계에 해당하는 제품의 도달거리.

위의 식에서 $d_B^{*,traffic}$을 d_A^*의 관점에서 표현하면,

$$d_B^{*,traffic} = \frac{1}{2}d_A^*. \quad \text{...식 (2-15)}$$

그러므로 중심지 B들의 거리는 식 (2-9)와 식 (2-15)로부터 다음과 같이 계산된다.

$$D_{BB}^{traffic} = \frac{\sqrt{3}}{2}d_A^*, \quad \text{...식 (2-16)}$$

$D_{BB}^{traffic}$: 교통원리에서 하위 중심지 B들 사이의 거리.

위와 같은 과정을 상위위계의 중심지부터 하위위계의 중심지까지 적용하면 k=4 원리에 의한 중심지체계가 표 2-4와 같이 구체적으로 도출된다.

표 2-4 k=4 원리에 의한 중심지체계

위계별 중심지	중심지 간격	도달거리	시장면적	시장수	중심지수
A	$\sqrt{3}\cdot d_A^*$	d_A^*	S	1	1
B	$\frac{\sqrt{3}\,d_A^*}{2}$	$\frac{d_A^*}{2}$	$\frac{S}{4}$	4	3
C	$\frac{\sqrt{3}\,d_A^*}{4}$	$\frac{d_A^*}{4}$	$\frac{S}{16}$	16	12
D	$\frac{\sqrt{3}\,d_A^*}{8}$	$\frac{d_A^*}{8}$	$\frac{S}{64}$	64	48

• 중심지 A: 대도시, 중심지 B: 중소 시급 도시, 중심지 C: 읍사무소 소재, 중심지 D: 면사무소 소재

2.3.3 $k=7$ 원리

k=7 원리는 행정 측면에서 중심지체계의 형성을 살펴보는 것이기 때문에 행정원리라고 부른다. 행정원리는 높은 위계의 정육각형 안에 낮은 위계의 중심지들이 모두 입지하는 원리이다. 앞에서 설명한 k=3이나 k=4 원리에서는 중심지들의 시장이 3개 또는 2개의 상위 중심지들에 의해 분담되었다. 그러나 이러한 분담은 행정의 경우 적용될 수 없는 개념이다. 왜냐하면 행정이란 관할지역의 행정기관에 의해 독립적으로 이루어지는 것이기 때문이다. 예를 들어 우리나라 경기도에 속한 도시에 대한 광역 행정서비스는 경기도에 의해 이루어지는 것이지 그 도시가 충청북도와 충청남도에 연접하였다고 해서 그 도시를 3부분으로 나누어 3도청이 행정서비스를 제공하지는 않는다. 이러한 측면에서 볼 때 하위 중심지에 대한 상위위계의 중심지들의 분담은 행정 분야에서는 가능하지 않은 것이다. 이것이 바로 k=7 원리의 핵심이다. 행정의 원리에 의한 중심지체계는 그림 2-11과 같이 하위 중심지의 시장들이 인근 상위 중심지와 분담 없이 오로지 상위 중심지 내에서만 형성한다는 특징을 갖는다.

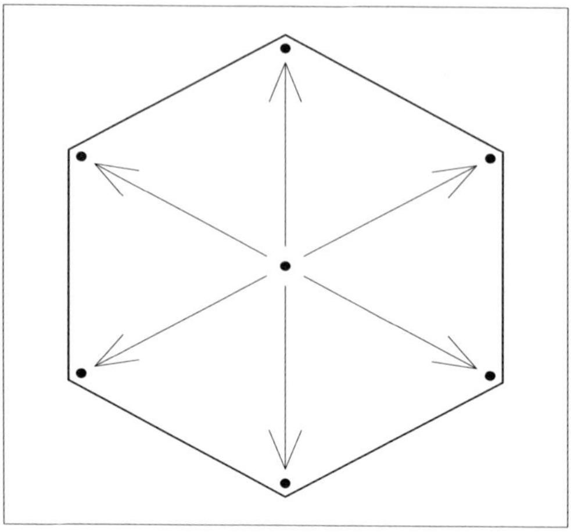

그림 2-11 행정원리(k=7 체계)에 의한 중심지체계

k=7 원리에서 위계별 중심지들 간의 거리는 앞에서 설명한 k=3과 k=4의 경우와 마찬가지로 중심지들의 시장면적으로부터 계산된다. 예를 들어 중심지 B의 시장면적은 중심지 A의 시장면적의 1/7이다. 이를 식으로 표현한다면 다음과 같다.

$$S_B^{adm} = \frac{S_A}{7} = \frac{3\sqrt{3}}{2}\left(d_B^{*,adm}\right)^2, \quad S_A = \frac{3\sqrt{3}}{2}\left(d_A^*\right)^2, \qquad \text{...식 (2-17)}$$

S_B^{adm}: 행정원리에서 하위위계의 중심지 B의 시장면적,

$d_B^{*,adm}$: 행정원리에서 중심지 B의 위계에 해당하는 제품의 도달거리.

위의 식에서 $d_B^{*,adm}$를 d_A^*의 관점에서 표현하면,

$$d_B^{*,adm} = \frac{1}{\sqrt{7}} d_A^*. \qquad \text{...식 (2-18)}$$

그러므로 식 (2-9)과 식 (2-18)로부터 각 중심지 B들 사이의 거리는 다음과 같이 표현된다.

$$D_{BB}^{adm} = \frac{\sqrt{3}}{\sqrt{7}} d_A^*, \quad \cdots \text{식 } (2-19)$$

D_{BB}^{adm} : 행정원리에서 하위 중심지 B들 사이의 거리.

위와 같은 과정을 상위위계의 중심지부터 하위위계의 중심지까지 적용하면 표 2-5에 제시되었듯이 k=7 원리에 의한 중심지체계가 구체적으로 계산된다.

표 2-5 k=7 원리에 의한 중심지체계

위계별 중심지	중심지 간격	도달거리	시장면적	시장수	중심지수
A	$\sqrt{3} \cdot d_A^*$	d_A^*	S_A	1	1
B	$\frac{\sqrt{3}\, d_A^*}{\sqrt{7}}$	$\frac{d_A^*}{\sqrt{7}}$	$\frac{S_A}{7}$	7	6
C	$\frac{\sqrt{3}\, d_A^*}{7}$	$\frac{d_A^*}{7}$	$\frac{S_A}{49}$	49	42
D	$\frac{\sqrt{3}\, d_A^*}{7\sqrt{7}}$	$\frac{d_A^*}{7\sqrt{7}}$	$\frac{S_A}{343}$	343	294

• 중심지 A: 대도시, 중심지 B: 중소 시급 도시, 중심지 C: 읍사무소 소재, 중심지 D: 면사무소 소재

2.4 중심지들의 공간적 배열

중심지이론의 핵심은 본 장 서론부분에서 언급하였듯이 공간구조 형성의 원리와 위계별 중심지들의 간격(spacing)과 공간적 배열(sequence)에 대한 규칙성을 찾는 것이다. 중심지들 사이의 간격에 대해서는 원리별로 표 2-3에서 표 2-5까지 제시되었으므로 본 절에서는 위계별 중심지들의 배열을 k=3 원리와 k=4 원리에 초점을 맞추어 설명하기로 한다.

2.4.1 $k=3$ 원리에서 중심지들의 공간적 배열

그림 2-9의 그림(b)에서 중앙에 위치한 중심지 A를 원점으로 하여 30° 씩 방사형으로 선을 그으면 전체공간은 12개 부분으로 나눠진다. 그리고 각 선상에 위치한 중심지들을 살펴보면 중심지들의 공간적 배열은 다음과 같이 어떤 규칙이 있음을 알 수 있다.

- 0° 선 : A-C-C-A-C-C-A
- 30°선 : A-B-B-A-B-B-A
- 60°선 : A-C-C-A-C-C-A
- 90°선 : A-B-B-A-B-B-A

……………………………………

- 240°선 : A-C-C-A-C-C-A
- 270°선 : A-B-B-A-B-B-A
- 300°선 : A-C-C-A-C-C-A
- 330°선 : A-B-B-A-B-B-A

위와 같은 중심지들의 배열을 제1 사분면에 한해 그림으로 표현하면 그림 2-12와 같고, 중심지들의 공간적 배열은 사실 모든 사분면에서 동일하게 나타난다. 왜냐하면 공간은 끝없이 펼쳐지는 동질의 공간으로 가정되었기 때문이다. k=3 원리의 중심지체계는 그림에서 보이듯이 I부분과 II부분이 반복해서 나타나는 대칭적 구조로 특징지을 수 있다. 따라서 도시나 지역의 공간구조가 크리스탈러가 제시한 k=3 원리에 의해 형성된다면 지역간 불균형이나 도시 또는 지역 내 공간구조의 차이는 없게 된다.

중심지의 공간적 배열이 현실에 어떻게 나타나는지 생각해 보자. 우리나라 경부 축에 위치한 대도시의 배열을 생각해 보면 서울-대전-대구-부산의 배열이 된다. 여기서 서울과 부산을 동일한 위계의 중심지로 간주한다면 우리나라 경부 축의 국토의 공간구조는 개략적으로 k=3 원리(A-C-C-A)를 따른다고 할 수 있다.(물론 여기서 부산시의 위계를 무엇으로 볼 것인가는 분석자가 판단해야 한다.)

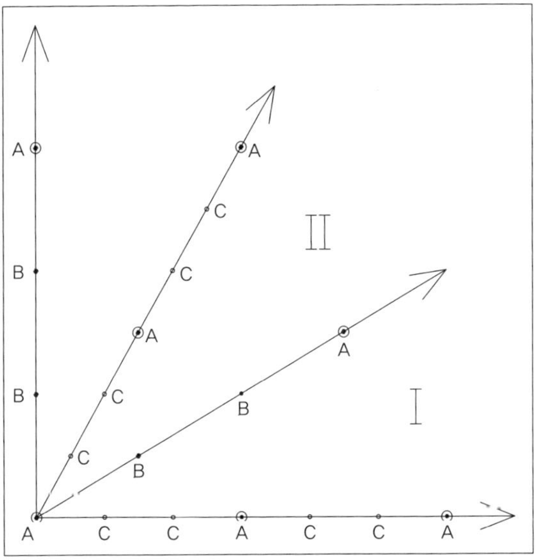

그림 2-12 *k*=3 체계에서의 중심지 배열

만일 중심지들의 위계를 3등급이 아니라 4등급(A, B, C, D)으로 구분하면 중심지들의 공간적 배열은 다음과 같다.

- 0° 선 : A–D–D–B–D–D–B–D–D–A
- 30°선 : A–B–B–A–B–B–A–B–B–A
- 60°선 : A–D–D–B–D–D–B–D–D–A
- 90°선 : A–B–B–A–B–B–A–B–B–A

....

- 240°선 : A–D–D–B–D–D–B–D–D–A
- 270°선 : A–B–B–A–B–B–A–B–B–A
- 300°선 : A–D–D–B–D–D–B–D–D–A
- 330°선 : A–B–B–A–B–B–A–B–B–A

위와 같이 중심지들을 4등급으로 구분해도 공간구조는 대칭구조임을 알 수 있다. 따라서 k=3 원리에 의해 형성되는 공간구조는 중심지들의 등급의 구분에 관계없이 대칭구조이다.

2.4.2 $k = 4$ 원리에서 중심지들의 공간적 배열

위의 k=3 원리와 마찬가지로 k=4 원리에 의해 형성된 중심지체계에서 중심지들의 공간적 배열에 대해 살펴보자. 그림 2-10의 그림(b)에서 중심지 A를 원점으로 하여 30°씩 방사형으로 선을 긋고, 각 선에 위치한 중심지들을 살펴보면, 각 선상에 위치한 중심지들의 배열은 아래와 같을 것이다. 여기서도 k=3 원리와 마찬가지로 중심지들의 배열에는 어떤 규칙성이 존재함을 알 수 있다.

- 0°선 : A–C–B–C–A–C–B–C–A
- 30°선 : A–C–B–C–A–C–B–C–A
- 60°선 : A–C–B–C–A–C–B–C–A
- 90°선 : A–C–B–C–A–C–B–C–A

······································

- 240°선 : A–C–B–C–A–C–B–C–A
- 270°선 : A–C–B–C–A–C–B–C–A
- 300°선 : A–C–B–C–A–C–B–C–A
- 330°선 : A–C–B–C–A–C–B–C–A

위와 같은 중심지들의 배열을 제1 사분면에 한해 그림으로 표시하면 그림 2-13과 같다. 물론 제1 사분면에 제시된 중심지들의 배열은 모든 사분면에서 동일하게 나타나는 것이다. 여기서도 알 수 있듯이 k=4 원리에 의한 중심지체계는 k=3 원리의 경우와 마찬가지로 I부분과 II부분이 반복해서 나타나는 대칭적 구조로 특징지을 수 있다. 그러므로 공간구조가 k=4 원리에 의해 형성된다면, k=3과 마찬가지로 지역간 불균형이나 지역 또는 도시내 공간구조의 차이는 없게 된다.

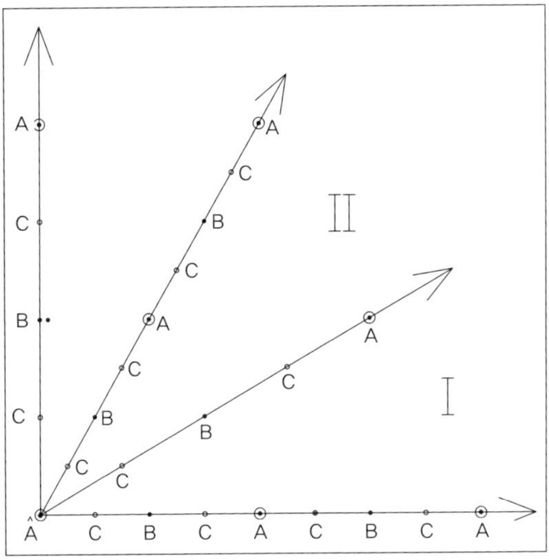

그림 2-13 k=4 체계에서의 중심지 배열

앞에서와 마찬가지로 중심지들의 위계를 3등급이 아니라 4등급으로 구분하면 k=4 원리에서 중심지들의 공간적 배열은 다음과 같다.

- 0°선 : A–D–C–D–B–D–C–D–A
- 30°선 : A–D–C–D–B–D–C–D–A
- 60°선 : A–D–C–D–B–D–C–D–A
- 90°선 : A–D–C–D–B–D–C–D–A

……………………………………………

- 240°선 : A–D–C–D–B–D–C–D–A
- 270°선 : A–D–C–D–B–D–C–D–A
- 300°선 : A–D–C–D–B–D–C–D–A
- 330°선 : A–D–C–D–B–D–C–D–A

위에서 알 수 있듯이 등급에 관계없이 k=4 원리에서 공간구조는 대칭구조이다. 따라서 크리스탈러의 중심지이론에서 제시되는 공간구조는 대칭구조의 특징을 갖는다.

2.5 교통기술의 발달과 중심지체계의 변화

앞 절에서 설명한 중심지체계에서 교통기술이나 교통시설의 투자로 인해 접근성이 향상이 되었다고 해보자. 그러한 접근성의 향상이 중심지들의 간격과 공간적 배열에 어떠한 영향을 미치는지 살펴보자. 설명의 편의를 위해 k=4 원리에 의해 형성된 3위계(A–B–C)의 중심지체계를 생각해 보자. 앞에서 자세히 설명하였듯이, k=4 원리에서는 최상위의 중심지 A 사이 중앙에 하위위계의 중심지 B가 있으며 중심지 A와 중심지 B 사이에 가장 낮은 위계의 중심지 C가 위치하게 된다.

여기서 교통기술의 발달로 인해 교통요율이 낮아졌다면 그로 인해 나타나는 변화는 가장 먼저 식 (2–3)에서 알 수 있다. 즉, 접근성 향상으로 교통요율이 작아져서 제품에 대한 수요 식의 기울기는 그림 2–14에서 보이듯이 완만해진다. 완만해진 수요 식의 기울기는 중심지에서 멀리 떨어질수록 소비자의 소비가 증가됨을 가리킨다. 왜냐하면 중심지에서 멀어질수록 그만큼 절감되는 교통비가 크기 때문이다. 따라서 중심지 A에서 공급되는 제품 측면에서 볼 때 교통비 절감으로 인해 수요가 가장 크게 증가하는 위치는 바로 중심지 B가 되는 반면, 중심지 A에서의 소비변화는 없게 된다.

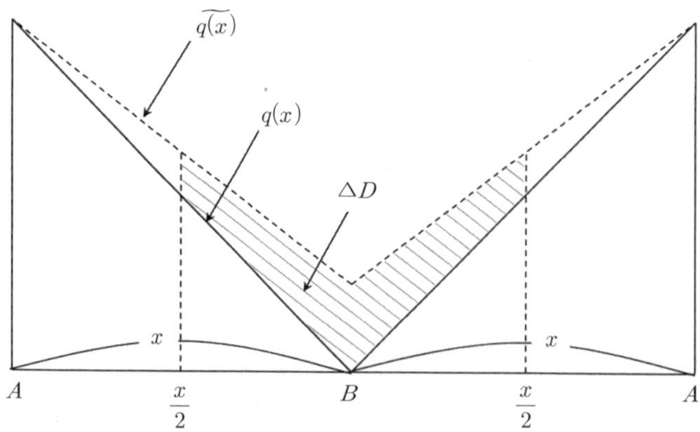

그림 2–14 접근성 향성으로 인한 거리별 수요변화(k=4 체계의 경우)

중심지 B에서 접근성이 향상될 때, 중심지 B에서 일어나는 수요 증가를 평면적으로 나타내면 그림 2-14와 같다. 그리고 이를 식으로 표현하면 다음의 식과 같다. 식에서 2를 곱해 주는 것은 바로 교통기술의 발달효과가 중심지 B의 좌우에서 동시에 일어나기 때문이다.(여기서는 중심지로부터 떨어진 거리를 x로 표시하기로 한다.)

$$\Delta D_B = 2\int_{\frac{x^*}{2}}^{x^*} \Delta D_x dx,\quad \Delta D_x = \widetilde{q(x)} - q(x), \qquad \text{...식 (2-20)}$$

ΔD_B : 접근성 향상으로 인해 중심지 B에 평면적으로 증가하는 수요,

$\widetilde{q(x)}$: 접근성 향상으로 인해 변화된 수요함수,

x^* : 중심지 A에서 공급되는 제품의 도달거리,

$q(x)$: 기존의 수요함수,

x : 중심지 A로부터 떨어진 거리.

공간을 동질적 공간으로 전제한다면 위의 식에 의해 계산된 ΔD_B의 면적을 360° 회전시키면 중심지 B에서 증가되는 수요의 총량이 계산된다. 이를 그림으로 나타내면 그림 2-15와 같다.

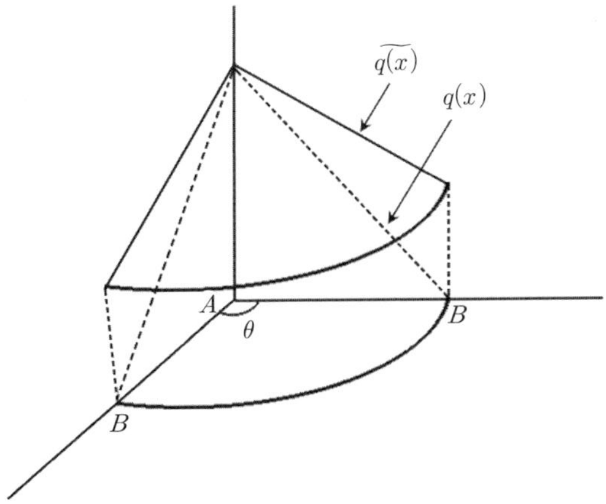

그림 2-15 중심지 B에서 증가되는 총수요

위의 그림 2-15는 그림 2-14에서 빗금 친 부분의 평면 수요를 360° 회전시키므로 접근성 향상으로 중심지 B에서의 증가된 총수요($\triangle D_{total,B}$)가 계산된다. 이를 식으로 표현하면 다음과 같다.

$$\triangle D_{total,B} = 2\int_{0}^{2\Pi}\int_{\frac{x^*}{2}}^{x^*}\triangle D_x dx d\theta. \qquad \text{...식 (2-21)}$$

여기서 중요한 것은 증가된 수요($\triangle D_{total,B}$)와 제품의 최소수요요구량과의 비교이다. 왜냐하면 비교에 따라 중심지 B의 위계가 달라질 수 있기 때문이다. 먼저 증가된 수요가 최소수요요구량보다 클 때($\triangle D_{total,B} \geq D_{threshold,B}$인 경우), 중심지 B에는 중심지 A에서 공급하던 제품이 공급됨으로 인해 중심지 B의 위계는 상승하게 된다. 이렇게 될 때 중심지 C의 위계는 어떻게 될 것인가? 동일한 논리에 의해 중심지 C에서도 중심지 B에 공급되는 제품수요가 그의 최소수요요구량만큼 증가된다면, 결국 중심지 C도 중심지 B로 위계가 높아질 것이다.

이렇게 중심지들의 위계가 높아질 때 교통비용의 감소는 결국 모든 중심지들의 배열을 단축시키는 것으로 나타나게 된다. 결과적으로 중심지들의 공간적 배열순서는 변화가 없으며, 단지 중심지들의 간격이 좁혀지게 된다. 반면 증가된 수요가 그의 최소수요요구량보다 적을 때($\triangle D_{total,B} \geq D_{threshold,B}$인 경우), 중심지들의 위계변화는 없게 되고, 그 결과 중심지들의 간격이나 배열에도 변화가 없게 된다. 이 경우 교통기술의 향상으로 인한 수요 증가는 중심지 A가 모두 담당하게 되므로 결국 상위위계의 중심지들은 더 성장하게 된다고 할 수 있다.

만일 교통비가 0이라면 중심지체계에는 어떤 변화가 있는가? 이에 대해서는 제1장에서 설명하였듯이 교통비가 0이라면 공간경제의 단위인 도시나

지역경제는 존재하지 않으며, 공간구조도 형성되지 않는다. 왜냐하면 모든 공간은 접근성 차원에서 동일하기 때문이다. 따라서 교통비가 발생하지 않는다면 모든 공간의 위계는 동일해지며, 접근성에 따른 공간들의 차이는 없어지게 되므로 공간경제는 바로 점경제(point economy)가 되는 것이다.

2.6 요약

본 장에서는 1930년대 독일의 경제지리학자인 크리스탈러(Christaller)가 정립한 중심지이론을 5절로 구분하여 설명하였다. 중심지이론은 도시나 지역의 공간구조의 형성원리를 설명하는 간단하면서도 유용한 이론이며, 오늘날까지도 중심지이론만큼 공간구조를 분석하는 데 널리 적용되는 이론은 없다고 해도 과언이 아니다. 각 절에서 설명된 내용을 간단하게 요약하면 다음과 같다. 먼저 1절에서 중심지이론의 기본 가정과 개념에 대해 설명되었다. 중심지이론에서의 기본 가정은 생산자는 지리적으로 고정되어 있고 소비자는 이동할 수 있다는 것이다. 이는 소비자가 교통비를 지불함을 의미하는 것이다. 이러한 가정을 바탕으로 중심지이론은 소비자의 선택, 즉 어떤 생산자의 제품을 구매할 것인가에 초점이 맞추어지며, 이러한 소비자의 선택으로부터 도시나 지역 더 나아가 국토의 공간구조의 형성원리가 된다.

중심지이론이 제시하는 중심지체계에서 핵심은 바로 중심지간 간격(spacing)과 중심지들의 배열(sequence)에 대한 규칙성을 찾는 것이다. 이에 대해 2절에서는 기본 시나리오 I을 다음과 같이 3가지 시나리오로 구분하여 중심지체계의 형성에 대해 설명하였다.

- 시나리오 I-1: 단일제품 – 단일의 생산자의 경우
- 시나리오 I-2: 단일제품 – 다수의 생산자의 경우
- 시나리오 I-3: 다수제품 – 다수의 생산자의 경우

시나리오 I-1에서는 단일생산자가 담당할 수 있는 시장의 면적과 생산자가 담당할 수 있는 최대 수요량에 대해 설명하였다. 시나리오 I-2에서는 생산자들 사이에 경쟁이 존재할 때 각 생산자가 담당하는 시장은 각 변이 제품의 도달거리인 정육각형으로 형성되며, 시장의 수요는 최소수요요구량임을 설명하였다. 또한 생산자들 사이의 거리는 $\sqrt{3}\,d^*$ (d^*: 제품의 도달거리)임을 설명하였다. 시나리오 I-3은 가장 현실적인 시나리오라고 할 수 있으며, 다수의 제품들은 소비자가 제품을 소비하는 빈번도에 의해 구분되었다. 여기서 소비 빈번도는 중요하다. 왜냐하면 빈번도에 의해 제품의 위계가 결정되며, 이를 바탕으로 제품의 공급범위와 중심지들의 위계가 결정되기 때문이다. 따라서 제품에 대한 소비자의 소비 빈번도가 궁극적으로 중심지체계를 결정한다고 할 수 있다.

3절에서는 크리스탈러가 제시한 중심지체계 형성의 3 원리(k=3, k=4, k=7)와 그중 k=3 원리와 k=4 원리를 바탕으로 중심지들의 공간적 배열에 대해 설명하였다. 그리고 4절에서는 중심지들의 공간적 배열을 위계에 따라 3등급과 4등급으로 구분하여 살펴본 결과 크리스탈러가 주장한 중심지체계는 대칭적 구조임이 드러났다. 따라서 공간구조가 크리스탈러가 제시한 원리에 의해 형성된다면 지역간 불균형이나 지역 또는 도시 내 공간구조의 차이는 없게 된다. 이와 같은 대칭적 공간구조의 특징이 크리스탈러의 공간체계가 갖는 현실적인 한계라 할 수 있다.

5절에서는 교통기술의 혁신이나 교통시설의 투자로 인해 접근성이 향상되었을 때 나타나게 되는 중심지체계의 변화에 대해 설명하였다. 접근성의 향상으로 인해 중심지별로 증가되는 수요와 중심지가 제공하는 제품에 대한 최소수요요구량과의 비교를 통해 중심지체계의 변화를 설명하였다. 마지막으로 본 장의 부록에서는 독자들의 이해를 돕기 위해 우리나라 군(郡) 지역들에서 나타나는 중심지체계를 살펴보기로 한다.

부록 중심지체계의 비교: 이론과 실제

● 대상지역

크리스탈러(Christaller)의 중심지이론에서 제시하는 중심지체계의 형태와 현실적으로 나타나는 중심지체계를 비교해 보자. 단, 대상지역은 가급적 신도시 건설과 같이 정책적으로 추진된 도시가 없는 지역을 선택하여 중심지체계를 살펴보기로 한다. 이러한 대상지역의 선택은 정책적으로 추진된 신도시가 있을 경우 기존에 형성된 중심지체계를 살펴보기가 어렵기 때문이다. 여기서는 표 2-A-1에 제시된 바와 같이 전라북도 내 무주군, 진안군, 장수군 그리고 경상남도 내 거창군과 함양군을 선택하여 중심지체계를 살펴보기로 한다. 각 지역의 면적과 인구 그리고 인구밀도는 표에 제시된 바와 같다.

표 2-A-1 대상지역의 기본 현황(2004년 기준)

구 분	면적(km^2)	인구(명)	인구밀도(명/km^2)
진안군	789.09	30,877	39.13
무주군	631.76	10,515	16.64
장수군	533.64	26,933	50.47
거창군	804.12	65,769	81.79
함양군	725.07	42,070	58.02

● 중심지 위계 결정

먼저 지역 내 중심지들의 위계에 대해 살펴보자. 중심지의 위계는 앞에서 설명한 바와 같이 중심지에서 제공되는 제품의 수와 제품별 소비자의 소비빈번도를 바탕으로 결정된다. 그러나 현실적으로 중심지 위계를 제품의 수와 제품소비의 빈번도 조사를 바탕으로 중심지의 위계를 결정하기는 어렵다. 왜냐하면 이에 대한 조사자료가 거의 존재하지 않기 때문이다. 따라서 여기서는 간접방법으로 제품의 수가 아닌 시설수를 바탕으로 중심지의 위계를 구분하기로 한다. 중심지 내에 입지한 시설수에 대한 자료는 각 지방자치단체의 통계연보에서 구할 수 있다. 단, 독자가 유의해야 할 것은 중심지의 위계결정 방법은 매우 다양하며, 연구자들의 합리적이고 창의적인 방법에 의해 결정될 수 있다는 것이다. 그러므로 여기서 소개되는 중심지 위계의 결정방법은 다양한 방법 중 하나의 예를 제시한 것이라 할 수 있다. 먼저 중심지에 입지한 시설들을 Z-score를 이용하여 표준화하면 다음과 같다.

$$Z_j^c = \frac{X_j^c - \overline{X_j}}{\delta_j},$$

X_j^c : 중심지 c내 입지한 시설 j의 수,

$\overline{X_j}$: 시설 j의 평균,

δ_j : 중심지들의 시설 j의 표준편차.

Z값은 어떤 관찰 값이 그 분포의 평균으로부터 얼마나 떨어져 있는가를 표준편차 측면에서 나타내는 값이다. 만일 Z값이 0보다 크다면 중심지 내 시설수가 평균보다 많이 입지한 것이라고 말할 수 있다. 그러나 시설 j에 대한 Z값은 시설 j의 중요도, 즉 앞에서 설명한 제품의 위계와 같은 개념을 나타내지 못한다. 따라서 여기서는 시설의 중요도를 다음의 식과 같이 각 시설이 평균적으로 담당하는 인구수로 나타내기로 한다.

만일 시설당 인구수가 많으면 그 시설은 많은 수요(또는 공간적으로 넓은 수요)를 담당한다고 할 수 있고, 그 시설은 위계가 높은 제품을 공급하는 시설이라고 할 수 있다. 반면 시설당 인구수가 적으면 그 시설은 작은 수요(공간적으로 좁은 수요)를 담당한다고 할 수 있으며, 그에 따라 시설은 위

계가 낮은 제품을 공급한다고 할 수 있다.

$$W_j = \frac{P}{\sum_c X_j^c},$$

W_j : 시설 j의 가중치,

P : 대상지역 내 총인구수.

언급하였듯이 위의 식에서 시설의 가중치가 크면 해당 시설의 수요범위는 크고 공간적으로 넓다고 할 수 있으며, 반대의 경우 시설이 담당하는 수요는 크지 않으며 공간의 범위도 좁다고 할 수 있다. 분석의 편의를 위해 시설 j에 대한 상대적 가중치를 나타내기 위해 계산한 W_j는 다시 시설들의 평균으로 나누어 위계결정에 사용하도록 한다.

$$\widetilde{W_j} = \frac{W_j}{\overline{W}},$$

$\widetilde{W_j}$: 시설 j의 상대적 가중치,

$\overline{W}$: 시설들의 평균가중치.

정리하면, 중심지의 위계결정을 위해 시설수를 표준화한 값과 시설당 인구수로부터 계산된 시설별 가중치의 곱을 합하면 중심지의 점수가 된다. 계산된 중심지의 점수가 바로 중심지의 상대적인 영향력을 나타낸다고 할 수 있다. 그러면 이러한 과정을 통해 계산된 각 중심지들의 점수를 바탕으로 중심지의 위계를 결정하여 보자.

$$H^c = \sum_{j=1} (Z_j^c \times \widetilde{W_j}),$$

H^c : 중심지의 중심성 정도를 나타내는 점수.

분석대상 지역 내 중심지들의 H^c 값들을 내림차순으로 정렬한 다음 불연속적인 점을 찾아 위계를 구분하면 대상지역 내 중심지들의 체계가 도출된다. 여기서는 편의상 중심지를 3등급의 위계로 나타내기로 한다. 구분된 중심지들의 등급은 표 2-A-2에 제시된 바와 같다.

표 2-A-2에 제시된 대상지역 내 중심지들의 위계를 지도에 표시하면 그림 2-A-1과 같다. 지도에 표시된 중심지들의 위계를 바탕으로 중심지들의 간격과 배열 그리고 위계별 시장면적을 살펴보자. 그리고 대상지역에서 나타난 중심지체계와 시장면적을 이론에서 제시되는 중심지체계와 시장면적과 비교하여 보자. 먼저 중심지들의 간격과 배열에 대해 살펴보면 다음과 같다.

표 2-A-2 대상지역 내 중심지 위계

지역		1등급	2등급	3등급
		4개	10개	33개
전라북도	무주군	무주읍	안성면, 적상면, 설천면	무풍면, 부남면
	진안군	진안읍	안천면, 마령면	주천면, 부귀면, 성수면, 백운면, 동향면, 용담면, 정천면, 상전면
	장수군		장수읍, 장계면, 번암면	산서면, 계북면, 계남면, 천천면
경상남도	거창군	거창읍	가조면	위천면, 마리면, 웅양면, 신원면, 북상면, 고제면, 주상면, 가북면, 남상면, 남하면
	함양군	함양읍	안의면	서상면, 마천면, 수동면, 서하면, 휴천면, 유림면, 지곡면, 백전면, 병곡면

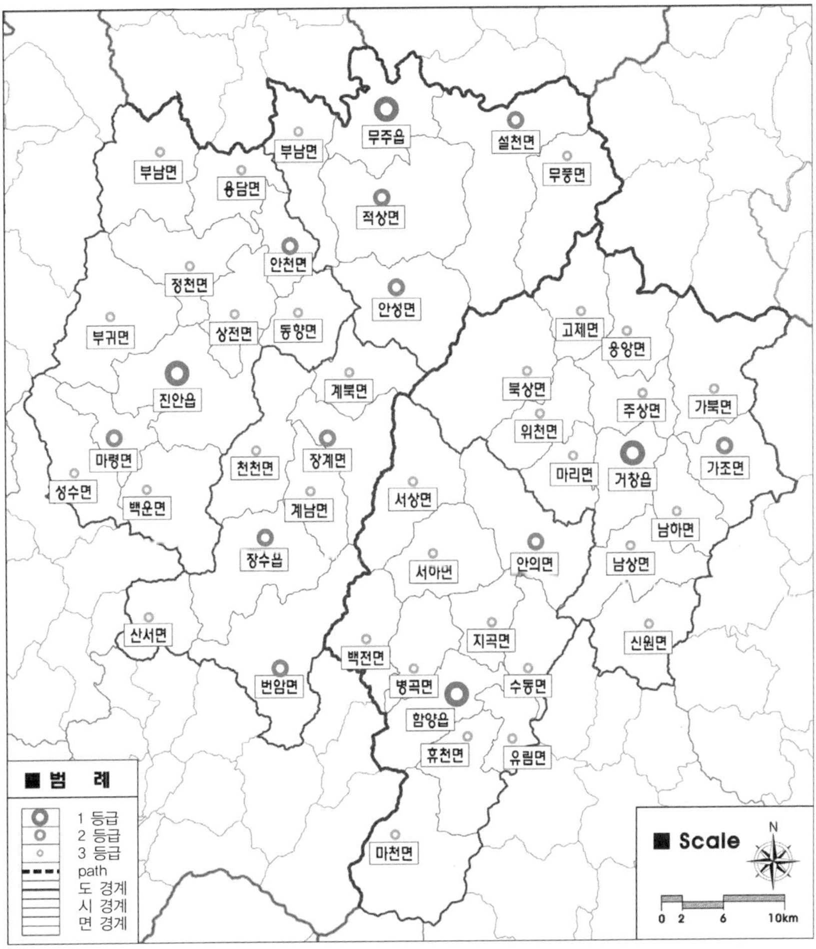

그림 2-A-1 대상지역 내 중심지 위계

중심지들의 간격과 배열

그림 2-A-1에서 진안읍에서 거창읍을 연결하는 도로 위에 입지한 중심지들의 간격과 배열은 표 2-A-3과 그림 2-A-2에 보이는 바와 같다. 표에서 알 수 있듯이 중심지들은 1-2-3-3-2-3-1 순으로 배열되어 있다. 분명, 이러한 배열은 *k*=3과 *k*=4 원리에서 나타나지 않는 배열이라고 할 수 있다. 만일 서하면(3등급)과 서상면(3등급) 사이에 1등급 위계의 중심지

가 있다면 중심지체계는 완전한 k=4 체계라고 할 수 있다. 그러나 중심지 체계가 이론에서 제시된 체계와 다르게 나타나는 이유는 다양하겠으나 여기서는 덕유산을 중심으로 한 산악지대가 중간에 위치하는 지형상의 특징에 많은 영향을 받았다고 할 수 있다. 다시 말해, 중심지들의 배열에 있어 실제와 이론의 차이는 동질적 평야의 가정과 현실과의 차이에 의한 것이 크다고 할 수 있다.

표 2-A-3 중심지 간격과 배열

중심지	거창읍	마리면	안의면	서하면	서상면	장계면	천천면	진안읍
등급	1	3	2	3	3	2	3	1
거리		5.74km	8.94km	10.06km	7.07km	9.24km	7.02km	10.69km

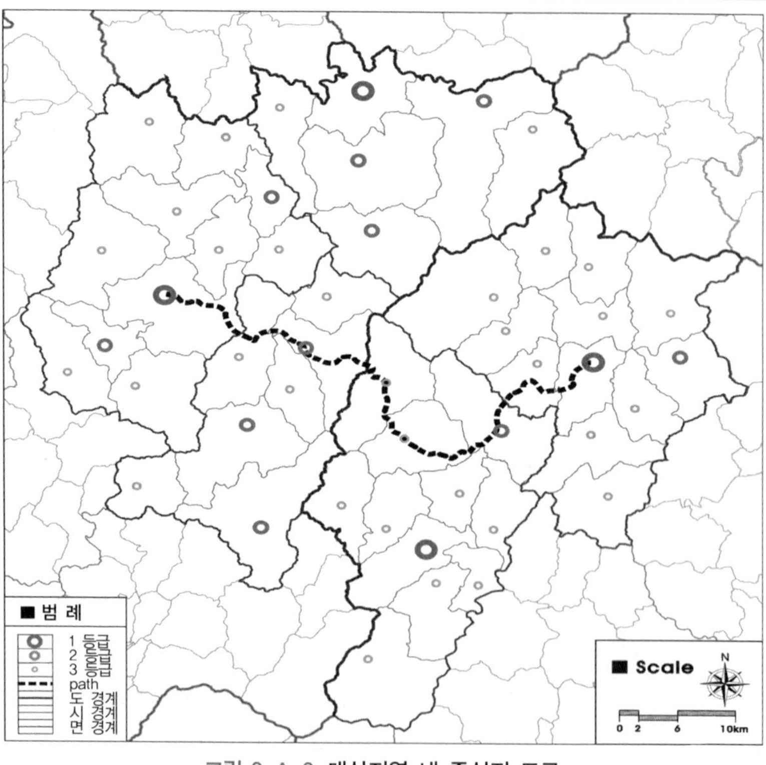

그림 2-A-2 대상지역 내 중심지 도로

중심지 간격: 이론과 실제

대상지역에서 중심지들의 간격은 표 2-A-4에 정리된 바와 같다. 여기서의 간격은 중심지 사이를 연결하는 도로에 의해 측정된 거리이다. 중심지들 사이의 실제거리와 이론적으로 k=3 원리와 k=4 원리에서의 중심지들 사이에서 나타나야 하는 거리를 비교하였다. 대상지역에서 나타난 중심지들 간의 간격을 보면 위계가 큰 중심지일수록 거리는 길게 나타나며, 낮은 위계일수록 거리는 짧게 나타난다. 이것은 앞의 표 2-3과 표 2-4에 제시된 바와 같이 중심지이론에서 나타나는 일반적인 특징이다. 그러면 위계별 중심지들의 거리를 살펴보자.

위계별 중심지들 간의 간격과 k=3과 k=4 원리에 의해 나타나야 하는 간격 사이에도 큰 차이가 나타나지 않는다. 즉, 대상지역에서 2등급 중심지 간의 평균거리는 22.47km이다. 이론적으로 k=3과 k=4 원리에서 나타나야 하는 간격은 각각 25.92km와 22.45km이다. 이를 실제 중심지들 간의 거리와 비교하면, 오차는 k=3 원리에서 3.45km이고 k=4 원리에서 0.02km이다. 따라서 중심지이론에서 제시한 중심지들의 거리가 현실에서도 잘 나타난다고 할 수 있다. 3등급 중심지의 경우도 실제와 이론의 차이가 표에 제시되었듯이 k=3 원리에서 1.95km 그리고 k=4 원리에서 1.78km이다. 이러한 차이를 종합해 보면 대상지역의 중심지체계는 k=3 원리보다는 k=4 원리에 더 가깝다고 할 수 있다. 그리고 중심지간의 간격에서 이론과 실제의 차이는 바로 중심지이론에서 동질적 평야의 가정과 현실과의 차이에 의한 것이 크다고 할 수 있다.

표 2-A-4 중심지 간격: 실제와 이론과의 비교

(단위: km)

구분	실제치의 평균	k=3 원리		k=4 원리	
	간격(A)	간격(B)	차이(B-A)	간격(C)	차이(C-A)
1등급	44.89	44.89	0	44.89	0
2등급	22.47	25.92	3.45	22.45	-0.02
3등급	13.01	14.96	1.95	11.23	1.78

시장영역(market area)

등급별 중심지들의 시장영역은 다음과 같은 방법으로 결정할 수 있다. 즉, 같은 위계의 중심지 사이의 중앙지점을 중심으로 각 중심지가 담당하는 시장의 범위를 구분시키는 것이다. 이러한 방법으로 위계별 중심지들의 시장범위를 표시하면 그림 A-4-3에 보이는 바와 같다. 물론 그림에서 알 수 있듯이 시장의 형태는 정육각형이라기보다는 심하게 변형된 부정형의 다각형으로 나타난다. 이렇게 시장의 형태가 부정형으로 나타나는 근본이유는 위에서 언급하였듯이 지형이 동질적이지 않음에 기인한다고 할 수 있다.

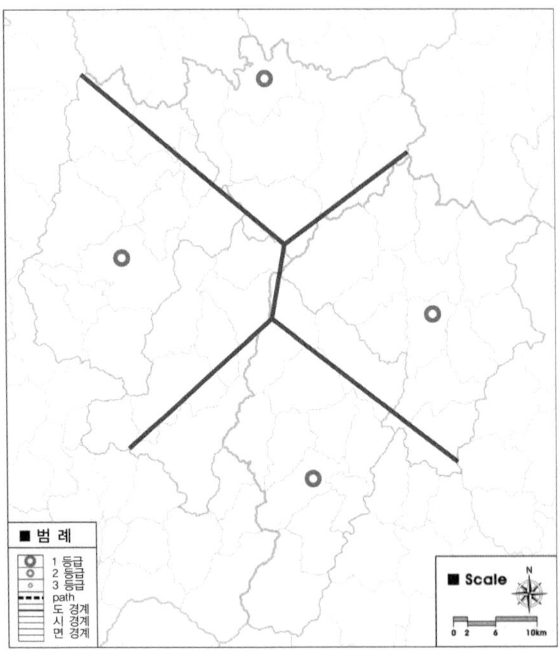

(a) 1등급 시장영역

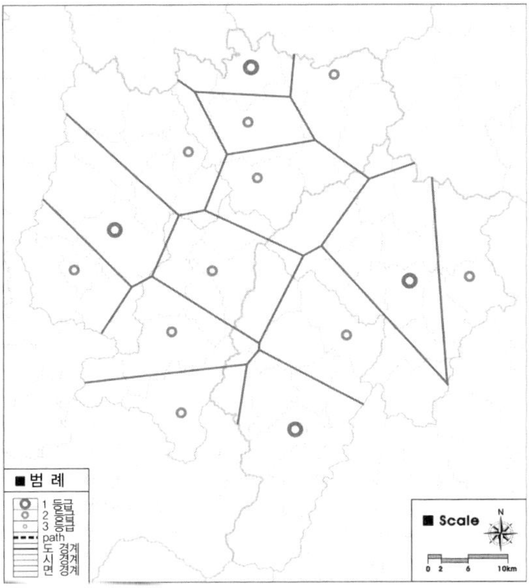

(b) 2등급 시장영역

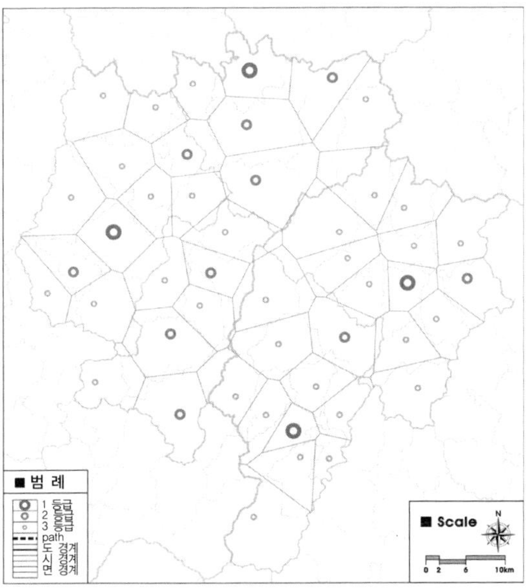

(c) 3등급 시장영역

그림 2-A-3 대상지역 내 위계별 시장영역

그러면 중심지들의 시장면적과 이론에서 제시된 시장면적을 비교해 보자. 표 2-A-5는 대상지역의 중심지별 시장면적과 이론에서 제시된 중심지의 시장면적을 비교한 것이다. 표에서 알 수 있듯이 대상지역에서 나타난 위계별 중심지들의 시장면적을 보면, 위계가 큰 중심지일수록 시장면적은 크게 그리고 낮은 위계일수록 시장면적은 작게 나타난다. 이러한 특징은 표 2-3과 표 2-4에 제시된 바와 같이 중심지이론의 일반적인 특징이다. 또한 위계별 중심지들의 시장면적과 이론에서 제시한 면적을 비교해 보면 차이도 크게 나타나지 않음을 알 수 있다. 즉, 대상지역에서 2등급 중심지들의 평균시장면적은 248.83km^{2}이며, k=3과 k=4 원리에서의 시장면적은 각각 290.31km^{2}와 217.73km^{2}이다.

실제로 나타난 2등급 중심지의 시장면적과 이론에서 제시된 면적과의 차이는 각각 41.48km^{2}와 31.10km^{2}이다. 또한 3등급 중심지의 경우 차이도 k=3 원리에서 22.65km^{2}이고 k=4에서 19.69km^{2}이다. 중심지 시장면적을 보더라도 중심지이론에서 제시한 중심지체계가 현실의 중심지체계를 잘 나타난다고 할 수 있다. 중심지 간의 거리에서도 말하였지만 시장면적에서도 대상지역의 중심지체계는 k=3 원리보다는 k=4 원리에 더 가깝다고 할 수 있다. 왜냐하면 이론에서의 면적과 실제의 면적의 차이가 k=4 원리에서 더 작게 나타나기 때문이다.

표 2-A-5 위계별 중심지의 평균시장면적: 실제와 이론 비교

구분	실제 시장 평균면적(A)	k=3 원리		k=4 원리	
		이론지(B)	오차(B-A)	이론지(C)	오차(C-A)
1등급	870.92	870.92	0	870.92	0
2등급	248.83	290.31	−41.48	217.73	31.10
3등급	74.12	96.77	−22.65	54.43	19.69

우리나라 전라북도와 경상남도의 일부 지역을 대상으로 형성된 중심지체계를 살펴본 결과 중심지이론은 공간구조와 중심지체계를 설명하는 데 있어 유용한 이론이라고 할 수 있다. 그러나 실제로 나타난 중심지체계가 이론에 전적으로 부합된다고 할 수는 없다. 이론과 실제의 차이는 다양한 요인에 의해 나타나지만 가장 큰 요인은 바로 중심지이론의 기본 가정에 있다고 할 수 있다.

중심지이론은 동질적인 평야를 가정하고 있지만 이러한 가정은 매우 현실적이지 못한 것이다. 특히 대상지역 내에는 덕유산을 비롯한 여러 산으로 이루어진 산악지대가 중앙에 위치하고 있으며, 하천이나 국도 및 고속도로 등이 있어 모든 공간에서 중심지로의 접근성은 모두 다르다고 할 수 있다. 만일 지형이나 하전 그리고 도로 등에 의한 접근성의 차이가 구체적으로 고려되어 시장의 형태를 표현할 수 있다면 각 위계별 중심지의 시장형태는 그림 2-A-3에 보이는 시장의 형태보다는 정육각형에 가까운 형태가 될 수 있을 것이다.

제3장
중심지이론의 확대

앞의 2장에서는 크리스탈러의 중심지이론에 대해 설명하였다. 그는 3가지 원리, 즉 시장원리, 교통원리 그리고 행정원리에 의해 중심지체계가 형성된다고 하였다. 그러나 이러한 원리들에 의해 이루어지는 중심지체계는 지나치게 고정적인 가정에 바탕하고 있기 때문에 비현실적인 결과, 즉 공간구조 측면에서 대칭적인 중심지체계를 제시하고 있다. 이에 로쉬는 보다 유연하고 현실적인 중심지이론을 주창하였는데, 그의 이론은 크리스탈러의 이론과 유사한 가정을 바탕으로 하지만 접근방법과 결과에 있어서는 차이가 뚜렷하다. 본 장에서는 로쉬의 중심지이론과 이와 관련된 이론에 대해 설명한다. 본 장은 5개의 절로 구성되며, 1절은 로쉬의 이론에 대해, 2절에서는 크리스탈러와 로쉬의 차이점에 대해 설명한다. 3절에서는 중심지이론 측면에서 순위-규모법칙(rank-size rule)을, 그리고 4절에서는 성장거점이론(growth pole theory)과 중심지이론과의 관계를 설명한다. 마지막 절에서는 본 장에서 설명된 내용이 요약된다.

3.1 로쉬(Lösch)의 중심지이론

로쉬는 크리스탈러(Christaller)의 중심지이론이 현실을 설명하는 데 있어 한계가 있으며, 중심지 형성의 원리도 시장과 교통 그리고 행정의 원리 외에도 수많은 원리가 작용함을 주장하였다. 로쉬 이론의 핵심은 경제주체인 생산자와 소비자들에게 효율적인 중심지체계를 제시하는 데 있었으며, 이를 위해 그는 150개의 투명한 용지를 이용하여 중심지체계를 설명하였다. 여기서 각 투명용지는 해당 제품의 최소수요요구량(threshold)의 시장크기를 나타내는 육각형의 시장들로 구성된 시장망(market net)을 표시한 것이다. 위계가 다른 제품들은 제품의 최소요구량과 도달거리가 서로 다르므로 시장의 크기도 당연히 다르게 된다. 위계가 낮은 제품은 높은 위계의 제품에 비해 상대적으로 도달거리가 짧고 시장면적도 좁다. 따라서 150개의 투명용지는 바로 위계가 다른 제품 150개의 시장망을 의미하는 것이다. 그는 한 점을 공통된 고정점으로 정하고, 그 점을 중심으로 투명용지들을 겹쳐 놓고 회전시킴으로써 효율적인 중심지체계의 형성원리를 보였다.

로쉬의 중심지체계는 중심지들의 중첩이 최대화되도록 투명용지들을 회전시킨 결과로 나타난다. 여기서 공통의 고정점을 중심으로 투명용지들을 회전시키는 방법은 그림 3-1과 같다고 할 수 있다. 그림은 10개의 제품과

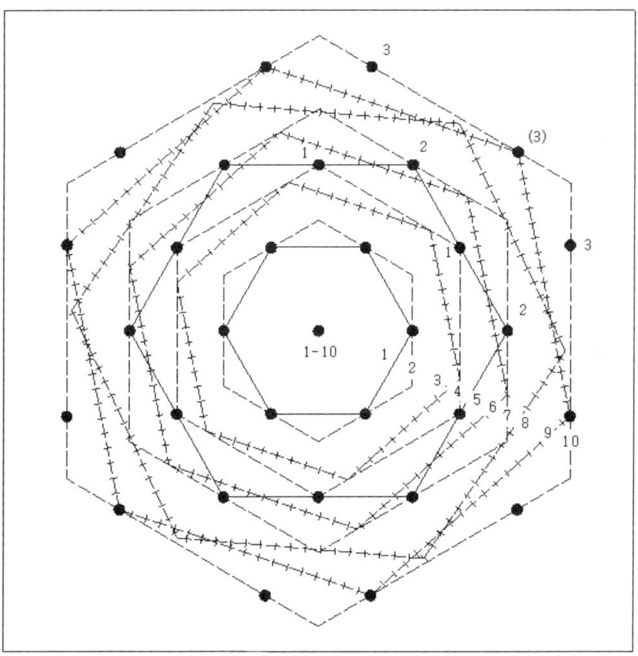

그림 3-1 10개 제품의 시장망 회전의 예(출처: Dicken과 Lloyd, 1990)

제품별 시장망을 다양한 각도로 회전시킬 때 중심지들의 이동을 나타낸 것이다. 그림에서 제품 1은 가장 낮은 위계의 제품이며, 제품 10은 가장 높은 위계의 제품이다. 그러므로 여기서 공통의 고정점은 모든 제품이 공급되는 최상 위계의 중심지, 예를 들면 대도시의 중심지라고 할 수 있다. 그림은 각 투명용지를 회전시키는 각도에 따라 중심지들의 중첩이 달라짐을 가리키는 것이다.

여기서 주목해야 할 것은 투명용지의 회전원칙이다. 각 용지는 원칙 없이 아무렇게나 회전시키는 것이 아니라 중심지들의 중첩이 최대화되도록 회전시키는 것이다. 다시 말해, 회전의 분명한 원칙은 바로 중심들의 중첩을 최대화시키는 것으로 요약된다. 로쉬는 중심지들의 중첩이 최대가 될 때 이루어지는 중심지체계를 그림 3-2와 같이 제시하였다. 그리고 그는 중심지들의 중첩이 최대가 될 때 공간은 중심지들의 중첩이 많이 일어나는 부분과 상대적으로 중첩이 적게 일어나는 부분으로 구분됨을 보였다. 구체적으로 중심지들의 중첩이 최대일 때 나타나는 공간구조의 특징은 다음과 같다.

다양한 시장망의 회전으로 인해 공간은 그림 3-2와 같이 12개의 섹터(sectors)로 구분되는데, 이 중 6개 섹터는 활동이 활발하게 일어나는 공간이 되며 나머지 6개 섹터는 활동이 상대적으로 저조한 공간이 된다. 중심지는 근본적으로 제품과 서비스를 주변지역에 공급하는 역할을 담당한다. 따라서 로쉬의 이론에서 어떤 중심지의 활동이 활발하다는 것은 그곳에서 중심지들의 중첩이 많이 일어남을 의미한다. 왜냐하면 활동이 활발하다는 것은 그 중심지에서 제공되는 제품의 수가 많다는 것을, 그리고 제공되는 제품의 수가 많다는 것은 중심지들의 중첩이 그 만큼 많이 이루어졌음을 가리키기 때문이다. 활동이 활발한 섹터는 활동밀집섹터(activity-rich sector 또는 city-rich sector)라고 하고, 활동이 상대적으로 저조한 섹터는 활동저조섹터(activity-poor sector 또는 city-poor sector)라 한다.

활동의 정도, 즉 중심지 중첩의 정도에 따라 공간이 섹터로 구분되는 것은 바로 로쉬의 중심지체계가 대칭구조가 아니라 비대칭구조임을 의미하는 것이다. 도시나 지역 내부에서 경제적으로 발전된 공간과 침체된 공간, 또는 사람들이 많이 모이고 활동이 활발한 공간과 사람들의 모임이 드물고 활동이 저조한 공간이 상존하는 것은 오늘날에도 흔히 목격되는 현상이다. 이러한 현상을 고려한다면 중심지체계가 비대칭구조라는 점은 로쉬의 이론이 크리스탈러 이론보다 현실적임을 가리키는 것이라 할 수 있다. 이렇게 활동들이 공간에 따라 불균형적으로 일어나는 현상을 크리스탈러의 이론으로 설명하기는 어렵다. 왜냐하면 앞 장에서 설명하였듯이 크리스탈러의 이론에서 중심지체계는 대칭구조로 나타나기 때문이다.

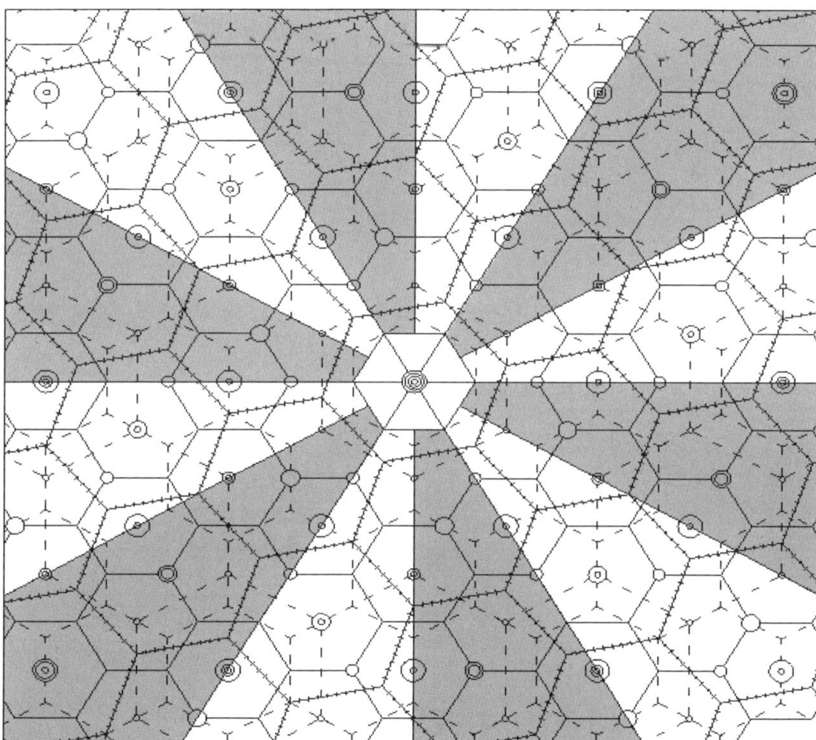

그림 3-2 로쉬의 중심지의 시장과 섹터구분(출처: Dicken과 Lloyd, 1990)

로쉬 이론에서 유의해야 할 것은 활동밀집섹터와 활동저조섹터의 차이가 섹터 내 중심지의 수에 있는 것이 아니라 활동의 수에 있다는 것이다. 즉, 각 섹터 내에 위치한 중심지의 수는 동일하지만 그 안에 일어나는 활동의 수가 서로 다른 것이다. 왜냐하면 활동밀집섹터 내에는 중심지들의 중첩이 많은 이루어진 반면 활동저조섹터는 상대적으로 중심지들의 중첩이 적게 이루어지기 때문이다. 중심지에서 공급되는 제품의 수는 기본적으로 중첩된 중심지의 수에 의해 결정된다. 예를 들어 5개 시장이 한 중심지에 중첩되었다면 그 중심지에서 공급되는 제품의 수는 5개가 된다. 중심지에서 제공되는 제품의 수와 중심지의 위계는 서로 밀접한 관계를 가지므로 활동밀집섹터 내에는 높은 위계의 중심지가 많이 위치하게 된다. 그러나 활동저조섹터 내에는 동일한 논리에 의해 낮은 위계의 중심지가 많이 위치하게 된다.

위와 같은 섹터 간 차이를 예를 들어 설명하면 표 3-1과 같다. 표에 보이듯이 활동밀집섹터 내에 위치한 중심지의 수가 144개라면 활동저조섹터 내에도 144개의 중심지가 위치한다. 단, 활동밀집섹터는 높은 위계의 중심지 구성 비율이 높은 반면 활동저조섹터는 상대적으로 낮은 위계의 중심지 구성 비율이 높다.

표 3-1 활동밀집섹터와 활동저조섹터의 비교

위계	활동밀집섹터	활동저조섹터
높은 위계의 중심지 수	26	15
중간 위계의 중심지 수	30	18
낮은 위계의 중심지 수	88	111
계	144	144

종합하면 로쉬가 제시한 중심지체계는 현실에 대한 설명력이 높다고 할 수 있으며, 다음과 같은 특징을 갖는다.

- 중심지들의 중첩이 최대화되기 때문에 전체적으로 제품을 공급하는 중심지들 사이의 총거리는 최소화된다.
- 중심지들 사이의 총거리가 최소화되기 때문에 제품의 이동거리와 이동하는 제품의 양이 최소가 되고, 결과적으로 최소의 교통비용이 발생하게 된다.
- 교통비용의 최소화는 결국 시장 내 소비자들의 구매력을 최대화시킨다. 왜냐하면 소비자들이 제품 구입에 지불해야 하는 교통비가 중심지들의 중첩으로 인해 그 만큼 감소되기 때문이다. 그러므로 로쉬의 공간구조는 소비자의 구매력을 최대화시키는 중심지체계라 할 수 있다.
- 교통비용의 최소화는 이동의 총거리가 최소화됨을 의미하기 때문에 로쉬의 중심지체계에서는 이동을 위한 도로의 거리도 최소가 된다.

위와 같은 특징을 갖는 중심지체계의 형성원리를 로쉬는 최소노력의 원리(the principle of least efforts)라고 하였다. 즉, 이러한 원리에 의하면 중심지체계는 시장을 구성하는 생산자와 소비자의 기본 행태, 다시 말해 각자가 자신의 노력을 최소화하려는 원리에 의해 형성된다는 것이다.

로쉬의 이론에서 중요하게 인식해야 할 것은 바로 접근방법이다. 구체적으로 로쉬가 제시한 중심지체계는 시장에 맡겨두면 저절로 이루어지는 것이 아니라 인위적으로 이루어지는 것이다. 로쉬의 경우 150개 투명용지들을 분명한 목적을 가지고 회전시켰으며, 회전의 주체도 뚜렷하다. 보다 현실성 있게 말하면, 도시계획가나 도시정책가가 그들의 분명한 목적, 즉 전체적으로 교통비용을 최소화시키면서 시장 내 구매력을 극대화시킬 목적을 가지고 중심지체계를 형성시켰다는 것이다. 따라서 로쉬의 중심지이론은 어떤 목적을 달성하기 위한 중심지체계는 "...으로 되어야만 하는(should be)" 소위 규범적인 접근방법에 의해 형성되는 것이라 할 수 있다.

로쉬의 중심지이론은 내용에 있어 모호한 부분이 없지 않으나 현실적인 설명력이 높다는 것이 이론으로서의 가장 큰 기여라고 할 수 있다. 그러나 로쉬의 이론에서 중심지들의 최대중첩과 섹터의 구분(활동밀집섹터와 활동저조섹터의 구분) 사이의 연결논리가 명확하지 못함이 종종 지적되어 왔다. 예를 들어 로쉬는 중심지들이 최대중첩될 때, 그 결과로 섹터가 구분된다고 주장하였으나 타란트(Tarrant, 1973)는 중심지들의 최대중첩과 섹터의 구분이 결과가 아니라 시장망을 회전시키는 조건에 의한 것임을 제시하기도 하였다. 이러한 논리적 쟁점 이외에도 로쉬의 이론에서 가장 기본적으로 거론되는 모호함은 크게 2가지, 시장망의 회전(rotation)과 교통노선에 관한 것으로 요약된다. 각각에 대한 설명은 다음과 같다.

첫째는 시장망의 회전, 즉 시장망의 회전과 중심지들의 최대중첩 상태에 관한 것이다. 구체적으로 말해, 150개의 투명용지를 회전시켰을 때 중심지들의 최대중첩이 일어나는 상태를 어떻게 확인할 수 있느냐 하는 것이다. 물론 이에 대해서는 다음과 같이 설명할 수 있다. 앞에서 설명한 공통의 중심점에 먼저 한 투명용지를 고정시키고, 다음의 투명용지를 처음 용지의 중심지들과 중첩이 최대가 되도록 회전시킨 후 고정한다. 그리고 세 번째 투명용지를 같은 방법으로 회전시킨 후 중심지들의 중첩이 최대가 되면 고정한다. 이러한 방법으로 150개의 투명용지를 회전시킨다면 전체 중심지들의 중첩이 최대가 되는 상태를 찾는 것은 이론적으로 가능하다고 할 수 있다.

로쉬가 다양한 투명용지의 시장망을 회전시켜 얻은 결과에 대해 제기될 수 있는 의문은 최대중첩 상태의 확인에 있다. 위에서 설명한 방법으로 얻은 중심지들의 최대중첩 상태를 과연 시각적으로 식별할 수 있는가 하는 것과 그 상태가 진정 중심지들의 최대중첩 상태인 것을 어떻게 확인할 수 있는가 하는 것이다. 사실 육각형 시장망을 나타내는 투명용지를 여러 개 겹쳐놓았을 때, 그 상태에서 중심지들의 최대중첩 여부를 시각적으로 확인하는 것은 매우 어려운 일이다. 투명용지가 150개라면 시각적 확인은 더욱 어려울 것이다. 또한 회전순서의 변경에 따른 결과의 일관성에 대해서도 의문이 제기될 수 있다. 투명용지들의 순서를 바꾸었을 때 얻을 결과가 순서변경 이전에 얻은 결과와 동일할 것인가 하는 것이다. 엄밀히 말해, 투명용지들의 회전순서 변경에 관계없이 동일한 결과를 얻을 것인가는 어찌 보면 불분명하다. 왜냐하면 중심지들의 중첩이 최대화되기 위해서는 뒤에 회전되는 용지들의 회전범위는 앞에서 고정된 투명용지들의 중첩상태에 의해 제한되기 때문이다. 이는 투명용지의 순서 변경은 다른 결과를 제시할 가능성이 있음을 가리키는 것이라 할 수 있다. 강조하자면 투명용지의 회전으로 얻은 중심지들의 최대중첩 상태에 대해서는 여러 측면에서 의문이 제기될 수 있다.

둘째 로쉬의 중심지체계에 있어 모호한 점은 교통노선에 관한 것이다. 설명하였듯이 활동밀집섹터 내에 위치한 중심지들이 제공하는 제품의 수는 활동저조섹터보다 많다. 이는 효율성 측면에서 교통시설 네트워크의 밀도가 활동밀집섹터에서 높아야 함을 의미하는 것이다. 그리고 교통노선도 활동밀집섹터의 중앙을 관통하도록 하는 것이 효율성을 높이는 것이라 할 수 있다. 왜냐하면 활동밀집섹터 내에서 거래되는 제품의 양이 활동저조섹터에 비해 많으며, 교통노선이 활동밀집섹터의 중앙을 관통해야 교통거리도 전체적으로 최소가 되기 때문이다.

활동밀집섹터 안에서 거래되는 제품의 양을 고려한다면 로쉬는 교통노선을 활동밀집섹터 내로 관통시켜야 함을 제안했어야 했다. 그러나 그는 교통노선을 그의 주장과 달리 섹터의 테두리를 따라 정해야 함을 주장하였다. 만일 교통노선이 활동밀집섹터의 중심이 아닌 테두리를 따라 정해진다면 전체적으로 제품운반에 따라 발생하는 교통비용의 최소화는 달성하기는 어렵다고 할 수 있다. 교통노선에 대한 그의 주장이 사실 어떠한 과정을 통해 도출되었는지 모호하며 분명하지도 않다. 물론 섹터 내를 관통하는 교통노선은 중심지이론에서 기본인 육각형의 시장형태를 변형시킬 수 있는 문제를 제기할 수도 있다. 아마 로쉬는 육각형의 시장형태를 변형시킬 수 있는 교통노선 때문에 그러한 주장하였을 것이라 추측할 수도 있다. 어찌했던 교통노선에 대한 로쉬의 주장은 불분명하다고 할 수 있다.

3.2 크리스탈러의 이론과 로쉬의 이론의 비교

크리스탈러와 로쉬의 중심지이론은 서로 유사한 가정에서 시작한다. 예를 들면 무한히 펼쳐지는 동질적 공간특성이나 방향에 관계없이 거리에 따라 비례적으로 증가하는 교통비용, 소비자의 동일한 선호도와 인구의 균등한 분포 등은 두 이론이 공히 기초로 하는 가정들이다. 그러나 두 이론은 접방법이 서로 다르기 때문에 각 이론이 제시하는 중심지체계도 궁극적으로 다르게 나타난다. 두 이론은 여러 측면에서 차이점이 뚜렷하다. 본 절에서는 크리스탈러와 로쉬의 이론을 크게 3부분, i) 접근방법과 중심지체계 및 공간구조, ii) 중심지 위계 결정 및 중심지특화, 그리고 iii) 중심지들의 관계로 구분하여 설명하기로 한다.

3.2.1 접근방법과 중심지체계 및 공간구조

크리스탈러의 이론과 로쉬의 이론은 접근방법에 있어 차이는 명확하다. 앞에서 설명하였듯이 크리스탈러는 시장과 교통 그리고 행정의 원리에 의해 중심지체계가 자연히 이루어짐을 설명하였다. 즉, 크리스탈러의 중심지체계는 k=3, 4 또는 7원리에 의해 "자연히 이루어지는(will be)" 묘사적인 접근이다. 그러나 로쉬의 중심지체계는 자연적으로 형성되는 것이 아니라 뚜렷한 목적(중심지들의 중첩을 최대화시키려는 목적)을 가지고 누군가에 의해 형성되는 규범적인 접근방법을 취하고 있다. 따라서 크리스탈러의 접근방법과 로쉬의 접근방법은 근본적으로 다른 것이다. 두 이론이 궁극적으로 제시하는 중심지체계가 서로 다른 것도 이러한 접근방법의 차이에 기인한다고 할 수 있다.

중심지체계의 형성원리에 대해서는 앞 장과 앞 절에서 여러 차례 설명되었다. 크리스탈러는 중심지체계가 시장과 교통 그리고 행정의 3원리에 의해 이루어진다고 주장하였지만 로쉬는 3가지 원리 이외에도 수많은 원리에 의해 중심지체계가 형성된다고 하였다. 로쉬가 말한 원리란 한마디로 '최소노력의 원리(the principle of least efforts)'이다. 즉, 시장을 구성하는 생산자와 소비자가 자신의 노력을 최소화하려는 '최소노력의 원리'에 의해 중심지체계가 형성된다는 것이다. 따라서 중심지체계는 크리스탈러의 경우 매우 고정된 체계인 반면 로쉬의 공간체계는 소비자와 생산자의 기본적인 행태에 따라 다양하게 이루어질 수 있는 유연한(flexible) 공간체계라고 할 수 있다.

공간구조의 대칭성 측면에서도 크리스탈러와 로쉬의 이론 사이에는 차이가 크다. 크리스탈러의 중심지체계는 대칭구조이기 때문에 공간 내 경제활동의 불균형 현상을 나타낼 수 없다. 그러나 로쉬의 이론에서 공간은 활동밀집섹터와 활동저조섹터로 구분되기 때문에 중심지체계는 비대칭구조이다. 비대칭구조는 현실적으로 나타나는 공간 내 경제활동의 불균형 현상을 나타낼 수 있는 공간구조이다. 이와 같이 대칭구조 측면에서 두 이론의 차이는 명확하다.

3.2.2 중심지 위계 결정 및 중심지특화

일반적으로 말해, 중심지들의 위계는 각 중심지가 보유하는 기능의 복잡성(functional complexity)에 의해 결정된다. 기능의 복잡성은 중심지에서 제공되는 제품의 다양성과 제품의 위계로 나타난다고 할 수 있으며, 제품의 다양성은 중심지에서 공급되는 제품의 수로 표현된다. 즉, 중심지에서 공급되는 제품이 많다는 것은 그 만큼 그 중심지의 기능이 다양하고 담당하는 공간적 범위도 넓다는 것을 의미한다. 따라서 공급되는 제품이 다양하면 다양할수록(제품의 수가 많으면 많을수록) 중심지의 위계는 높아지며, 반대로 제품의 다양성이 낮아질수록(제품의 수가 적을수록) 중심지의 위계는 낮아진다. 또한 제품의 위계도 중심지의 위계를 결정하는 데 직접적인 영향을 준다. 왜냐하면 중심지에서 공급하는 제품의 위계가 높다는 것은 그 제품의 최소수요요구량이 크다는 것을, 그리고 최소수요요구량이 크다는 것은 바로 그 제품에 대한 수요의 공간적 범위가 넓다는 것을 의미하기 때문이다. 그러므로 제품의 다양성과 제품의 위계로 이루어지는 기능의 복잡성은 기본적으로 중심지의 위계를 결정하는 기준이라고 할 수 있다.

크리스탈러의 이론에서 중심지의 위계는 중심지에서 제공하는 제품의 수에 의해 결정되며, 중심지들 사이에는 포섭원리(nested principle)가 작용함을 전제한다. 포섭원리란 앞 장에서 설명하였듯이 어떤 위계의 중심지는 그의 위계에 해당하는 제품과 그보다 낮은 위계의 모든 제품을 공급하는 원리를 말한다. 이러한 포섭원리로 인해 중심지 위계는 제품의 수에 의하든, 제품의 위계에 의하든 항상 동일하게 된다. 즉, 포섭원리로 인해 위계가 높은 중심지는 공급하는 제품의 수도 많고 제품의 위계도 높은 반면 위계가 낮은 중심지는 공급하는 제품의 수도 한정적이고 제품의 위계도 낮다.

반면 로쉬의 이론에서는 크리스탈러와 달리 제품의 수에 의한 중심지 위계와 제품 위계에 의한 중심지 위계가 항상 일치하지는 않는다. 왜냐하면 포섭의 원리가 작동하지 않기 때문이다. 이를 8개의 중심지와 8개의 제품의 경우로 하여 그림으로 설명해 보자. 그림 3-3에서 x축은 중심지의 위치를 그리고 y축은 해당 중심지에서 제공하는 제품들을 가리킨다. 여기서 제품의 위계는 그 제품의 최소수요요구량의 크기에 의해 정해진다고 할 때, 8개 제품 중에서 최소수요요구량은 제품 1이 가장 작으며 제품 8이 가장 크다. 따라서 제품 1이 가장 낮은 위계의 제품이며 제품 8은 가장 높은 위계의 제품이다.

그림 3-3에서 나타나듯이 중심지들이 제공하는 제품의 수는 서로 다르다. 중심지 A는 8개의 제품 모두를 제공하지만 중심지 B는 오직 한 제품(제품 1)만을 제공하며, 그리고 중심지 H는 3개의 제품(제품 1,4,5)을 제공한다. 그러므로 모든 제품을 제공하는 중심지 A는 명실 공히 가장 높은 위계의 중심지이고, 오직 하나의 제품만을 공급하는 중심지 B는 가장 낮은 위계의 중심지이다. 그리고 그림에서 실선은 소비자가 그의 위치에 따라 각 제품을 구입하는 데 지불하는 비용선이다. 비용선이란 제품의 가격과 소비자가 지불하는 교통비의 합이며, 비용선을 바탕으로 소비자는 제품을 구입하는 중심지를 선택하게 된다. 다시 말해, 소비자는 제품구입을 할 때 총 비용이 적게 드는 중심지를 선택하는 것이다.

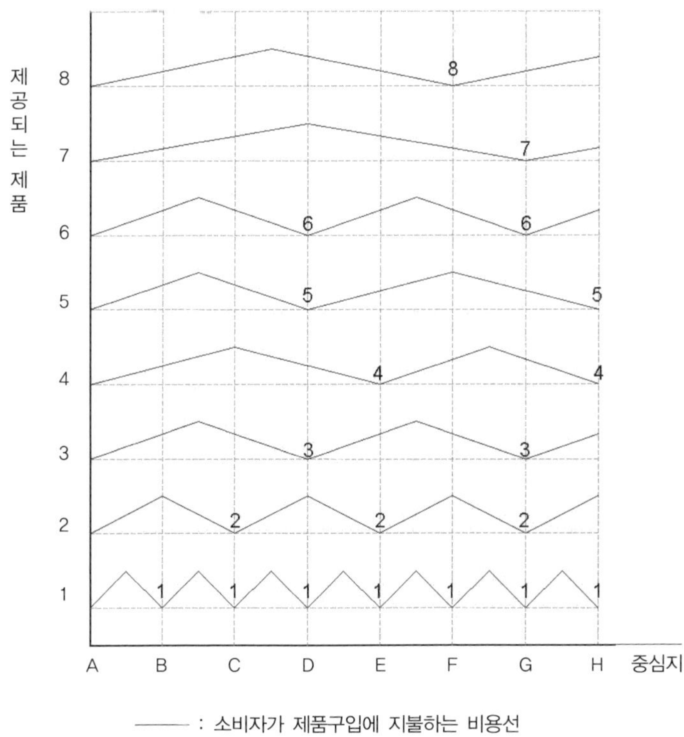

그림 3-3 중심지별 공급제품의 수와 제품의 위계

중심지들의 위계를 중심지에서 공급되는 제품의 수와 제품의 위계에 의해 결정해 보자. 먼저 제품의 수로 중심지들의 위계를 결정하면 다음과 같다. 언급하였듯이 그림 3-3에서 중심지 A는 가장 높은 위계의 중심지이다. 중심지 A 다음으로 높은 위계의 중심지는 5개의 제품(제품 1, 2, 3, 6, 7)을 공급하는 중심지 G이며, 그 다음으로는 4개의 제품(제품 1, 3, 5, 6)을 공급하는 중심지 D가 된다. 중심지 D 다음은 3개의 제품을 공급하는 중심지 E와 H이다. 물론 두 중심지에서 공급하는 제품의 종류는 다르다. 중심지 D에서는 제품 1, 2, 4가 그리고 중심지 H에서는 제품 1, 4, 5가 공급된다. 이와 같이 제품의 위계는 약간의 차이가 있지만 공급되는 제품의 수로만 보면 두 중심지는 같은 위계의 중심지라고 할 수 있다. 같은 맥락에서 중심지 C와 F도 동급의 중심지라고 할 수 있다. 마지막으로 최하위 위계의 중심지는 하나의 제품만 공급하는 중심지 B이다. 이와 같이 중심지의 위계를 중심지에서 제공하는 제품의 수로 정하면 다음과 같다.

• 다양성에 의한 중심지 위계 : A > G > D > E = H > C = F > B

이번에는 8개의 중심지를 제품의 수가 아닌 제품의 위계에 의해 결정해 보자. 언급하였듯이 8개의 제품 중 가장 높은 위계의 제품은 제품 8이다. 따라서 중심지 A와 중심지 F는 가장 높은 위계의 중심지가 된다. 다음으로 높은 위계의 중심지는 제품 7을 공급하는 중심지 G가 되며, 그 다음의 중심지는 제품 6을 공급하는 중심지 D이다. 이러한 방법으로 중심지의 위계를 결정하면 다음과 같다.

• 제품의 위계에 의한 중심지 위계 : A = F > G > D > H > E > C > B

위와 같이 다양성에 의한 중심지의 위계와 제품위계에 의한 중심지의 위계는 서로 일치하지 않는다. 그 이유는 포섭원리에 있다. 즉, 로쉬의 이론에서는 포섭원리가 적용되지 않기 때문에 중심지의 위계가 일관성 있게 결정되지 않는 것이다. 반면 크리스탈러의 이론에서는 포섭의 원리를 바탕으로 하기 때문에 중심지들의 위계는 일관성 있게 결정된다. 따라서 중심지의 위계 결정 측면에서 볼 때 크리스탈러의 이론과 로쉬의 이론 사이에는 명확한 차이가 있게 된다.

중심지특화 측면에서 두 이론을 비교해 보자. 일반적으로 특화(specialization)란 산업의 구조에서 한 산업이 다른 산업에 비해 상대적으로 높은 구성 비율을 차지할 때를 일컫는 말이다. 지역경제 분야에서 지역특화(regional specialization)는 어느 한 지역에서 특정 산업의 구성 비율이 전국이나 다른 비교대상 지역에 비해 평균보다 높을 때를 말한다. 같은 맥락에서 어떤 중심지가 동일한 위계의 다른 중심지들이 제공하지 못하는 위계가 높은 특정 제품을 제공할 때, 그 중심지는 특정 제품의 공급에 특화되었다고 할 수 있다. 여기서 중요한 것은 바로 중심지특화는 동일한 위계에 속한 중심지들의 비교를 통해 도출된다는 것이다. 만일 위계가 서로 다른 중심지들이 비교된다면 그로부터 중심지특화는 도출될 수 없는 것이다. 이러한 중심지특화는 크리스탈러와 로쉬의 이론에서 어떻게 나타나는지 알아보자.

크리스탈러의 이론에서는 근본적으로 중심지들의 특화가 허용되지 않는다. 왜냐하면 포섭원리가 전제되기 때문이다. 다시 말해, 같은 위계의 중심지들이라면 제공하는 제품의 수나 제품의 위계가 서로 동일하므로 그들 사이에서의 차별성은 없게 된다. 그러므로 크리스탈러의 중심지체계에서 동일한 위계의 중심지들 가운데 어느 한 중심지가 특정 제품을 공급하는 기능으로 특화될 수는 없는 것이다.

반면 로쉬의 경우 중심지특화는 가능하다. 왜냐하면 동일한 위계의 중심지라고 해도 공급하는 제품의 종류는 다를 수 있기 때문이다. 예를 들어 그림 3-3에서 두 개의 제품을 공급하는 중심지 C와 F를 보자. 중심지 C는 가장 낮은 위계의 두 제품(제품 1과 2)을 공급하지만, 중심지 F는 가장 낮은 위계의 제품 1과 가장 높은 위계의 제품 8을 공급한다. 그림에서 나타나있듯이 제품 1은 모든 중심지에서 공급되지만 제품 8은 중심지 A와 중심지 F에서만 공급된다. 즉, 중심지 F는 2개의 제품을 제공하는 낮은 위계의 중심지이지만 같은 위계의 중심지에서 제공되지 못하는 가장 높은 위계의 제품을 공급한다. 그러므로 중심지 F는 제품 8에 특화되었다고 할 수 있다. 이와 같이 로쉬 이론에서는 중심지특화가 허용되는 것이다. 로쉬의 이론에서 중심지특화가 나타날 수 있는 근본원인은 언급하였듯이 바로 포섭원리가 적용되지 않기 때문이다.

중심지특화의 예는 현실에서 쉽게 찾아 볼 수 있다. 예를 들어 우리나라 도시 중 경기도 내 과천시를 생각해 보자. 2009년 통계청에서 발표한 인구자료(주민등록인구 기준)를 보면 과천시의 인구는 72,047명이다. 인구규모가 과천시와 비슷한 도시는 경상북도 내 문경시와 강원도 내 삼척시가 있다. 각각의 인구는 76,645명과 71,935명이다. 과천시는 중앙행정서비스 기능으로 특화된 도시이다. 왜냐하면 정부종합청사에서 제공하는 행정서비스는 과천시의 가장 중요한 기능이기 때문이다.

중앙정부의 행정서비스는 그의 수요범위가 전국이기 때문에 행정서비스의 기능 중에는 가장 높은 위계의 서비스라고 할 수 있다. 참고로 가장 낮은 위계의 행정서비스는 동사무소나 읍·면사무소에서 제공되는 행정서비스라고 할 수 있다. 인구규모 측면에서 과천시와 같은 위계가 있다고 할 수 있는 문경시와 삼척시에서는 중앙행정서비스를 제공하지 못한다. 사실 중앙정부의 행정서비스를 제공하는 도시는 전국에서 서울시와 과천시 이외에는 거의 없는 실정이다.

통계청(2009)의 조사자료에 의하면 서울시의 인구는 10,208,302명이다. 중앙정부의 행정서비스 차원에서만 보면 과천시는 인구 천만 명의 도시인 서울시와 같은 위계의 도시가 되는 것이다. 그러나 중앙정부의 행정서비스를 제외하고는 과천시에서 제공하는 제품들은 대부분 서울시보다 위계가 낮다. 예를 들어 서울시에서 제공하는 국제금융이나 무역관련 서비스, 대학교 이상의 고등교육과 고급 상업서비스, 그리고 국가 연구개발(R/D)관련 서비스 등은 과천시에서 제공되지 않는다. 따라서 과천시는 그림 3-3의 중심지 F와 같이 가장 높은 위계의 제품, 즉 행정서비스에 특화되었다고 할 수 있다. 이와 같이 과천시의 행정특화는 크리스탈러의 이론으로는 설명될 수 없지만 로쉬의 이론으로는 가능하다. 따라서 중심지특화 측면에서 두 이론의 차이는 분명하게 드러난다고 할 수 있다.

3.2.3 중심지들의 관계

크리스탈러의 이론에서 중심지들 사이의 관계는 단적으로 말해 경쟁적이라고 할 수 있다. 왜냐하면 동일 위계의 중심지는 경쟁을 통해 시장을 공간적으로 분할하고, 중심지 상호간 제품 거래는 발생하지 않기 때문이다. 동일 위계의 중심지 사이에서 거래가 일어나지 않는 이유는 중심지들이 공급하는 제품의 종류가 서로 동일하기 때문이다. 그러므로 중심지들 사이의 거래는 한쪽 방향, 좀 더 정확하게 표현하자면 높은 위계의 중심지에서 낮은 위계의 중심지로만 발생하게 된다. 이러한 중심지 사이의 거래를 그림으로 표현하면 그림 3-4와 같다. 그림은 k=3 원리에 의해 형성된 중심지체계를 바탕으로 중심지들 사이의 거래를 표현한 것이다. 그림에서 나타나듯이 3등급의 위계로 구분된 중심지체계에서 같은 위계의 중심지들 간의 거래는 발생하지 않으며, 오로지 거래는 한 방향, 즉 높은 위계에서 낮은 위계의 중심지 방향으로만 일어남을 알 수 있다. 또한 그림은 크리스탈러의 중심지체계가 전체적으로 매우 체계적이며 조직적임을 보이고 있다.

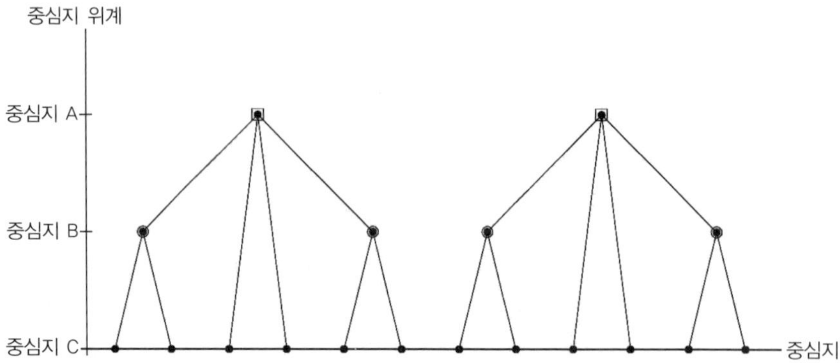

그림 3-4 **크리스탈러의 중심지 간 관계(k=3의 경우)**

반면 로쉬의 중심지체계에서 중심지들의 관계는 경쟁적이라기보다는 상호 보완적이라고 할 수 있다. 이러한 관계는 근본적으로 포섭의 원리가 작용하지 않음에 기인하는 것이다. 즉, 포섭의 원리가 작용하지 않기 때문에 동급의 중심지라고 해도 공급하는 제품의 종류는 서로 다를 수 있다. 중심지에서 공급되는 제품의 종류가 다르다면 동급의 중심지 사이에도 거래는 발생하게 되며, 그 결과 중심지들은 서로 보완적인 관계가 갖게 되는 것이다.

중심지들의 상호 보완적 관계를 그림으로 설명해 보자. 우선 설명의 편의를 위해 중심지의 위계는 중심지에서 제공되는 제품의 수에 의해 결정됨을 전제한다. 그리고 소비자가 제품을 구입하는 중심지는, 언급하였듯이 소비자가 지불하는 비용선(제품의 가격과 교통비의 합)에 의해 결정된다고 하면, 그림 3-3의 중심지들 사이에서 일어나는 거래는 그림 3-5와 같이 표현할 수 있다.

그림 3-5에서 실선은 높은 위계의 중심지에서 낮은 위계의 중심지로 향하는 거래를, 그리고 점선은 낮은 위계의 중심지에서 높은 위계의 중심지로 향하는 거래를 나타낸 것이다. 여기서 거래란 중심지들 사이에 이루어지는 제품의 흐름이다. 각 중심지에서 공급되는 제품과 비용선으로부터 중심지들

사이의 제품을 흐름을 알 수 있다. 예를 들어 중심지 A에서는 중심지 B나 C 그리고 D로 제품을 공급한다. 이들 사이에서 일어나는 거래를 제품별로 보면, 중심지 A는 중심지 B에 7개의 제품들(제품 2부터 제품 8까지)을, 중심지 C에는 3개의 제품(제품 4,7,8)을 그리고 중심지 D에는 제품 7만을 제공한다. 위계상 이러한 거래는 높은 위계에서 낮은 위계의 중심지로 제품을 공급하는 것이다. 그러나 그림에서 낮은 위계의 중심지에서 높은 위계의 중심지로 제품을 공급하는 경우도 찾아볼 수 있다. 중심지 F를 보자. 중심지 F는 낮은 위계의 중심지이지만 그보다 위계가 높은 중심지 D, E, G, 그리고 H에 제품 8을 공급한다. 이렇게 낮은 위계의 중심지에서 높은 위계의 중심지로의 거래는 중심지 F 이외에도 중심지 C, 중심지 E, 그리고 중심지 H에서도 찾아볼 수 있다.

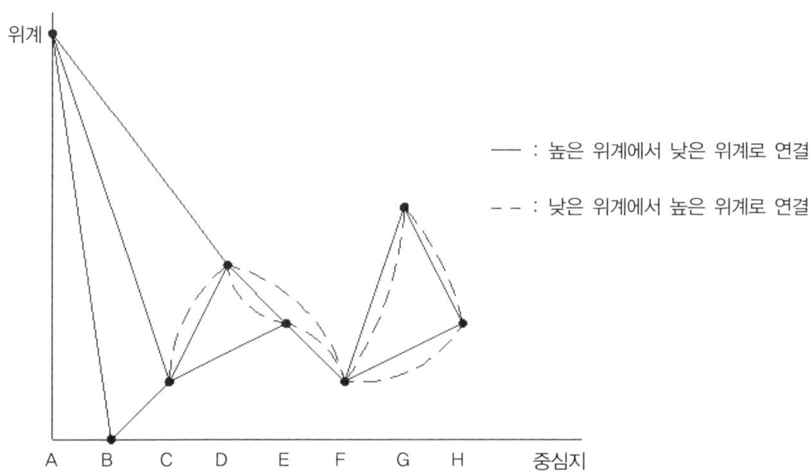

그림 3-5 **보완적 관계의 중심지체계(Lösch의 경우)**

낮은 위계의 중심지에서 높은 위계의 중심지로 향하는 거래, 즉 제품의 흐름은 크리스탈러의 중심지체계에서는 일어날 수 없다. 그림 3-5는 로쉬의 이론에서 중심지들 사이의 거래가 한쪽 방향에서만 일어나는 것이 아니라 양쪽 방향에서 일어날 수 있음을, 그리고 중심지들의 관계는 경쟁적이 아니라 서로 보완적인 관계임을 가리키는 것이다. 그러므로 중심지들의 관계 측면에서 볼 때, 크리스탈러의 이론과 로쉬의 이론의 차이는 분명하다고 할 수 있다.

위에서 설명한 바를 종합하면, 유사한 가정을 바탕으로 수립된 크리스탈러와 로쉬의 중심지이론은 본 절에서는 크리스탈러와 로쉬의 이론을 크게 3부분, 접근방법과 중심지체계 및 공간구조, 중심지 위계 결정 및 중심지특화, 그리고 중심지들의 관계로 구분하여 살펴보았을 때, 두 이론은 서로 유사한 이론이 아니라 엄밀히 말해 서로 다른 이론이라고 할 수 있다.

3.3 공간구조 및 도시위계

도시나 지역 내에 형성되는 중심지체계는 전국차원의 공간체계에도 적용될 수 있다. 왜냐하면 중심지이론의 기본 가정인 무한히 펼쳐지는 동질적인 공간을 전국으로 확대하면 중심지체계는 바로 국가의 공간구조가 되기 때문이다. 한 국가를 구성하는 도시들을 인구규모의 순으로 배열해 보면 도시들 사이에는 계층이 형성되어 있음을 알 수 있다. 예를 들어 대도시-중도시-소도시와 같은 계층구조는 도시체계를 가장 단순하게 표현한 것이다. 도시계층에 초점을 맞추어 국가의 공간구조를 분석하고 진단하는 방법에는 순위-규모법칙(rank-size rule)이 있다. 본 절에서는 순위-규모법칙과 중심지이론과의 관계에 대해 설명하기로 한다.

3.3.1 순위-규모법칙

순위-규모법칙은 중심지이론과 같이 공간구조에 대한 실증적인 규칙성을 기반으로 한다. 여기서 순위-규모법칙이란 도시의 순위와 인구규모 사이에 존재하는 일정한 관계를 말하며, 순위는 국가를 구성하는 도시들을 인구규모 순으로 수위도시(首位都市)부터 가장 작은 도시에 이르기까지의 순서를 말한다. 도시의 순위와 인구간의 기본 관계를 식으로 표현하면 다음과 같다.

$$r \cdot P^r = c, \qquad \text{...식 (3-1)}$$

P^r : r번째 순위의 도시 인구규모,

c : 상수.

위의 식은 도시의 순위와 도시의 인구규모가 서로 반비례 관계에 있음을 가리킨다. 즉, 순위가 낮다면(r이 크면) 그 도시의 인구규모는 작으며, 반대로 순위가 높다면(r이 작으면) 그 도시의 인구규모는 크다는 것이다. 우리나라 도시들을 통계청(2009)에서 발표한 인구수에 의해 순위를 결정하면 표 3-2와 같다. 우리나라의 수위도시는 서울시로 인구는 10,208,302명이며, 두 번째 순위의 도시는 부산광역시로 인구는 3,543,030명이다. 그리고 순위가 84번째인 계룡시의 인구는 42,760명이다. 이와 같이 도시의 순위와 인구규모 사이에는 식 (3-1)과 같이 분명 반비례 관계가 존재한다. 그러나 이러한 관계는 사실 당연한 것이다. 왜냐하면 도시의 순위는 바로 그 도시의 인구규모에 의해 결정되었기 때문이다. 이렇게 순위와 인구규모 사이의 명확한 반비례 관계 때문에 순위-규모 관계를 순위-규모법칙이라고 부르는 것이다.

순위-규모법칙에서 연구자들의 관심은 순위별 도시의 인구수이다. 구체적 말해, 순위가 내려갔을 때 변화되는 인구수는 얼마인가 하는 것이다. 이에 대해 지프(Zipf, 1949)는 도시의 순위와 인구 사이의 관계를 아래와 같이 표현하였다.

$$P^r = \frac{P^1}{r^q}, \qquad \text{...식 (3-2)}$$

P^1: 수위도시의 인구수,

q: 계수(일반적으로 1에 가까운 계수).

위의 식의 양변에 로그를 취하면 식 (3-2)는 선형화된 식으로 전환된다.

$$\ln P^r = \ln P^1 - q\ln r. \qquad \text{…식 (3-3)}$$

식 (3-3)에서 가장 중요한 것은 바로 순위변화에 따른 도시인구의 변화를 나타내는 기울기 q값이며, 이 값은 국가마다 다르다. 베리(Berry, 1961)는 q값이 1인 상태를 도시체계의 안정상태(steady-state of an urban system)라고 하였다. 그리고 안정상태에서 순위에 따른 도시인구의 분포를 순위-규모분포(rank-size distribution)라고 정의하였다. 만일 어느 나라의 도시체계가 안정상태에 있다면 그 나라에서 두 번째 순위의 도시인구는 수위도시(P^1) 인구의 1/2이 되며, 순위가 n번째라면 그 도시의 인구수는 수위도시의 $1/n$이 되는 것이다. 예를 들어 수위도시의 인구가 1,000만 명이라고 한다면 네 번째 순위의 도시인구는 250만 명이 되는 것이다. 그러나 q값이 1보다 크면 순위가 내려갈수록 도시들의 인구는 안정상태에 비해 급격히 감소된다. 이러한 도시인구의 분포는 상대적으로 수위도시에 많은 인구가 집중된 국가에서 나타나는 현상이다. 반대로 q값이 1보다 작으면 순위변화에 따른 인구변화가 상대적으로 크지 않게 된다. 이러한 현상은 수위도시의 인구비율이 상대적으로 낮은 국가에서 나타나며, 그러한 나라에서 도시규모의 분포는 비교적 균등하다고 할 수 있다.

도시체계의 정상상태에서 보면 순위별 적정한 도시인구의 규모가 도출될 수 있으며, 이를 바탕으로 현재 도시들의 인구규모를 진단할 수 있다. 예를 들어 수위도시의 인구가 500만 명이고 순위가 5위인 도시와 10위인 도시의 인구가 각각 90만 명과 55만 명이라고 해보자. 도시체계가 정상상태에 있다면 각 도시의 적정인구는 각각 100만 명과 50만 명이 되어야 한다. 그러므로 순위가 5위인 도시는 앞으로 인구가 증가되어야 하는 반면, 순위가 10위인 도시의 인구는 감소되어야 한다고 진단할 수 있다.

베리는 한 국가가 사회경제적으로 기능이 다양화 되고 복잡화 될수록 그 국가의 도시규모 분포는 안정상태로 수렴한다고 주장하였다. 이러한 베리의 주장은 국가가 경제적으로 발전할수록 도시규모의 분포는 종주도시 분포(primate city distribution)에서 순위-규모분포로 변한다는 것이다. 이를 좀 더 설명하면 다음과 같다. 대부분의 개발도상국가에서 한정된 경제력은 집적경제(agglomeration economy)의 이익 때문에 수위도시에 집중하는 경향이 높다. 도시의 경제력 규모는 바로 그 도시의 인구규모를 나타낸다고 할 수 있으므로 그러한 국가들에서는 q값이 1보다 크게 나타난다. 이와 같이 인구가 수위도시(또는 소수의 대도시)에 집중되어 있을 때의 도시규모 분포를 종주도시 분포라고 한다. 그러나 경제가 발전할수록 수위도시가 가지고 있던 기능들은 환경오염이나 교통혼잡과 같은 집적의 불경제(agglomeration diseconomy)로 인해 순위가 낮은 다음 위계의 도시들로 이동하는 경향이 높아진다. 그 결과 q값은 낮아지고 종주도시 분포는 완화되는 것이다. 이와 같이 q값은 나라의 경제발전에 따라 변한다. 베리는 경제발전에 따른 도시순위 분포의 변화를 종주도시 분포단계, 중간분포단계 그리고 순위-규모분포를 의미하는 정규분포단계인 3단계로 구분하여 제시하였다.

표 3-2 우리나라의 도시인구와 순위 (단위: 명)

순위	도시명	인구	순위	도시명	인구
1	서울특별시	10,208,302	43	광주시	238,583
2	부산광역시	3,543,030	44	경산시	236,459
3	인천광역시	2,710,579	45	김포시	225,805
4	대구광역시	2,489,781	46	거제시	225,522
5	대전광역시	1,484,180	47	강릉시	217,464
6	광주광역시	1,433,640	48	충주시	206,613
7	울산광역시	1,114,866	49	이천시	197,496

8	수원시	1,073,149	50	구리시	195,593
9	성남시	962,726	51	양주시	182,106
10	고양시	938,784	52	진해시	171,407
11	부천시	869,944	53	안성시	170,919
12	용인시	839,204	54	안동시	167,432
13	안산시	705,346	55	오산시	159,734
14	청주시	643,161	56	포천시	158,931
15	전주시	635,007	57	서산시	158,886
16	안양시	616,547	58	서귀포시	152,285
17	천안시	540,832	59	하남시	148,566
18	남양주시	525,211	60	광양시	143,461
19	포항시	509,475	61	의왕시	140,874
20	창원시	502,727	62	통영시	137,415
21	김해시	492,413	63	김천시	135,918
22	화성시	491,528	64	제천시	135,580
23	의정부시	431,008	65	논산시	127,097
24	제주시	410,378	66	공주시	124,172
25	평택시	410,042	67	정읍시	121,545
26	마산시	406,307	68	영주시	113,309
27	시흥시	397,912	69	사천시	112,724
28	구미시	396,419	70	밀양시	110,170
29	진주시	331,720	71	보령시	106,754
30	파주시	323,011	72	상주시	106,208
31	광명시	314,257	73	영천시	103,115
32	원주시	307,882	74	동해시	95,271
33	익산시	306,669	75	김제시	94,770
34	여수시	293,546	76	동두천시	93,211
35	군포시	275,731	77	나주시	90,875
36	순천시	269,516	78	남원시	87,675
37	경주시	267,466	79	속초시	83,822
38	군산시	266,922	80	문경시	76,645
39	춘천시	264,849	81	과천시	72,049
40	아산시	256,449	82	삼척시	71,935
41	양산시	250,387	83	태백시	50,424
42	목포시	244,339	84	계룡시	42,760

• 출처: 통계청(2009), 주민등록인구통계

종주도시 분포는 언급하였듯이 수위도시에 인구가 상대적으로 많이 집중된 경우를 말한다. 그러나 문헌을 보면 종주도시 분포의 구분기준은 연구자들마다 다르게 제시하고 있다. 예를 들어 터넌트(Ternent, 1976)는 수위도시와 순위 2의 도시인구 비를 통해, 메라(Mera, 1973)는 수위도시가 수위도시 다음 상위 3개 도시의 인구비를 통해 그리고 로젠과 레스닉(Rosen and Resnick, 1980)은 수위도시와 다음 상위 5개 도시들의 인구비를 통해, 그리고 수위도시와 다음 상위 50개 도시의 인구비를 통해 종주도시 분포를 진단하였다.

그러나 레믈린과 폴레스(Lemelin and Polese, 1995)가 지적하였듯이 종주도시 분포를 판단할 만족스러운 기준은 없다고 할 수 있다. 또한 종주도시 분포에 대한 의미도 사실 크지 않다고 할 수 있다. 왜냐하면 종주도시 분포에 대한 진단결과로부터 도출할 수 있는 정책적 함의도 그렇게 크지 않기 때문이다. 로젠과 레스닉이 언급한 바와 같이 공간구조의 분석은 종주도시 분포에 대한 분석보다는 전체 규모분포를 대상으로 분석하는 것이 바람직하다. 따라서 종주도시 분포란 순위-규모분포보다 식 (3-3)에서 q값이 1보다 클 때의 분포라고 보는 것이 무난하다고 할 수 있다.

프리드만(Friedmann, 1966)은 경제발전의 단계를 4단계, 즉 산업화 이전의 경제(pre-industrial economy), 전통사회에서 산업화 사회로 전환되는 전이경제(transitional economy), 산업화가 성숙되는 산업화경제(industrial economy) 그리고 후기산업화 경제(post-industrial economy)로 구분하였다. 그리고 그는 각 단계에서 나타나는 공간구조의 특징을 제시하였다. 여기서는 프리드만의 경제성장에 따른 단계별 공간구조를 순위-규모법칙과 연관시켜 설명하기로 한다.

먼저 제1단계는 국가의 경제가 산업화 이전의 전통사회에 있을 때의 공간구조이다. 산업화 이전의 경제는 말 그대로 산업화가 시작되지 않은 전통적인 농업 위주의 경제를 의미한다. 이 단계에서는 도시 간 제품의 거래나 기능적 연계가 약하며, 그에 따라 자원의 공간적 집중도 약하고, 도시들의 계층적 체계의 형성도 미약하다. 또한 자원의 공간적 집중도 이루어지지 않았기 때문에 도시 간 인구차이도 크지 않다. 따라서 산업화 이전의 경제에서 도시 규모의 분포는 그림 3-6의 그림(a)와 같이 완만하게 나타난다고 할 수 있다.

제2단계는 농업 위주의 전통경제가 산업화 경제로 전환되는 과정에서 나타나는 공간구조이다. 김홍배(2005)가 설명하였듯이 산업화는 공간적으로 도시화를 동반한다. 왜냐하면 1차 산업에서 2차 산업과 3차 산업으로의 전환되는 산업화는 공간적으로 도시를 중심으로 일어나기 때문이다. 도시화와 산업화의 초기에는 국가의 제한된 자원이 수위도시에 집중하기 때문에 국토의 공간구조는 이중구조(dualistic structure)를 띠게 된다. 여기서 이중구조란 국토의 공간이 경제발전을 선도하는 핵심지역(core region)과 핵심지역에 의존하고 통제되는 주변지역(periphery region)으로 구분됨을 말한다. 이러한 이중구조의 특징이 나타날 때 도시규모의 분포는 그림(b)와 같이 종주도시 분포의 형태를 갖게 된다. 이 단계에서는 인구나 자본의 지역 간 이동이 크게 일어나는데, 그러한 이동은 한쪽 방향, 다시 말해 주변지역에서 핵심지역으로만 향하게 된다. 이러한 자원의 이동특성 때문에 핵심지역과 주변지역과의 관계를 프리드만은 식민지적 관계로 표현하였다.

제3단계는 산업화 경제에서 형성되는 공간구조이다. 이 단계에서는 수위도시에 경제활동이 집중됨으로 인해 집적의 불경제와 다양한 환경문제 등이 발생하게 된다. 이러한 자원 집중의 문제는 수위도시(또는 소수의 대도시)에 집중된 자원들을 다음 위계의 도시들로 이동시키게 한다. 이로 인해 핵심지역의 영향력은 약화되고 지역의 도시들이 중심도시로 등장하게 된다.

그 결과 이 단계에서의 도시규모 분포는 그림(c)와 같은 형태가 된다. 마지막 단계는 후기산업화 (또는 탈산업화) 경제에서의 공간구조이다. 일반적으로 말해, 후기산업화 경제는 기술이 고도로 발달하면서 산업구조가 서비스 산업과 지식 위주의 산업으로 재편되는 새로운 경제의 형태를 말한다. 이 단계에서 생산의 특성은 대량생산보다는 다품종 소량생산의 환경으로 변화된다. 이러한 경제에서 도시들은 서로 기능적으로 연계가 강화되기 때문에 도시들의 관계는 종속족인 관계가 아니라 기능적으로 서로 연결되는 상호보완적인 관계가 된다. 이러한 관계는 로쉬(Lösch)의 중심지이론에서 설명한 바와 같이 도시들이 기능적으로 상호보완적이고 의존적인 도시체계를

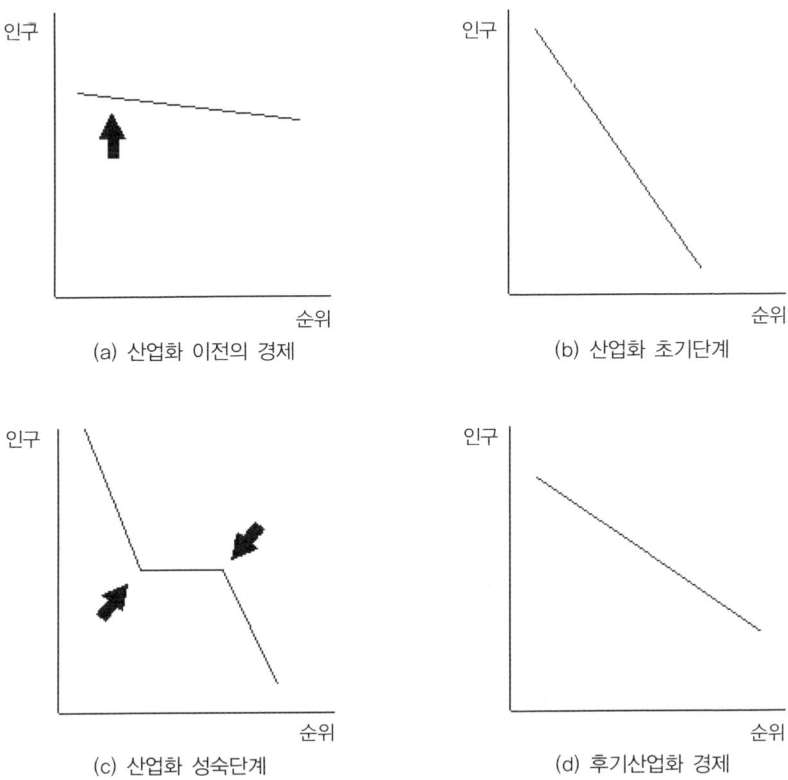

(a) 산업화 이전의 경제 (b) 산업화 초기단계

(c) 산업화 성숙단계 (d) 후기산업화 경제

그림 3-6 경제성장에 따른 단계별 도시규모 분포의 변화

형성하게 한다. 그러한 관계가 정립될 때 도시규모 배분은 그림(d)와 같은 형태가 된다.

위에서는 프리드만이 제시한 경제발전단계별 공간구조를 도시규모의 분포 측면에서 설명하였다. 그러나 실질적으로 한 국가의 도시규모 분포는 오로지 경제발전에만 영향을 받는 것은 아니라 그 나라의 도시화 기간 및 수준, 정치 및 행정력의 공간배분 상태 그리고 사회 고유의 특성 등 다양한 요인에 의해 영향을 받는다. 각각에 대해 좀 더 설명을 하면 다음과 같다. 도시화율이란 전체인구 중에서 도시에 사는 인구의 비율이기 때문에 국가의 도시화 기간과 수준은 q값에 직접적인 영향을 미친다. 왜냐하면 기본적으로 국가의 도시화율에 따라 도시의 수와 도시에 사는 사람들이 정해지기 때문이다.

도시화율의 일반적인 추세는 S곡선 형태로 특징지어진다. S곡선은 국가의 도시화율이 초기에는 체증적으로 증가하지만 일정수준을 넘어서면 체감적으로 증가하여 종국에는 특정 수준으로 수렴해 가는 것을 가리킨다.(특정수준의 도시화율 산정에 관심이 있는 독자는 김홍배(2009)를 참조하기 바란다.) 따라서 도시화가 낮은 국가에서는 시간이 지남에 따라 (또는 경제발전에 따라) 높은 속도로 도시화를 경험하겠지만 도시화율이 높은 국가에서는 시간이 지남에 따라 도시화율의 증가는 미미하게 된다. 이러한 도시화율의 변화를 고려한다면 도시화 기간과 수준은 도시규모의 분포와 밀접한 관계가 있다고 할 수 있다.

국가의 정치력과 행정력의 공간적 배분상태도 q값에 중요한 영향을 미친다. 왜냐하면 정치력과 행정력의 집중은 경제력의 집중과 상호 인과관계가 있기 때문이다. 즉, 정치력과 행정력이 큰 도시가 경제력을 유인하기도 하고, 경제력이 큰 도시가 정치력과 행정력을 유인하기도 한다. 우리나라의 수도 서울시를 비롯한 영국의 런던, 프랑스의 파리, 멕시코의 멕시코시티,

일본의 동경, 말레시아의 쿠알라룸푸르 등 세계의 많은 국가에서 정치력과 행정력이 집중된 수도가 경제의 중심지 역할도 함께 담당하는 예는 쉽게 찾아볼 수 있다. 특히 정치력과 행정력이 한 곳에 집중된 중앙집권적인 국가에서는 경제력도 수위도시에 집중되는 경향이 큰 반면 지방분권화가 이루어진 국가에서는 경제력도 비교적 균등하게 배분되는 경향이 높다. 이와 같이 권력의 공간적 배분상태는 도시규모의 분포와 연관이 깊다고 할 수 있다.

또한 지역 간 이념이나 종교, 문화, 언어의 차이 또는 역사적인 문제 등으로 인해 분쟁이나 갈등이 있을 때도 q값은 영향을 받는다. 한 국가를 구성하는 지역들 사이에 이러한 문제가 있을 때 지역 간 인구이동은 제약을 받게 되고, 이는 결국 도시규모 분포에 영향을 미치게 된다. 왜냐하면 인구이동이 제한된다면 지역 내 도시들의 인구성장은 거의 자연적 성장에 의해서만 이루어질 것이기 때문이다. 결과적으로 그러한 나라에서 도시규모의 분포는 시간이 지남에 따라 변화의 폭이 크지 않게 된다.

종합하면 도시의 순위와 인구규모의 관계를 나타내는 q값은 국가의 경제발전뿐만 아니라 국가의 다양한 사회경제적인 요인에 의해 영향을 받는다. 따라서 도시규모의 분포는 경제발전에 따라 그림 3-6과 같이 나타나지 않을 수도 있는 것이다. 그러면 우리나라에서 도시의 순위-규모는 시간에 따라 어떻게 변해왔는지 살펴보자. 우리나라에서도 많은 연구자들이 q값을 측정하였다. 이희연(1998)에 요약되었듯이, 추정된 q값은 분석연도의 자료에 따라 그리고 행정구역의 개편 등으로 인해 조금씩 다르지만 1960년부터 1980년까지의 q값은 대략 1.156~1.187 사이의 값을 갖는 것으로 추정되었다. 따라서 이 기간 동안 우리나라의 도시규모 분포는 종주도시 분포의 특징을 가졌다고 할 수 있다. 그림 3-7은 1980년부터 2009년까지 우리나라의 도시순위와 인구 관계를 로그를 취하여 나타낸 것이다. 그림에서 알 수 있듯이 1980년 이후 수위도시의 인구성장보다는 상위도시들의 성장이 뚜렷하게 나타난다.

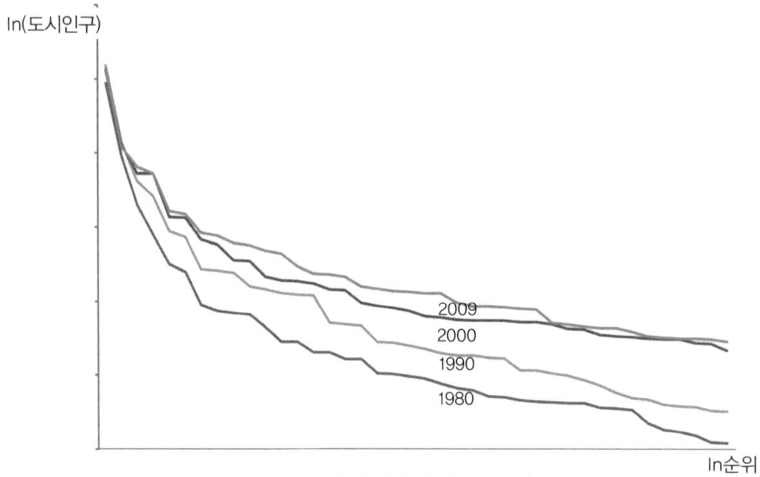

그림 3-7 우리나라 순위-규모식

그림 3-7에 제시된 시기별 우리나라의 순위-규모식의 변화를 경제성장과 연관시켜 살펴보자. 표 3-3은 우리나라의 1980년부터 2009년 현재까지의 명목 국내총생산(gross domestic product, GDP)과 실질 국내총생산 그리고 실질 국내총생산의 연평균 성장률을 요약한 것이다. 표에 보이듯이 우리나라는 2005년 불변가격 기준으로 1980년대에는 연평균 9.71%의 높은 성장을 하였지만 시간이 지남에 따라 경제성장의 속도는 낮아졌다. 2005년부터 2009년까지 우리나라의 경제는 연평균 3.18% 속도로 성장하였다.

표 3-3 우리나라 경제성장(2005년 불변가격 기준)

구분	명목 GDP(십억원)	GDP 디플레이터	실질 GDP(십억원)	연평균 성장률
1980	39,109.6	26.8	1,459,313	-
1990	191,382.8	51.9	3,687,530	9.71%
2000	603,236.0	86.8	6,949,724	6.54%
2005	869,240.9	100	8,652,409	4.48%
2009	1,063,059.1	108.4	9,806,818	3.18%

그림 3-7에 제시된 도시규모 분포로부터 연도별 q값을 추정하면 표 3-4와 같다. 1980년 우리나라의 q값은 1.162였으며, 1990년과 2000년에 각각 1.221과 1.055로 그리고 2009년에는 1.069로 추정되었다. 또한 추정된 q값의 설명력도 매우 높은 것으로 나타난다. q값의 변화를 볼 때, 1980년대의 높은 경제성장은 우리나라의 종주도시 분포를 심화시켰으나 그 후 경제성장의 속도가 낮아지면서 종주도시 분포의 현상도 완화되었다고 할 수 있다. 정확하게 맞는 것은 아니지만 1980년 이래 우리나라의 도시규모 분포는 베리가 설명한 것과 같이, 경제가 성장함에 따라 종주도시 분포에서 안정상태, 즉 순위-규모분포의 상태로 수렴해 왔다고 할 수 있다.

표 3-4 **우리나라 연도별 q값의 변화**

구분	q값	R^2
1980	1.162	0.987
1990	1.221	0.995
2000	1.055	0.954
2009	1.069	0.959

베리는 미국의 경우를 바탕으로 경제가 성장하면서 도시규모 분포는 순위-규모분포로 수렴됨을 보였다. 미국과 같은 경우는 영국을 비롯한 많은 여러 국가에서 쉽게 찾아볼 수 있다. 후지타와 모리(Fujita and Mori, 1999)는 순위-규모분포는 장기적으로 성숙된 공간체계에서 나타나게 되는 것이라 주장하였으며, 가베이(Gabaix, 1999)는 순위-규모법칙은 경제성장 과정에서 나타나는 자연스러운 결과라고 주장하였다.

그러면 뉴질랜드의 경우는 어떤지 살펴보자. 1981년부터 2006년까지 구매력 평가지수(purchasing power parity, PPP)를 적용한 뉴질랜드의 명목 GDP는 표 3-5에 제시된 바와 같다. 명목가치 기준으로 볼 때 뉴질랜드의 경제는 1980년대에는 약 연평균 4.9%로, 1990년대는 5.5% 그리고 2006

년까지는 5.2%로 성장하였다. 참고로 뉴질랜드는 2001년과 2006년 인플레이션은 각각 3.125% 그리고 3.279%였다. 즉, 뉴질랜드는 물가상승률 측면에서 안정된 국가라고 할 수 있으며, 이러한 인플레이션을 고려한다면 뉴질랜드의 경제는 관찰기간 동안 실질적으로 성장하였다고 할 수 있다.

표 3-5 뉴질랜드의 경제성장 추이

구분	명목 GDP(십억달러)*	연평균 성장률
1981	30.6	-
1991	49.5	4.9%
2001	84.7	5.5%
2006	109.1	5.2%

*PPP 적용 명목 GDP임.

1981년부터 2006년까지 뉴질랜드의 도시별 순위와 인구규모의 변화를 그림으로 나타나면 그림 3-8과 같다. 그림에서와 같이 뉴질랜드의 순위-규모분포는 베리가 주장한 형태와는 조금 다르게 나타난다. 즉, 경제가 발전하면서 뉴질랜드의 종주도시 분포는 완화되는 것이 아니라 오히려 심화되었다고 할 수 있다. 이는 연도별 q값을 추정함으로써 보다 정확하게 알 수 있다.

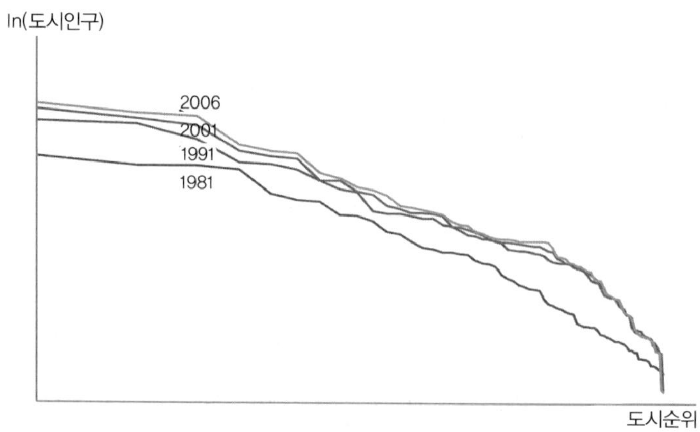

그림 3-8 연도별 뉴질랜드의 순위-규모분포

그림 3-8에 제시된 4개 연도의 뉴질랜드 도시규모 분포로부터 연도별 q값을 추정하면 표 3-6과 같다. 표에 보이듯이 1981년 뉴질랜드의 q값은 1.014였으며, 1991년과 2001년에 각각 0.980과 1.035로 그리고 2006년에는 1.077로 추정되었다. 또한 추정된 q값의 설명력도 높은 것으로 나타난다. 이러한 q값의 변화를 볼 때, 뉴질랜드는 경제발전을 하면서 공간구조상 종주도시 분포현상은 조금 더 심화되었다고 할 수 있다. 이와 같은 뉴질랜드의 현상이 매우 특이한 경우라고는 할 수 없다. 왜냐하면 뉴질랜드뿐만 아니라 경제발전과 함께 종주도시 분포가 심화된 나라는 얼마든지 있을 수 있기 때문이다. 따라서 베리의 주장이 모든 국가에 해당되는 일반적인 것은 아니라고 할 수 있다. 그 주된 이유는 앞에서 설명한 바와 같이 도시규모의 분포는 경제발전 이외에도 나라의 도시화 기간 및 수준, 정치 및 행정력의 공간배분 상태, 그리고 사회 고유의 특성 등 해당 국가의 다양한 요인에 의해 영향을 받기 때문이다.

표 3-6 뉴질랜드 연도별 q값의 변화

구분	q값	R^2
1981	1.014	0.947
1991	0.980	0.901
2001	1.035	0.901
2006	1.077	0.889

3.3.2 순위-규모법칙과 중심지이론과의 관계

지프는 인간의 정주체계를 형성하는 데는 두 가지 힘이 작용한다고 주장하였다. 그가 말한 두 힘이란 바로 통합력(unification force)과 분산력(diversification force)이다. 설명에 앞서 정주체계와 도시체계의 관계는 다음과 같다. 황명찬(1985)은 "지상에서 인구와 경제활동이 분포되어 있는 모양을 정주패턴이라고 부르고, 그 분포가 어떤 규칙성을 가진 체계를 이루고 있을 때 정주체계라고 한다."라고 하였다. 일반적으로 말하는 정주환경의 공간범위는 매우 다양하다. 왜냐하면 연구자들의 목적에 따라 정주환경의 공간범위는 개인으로부터 자연취락, 대도시 또는 세계도시(ecumenopolis)까지를 포함하기 때문이다. 독시아디스(Doxiadis, 1968)는 표 3-7에 제시한 바와 같이 정주환경의 공간단위를 인구수를 기준으로 15단계로 구분하기도 하였다. 이러한 정주환경의 공간적 범위를 고려한다면 정주환경도 계층적 체계가 형성되어 있음을 알 수 있다. 만일 정주체계를 인구규모에 의해 구분한다면 그 정주체계는 바로 도시들의 계층적 체계를 의미한다고 할 수 있다. 따라서 여기서는 지프가 언급한 정주체계는 바로 도시체계라 볼 수 있다.

표 3-7 독시아디스의 인간정주사회의 단계

공간단위 구분	인구수
인간(man)	1명
방(room)	2명
주거(dwelling)	4명
주거군(dwelling group)	40명
소근린(small neighborhood)	250명
근린(neighborhood)	1,500명
소도시(small town)	9천명
도시(town)	5만명
대도시(large city)	30만명
메트로폴리스(metropolis)	2백만명
연담도시(conurbation)	14백만명
메갈로폴리스(megalopolis)	1억명
도시화지역(urban region)	7억명
도시화대륙(urbanized continent)	50억명
세계도시(ecumenopolis)	300억명

• 출처: 대한국토도시계획학회(2003) 재인용

인간의 정주체계를 형성시키는 데 있어 첫 번째 힘은 통합력이다. 통합력이란 경제주체인 소비자에게 발생하는 교통비를 최소화시키기 위해 정주체계를 공간적으로 소수의 체계로 묶어주는 힘을 말한다. 이러한 힘으로 인해 제품들의 공급지점이 소수의 공간에 집중된다면, 소비자는 제품구입을 위해 지불하는 교통비를 절감할 수 있고 이로 인해 편익을 누리게 된다. 왜냐하면 제품들의 공급지점이 분산되어 있으면, 소비자는 각 제품들을 구입하기 위해 매번 이동을 해야 하고, 결과적으로 소비지가 지출해야 할 교통비는 크게 발생하기 때문이다. 따라서 소비자가 소비하는 제품들을 한 곳에서 구입하게 하는 통합력은 분명 정주체계 형성의 기본적인 힘이라고 할 수 있다.

정주체계 형성의 두 번째 힘은 분산력이다. 분산력에 의해 제품들의 공급지점들을 공간적으로 분산시킬 때도 소비자들의 편익은 높아진다. 다시 말해, 제품과 서비스를 제공하는 곳이 소수의 공간에만 모여 있으면 비효율이 발생하게 된다. 왜냐하면 전국에서 소비자들이 제품을 구입하기 위해 지불하는 교통비가 크게 발생하기 때문이다. 따라서 분산력을 통해 제품 공급지점이 공간적으로 분산되고, 이를 통해 소비자들은 교통비 절감의 편익을 누리게 되는 것이다. 예를 들어 모든 제품들의 공급지점이 서울시에만 있다면 전국 소비자들이 제품구입을 위해 지불해야 하는 교통비는 크게 발생할 것이다. 이와 같이 정주체계는 통합력과 분산력에 의해 형성된 결과라고 할 수 있으며, 공간적으로는 도시 및 지역 그리고 국토의 공간체계라고 할 수 있다. 그리고 이러한 공간체계는 지프에 의하면 순위-규모법칙으로 나타나게 된다는 것이다.

지프는 위에서 설명한 통합력과 분산력에 의한 도시체계의 형성원리를 최소비용의 원리(the least cost principle)라고 하였다. 즉, 발생하는 비용을 최소화하려는 경제주체들의 기본 행태의 결과로 나타나는 체계가 바로 순위-규모법칙이라는 것이다. 이러한 최소비용의 원리와 로쉬가 주장한 최소노력의 원리를 비교해 본다면 지프가 제시한 순위-규모법칙은 중심지이론과 서로 일맥상통한다고 할 수 있다.

최소비용의 원리와 최소노력의 원리뿐만 아니라 다른 측면에서도 순위-규모법칙과 중심지이론은 서로 밀접하다. 물론 순위-규모법칙과 중심지이론은 관점이 다르기 때문에 서로를 별개로 볼 수 있다. 구체적으로 말해, 전자는 오로지 도시들의 인구규모에 초점을 맞춘 반면 후자는 중심지기능의 다양성과 복잡성에 초점을 맞춘다. 인구규모와 기능의 다양성 및 복잡성은 서로 차원이 다르다고 할 수 있기 때문에 순위-규모법칙과 중심지이론을 연결시키는 것은 무리라 할 수 있다. 그러나 근본적으로 도시에서 제공하는 제품의 다양성과 제품의 위계는 도시의 인구규모에 기초한다. 만일 인구규모에 의해 도시를 분류하고 각 도시가 보유하고 있는 기능의 수를 조사한다면, 인구규모와 기능 수 사이의 관계는 그림 3-9와 같이 양(+)의 상관관계로 나타날 것이다. 이는 도시의 기능적 다양성과 복잡성은 바로 도시의 인구규모에 의해 결정됨을 의미하는 것이다. 이는 당연한 것이라 할 수 있다. 왜냐하면 도시의 인구규모로부터 제품이나 서비스에 대한 수요의 규모가 결정되며, 이에 따라 도시기능의 복잡성도 결정되기 때문이다. 따라서 도시인구 규모와 도시의 기능과의 상관관계를 고려한다면 순위-규모법칙은 바로 중심지이론의 결과로 나타나는 것이라 할 수 있다.

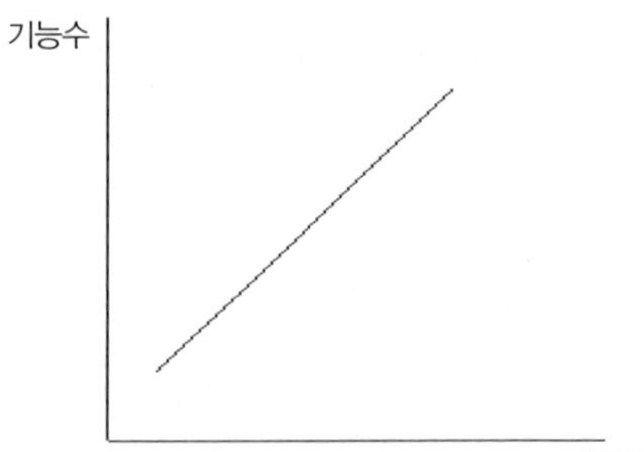

그림 3-9 도시인구와 도시기능의 관계

3.3.3 순위-규모법칙의 한계

본 절에서는 순위-규모법칙에 대해 설명하였다. 순위-규모법칙은 현실적으로 국가의 공간체계를 분석하고 진단하는 데 널리 사용되는 방법이다. 특히 순위-규모법칙은 수위도시의 인구규모가 과도한지, 그리고 순위별 도시들의 인구규모는 적정한지 등을 진단하여 공간정책의 방향을 제시하는 데 근거를 제공하기도 한다. 그러나 순위-규모법칙과 관련하여 다양한 질문들이 제기된다. 예를 들면 '순위-규모분포에 의한 도시들의 규모가 체적의 규모인가?', '순위-규모분포를 따르는 도시들의 분포가 효율적인가?', 또는 '순위-규모분포를 바탕으로 자원의 효율성과 지역 간 형평성을 향상시킬 수 있는 정책의 방향은 무엇인가?' 등이 제기되는 기본적인 질문들이다. 이러한 질문들에 대해 명확한 답을 제시하기는 사실 어렵다. 왜냐하면 순위-규모법칙은 이론적인 측면이나 공간인식 측면, 정책적인 측면 그리고 도시 간 연관관계의 인식 측면 등에 있어 취약하기 때문이다. 순위-규모법칙의 한계에 대해 보다 구체적으로 설명을 하면 다음과 같다.

첫째, 순위-규모법칙의 가장 큰 취약성은 이론 측면에 있다. 순위-규모법칙은 근본적으로 공간구조의 형성 이치에 초점을 맞춘 것이 아니라 겉으로 드러나는 현상에 초점을 맞춘 것이다. 그러므로 경제주체들의 행태적인 면(behavioral aspect)으로부터 도시의 순위와 규모의 형성과정에 대한 이론적 설명이 약하기 때문에 순위-규모법칙을 일반화시키는 데 있어 한계가 있다. 도시규모의 분포변화는 바로 도시들의 성장과 쇠퇴에 의한 결과로 나타나는 것이다. 그러나 순위-규모법칙에서는 도시의 경제성장과 쇠퇴 그리고 그에 따른 순위변동 등이 반영되지 못하며, 도시규모 분포의 변화의 의미를 다루는 데 있어서도 어려움이 있다. 이러한 이유로 인해 맥캔(McCann, 2001)은 순위-규모법칙을 법칙도 그리고 이론이 아니라고 평가하기도 한다.

둘째, 순위-규모법칙의 취약성은 도시들의 공간을 인식하는 데 있다. 다시 말해, 순위-규모법칙은 국가의 공간구조를 진단하는 데 널리 사용되지만, 엄밀히 말해 그 법칙에는 공간이 인식되지 않는다는 한계가 있다. 극단적인 예를 들어 설명을 해보자. 공간적으로 멀리 떨어져 있는 두 도시 A와 B가 있으며, 도시 A의 인구는 200만 명이며, 도시 B의 인구는 100만 명이라고 한다. 만일 어떤 정책이나 환경의 변화에 의해 도시 A 인구가 100만 명으로 감소하였고, 도시 B의 인구가 200만 명으로 증가하였으며, 다른 도시의 인구수의 변화는 없다고 해보자. 이러한 두 도시의 인구변화는 국토공간상으로는 중요한 변화이지만, 그 변화가 순위-규모법칙에서는 반영되지 않는다. 왜냐하면 순위-규모법칙에서는 도시가 어느 곳에 입지하고 있는가에 대해서는 반영되지 않기 때문이다. 즉, 국토공간상의 변화가 있다 하더라도 도시규모의 분포에는 변화가 없는 것이다. 이와 같이 순위-규모법칙은 공간구조의 변화를 진단하는 데 있어 한계가 있는 것이다.

셋째, 순위-규모법칙의 취약성은 일관성 있는 정책의 제시에 있다. 언급하였듯이 순위-규모분포에 의한 도시의 인구규모에 대한 적정성 진단은 가능하다고 할 수 있다. 그러나 고어(Gore, 1984)가 지적하였듯이 q값이 1이 되는 도시체계의 안정상태가 자원의 최적 활용 상태를 의미하는 파레토 효율(Pareto efficiency)을 나타낸다는 근거는 없다. 또한 순위-규모법칙을 이용한 공간구조에 대한 진단으로부터 제시되는 정책의 방향은 관점에 따라 달라질 수 있다. 예를 들면, 어느 국가의 도시규모의 분포에서 q값이 1보다 크다면 정책은 수위도시의 인구 감소에 초점을 맞출 수 있고, 수위도시보다 위계가 낮은 상위위계의 도시들 또는 중간위계에 있는 도시들의 인구규모 증가에 초점을 맞출 수도 있다. 이와 같이 관점에 따라 정책대상 도시가 달라질 수 있는 것이다. 문제는 선택되는 정책에 따라 농촌을 포함한 국토공간의 구조가 변화되는데 어떤 정책이 바람직한 것인가에 대한 평가가 순위-규모법칙 안에서는 어렵다는 것이다. 따라서 정책수립 측면에서 순위

–규모법칙은 한계가 있다고 할 수 있다.

마지막으로 순위–규모법칙은 도시 간에 존재하는 연관관계를 고려하지 못한다는 한계가 있다. 도시의 기본 특징은 개방성이기 때문에 도시간 자본과 노동 그리고 제품들의 이동은 제도적으로 제약을 받지 않는다. 이러한 자유로운 이동으로 인해 도시 사이에는 기능적 연결을 통한 상호 의존적인 관계가 형성된다. 여기서 도시간 기능적 그리고 상호 의존적 관계는 종속적인 관계도 포함한다. 즉, 프리드만(Friedmann)이 설명하였듯이 종속관계에서 경제중심지는 중소도시에 대한 성장을 통제할 수 있다. 기업들의 본사가 집중해 있는 수위도시에서는 중소도시에 입지하고 있는 생산공장이나 지사 또는 자회사 등에 대한 투자나 기업경영에 대한 결정을 할 수 있다. 그리고 그러한 결정에 의해 생산공장이나 지사나 자회사에 대한 투자확대나 투자축소 또는 폐쇄가 이루어진다. 투자확대가 결정되었을 때, 중소도시는 활성화되고 성장하겠으나 투자축소나 폐쇄가 결정되었을 때, 중소도시는 경제적으로 큰 타격을 받게 된다. 즉, 중소도시의 성장, 정체 및 쇠퇴는 바로 수위도시에 있는 기업 본사의 결정에 달려 있는 것이다.

예를 들어 경제활동이 전적으로 도시에 입지한 자동차 생산 공장에 의존하는 도시가 있다고 한다면, 그 도시의 미래는 자동차공장의 본사가 있는 수위도시에 달려 있다고 할 수 있다. 만일 본사에서 도시 내에 자동차공장의 확장을 위한 대규모의 투자를 결정한다면 그 도시는 경제적으로 더욱 발전을 하겠지만, 본사에서 자동차공장의 폐쇄를 결정하고 새로운 투자처를 다른 도시로 결정한다면 그 도시는 정체 또는 쇠퇴할 가능성이 높다. 이와 같이 현실적으로 존재하는 도시 간 종속적인 관계는 도시규모의 분포를 설명하는 데 있어 중요하다. 그러나 순위–규모법칙에서는 이러한 도시 간 관계가 고려되지 못함으로 인해 현실 설명력과 공간분석에 한계가 있는 것이다.

3.4 성장거점이론과 중심지이론

3.4.1 성장거점이론이란?

페로우(Perroux)의 성장거점이론(growth pole theory)은 선진국과 개발도상국의 지역정책을 수립하는 데 있어 광범위하게 적용된 이론이다. 우리나라의 제1차 국토개발계획에서도 성장거점이론에 근거하여 성장거점정책이 적용되었었다. 성장거점정책은 내용적으로 간단하다. 즉, 소수의 선택적 공간에 다양한 도시기반시설의 건설과 산업시설들의 대규모 공급, 그리고 세금과 금융 인센티브 제공 등을 통하여 도시와 농촌을 동시에 성장시키고 국토의 균형발전을 추구하는 것이다. 이러한 면에서 볼 때, 오늘날 우리나라에서 수립되는 많은 지역개발정책들도 내용상 성장거점이론에서 크게 벗어나지 않는다고 할 수 있다. 그러나 개념적으로는 간단하지만 성장거점이론은 리차드슨(Richardson, 1978)이 지적한 바와 같이 공간을 연구하는 지역 학자들에게 많은 흥미를 일으키는 동시에 그의 모호함으로 인해 두통거리를 제공하는 이론이기도 하다. 왜냐하면 성장거점이론에는 모호함과 용어상의 혼동이 있기 때문이다.

모든 형태의 거점개발정책은 프랑스의 경제학자 페로우의 거점이론에 기초한다. 성장에 대한 페로우의 관점은 당시 솔로(Solow, 1956), 헤로드(Harrod, 1948), 도마(Domar, 1957) 등이 제시한 성장이론에 비해 보다 현실적이고 구체적이라 할 수 있다. 참고로 솔로는 외생적으로 주어지는 인구 증가율과 저축률 그리고 자본과 노동의 동태방정식으로부터 장기적인 성장의 균형점이 존재함을 제시하였다. 그리고 그는 국가의 경제성장이란 바로 장기 성장점으로 수렴해가는 과정으로 특징지었다. 헤로드-도마(Harrod-Domar)는 균형성장을 달성하기 위한 조건을 제시하였다. 그들의 성장이론은 어떤 조건하에서 경제가 안정적인 성장을 할 것인가에 대해 초점을 맞추었으며, 자본과 노동의 완전 고용이 이루어지기 위한 조건으로 경제의 적정 성장률을 제시하였다.

솔로와 헤로드-도마의 성장 모형은 성장과정에서 나타나게 되는 산업의 성장과 쇠퇴, 산업구조의 변화 그리고 특정 산업의 성장이 타 산업과 경제 전체에 미치는 영향 등에 대한 구체적인 설명을 제공하지 못한다. 왜냐하면 모형이 경제의 장기적인 성장점에 초점이 맞춰져 있기 때문이다. 또한 모형 자체가 단일부문 이론이어서 선도산업 육성이나 산업구조 전환 등에 대해서는 원천적으로 다룰 수 없었으며, 그에 따라 경제성장을 위한 정책 제시도 제한적이라고 할 수 있다. 물론 솔로 타입의 다부문 모형은 부문 간의 관계를 다룰 수 있다. 그러나 그러한 모형에서도 초점은 장기적인 성장의 균형점에 있으므로 경제성장 과정에 대한 나타나는 산업구조의 변화나 산업간 영향 관계 등에 대한 구체적인 설명을 제공하기는 어렵다.

페로우는 국가의 경제성장을 산업들의 성장과 쇠퇴로 인한 산업구조의 변화로 묘사하였다. 여기서 주목해야 할 것은 그의 첫 번째 논문에서 성장거점(growth pole)에 대한 용어는 없었으며, 단지 거점(pole)에 대한 언급만 있었다는 것이다(Perroux, 1950). 페로우는 경제성장은 공간적으로 지배(dominance)와 종속(dependence)의 관계를 형성시키고, 공간적 극화 (또는 집중) 현상을 동반한다고 하였을 뿐 그 이상의 설명은 제공되지 않았다. 그 후 페로우(Perroux, 1955)는 성장거점에 대해 언급하였는데, 그는 성장거점이란 추진효과(propulsive effect)와 확산효과(spread effect) 그리고 역류효과(backwash effect)를 창출하는 혁신적인 기업들의 집단이라고 하였다. 여기서 추진효과란 경제의 성장을 선도하는 효과를, 확산효과는 타 산업들의 성장에 미치는 영향을 그리고 역류효과란 흩어진 자원을 집중케 하는 효과를 말한다. 그리고 그는 성장거점이 중심도시에만 항상 입지하지 않음도 주장하였다. 이와 같이 원래 페로우가 제시한 성장거점이론에는 구체적인 공간개념이 포함되지 않았다고 할 수 있다.

페로우(Perroux, 1950)는 산업의 성장과 쇠퇴 그리고 산업구조의 변화를 경제성장과 연관시키기 위해 추진단위(propulsive unit)와 거점의 개념을 소개하였다. 그가 말하는 추진단위란 경제의 성장을 선도하고 지배적인 역할을 하는 경제 단위를 말한다. 이러한 추진단위는 하나의 기업이나 기업군 또는 산업이 될 수 있다. 그러므로 경제가 성장한다면, 분명히 그 경제 안에는 추진단위가 존재하게 된다. 같은 맥락에서 경제의 정체나 쇠퇴는 그 경제에 추진단위의 부재에 기인한다고 할 수 있다. 그러나 경제에서 추진단위는 고정된 것이 아니라 환경의 변화에 따라 변한다. 즉, 특정 기간 동안 어떤 산업이 추진단위라고 해도 그 산업이 추진단위의 역할을 지속적으로 수행할 것이라 단언할 수는 없다. 왜냐하면 생산기술의 변화, 소비자 선호도의 변화, 경제 수준의 변화, 경제 내 요소 가격의 변화 그리고 국제무역환경의 변화 등과 같이 모든 산업이 직면하는 경제환경은 항상 변하기 때문이다.

추진단위의 변화를 예를 들어 설명해 보자. 경제수준과 임금수준은 낮지만 풍부한 노동력을 보유한 국가에서 노동집약적인 섬유산업은 그 나라의 추진단위가 될 수 있다. 그러나 국가의 경제성장과 함께 임금수준이 상승되었을 때, 상승된 임금은 섬유제품의 가격 상승으로 나타나게 되고, 그로 인해 가격경쟁력은 낮아지게 된다. 이런 경우 섬유산업은 더 이상 그 나라의 경제성장을 주도하는 추진단위의 역할을 수행하지 못하게 된다. 왜냐하면 낮아진 가격경쟁으로 인해 섬유산업의 생산규모가 위축될 수 있기 때문이다. 반면 고급인력과 우수한 기술력을 바탕으로 전자산업이 경제의 성장을 이끌어 간다면 그 나라 경제의 추진단위는 섬유산업에서 전자산업으로 전환되는 것이다.

표 3-8은 1970년부터 2010년까지 우리나라의 섬유산업과 전자산업의 부가가치액 규모와 국내총생산을 제시한 것이다. 표에 나타나듯이 섬유산업이

국내총생산에서 차지하는 비율은 1970년에 3.0%에서 1980년에는 5.5%까지 상승하였지만 2010년에는 1.1%로 감소하였다. 반면 전자산업은 1970년 국내총생산에서 0.1%를 차지하였으나 2010년에는 8.6%를 차지할 정도로 상승하였다. 이러한 통계는 우리나라의 경제가 성장하면서 추진단위가 섬유산업에서 전자산업으로 전환되었음을 가리키는 것이다. 즉, 섬유산업은 과거에 추진단위로서의 역할을 담당하였지만 그 역할을 더 이상 지속하지 못하고 있으나, 전자산업은 과거와는 달리 우리나라의 경제성장을 이끄는 추진단위가 되었다. 이와 같이 추진단위는 고정된 것이 아니라 언급한 바와 같이 경제환경의 변화에 따라 변하는 것이다.

표 3-8 우리나라의 섬유산업의 비중 추이 (단위: 십억원)

구분	1970	1980	1990	2000	2010
섬유제품(A)	1,867	8,059	13,289	11,874	11,422
전자제품(B)	59	775	4,989	26,554	89,437
국내총생산(C)	61,851	145,903	368,986	694,628	1,042,111
섬유제품 비율(A/C)	3.0%	5.5%	3.6%	1.7%	1.1%
전자제품 비율(B/C)	0.1%	0.5%	1.4%	3.8%	8.6%

• 출처: 한국은행, 2011(섬유산업에는 섬유와 가죽제품이 포함되어 있음).

페로우의 관점은 경제 내 추진단위가 선도하는 성장 메커니즘에 초점을 맞추었다. 만일 여러 추진단위가 경제성장을 이끈다면 그러한 추진단위들이 바로 거점(poles)이 되는 것이다. 페로우의 핵심은 바로 성장거점과 그에 의한 확산효과이다. 거점으로부터 확산되는 효과는 산업간 연관관계에 의해 다른 산업들의 성장에 영향을 미치게 되는데, 이러한 영향관계는 일반적으로 레온티에프(Leontief)의 산업연관 모형에 의해 구체적으로 분석될 수 있다. 그러나 언급하였듯이 페로우의 거점이론에는 공간을 다루는 연구자들의 주 관심사인 장소, 즉 어느 공간이 성장거점으로 최적의 공간인가에 대한 내용이 포함되지 않았다. 그러면 어떠한 과정을 통해 성장거점의 개념이 공간적인 의미를 가지게 되었는지 살펴보자.

3.4.2 공간단위의 성장거점

페로우의 성장거점 개념이 지역개발 및 계획의 수단으로 전환된 과정을 보면 다소 흥미롭다. 페로우는 추진단위 안에서 그들의 성장유발 효과를 향상시킬 수 있는 방법으로써 연관 산업들의 독과점 시장구조의 형성과 추진 산업들의 공간적 집적을 주장하였다. 여기서 지역학자들은 연관 산업들의 공간적 집적에 초점을 맞추어 성장거점을 연관된 산업들의 공간적 집적으로 재해석하게 되었다. 이러한 재해석으로부터 성장거점에 구체적인 공간개념의 도입이 시작되었다고 할 수 있다.

맥크론(McCrone, 1969)은 성장거점을 근접성으로부터 경제적 이익을 상호 유발시킬 수 있는 연관 산업들의 집적된 공간으로 정의하였다. 라수엔(Lasuen, 1974)은 성장거점을 추진 산업과 연관된 산업들의 집적된 공간으로 정의하였다. 라수엔의 정의에 근거한다면, 성장거점이 되기 위한 필요조건은 기본적으로 경제성장을 주도하는 추진 산업이 성장거점에 입지해야 한다는 것이다. 보데빌(Boudeville, 1966)은 성장거점이란 도시 중심에 입지하여 도시와 주변지역의 성장을 동시에 유도하는 산업들이 공간적으로 집적되는 공간이라고 하였다.

보데빌은 성장거점의 영향범위(zone of influence), 즉 도시에 입지하여 일정한 영향범위 내에 있는 산업들의 경제활동을 촉진하고 성장시키는 산업들이 입지한 공간을 바로 성장거점으로 정의하였다. 물론 이러한 정의도 문제는 있다. 왜냐하면 도시의 특성에 따라 그의 영향범위가 주변보다는 전국 또는 해외인 경우도 있을 수 있기 때문이다. 다시 말해, 보데빌의 정의에 의하면 주변지역보다는 국내외 주요도시들과의 기능적 연관관계가 강하고, 그러한 관계로 인해 국가의 경제성장을 선도하는, 이른 바 세계도시

(world city)는 성장거점에서 제외되어야 하는 문제를 발생시킬 수도 있다. 이에 니콜라스(Nichols, 1969)는 성장거점이란 경제활동을 담당하는 도시 중심으로, 도시의 성장이 도시 자체뿐만 아니라 주변지역과 더 나아가 저개발 지역들까지 확산될 수 있을 정도의 성장을 경험하는 공간으로 정의하였다.

위와 같이 페로우의 비공간적 개념인 성장거점은 지역개발 및 계획분야에 적용되면서 공간단위의 개념으로 바뀌었다. 그리고 초점도 추진단위, 즉 선도산업이 경제 내 타 산업들에 미치는 성장효과로부터 어느 장소의 성장이 다른 장소 및 국가의 성장에 미치는 효과로 전환되었다. 그리고 경제단위인 기업이나 산업이 공간단위의 도시로 전환되었다. 이와 같이 페로우의 성장거점에 공간개념이 포함되면서 지역연구 분야에서 말하는 성장거점은 본래의 성장거점이론과는 차이가 있게 되었다.

지역연구 분야에서 성장거점의 용어도 연구에 따라 다양하게 제시되었다. 예를 들면 성장거점은 연구자들에 따라 성장점(growth point), 성장 초점(growth foci), 성장핵(growth nuclei), 성장영역(growth area) 그리고 발전거점(development pole) 등으로 표현되어 용어상의 혼란도 발생하였다. 그리고 연구자들(Darwent, 1969; Higgins, 1972)은 이러한 용어들은 정확하게 구분되어 표현해야 하는 것과 이를 위한 규칙들을 제시하기도 하였다. 그러나 파르(Parr, 1999)가 지적하였듯이 그러한 용어에 대한 구분이 큰 의미를 갖지는 못한다고 할 수 있다. 왜냐하면 일단 성장거점이 공간측면에서 정의되는 한 성장거점은 기본적으로 성장을 담당하는 중심공간과 그의 배후지역들 사이의 관계를 담기 때문이다.

고어(Gore, 1984)는 성장거점이 순순히 공간 측면에서 정의된다면, 성장거점이론은 어떤 이론과도 융화될 수 있다고 하였다. 이러한 이유로 인해 성장거점이론은 경제학, 지리학, 사회학 그리고 도시 및 지역계획학 등 다양한 학문 분야에서 연구되었다. 따라서 공간 측면에서의 성장거점이론은 하나의 측면에만 얽매이지 않고 다양한 사고가 절충되고 종합되는 이론이라고 할 수 있다. 따라서 본서에서는 성장거점을 가리키는 다양한 용어들을 구분함 없이 일률적으로 성장거점으로 통일하여 부르기로 한다. 또한 성장거점의 공간단위도 도시영역(urban area), 도시중심(urban center) 등으로 표현되지만, 이러한 단위도 실질적으로는 모두 도시를 가리키는 것이다. 그러므로 여기서는 성장거점의 공간단위를 도시로 전제하기로 한다.

3.4.3 개발정책으로의 성장거점정책

언급하였듯이 지역 학자들이 성장거점을 연관 산업들의 공간적 집적으로 재해석하면서 많은 지역정책들이 제시되었다. 제시된 정책들은 크게 극화개발(polarization development) 관련 정책과 혁신의 분산체계 구축 관련 정책으로 구분될 수 있다. 먼저 극화개발정책에 대해 설명하면 다음과 같다. 보데빌(Boudeville, 1966)은 성장거점에 도입되어야 하는 선도산업은 전방연계효과(backward linkage)와 후방연계효과(forward linkage)가 큰 산업이 되어야 한다고 주장하였다. 여기서 말하는 전방연계효과란 한 산업의 발전이 그 산업의 제품을 원료로 사용하는 산업들을 발전시키는 효과를 말하며, 후방연계효과는 한 산업의 발전이 그 산업에 원료로 투입되는 산업들의 발전을 유발하는 효과를 말한다. 한마디로 말해, 전방연계효과와 후방연계효과가 큰 산업은 바로 경제에 미치는 영향력이 타 산업들에 비해 평균적으로 큰 산업이다.

예를 들어 국내와 국외에서 제품에 대한 수요가 꾸준히 증가하는 어떤 첨단기업이 성장거점으로 이동하게 되면 그 기업에 부품을 제공하는 업체들도 함께 입주하게 된다. 또한 첨단 제품은 최종재(final good)로 소비되기도 하고, 다른 산업의 원료로 투입되는 중간재(intermediate input)로도 소비되기 때문에 첨단 제품을 이용하여 다른 제품을 생산하는 기업들도 이동하게 된다. 성장거점에 입지한 첨단기업 및 관련 기업들의 생산규모가 증가할 때 고급노동자들에 대한 수요도 증가하게 되고, 이에 따라 교육시설들도 생기게 된다. 결국 이러한 효과들로 인해 성장거점은 다른 지역에 비해 높은 성장을 하게 되는 것이다.

성장거점이 빠르게 성장하면서 노동, 자본과 같은 생산요소의 수요와 사회간접자본에 대한 투자수요가 높아지게 된다. 특히 성장거점에 도로와 국제공항 같은 사회간접자본이 충분히 공급될 때, 그 생산성은 자연히 높아지게 되고, 그 결과 성장거점은 타 지역에 있는 관련 산업들을 유인하는데 더욱 좋은 조건을 갖게 된다. 이러한 과정을 통해 성장거점으로 생산자원이 집중되는 현상이 바로 극화(polarization)현상이다. 따라서 보데빌이 제시한 성장거점정책은 바로 지역을 극화시키는 정책이라 할 수 있다.

허쉬만(Hirschman, 1958)은 성장거점정책이 바로 도시와 농촌의 성장을 달성시킬 수 있는 정책이라고 주장하였다. 일반적으로 경제성장은 모든 지역에서 동시에 이루어진다기보다는 소수의 공간에 경제력이 집중됨으로 인해 선택적으로 이루어진다. 이러한 점을 고려하여 허쉬만은 개발계획의 가장 좋은 수단으로 불균형 성장 정책을 옹호하였다. 그는 후진 국가들이 직면하고 있는 경제문제는 바로 자원의 희소성에 있는 것이 아니라 공간적으로 집중되지 못하였거나 또는 과소하게 활용되고 있음에 기인한다고 지적하였다. 따라서 그가 제시하는 가장 효과적인 경제개발정책이란 자원을 생산성 높은 곳으로 집중시키는 정책, 즉 공간적 극화정책이라고 할 수 있다.

자원이 공간적으로 집중되었을 때 나타나는 효과를 허쉬만은 극화효과(polarization effects)와 하방침투효과(trickle-down effects)로 구분하였다. (여기서 하방침투효과는 연구자에 따라 물흐름효과, 여적(餘滴)효과, 적하(滴下)효과 등으로 표현되나, 여기서는 하방침투효과로 부르기로 한다.) 극화효과란 생산성이 높은 공간으로 자원이나 경제활동이 집중되는 효과를 말한다. 근본적으로 자원이 한정되어 있기 때문에 극화효과는 단기적으로 발전지역을 더 발전시키는 동시에 저개발지역을 더욱 낙후시키는 결과를 초래한다. 예를 들면, 극화효과로 인해 기술자들이나 경영자 그리고 젊은 기업가들이 발전지역으로 유입되므로 발전지역은 더욱 발전하게 되지만 그로 인해 상대적으로 발전이 더딘 저개발 지역의 성장잠재력은 더 떨어지게 되는 것이다.

반면에 하방침투효과란 넘쳐나는 물이 바닥을 적신다는 의미로 극화효과로 인한 성장효과가 저개발지역에 확산되는 효과를 말한다. 하방침투효과는 한 지역의 성장으로 인해 다른 지역의 경제가 활성화되는, 이른바 외부효과(external effect)를 말한다. 이러한 하방침투효과는 발전하는 지역에서 저개발지역에 대한 투자 증가와 저개발지역에서 생산된 제품에 대한 수요 증가로 나타난다. 그리고 그 결과 저개발지역의 경제는 생산성 향상과 함께 성장하게 된다.

위와 같은 극화효과와 하방침투효과에 의해 국가의 경제성장과 지역 간 균형 및 불균형 성장이 이루어진다. 허쉬만은 지역 간 소득 및 경제규모의 차이가 성장 초기에는 극화효과로 인해 커지지만 장기적으로는 하방침투효과로 인해 감소된다고 주장하였다. 이러한 주장은 부분적으로 지역의 성장 초기에는 집적의 경제(agglomeration economies)가 발생하지만 성장이 계속되면서 집적의 경제는 집적의 불경제(agglomeration diseconomies)로 전환됨에 근거한다고 할 수 있다. 이러한 그의 주장은 라베나우(Rabenau, 1979, 1985)의 모형에서도 잘 나타난다. 그는 지역에 집적의 경제가 존재할 때 지역의 성장은 불균형 성장을, 그리고 집적의 불경제가 존재할 때 지역의 성장은 균형성장이 발생함을 위상도(phase diagram)를 통해 제시하였다. 허쉬만은 극화효과와 하방침투효과를 바탕으로 대도시를 성장거점으로 하여 집중투자를 해야 한다고 하였다. 이와 같이 보데빌과 허쉬만의 극화정책에서 성장거점은 바로 그러한 극화정책의 대상지가 된다.

다음으로 혁신의 분산체계 구축 관련 정책과 성장거점에 대해 살펴보자. 프리드만(1966)은 높은 위계의 도시에서 낮은 위계의 도시로 경제의 변화가 전달된다고 전제하였으며, 베리(1971)는 이러한 전제가 현실에서 작용함을 실증적으로 보였다. 그리고 그러한 실증적인 결과로부터 성장거점정책은 대도시보다는 중간급의 도시에 적용되어야 함을 주장하였다. 베리가 말하는 성장거점의 역할은 성장의 효과를 도시위계에 따라 전달하는 역할과 동시에 성장으로부터 발생하는 편익을 주변지역으로 확산시키는 역할로 요약된다. 즉, 성장거점의 역할은 성장효과를 수위도시가 있는 발전지역에서 성장이 더딘 저개발지역들로 그리고 지역 안에서는 대도시에서 주변지역으로 전달하는 것이다. 이러한 측면에서 볼 때, 베리의 성장거점정책은 성장의 원활한 전달체계를 구축하는 것이라 할 수 있다.

베리는 성장이란 바로 생산부문이나 가계부문의 혁신(innovation) 수용여부에 의해 나타나는 결과로 보았다. 따라서 베리에 의하면 혁신을 신속하게 수용하는 도시나 지역은 성장하지만 혁신의 수용속도가 더딘 도시나 지역은 정체 또는 쇠퇴하게 된다. 여기서 베리는 혁신을 수용하는 데 있어 도시규모에 의한 한계가 존재함을 주장하였다. 즉, 모든 도시들이 혁신을 동일하게 수용하지 못하는 근본 이유는 도시의 규모가 서로 다르다는 데 있다는 것이다. 일반적으로 말해 규모가 큰 도시는 혁신을 수용하기가 상대적으로 용이하지만 규모가 작은 도시는 혁신수용에 있어 어려움이 있게 된다. 왜냐하면 도시의 규모와 혁신이나 변화를 수용하는 도시의 역량 사이에는 밀접한 관계가 있기 때문이다. 따라서 혁신의 수용한계 때문에 도시들의 성장과 쇠퇴가 결정되는 것이다. 보다 구체적으로 말하면, 수용한계보다 도시의 규모가 크면 혁신을 수용하고 적응하는 데 용이하지만 규모가 수용한계보다 작은 도시는 그렇지 않게 된다. 그 결과 혁신수용의 한계로 인해 도시 간 그리고 지역 간 불균형 성장 현상이 나타나게 되는 것이다.

베리는 성장에 대한 그의 관점을 TV방송국의 공간적 확산과 TV를 소유한 가구들의 공간적 분포로 실험하였다. 그림 3-10은 2차 세계대전 전후 방송국이 개국한 도시들을 표시한 것이다. 2차대전 이전 미국에서 방송국이 입지한 도시는 뉴욕, 필라델피아 그리고 시카고뿐이었으나 1950년대 말에는 미국의 모든 도시에 방송국이 개국되었음을 알 수 있다. 초기에는 소수의 대도시에만 개국하였던 방송국이 시간이 지남에 따라 중소도시까지 개국되었다. 베리는 이러한 현상이 도시위계에 따라 혁신이 분산되는 특징을 보이는 것이라고 설명하였다.

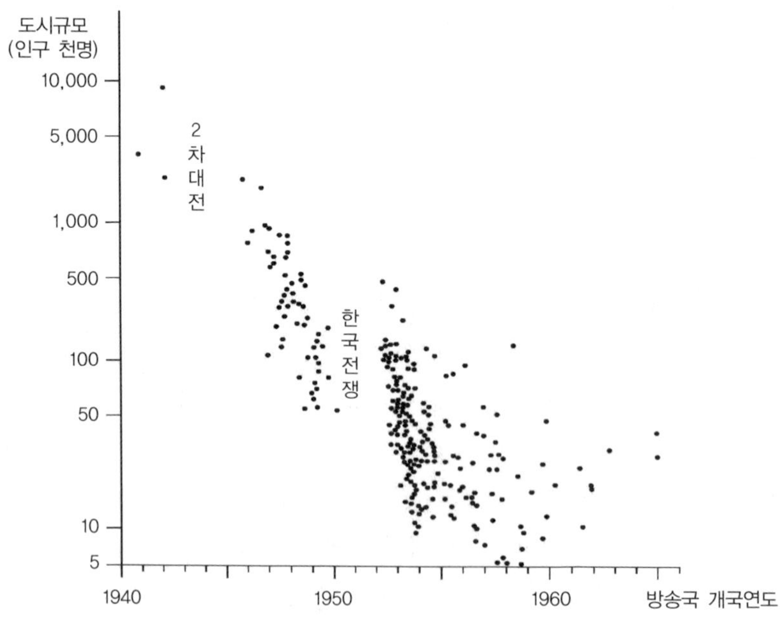

그림 3-10 **도시위계에 따른 TV방송국의 개국시기(출처: Berry, 1971)**

그림 3-11은 TV를 소유한 가구들의 공간적 분포를 나타낸 것이다. 그림(a)는 성장의 중심도시(heartland)의 경우를, 그리고 그림(b)는 성장이 더딘 배후지역의 도시(hinterland)의 경우를 표시한 것이다. 그림에서 베리는 방송국이 개국한 도시에서 멀어질수록 TV를 소유한 가구수는 감소하지만 시간이 지남에 따라 거리에 따른 TV소유 가구가 높아짐을 발견하였다. 이러한 현상은 모든 도시에서 공히 나타나지만 성장중심 도시들에서 더 높게 나타났다. 이로부터 베리는 혁신이 먼저 성장중심 도시에서 일어나서 배후지역의 도시들로 분산됨을 주장하였다.(물론 이러한 Berry의 주장에 대해서는 도시의 경제규모와 수준과 관련하여 논란이 있을 수 있다. 그러나 여기서는 혁신의 확산 차원에서만 고려하기로 한다.)

TV방송국의 개국과 TV소유 가구의 공간적 분포로부터 베리는 혁신의 분산(diffusion)과 확산(spread)이 용이하도록 정책이 수립되어야 함을 주장하였다. 다시 말해, 정책은 기본적으로 혁신이 도시의 위계에 따라 분산되어야 하고, 지역 내 도시에서는 혁신의 편익이 주변으로 용이하게 확산할 수 있는 방향에서 수립되어야 한다. 이러한 관점에서 볼 때 성장거점정책은 바로 혁신이 도시위계에 따라 쉽게 분산될 수 있도록 도시체계를 구축하는 것이라 할 수 있다.

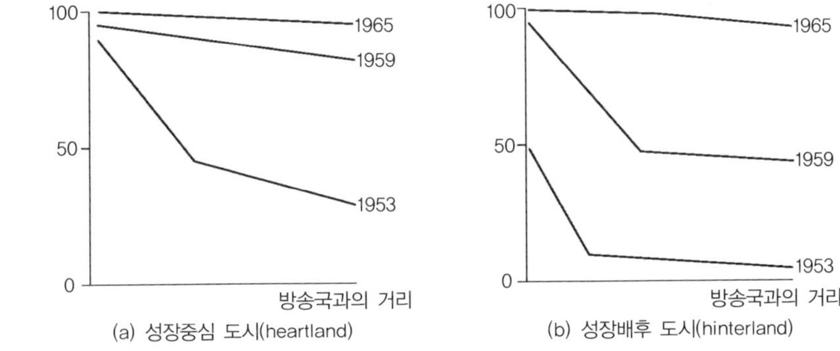

그림 3-11 TV소유 가구의 공간적 확산(출처: Berry, 1971)

위에서 설명한 바와 같이 극화개발정책과 혁신의 분산체계 구축 정책에서 성장거점은 중요한 역할을 한다. 문제는 어떤 공간이 성장거점의 대상이 되는가 하는 것이다. 성장거점정책이 공간적으로 선택적인 도시에 적용될 수밖에 없는 가장 근본적인 이유는 바로 모든 투자를 동시에 모든 도시에 할 수 없다는 데 있다. 왜냐하면 다비도프(Davidoff)와 레이너(Reiner, 1962)가 설명하였듯이 계획환경은 바로 자원의 희소성으로 특징 지워지기 때문이다. 제한적인 자원의 효율적 활용을 위해서는 개발의 효과가 극대화될 수 있는 도시가 성장거점으로 선택되어야 한다. 그러므로 성장거점정책은 제한된 자원을 이용하여 국가의 경제성장을 극대화시키는 목표를 달성할 수 있는 정책수단이라고 할 수 있다.

성장거점은 경제성장에 있어 극화를 공간적으로 그리고 실체적으로 담당하고 성장과 혁신의 확산체계를 구축하여 경제의 활력을 제공할 수 있는 공간이다. 즉, 성장거점은 성장과 혁신을 일으키는 원천인 동시에 성장과 혁신의 확산역할을 담당하는 공간이기도 한 것이다. 히긴스와 사부아(Higgins and Savoie, 1997)는 이러한 성장거점의 대상공간으로 소규모 또는 중간규모의 도시들이 적절함을 주장하였다.

거점개발정책의 대상지로 선택되는 도시들은 도시의 위계상 중간급의 도시로 아팔라주와 사피어(Appalraju and Safier, 1967)는 25만 명에서 50만 명 사이의 인구를 가진 도시들이 거점도시로 적절하다고 하였다. 그리고 언급하였듯이 베리는 성장거점정책의 대상은 중간급의 도시에 적용되어야 함을 주장하였다. 성장거점의 핵심이 설명하였듯이 성장과 혁신의 확산임을 고려한다면 성장거점 정책의 대상지는 대도시보다는 위계상 중간규모의 도시가 되는 것이 적절하다고 할 수 있다.

3.4.4 성장거점이론과 중심지이론의 관계

앞 절에서 설명한 성장거점이론은 중심지이론과는 정반대의 이론이라고 주장할 수 있다. 왜냐하면 관점이 서로 반대이기 때문이다. 중심지이론에서 생산자는 고정되어 있고 소비자가 이동하므로 이론의 강조점은 확산이 아니라 주변지역에서 중심지로 향한 흐름이다. 이러한 흐름의 방향을 고려한다면 중심지는 주변지역이 있기 때문에 존재하는 것이라 할 수 있다. 반면 성장거점이론에서의 강조점은 중심지에서 주변지역으로의 확산이다. 다시 말해, 성장거점이론은 중심지와 주변지역에 이루어지는 거래(interaction)에 기초하며, 중심지는 확산효과(또는 하방침투효과)를 통해 주변지역의 경제활동 및 성장에 영향을 준다. 중심지의 경제성장이 주변지역의 경제활동에 영향을 주는 관계는 앞에서 설명하였듯이 성장거점의 핵심이다. 그리고 확산효과는 중심지에서 주변지역으로 확산되는 부사와 혁신의 효과를 포함한다.

도시는 일반적으로 주변지역에서 요구되는 서비스의 공급지이며, 제품에 대한 시장으로 그리고 지역에서 생산한 제품을 다른 지역으로 수출하는 장소로서의 역할을 담당한다. 이는 중심지의 존재가 바로 지역 전체의 성장을 선도하는 소위 페로우(Perroux)의 용어를 사용한다면 추진공간임을 가리킨다. 이러한 중심지의 역할을 고려할 경우 중심지와 성장거점이 이론적으로 반대의 입장이라고 볼 수는 없다. 그리고 교류체계의 관점에서 볼 때, 도시는 성장거점과 중심지의 역할을 동시에 수행한다고 할 수 있다.

중심지이론은 중심지들 사이에 분명한 계층이 존재함을 제시한다. 즉, 낮은 위계의 제품을 공급하는 낮은 위계의 중심지(소규모 도시)부터 높은 위계의 제품을 제공하는 높은 위계의 중심지(대도시 또는 수위도시)까지의 명확한 위계가 존재한다. 그리고 대도시는 공간적으로 넓은 지역에 높은 위계의 제품을 공급하며, 위계 높은 제품에 대한 수요의 증가가 바로 대도시를 성장시키는 근원이 된다. 중소도시도 대도시에 비해 공간적으로 넓지 않은 주변 지역에 제품을 공급하지만, 대도시와 마찬가지로 도시에서 공급하는 제품에 대한 수요가 바로 중소도시의 성장 원천이다. 즉, 제품의 흐름을 보면 중심지이론에서도 확산이 핵심이라고 할 수 있다. 왜냐하면 높은 위계의 도시에서 낮은 위계의 도시로 위계 높은 제품이 이동하기 때문이다. 그러므로 이러한 중심지와 주변지역과의 관계를 생각하면 성장거점이론은 중심지이론의 연장선에서 생각할 수 있다.

히긴스와 사부아도 지적하였듯이 오늘날 도시들의 입지와 도시구조, 도시의 성장 그리고 지역의 성장에 대한 논의는 바로 크리스탈러(Christaller)와 로쉬(Lösch)의 중심지로부터 출발한다고 할 수 있다. 모든 중심지가 규모와 기능면에서 같지 않고 위계도 다르다. 모든 도시는 중심지의 역할과 기능을 담당하지만 그중 어떤 중심지는 다른 중심지보다 더 중심지가 된다. 다시 말해, 모든 도시는 성장거점인 동시에 바로 중심지가 되는 것이다. 그들은 다른 도시나 지역에 확산효과를 발생시키기도 하고 다른 도시나 지역으로부터 확산효과를 받기도 한다. 오로지 도시와 그 도시의 배후지역 사이에서만 가장 중요한 교류가 일어나는 경우는 현실적으로 매우 드물다. 특히 산업화가 성숙된 지역에서는 더욱 그렇다. 그러므로 중심지체계에서 이루어지는 교류와 성장거점이론에서 말하는 분산과 확산은 별개의 개념이 아니라고 할 수 있다.

성장거점정책은 중심지체계에서 볼 때 위계별 중심지들의 배열을 회복하는 것이라고 말할 수 있다. 예를 들어 설명해 보자. 중심지의 위계를 3등급으로 구분한다면, 앞 장에서 설명하였듯이 k=4 체계에서 도시들의 위계별 공간적 배열은 1-3-2-3-1의 배열이다. 그러나 만일 현실에서 도시배열이 1-3-3-3-1로 나타났다면, 이러한 도시의 공간적 배열을 이론에서 제시하는 배열로 회복시키는 것이 바로 거점개발정책이라고 할 수 있다. 이 경우 성장거점정책의 대상지는 바로 중간의 3등급의 중심지가 되는 것이다. 그리고 그러한 정책의 집행결과 도시들의 공간적 배열은 1-3-2-3-1의 k=4 체계를 회복하게 되는 것이다. 종합하면 거점개발정책은 바로 중심지 이론에서 제시되는 공간구조를 회복하는 수단으로 해석할 수 있다. 이와 같이 성장거점이론은 중심지이론과 다른 이론이 아니라 바로 중심지이론의 연장선상에 있는 이론이라고 할 수 있는 것이다.

3.5 요약

본 장에서 설명한 내용을 간단하게 요약하면 다음과 같다. 먼저 1절에서는 로쉬(Lösch)의 중심지이론에 대해 설명하였다. 로쉬는 크리스탈러(Christaller)의 중심지이론이 현실을 설명하는 데 한계가 있으며, 중심지 형성의 원리도 시장과 교통 그리고 행정의 원리 외에도 수많은 원리가 작용함을 주장하였다. 로쉬의 중심지체계의 특징으로 중심지 사이의 거리 최소화와 발생되는 교통비의 최소화, 소비자 구매력의 극대화 그리고 도로거리의 최소화로 요약됨을 설명하였다. 그리고 이러한 특징을 갖는 중심지체계의 형성원리를 로쉬는 최소노력의 원리라고 하였다. 로쉬의 이론은 크리스탈러의 이론에 비해 유연하고 현실적이지만 이론으로서의 모호한 점도 포함되어 있다. 1절에서는 로쉬의 이론에서 모호한 점, 즉 시장망의 회전과 중심지들의 최대중첩 상태 확인여부 그리고 교통노선 등이 자세히 설명되었다.

2절에서는 크리스탈러와 로쉬의 이론을 비교하였다. 구체적으로 두 이론을 3부분, i) 접근방법과 중심지체계 및 공간구조, ii) 중심지 위계 결정 및 중심지특화, 그리고 iii) 중심지들의 관계로 구분하여 비교 설명하였다. 그리고 각 부분에서 두 이론은 차이가 명확히 존재함을 제시하였다. 결론적으로, 두 이론은 유사한 가정을 바탕으로 하지만 내용적으로는 서로 유사한 이론이 아니라 서로 별개의 이론임을 설명하였다.

3절에서는 국가의 공간구조를 분석하고 진단하는 방법으로 순위-규모법칙에 대해 설명하였다. 그리고 프리드만(Friedmann, 1966)이 제시한 경제발전의 4단계 과정에서 나타나는 공간구조의 변화를 순위-규모법칙과 연관시켜 설명하였다. 또한 한 국가의 도시규모 분포는 오로지 경제발전뿐만 아니라 그 나라의 도시화 기간 및 수준, 정치 및 행정력의 공간배분 상태, 그리고 사회 고유의 특성 등 다양한 요인에 의해 영향을 받을 수 있음을 설명하였다. 그리고 우리나라와 뉴질랜드의 경제성장과 도시규모 분포의 변화를 살펴보았다. 우리나라는 베리(Berry)가 설명한 바와 같이 경제가 성장함에 따라 종주도시 분포에서 안정상태, 즉 순위-규모분포의 상태로 수렴해 왔음을 설명하였다. 반면 뉴질랜드는 경제발전을 하면서 공간구조상 종주도시 분포현상이 오히려 심화되었음을 보였다. 한국과 뉴질랜드의 경우로부터 베리의 주장이 모든 국가에 해당되는 일반적인 것이 아님도 설명하였다.

또한 순위-규모법칙과 중심지이론의 관계에 대해 설명하였다. 원리 측면에서 도시체계의 형성원리는 최소비용의 원리임을 설명하였다. 이러한 최소비용의 원리와 로쉬가 주장한 최소노력의 원리를 비교해 본다면 순위-규모법칙은 중심지이론과 서로 일맥상통함을 설명하였다. 아울러 도시인구의 규모와 도시의 기능과의 관계를 고려한다면 순위-규모법칙은 바로 중심지이론과 같은 선상에 있음도 설명하였다. 그리고 순위-규모법칙은 현실적으로 국가의 공간체계를 분석하고 진단하는 데 유용하게 사용될 수 있으나, 이론적인 측면이나 공간인식 측면, 정책적인 측면 그리고 도시 간 기능적 연관관계의 인식 측면에서 취약하여 국토의 공간구조를 분석을 하는 데 있어 한계가 있음도 설명하였다.

마지막 4절에서는 성장거점이론과 중심지이론에 대해 설명하였다. 먼저 페로우(Perroux)의 거점이론과 지역차원에서의 재해석 과정에 대해 설명하였으며, 이를 바탕으로 지역정책을 크게 극화정책과 혁신의 분산체계 구축정책으로 구분하여 설명하였다. 그리고 페로우가 주장한 추진 산업들의 공간적 집적을 바탕으로 지역 학자들이 성장거점을 선도산업과 연관된 산업들이 공간적 집적된 공간으로 재해석하게 되었음을 설명하였다. 그리고 성장거점정책의 대상지는 대도시보다는 위계상 중간규모의 도시가 적절함도 아울러 설명하였다. 4절에서의 초점은 성장거점이론과 중심지이론과의 관계에 대한 것이다. 제품의 흐름을 보면 중심지이론에서도 확산이 핵심이라고 할 수 있다. 왜냐하면 높은 위계의 도시에서 낮은 위계의 도시로 위계 높은 제품이 이동하기 때문이다. 성장거점의 핵심도 성장과 혁신의 분산과 확산에 있다. 그러므로 이러한 중심지와 수변지역과의 관계를 생각하면 성장거점이론은 중심지이론의 연장선에서 생각할 수 있음을 설명하였다.

II 편

생산자가 교통비를 지불하는 경우 (시나리오 II · III)

제4장 도시 공간구조이론

앞의 2장과 3장에서 설명된 중심지이론은 소비자가 교통비를 지불하는 시나리오 I을 바탕으로 수립된 이론이다. 본 장에서는 이와 반대로 생산자가 교통비를 지불하는 시나리오 II를 바탕으로 도시의 공간구조이론에 대해 설명한다. 본 장은 크게 5절로 구성된다. 1절에서는 입지지대와 튀넨(Thünen)의 농업지대이론에 대해, 2절에서는 튀넨의 이론을 바탕으로 도시 내부의 공간구조에 대해 설명한다. 3절에서는 고속도로 건설로 인한 접근성의 향상이 토지이용에 미치는 영향분석에 대해 그리고 4절에서는 도시에 근접할수록 농작물의 입지지대가 낮고 멀어질수록 높아지는 이른 바 역 튀넨(reversal von Thünen)에 대해 설명한다. 마지막으로 5절에서는 본 장에서 다루었던 내용들이 요약된다.

4.1 거리와 입지지대

본 장에서는 제 1장에서 제시된 시나리오 II를 바탕으로 수립되는 도시의 공간구조이론에 대해 설명한다. 시나리오 II는 생산자와 소비자의 공간이동에 관한 것으로, 생산자는 공간이동을 할 수 있으나 소비자는 지리적으로 도시에 고정되어 있음을 가정한다. 이 가정은 공간이동에 따라 발생하는 교통비 전부를 생산자가 지불함을 의미한다. 따라서 중심지이론이 소비자 측면에서 접근하는 이론이라면 본 장에서 설명될 도시의 공간구조이론은 생산자 측면에서 접근하는 이론이라 할 수 있으며, 원천적으로 튀넨(Thünen)의 농업지대이론에 기초한다. 튀넨의 이론은 동질적 평야에서 농작물 재배의 공간적 분포를 설명하는 농업입지이론이다. 여기서 동질적 평야란 중심지이론에서와 같이 지질, 토양, 기후 등 농작물의 재배환경이 모든 공간에 있어 동일함을 의미하는 것이다. 자연환경 조건이 모두 같은 평야라 할지라도 생산자가 직면하는 평야는 모두 다르다. 왜냐하면 생산자가 제품을 시장으로 이동하는 데 발생하는 교통비를 지불하기 때문이다. 즉, 모든 공간은 생산자에게 동일하지 않으며 시장과 떨어진 거리에 의해 공간은 구분되는 것이다.

아이사드(Isard, 1956)는 다양한 도시 내 토지이용 이론들이 실질적으로 튀넨의 농업지대이론의 연장선에 있음을 지적한다. 따라서 도시의 공간구조를 이해하기 위해서는 튀넨의 농업지대이론의 이해는 필수적이라 할 수 있다. 농업은 토지 측면에서 제조업이나 서비스업과 뚜렷한 차이를 보이는데, 그 차이는 생산과정에 상대적으로 많은 토지가 투입된다는 것이다. 이러한 면을 고려해 볼 때, 농작물 생산에서의 핵심은 생산자의 선택, 즉 다양한 농작물 중 어떤 작물들을 재배할 것이며, 각 농작물 재배에 얼마나 많은 토지를 투입할 것인가 하는 것으로 요약된다. 이러한 생산자의 선택이 바로 농업지대이론의 기본 질문이며, 튀넨은 이러한 질문을 통해 농작물 재배의 공간분포 원리를 제시하였다. 이에 본 절에서는 다음과 같이 가장 단순한 상태에서부터 보다 현실적인 상태로 전개하면서 튀넨의 농업입지이론에 대해 설명하기로 한다.

- 시나리오 II-1: 단일시장에 단일의 농작물이 공급되는 경우
- 시나리오 II-2: 단일시장에 다수의 농작물이 공급되는 경우
- 시나리오 II-3: 다수시장에 다수의 농작물이 공급되는 경우

4.1.1 시나리오 II-1: 단일시장에 단일의 농작물이 공급되는 경우

토지는 원칙적으로 가장 높은 수익을 창출할 수 있는 용도로 이용된다. 이는 시장경제에서 기본 원리이다. 왜냐하면 경쟁과 배제의 원리를 통해 자원

이 가장 효율적으로 배분되는 것은 시장경제의 근본이기 때문이다. 구체적인 용도결정의 메커니즘을 한마디로 말한다면 그것은 경제지대(economic rent)이다. 경제지대란 어떤 요소가 다른 용도에 투입되었을 때 얻을 수 있는 것 이상으로 얻는 잉여소득을 말하며, 어떤 생산요소가 생산과정에 투입될 때 기대되는 수익의 수준을 가리킨다. 경제지대를 토지에 초점을 맞추어 설명해보자. 토지는 다양한 용도로 사용될 수 있으나 어떤 용도로 사용되는가에 따라 차이가 발생하게 되는데, 그러한 차이는 결국 토지수익의 차이로 나타나게 된다. 예를 들어 생산자는 그가 가지고 있는 토지에 수박을 재배할 수도 있고 포도를 재배할 수도 있다. 어떤 것을 재배할 것인가는 전적으로 생산자의 선택이지만 선택결과에 따라 토지의 수익은 다르게 나타난다. 왜냐하면 각 과일의 가격과 재배과정에 투입되는 비용 그리고 재배된 과일을 운반하는 데 발생하는 교통비용 능이 서로 다르기 때문이다. 생산자는 이윤 극대자이기 때문에 다양한 용도 중 수익이 가장 높게 창출되는 용도를 선택하게 된다.

수박과 포도의 예와 같이 재배하는 농작물에 따라 생산자가 얻을 수 있는 토지수익은 달라진다. 재배되는 농작물에 따라 토지수익의 차이가 난다면, 그러한 차이가 바로 경제지대가 되는 것이다. 이와 같이 경제지대를 바탕으로 생산자의 선택은 이루어지며, 그러한 선택을 통해 가장 효율적인 토지의 이용용도가 결정되는 것이다. 만일 시장과의 접근성이 중요하게 고려된다면 경제지대는 용도뿐만 아니라 생산자의 위치에 의해서도 발생하게 된다. 왜냐하면 생산자가 입지한 장소에 따라 지불되는 교통비는 달라지고, 그 결과 토지의 수익도 달라질 것이기 때문이다.

본 장에서는 환경의 복잡성을 단순화시켜 토지는 시장과 떨어진 거리에 의해서만 구별됨을 전제한다. 즉, 토지는 앞서 언급하였듯이 모든 면에서 동질하며, 토지들 사이의 차이는 오직 시장과의 접근성에만 있게 된다. 따라서 시장과의 거리가 바로 어떤 토지가 다른 토지에 비해 가질 수 있는 유리함 또는 불리함의 판단기준이 된다. 만일 시장과의 거리가 가깝다면 그 토지는 상대적으로 다른 토지에 비해 유리한 것이며, 반대로 시장과 멀리 떨어져 있다면 그 토지는 그 만큼 불리한 것이다. 시장과의 거리에 따라 토지가 구별된다는 것은 바로 거리에 따라 토지수익에 차이가 있음을 의미하는 것이다. 이러한 관점에서 보면 거리에 따른 경제지대는 바로 생산자의 위치에 따라 달라지는 입지지대(location rent)라 할 수 있다. 따라서 본 장에서는 경제지대를 입지지대로 부르기로 한다. 입지하는 공간에 따라 달라지는 생산자의 수익, 즉 입지지대(立地地代)를 식으로 표현하면 다음과 같다.

$$LR(d) = y(p-c) - ytd, \qquad \text{…식 (4-1)}$$

$LR(d)$: 시장에서 거리 $d$km만큼 떨어진 공간의 입지지대(원/단위면적),
y : 토지의 생산성(톤/단위면적),
p : 농작물의 단위가격(원/톤),
c : 농작물의 단위 생산비용(원/톤),
t : 교통요율(원/톤/km).

위의 식에서 알 수 있듯이 입지지대는 생산자가 농작물 판매로부터 얻는 총수입에서 생산비용과 농작물 운반에 지불된 교통비를 제외한 순수입(net revenue)이다. 생산자가 어느 곳에 위치하든 농작물의 가격, 단위생산비용, 토지의 생산성, 그리고 교통요율 등은 일정하다고 한다면, 결국 입지지대에 영향을 미치는 요소는 시장과의 거리뿐이다. 따라서 입지지대는 생산자가 시장에 입지할 때 최대가 되며, 시장과 멀어질수록 감소하게 된다. 그리고 생산자의 농작물 재배여부는 입지지대에 의해 결정된다. 간단히 말해, 단일의 농작물이 재배되는 경우라면 입지지대가 0보다 클 때 생산자는 농작물을 재배할 것이고, 반대로 0보다 작을 때 생산자는 농작물 재배를 포기하게 된다. 입지지대가 0보다 작을 때 생산자의 재배포기는 당연한 것이다. 왜냐하면 이윤 극대자인 생산자에게 손해가 발생한다면 그는 생산을 중단함으로써 손해를 최소화시킬 수 있기 때문이다. 본 장에서는 농작물 재배의 기준이 되는 지점, 즉 입지지대가 0이 되는 지점을 무지대 한계점(marginal point of zero location-rent)이라고 하고, 시장에서 그 지점까지의 거리를 농작물의 무지대 한계거리(marginal distance of zero location-rent)라고 부르기로 한다. 무지대 한계거리는 그림 4-1의 그림(a)와 같으며, 식(4-1)로부터 다음과 같이 계산된다.

$$d^* = \frac{p-c}{t}, \qquad \text{...식 (4-2)}$$

d^*: 무지대 한계거리.

무지대 한계거리와 가격과 단위생산비용 그리고 교통요율 사이의 관계를 식으로 표현하면 다음과 같다.

$$\frac{\partial d^*}{\partial p} > 0, \quad \frac{\partial d^*}{\partial c} < 0, \quad \frac{\partial d^*}{\partial t} < 0. \qquad \text{...식 (4-3)}$$

위의 식은 농작물의 가격이 오를(내릴)수록 무지대 한계거리는 증가(감소)하지만, 단위생산비용이 증가(감소)할수록 그리고 교통요율이 높아(낮아)질수록 무지대 한계거리는 감소(증가)함을 가리킨다.

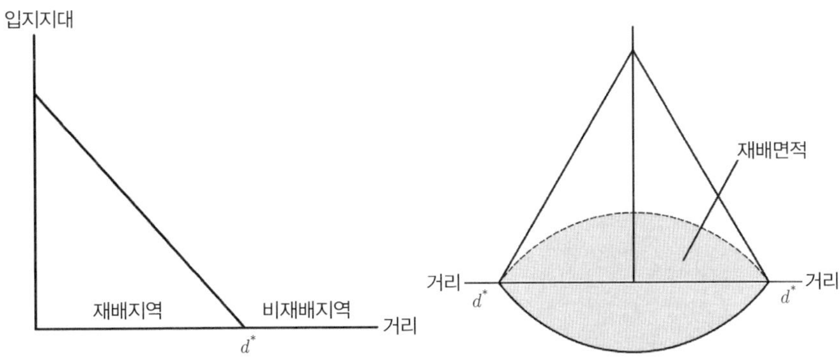

(a) 무지대 한계거리와 생산자의 선택 (b) 농작물의 재배면적

그림 4-1 거리에 따른 입지지대

여기서 독자들은 무지대 한계거리를 중심지이론에서 설명한 최대도달거리(range)와 혼돈하지 말아야 한다. 최대도달거리는 소비자가 제품구입을 위해 배정한 소득이 교통비로 모두 지불되는 거리, 즉 소비자의 제품 소비량이 0이 되는 거리이다. 반면 무지대 한계거리는 생산자의 판매수익이 교통비로 모두 지불되는 지점이다. 그리고 최대도달거리 밖의 지역은 제품이 공급되지 않는 공간이지만, 무지대 한계거리 밖의 지역은 농작물이 재배되지 않는 공간이 된다. 따라서 무지대 한계거리는 최대도달거리와는 개념상 서로 다른 것이다.

평야는 동질하다고 가정하였으므로 시장을 중심으로 무지대 한계거리를 360° 회전시키면 농작물의 재배면적은 그림 4-1의 그림(b)와 같다. 그리고 농작물 재배면적과 토지의 생산성으로부터 농작물의 생산량이 결정된다. 이를 식으로 표현하면 다음과 같다.

$$Area = \pi(d^*)^2, \quad Q = \pi y(d^*)^2 = \pi y\left(\frac{p-c}{t}\right)^2, \qquad \text{...식 (4-4)}$$

$Area(Q)$: 작물 재배면적(생산량).

위의 두 식에서 알 수 있듯이 무지대 한계거리가 커질수록 농작물의 재배면적도 넓어지고, 그에 따라 농작물의 생산량도 증가한다. 그러나 무지대 한계거리는 식 (4-2)에서 알 수 있듯이 가격에 영향을 받는다. 왜냐하면 농작물의 가격이 변할 때 무지대 한계거리도 변하기 때문이다. 따라서 식 (4-4)에서 생산량 Q는 주어진 가격에서 생산자가 기꺼이 생산하려는 농작물의 생산량 수준을 가리키기는 공급곡선(S)이라고 할 수 있다.

$$S = Q. \qquad \text{...식 (4-5)}$$

만일 농작물에 대한 수요곡선이 구체적으로 주어진다면 가격과 재배면적 그리고 생산량은 그림 4-2에서와 같이 결정된다. 그림에서 농작물의 가격이 p_1이면, 농작물의 공급량은 수요량에 비해 적기 때문에 가격은 오르게 된다.

반면 가격이 p_2가 되었을 때는 수요량에 비해 공급량이 많아 농작물의 잉여가 발생하게 되고, 그 결과 가격은 하락하게 된다. 이와 같이 농작물에 대한 공급과 수요가 서로 다를 때, 보이지 않는 손(invisible hand)은 작동하게 되고, 이에 따라 수요와 공급이 일치하는 균형가격이 형성된다. 농작물의 균형가격과 그에 따른 무지대 한계거리와의 관계는 아래와 같이 표현된다.

$$d_e^* = \frac{p^* - c}{t}, \qquad \ldots \text{식 (4–6)}$$

d_e^* : 균형 상태에서의 무지대 한계거리,

p^* : 균형가격.

식 (4–3)에서 설명하였듯이 농작물의 가격변화에 따라 무지대 한계거리와 농작물의 공급량이 변하게 된다. 그러므로 농작물의 가격과 공급량 결정은 공급과 수요를 동시에 고려하는 이른바 일반균형체계()에서 접근해야 한다. 그러나 일반균형체계는 기본적으로 복잡하므로 여기서는 설명의 편의를 위해 농작물은 항상 공급과 수요가 균형상태에 있음을 전제한다. 이러한 전제는 농작물의 수요가 가격에 대해 완전 탄력적이어서 공급량이 변할지라도 가격의 변화는 없음을 의미하는 것이다.

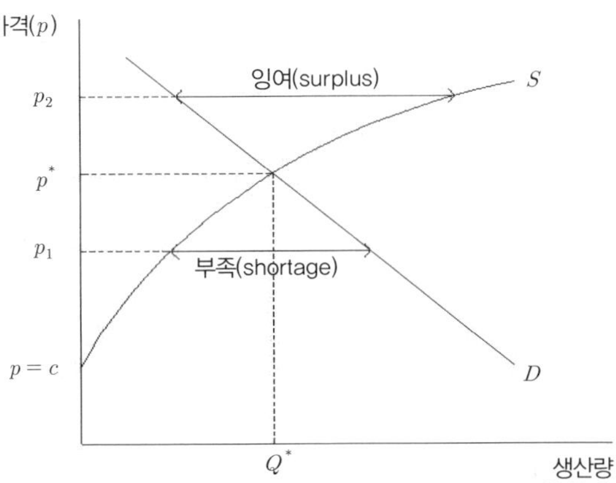

그림 4–2 농작물의 시장가격 및 생산량 결정

4.1.2 시나리오 II-2: 단일시장에 다수의 농작물이 공급되는 경우

단일시장에 다수의 농작물이 공급되는 경우, 핵심질문은 앞의 경우와 마찬가지로 어떤 농작물 재배에 얼마만큼의 토지를 투입할 것인가 하는 생산자의 선택이다. 생산자는 토지당 가장 높은 수익을 창출할 수 있는 농작물을 선택하여 재배하는데, 여기서도 선택의 근거는 농작물의 입지지대이다. 다수의 농작물들은 가격과 단위생산비용, 교통요율, 그리고 토지의 생산성 등의 차이에 의해 서로 구분된다. 교통요율이 농작물마다 다른 이유는 이동의 용이성이나 이동과정에서의 파손 및 부식가능성, 그리고 무게 및 부피 등 농작물의 특성으로 인해 발생하는 교통비가 다르기 때문이다.

$$p_i \neq p_j, \quad c_i \neq c_j, \quad t_i \neq t_j, \quad y_i \neq y_j, \quad i \neq j.$$

다수의 농작물의 경우 각 농작물의 입지지대는 다음과 같이 표현된다.

$$LR_i(d) = y_i(p_i - c_i) - y_i t_i d, \qquad \text{...식 (4-7)}$$

$LR_i(d)$: 시장에서 거리 $d$km만큼 떨어진 지점에서 농작물 i의 입지지대.

농작물이 다수이기 때문에 시장과 떨어진 거리가 동일하다고 해도 생산자가 어떤 농작물을 선택하여 재배하는가에 따라 입지지대는 달라진다. 다수의 농작물에서 생산자의 선택은 다음과 같이 각 농작물 재배로부터 얻을 수 있는 입지지대의 비교를 통해 이루어진다.

$$LR_i(d) \begin{pmatrix} > \\ = \\ < \end{pmatrix} LR_j(d) \Leftrightarrow \begin{pmatrix} \text{농작물 } i \text{ 재배} \\ . \\ \text{농작물 } j \text{ 재배} \end{pmatrix}, \qquad \text{...식 (4-8)}$$

$LR_{i(j)}(d)$: 거리에 따른 농작물 $i(j)$의 입지지대.

두 농작물 A와 B의 경우로 한정하여 농작물 재배의 공간적 분포를 설명해 보자. 우선 두 농작물의 입지지대는 다음과 같이 표현된다.

- 농작물 A의 입지지대 : $LR_A(d) = y_A(p_A - c_A) - y_A t_A d$
- 농작물 B의 입지지대 : $LR_B(d) = y_B(p_B - c_B) - y_B t_B d$

두 농작물의 재배면적을 구하기 위해서는 먼저 두 농작물의 입지지대가 같아지는 지점을 구해야 한다. 왜냐하면 그 지점을 기준으로 재배되는 농작물이 공간적으로 구분되기 때문이다. 두 농작물의 입지지대가 동일해지는 지점은 다음과 같이 계산된다.

$$LR_A(\overline{d}) = LR_B(\overline{d}),\ \overline{d} = \frac{y_A(p_A - c_A) - y_B(p_B - c_B)}{y_A t_A - y_B t_B}, \ldots \text{식 (4-9)}$$

$\overline{d}$: 두 농작물의 입지지대가 동일해지는 거리.

그림 4-3에서와 같이 생산자는 시장에서부터 $\overline{d}$까지는 농작물 A를 재배하고, $\overline{d}$에서부터 농작물 B의 무지대 한계거리까지는 농작물 B를 재배한다.

표 4-1 거리별 생산자 선택

거리구분	생산자 선택
$d < \overline{d}$	농작물 A 재배
$d = \overline{d}$	농작물 A, 농작물 B 재배
$\overline{d} < d \leq d_B^*$	농작물 B 재배
$d > d_B^*$	재배포기

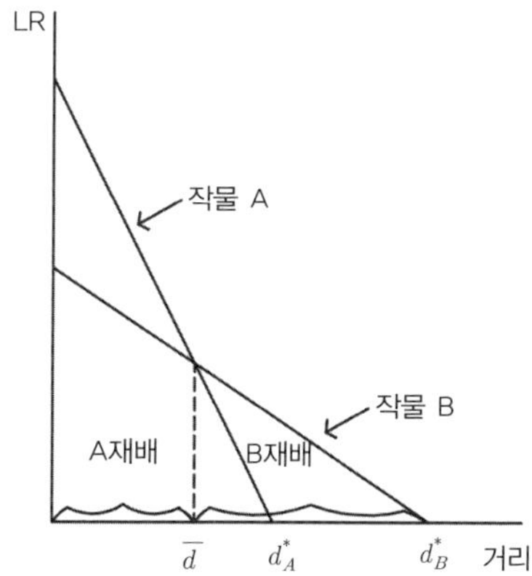

그림 4-3 두 농작물의 지대곡선

위에서 설명한 두 농작물의 경우를 구체적인 예로 다시 설명해 보자. 두 농작물의 토지 생산성과 가격, 단위생산비용 그리고 교통요율이 표 4-2와 같을 경우 생산자의 농작물 선택과 토지이용은 어떻게 나타나는지 살펴보자.

표 4-2 두 농작물의 조건

구 분	농작물 A	농작물 B	비고
토지생산성(y_i)	20	5.33	$i = A, B$
단위가격(p_i)	2.78	5.62	
단위생산비용(c_i)	1.25	2.44	
교통요율(t_i)	0.15	0.15	

표에 제시된 조건과 식 (4-9)로부터 두 농작물의 입지지대가 동일해지는 곳은 시장으로부터 6.20km 되는 지점이다.

$$\overline{d} = \frac{20(2.78 - 1.25) - 5.33(5.62 - 2.44)}{20 \times 0.15 - 5.33 \times 0.15} = 6.20$$

따라서 시장으로부터 6.20km 되는 지점까지 생산자는 농작물 A를 재배하고, 이로부터 농작물 B의 무지대 한계거리까지는 농작물 B를 재배하게 된다. 그리고 각 농작물의 재배면적은 두 작물의 입지지대가 같아지는 점과 농작물 B의 무지대 한계거리를 그림 4-4와 같이 시장을 중심으로 360° 회전시키면 구해진다. 토지의 생산성과 농작물들의 재배면적으로부터 두 농작물의 생산량은 표 4-3과 같이 계산된다.

표 4-3 두 농작물의 재배면적과 생산량

구 분	재배거리(km)	재배면적(km^2)	생산량(ton)
작물 A	6.20	120	2,400
작물 B	21.2	1,291	6,881

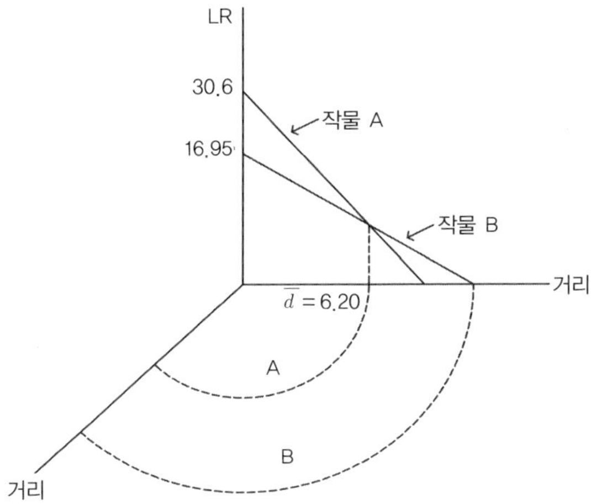

그림 4-4 두 농작물 재배의 공간분포

위와 같이 다수의 농작물이 재배될 때 토지지용은 결국 농작물들의 입지지대에 의해 결정된다. 그러나 같은 농작물이라고 해도 입지지대는 공간의 특성에 따라 달라질 수 있다. 현실적으로 지형이나 지질 또는 토지의 비옥도 등의 차이로 인해 토지의 생산성은 공간에 따라 차이가 있을 수 있으며, 그럴 경우 입지지대도 달라진다. 만일 공간별로 토지의 생산성이 다르다면, 농작물 재배의 분포는 동심원 형태와는 다른 형태의 토지이용으로 나타날 것이다. 예를 들어, 그림 4-5의 그림(a)와 같이 시장을 중심으로 구분된 4사분면의 토지생산성이 다를 때, 재배되는 농작물의 분포는 어떻게 나타나는지 살펴보자. 그림에서 1사분면은 산악지대를, 2사분면은 지형이 평탄하고 토지가 비옥한 지역을, 3사분면은 토지의 생산성이 평균수준인 지역을, 그리고 4사분면은 토지의 비옥도가 타 지역에 비해 상대적으로 낮은 지역을 가리킨다고 해 보자. 이 경우 1사분면의 토지생산성은 0이 되며 2사분면의 토지생산성은 가장 높게 나타난다. 지역별 토지생산성의 순위는 다음과 같을 것이다.

$$\text{토지생산성 순위}: y_{2\text{사분면}} > y_{3\text{사분면}} > y_{4\text{사분면}} > y_{1\text{사분면}} = 0$$

만일 위와 같은 공간에 3개의 농작물 A, B, C가 재배된다면, 농작물 재배의 공간적 분포는 그림(b)와 같이 나타나게 된다. 왜냐하면 공간별 토지생산성의 차이로 인해 농작물들의 입지지대는 달라지고, 이로 인해 생산자들의 선택도 달라질 것이기 때문이다. 결국 공간별 토지의 생산성 차이는 동심원적인 토지이용의 분포를 그림(b)와 같이 변형시키게 된다. 현실적으로 강이나 산맥 등 지형적 요인으로 인해 공간별로 생산성의 차이가 발생할 수 있으며, 그로 인해 생산자의 선택과 토지이용은 동심원적인 형태와는 다르게 나타날 수 있다. 그러나 어떤 경우이든 생산자의 선택기준은 입지지대에 의한 것이므로, 입지지대를 바탕으로 토지이용을 살펴본다면 농작물 재배의 공간적 분포를 이해하는 데는 어려움이 없을 것이다.

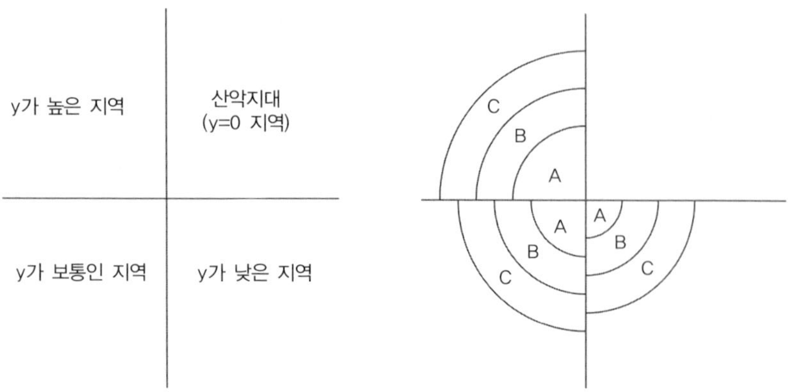

(a) 공간별 토지생산성 (b) 농작물 재배의 공간분포

그림 4-5 토지생산성이 공간별로 다를 경우 토지이용

4.1.3 시나리오 II-3: 다수의 시장에 다수의 농작물이 공급되는 경우

앞의 시나리오 II-2에서는 시장이 하나이고 평야가 동질적일 때, 농작물 재배의 분포는 동심원의 형태로 이루어짐을 설명하였다. 만일 시장이 다수이고, 시장에 공급되는 농작물도 다수인 경우 각 시장을 중심으로 형성되는 토지이용에 대해 알아보자. 이 경우에도 농작물의 공간적 분포원리는 앞의

경우와 동일하다. 즉, 재배되는 농작물이 어느 시장으로 공급되건 생산자는 입지지대가 가장 높은 농작물을 선택하여 재배하게 된다.

이를 그림으로 나타내 보자. 설명의 편의를 위해 여기서는 두 시장과 두 농작물의 경우로 한정하여 설명하기로 한다. 우선 그림 4-6의 그림(a)와 같이 두 시장이 공간적으로 충분히 떨어져 있으며, 동일 농작물의 무지대 한계거리가 공간상 서로 교차하지 않는다고 하자. 이 경우 농업토지이용은 그림(b)와 같이 각 시장을 중심으로 동심원 형태로 나타나게 된다. 이러한 토지이용은 앞에서 설명한 하나의 시장에 다수의 농작물이 공급되는 경우에 이루어지는 토지이용과 동일하다.

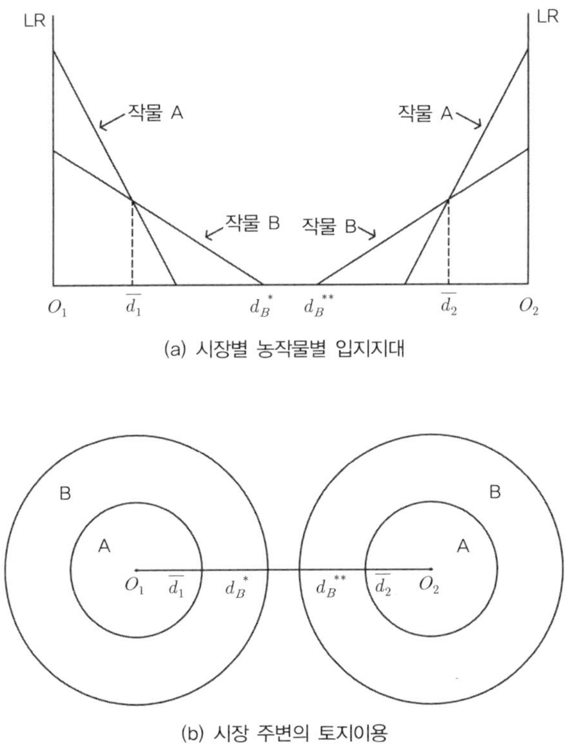

그림 4-6 동일 농작물들의 무지대 한계거리가 서로 교차하지 않는 경우

반면에 그림 4-7의 그림(a)와 같이 서로 다른 시장에 공급하는 동일 농작물의 무지대 한계거리가 어느 공간에서 서로 교차한다면 농작물의 재배범위와 토지이용은 앞의 경우와는 다르게 나타난다. 그림에서 농작물 A의 경우 두 시장에 공급되는 각 농작물의 입지지대가 공간상에서 서로 교차하지 않기 때문에 재배면적은 각 시장을 중심으로 동심원의 형태로 나타난다. 그러나 농작물 B의 경우는 앞의 경우와 다르다. 왜냐하면 각 시장에 공급하는 농작물 B의 입지지대가 $\overline{d_2}$에서 같아지기 때문이다. 이러한 경우 토지이용은 그림(b)와 같이 되며, 농작물 B의 재배면적은 $\overline{d_2}$를 기준으로 공급되는 시장에 의해 구분된다.

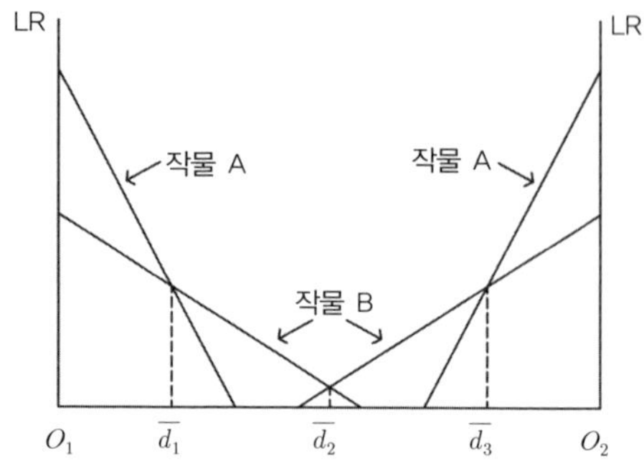

(a) 시장별 농작물별 입지지대

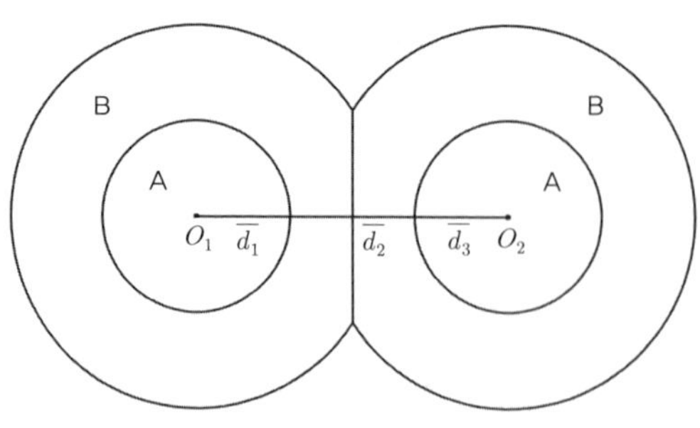

(b) 각 시장 주변의 토지이용

그림 4-7 두 시장에서 동일 농작물들의 무지대 한계거리가 교차하는 경우

시장이 많을수록 농작물 재배의 공간적 분포는 복잡해진다. 그림 4-8은 시장이 6개이고 3개의 농작물이 재배되는 경우, 각 시장을 중심으로 농작물 재배의 공간적 분포를 나타낸 것이다. 그러나 위에서 설명하였듯이 농업토지이용은 농작물의 입지지대를 바탕으로 한 생산자의 선택결과임을 생각한다면 어떤 경우이건 토지이용을 이해하는 데 있어 어려움은 없을 것이다.

그림 4-8 **다수의 시장인 경우 농작물 재배의 분포**
(자료: Dicken and Lloyd, 1990)

4.2 도시 내부의 공간구조

앞 절에서는 튀넨(Thünen)의 농작물 재배의 공간적 분포원리에 대해 설명하였다. 튀넨의 이론은 도시 내부의 토지이용을 설명하는 데도 동일하게 적용될 수 있다. 왜냐하면 시장을 도시 내부에 위치한 중심지로 그리고 다수의 농작물을 도시에서 제공되는 다양한 제품과 서비스로 단순히 대체하면 되기 때문이다. 이러한 면을 고려한다면 오늘날 많은 도시 내 토지이용에 관한 이론들은 근본적으로 튀넨의 농업지대이론에 기초하고 있다고 할 수 있다. 본 절에서는 앞에서 설명한 농업지대이론을 바탕으로 도시의 공간구조 형성에 대해 설명한다. 여기서 말하는 도시공간구조는 바로 도시 내부의 토지이용에 의해 나타나는 구조이다.

4.2.1 도시 내부의 토지이용

도시 내부의 토지이용은 기본적으로 토지의 가치에 의해 결정되며, 토지의 가치는 앞 절에서 설명하였던 입지지대로부터 결정된다. 입지지대는 도시 중심지와 멀어질수록 감소하기 때문에 도시중심과의 근접성이 바로 토지의 가치결정에 핵심이다. 그렇다면 왜 근접성이 중요한가? 그것은 간단히 말해 시장으로 접근하기가 편리하기 때문이며, 그 편리성은 낮은 교통비로 나타난다. 이와 같은 토지가치의 결정원리를 도시공간에 적용해 보면 도시 내부의 토지이용에 대한 기본이해를 가질 수 있다.

먼저 도시 내부에는 하나의 중심지가 있고, 그 중심지는 도시에서 가장 접근이 양호한 공간이라고 하자. 또한 앞의 경우와 같이 교통비는 생산자가 부담하며 토지도 동질하다고 가정하면, 생산자는 도시 중심지로 향한 높은 접근성의 이익을 확보하기 위해 다른 생산자와 경쟁하게 된다. 여기서 생산자들이 경쟁할 때, 특정 공간에 대해 그들이 기꺼이 지불할 수 있는 능력이 바로 입지지대이다. 도시 내부의 토지이용은 튀넨의 경우와 동일한 방법, 즉 입지지대에 의해 결정된다. 따라서 도시에서 제공하는 제품이나 서비스에 대한 입지지대를 구체적으로 알 수 있다면, 도시 내부에서 이루어지는 토지이용도 알 수 있는 것이다. 그림 4-9는 도시에서 생산, 소비되는 제품 및 서비스가 크게 상업업무, 제조업, 주거 그리고 농업이고, 각각의 입지지대곡선이 주어졌을 때 도시 내부에서 이루어지는 토지이용을 보이고 있다. 다시 말해, 튀넨의 경우와 같이 거리별 생산자들의 선택을 구하고 생산자의 선택을 중심지 기준으로 360° 회전시키면 도시 내부의 용도별 토지이용이 되는 것이다.

토지이용의 결정원리를 간단히 요약하면 다음과 같다. 토지는 언급하였듯이 가장 높은 수익을 창출할 수 있는 용도로 이용되기 때문에 토지의 가치는 바로 구체적인 이용용도에 의해 결정된다. 예를 들면, 도심지에 있는 토지를 생산자가 농작물의 재배에 이용한다면, 그 토지로부터 얻을 수 있는 수익은 낮아질 것이고 그 결과 토지의 가치도 낮아질 것이다. 그러나 같은 토지를 농업용지가 아닌 상업 및 업무의 용도로 이용한다면 토지의 가치는 높아질 것이다. 왜냐하면 농업보다는 상업 및 업무로부터 창출되는 부가가치가 더 높기 때문이다.

토지의 가치는 또한 생산자들 사이의 경쟁적 입찰(bidding)을 통해 결정되며, 입찰경쟁은 무한정으로 이루어지는 것이 아니라 생산자들의 지불능력에 의해 제한된다. 여기서 말하는 생산자들의 지불능력이란 위에서 언급한 특정 위치에서 특정 제품의 생산으로부터 얻을 수 있는 입지지대를 말한다. 이와 같이 과정을 통해 토지의 가치와 토지이용이 결정되는데, 이것이 바로 알론소(Alonso, 1964)가 설명하는 토지이용의 원리이다.

도시에 제공되는 다양한 제품들의 입지지대는 앞의 식 (4-7)에 의해 계산되며, 계산된 제품별 입지지대를 바탕으로 생산자의 선택이 이루어진다. 만일 어떤 제품의 입지지대곡선의 기울기가 다른 제품에 비해 급하다면, 그 제품의 생산자는 중심지에 근접하려는 경향이 높을 것이다. 왜냐하면 생산자는 중심지에 근접하여 입지할수록 높은 이익을 낼 수 있지만 반대로 중심지에서 떨어질수록 불이익이 커지기 때문이다. 반대로 입지지대곡선의 기울기가 완만하다면 그 제품의 생산자는 중심지에 입지하려는 경향이 상대적으로 낮을 것이다. 그것은 그 생산자에게는 중심지에 입지하여 얻을 수 있는 이익이 다른 제품에 비해 크기 않기 때문이다. 이와 같이 도시 내부의 토지이용도 제품들의 입지지대와 생산자들의 선택에 의해 결정되는 것이다.

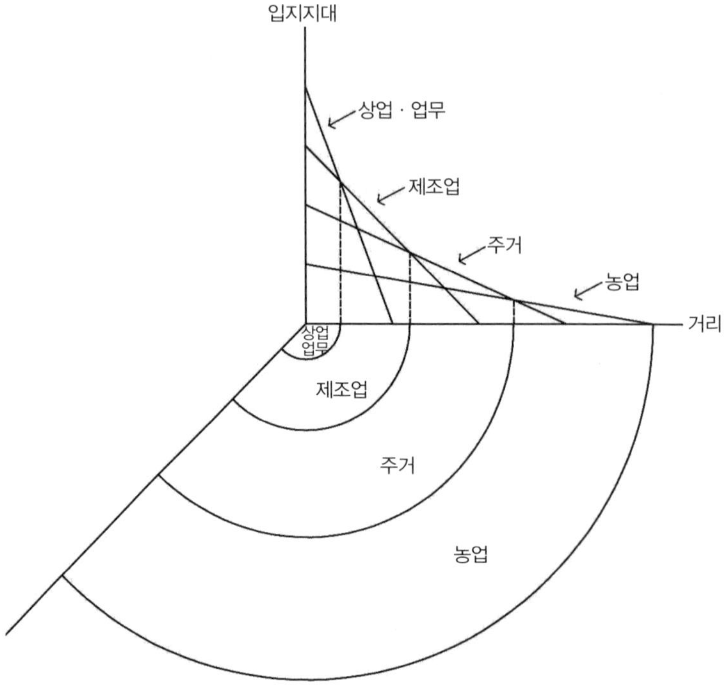

그림 4-9 **제품별 입지지대곡선과 도시 내부의 토지이용**

4.2.2 환경변화와 토지이용의 변화

본 장에서 여러 번 강조하였듯이 토지가 어떤 용도로 활용될 것인가 하는 것은 생산자의 선택에 의해 결정되며, 그러한 생산자의 선택기준은 입지지대이다. 식 (4-7)에 의해 계산되는 입지지대는 제품판매로부터 얻은 총수입에서 총비용과 교통비용을 제외한 순수입이다. 만일 식에서 주어지는 토지의 생산성이나 교통요율과 같은 파라메타가 변한다면 입지지대는 자연 변하게 되고, 결국에는 생산자의 선택과 토지이용도 변하게 된다. 파라메타는 경제환경의 특성을 나타내는 것이므로 파라메타의 변화는 생산자가 직면하는 환경이 변화됨을 의미하는 것이다. 여기서는 환경변화를 기술진보와 교통기술의 발전으로 한정하고, 각각이 입지지대와 토지이용에 미치는 영향에 대해 설명하기로 한다. 일반적으로 기술진보의 효과는 생산성 향상으로 그리고 교통기술의 발전은 교통비의 절감, 즉 교통요율의 감소로 나타난다고 할 수 있다. 설명의 편의를 위해 도시에서 2개의 제품, A와 B가 생산, 소비된다고 전제한다.

우선 기술진보에 대해 살펴보면 다음과 같다. 입지지대에서 기술진보는 토지의 생산성(y) 향상으로 나타낼 수 있다. 만일 기술진보가 제품별로 선택적으로 일어난다고 할 때 그 효과는 그림 4-10의 그림(a)와 같다고 할 수 있다. 구체적으로 말해, 기술진보가 제품 A의 생산과정에서만 일어난다면, 제품 A의 입지지대는 전체적으로 높아지게 된다. 그 결과 기존에 제품 B에 투입된 토지의 일부가 제품 A에 투입되는 전환이 일어나고 (외형적으로는 도지의 용도전환이 일어남), 그 결과 제품 A의 생산면적은 $\pi(\bar{d})^2$에서 $\pi(\tilde{d})^2$로 확대되며, 그 만큼 제품의 생산량도 증가하게 된다. 반면 제품 B의 생산량은 생산면적의 감소와 함께 줄어들게 된다. 기술진보로 인한 입지지대의 증가는 중심지에서 가장 크게 나타나며 시장과 멀어질수록 증가폭은 감소한다. 그리고 그림에서 알 수 있듯이 기술진보의 효과는 무지대 한계거리의 변화에 미치는 영향이 없다. 왜냐하면 무지대 한계거리는 식 (4-2)에서와 같이 토지의 생산성에 영향을 받지 않기 때문이다.

교통기술의 발전이 교통요율의 감소로 나타난다면, 그 효과는 기술진보와 마찬가지로 전반적인 입지지대를 증가시키며 무지대 한계거리를 연장시킨다. 그러나 교통비의 감소효과는 기술진보의 경우와는 달리 중심지에 가까울수록 적게 나타나며 멀어질수록 크게 나타난다. 왜냐하면 시장과의 거리가 멀수록 교통비의 감소는 그 만큼 커지기 때문이다. 그러므로 교통기술의 발전효과가 가장 크게 나타나는 지점은 교통기술의 발전 이전의 무지대 한계점이다. 그 이유는 그 점에서 입지지대의 상승폭이 가장 크기 때문이다. 또한 교통요율의 감소로 인한 무지대 한계거리의 연장은 제품의 생산면적과 생산량을 모두 증가시킨다. 일반적으로 교통기술의 발전은 특정 제품의 생산자에게만 한정되기보다는 거의 모든 제품의 운반에 영향을 준다고 할 수 있다. 그러므로 교통기술의 발전효과를 그림으로 나타내면 그림 4-10의 그림(b)와 같다.

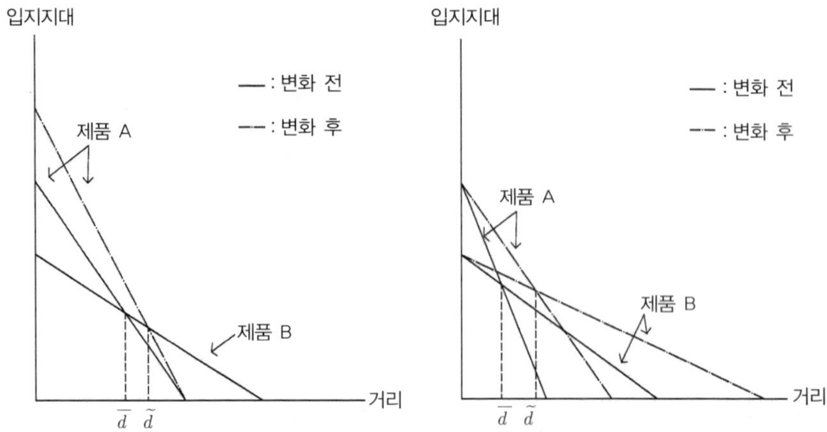

(a) 토지의 생산성이 향상되는 경우 (b) 교통요율이 감소되는 경우

그림 4-10 **도시 환경변화에 따른 토지이용의 변화**

앞에서는 입지지대곡선들이 모두 선형인 경우 도시 내부의 토지이용에 대해서만 설명하였다. 만일 도시에서 제공하는 제품이나 서비스의 입지지대곡선이 비선형이라면 도시의 토지이용은 앞의 경우와 다를 것이다. 예를 들어 두 제품 A와 B 중 도시의 특수한 환경으로 인해 제품 B의 입지지대곡선이 그림 4-11의 그림(a)와 같다면 도시 내부의 토지이용에서 제품 A의 용도는 도심 근접형과 도심 원격형으로 두 지역에서 나타나게 될 것이다. 또한 그림에서 제조업의 입지지대곡선만이 어떤 환경의 변화로 인해 비선형으로 나타난다면 도시 내부의 토지이용은 그림(b)와 같이 형성될 것이다. 그럴 경우 제조업 용도의 토지도 두 지역, 즉 도심 근접형 제조업 용지와 도심 원격형 제조업 용지로 나타나게 된다. 이와 같이 제품생산 환경의 특성이나

도시환경의 변화로 인해 입지지대가 변한다면 그에 따라 토지이용은 다양한 형태로 나타나게 된다. 또한 제품의 입지지대곡선이 비선형일 경우 동일한 용도라 하더라도 도시 내 다수의 공간에서 나타날 수 있다.

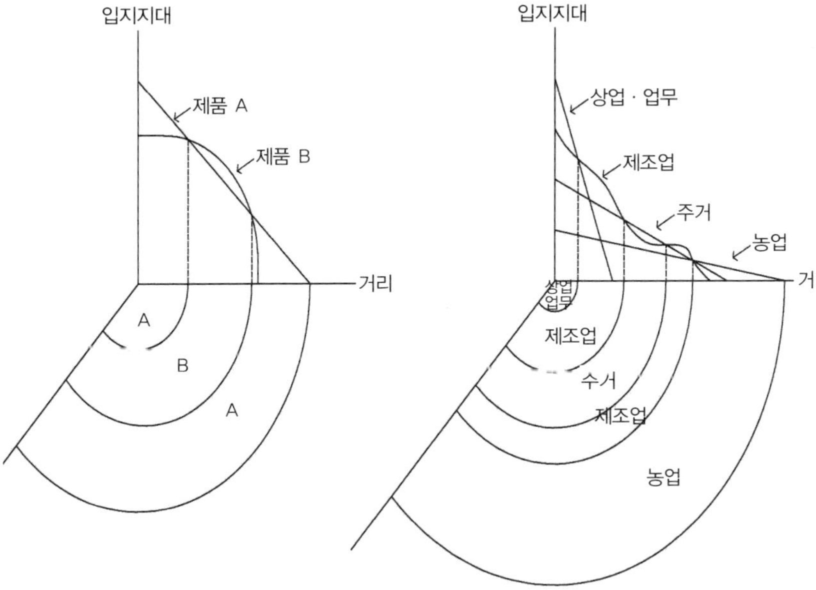

(a) 2제품의 경우

(b) 4제품의 경우

그림 4-11 입지지대가 비선형인 경우 도시 내부의 토지이용 분포

4.3 도로건설로 인한 접근성의 향상과 토지이용의 변화

본 절에서는 오켈리(O'Kelly, 1988)의 연구를 중심으로 접근성의 향상이 입지지대와 그에 따른 토지이용에 미치는 영향에 대해 설명한다. 접근성의 향상은 교통기술의 발전, 신교통수단의 도입, 또는 새로운 도로나 고속도로의 건설 등 다양한 요인에 의해 나타날 수 있다. 그러나 요인들의 공간적 영향범위가 다를 때 요인별 효과는 다르게 나타난다. 예를 들어 앞 절에서 설명한 교통기술의 발전은 도시 내 모든 교통수단에 영향을 미친다고 할 수 있기 때문에 그 영향범위는 도시 전체라고 할 수 있다. 따라서 교통기술의 발전효과는 도시 중심지를 기준으로 볼 때 동일하게 나타나게 된다. 그러나 신교통수단의 도입이나 새로운 고속도로의 건설에 의한 효과는 공간적으로 한정되게 나타난다. 왜냐하면 영향범위 안에 있는 사람만이 신교통수단을 이용하거나 새로운 고속도로를 이용할 것이기 때문이다. 즉, 영향범위 안에 있는 사람들만이 접근성 향상의 편익을 누리게 되는 것이다.

예를 들어 우리나라에서 서울과 춘천을 잇는 고속도로가 건설되었다고 해도 그 효과가 서울과 인천 그리고 서울과 수원 사이의 접근성에 직접적인 영향을 미치지는 않을 것이다. 이와 같이 도시에 고속도로가 건설되었을 때, 도시 내부의 공간은 접근성이 향상된 공간과 그렇지 않은 공간으로 구분되며, 공간별로 입지지대와 토지이용이 다르게 나타나게 된다. 본 절에서는 도시에 새로운 고속도로가 건설되었을 때 토지이용의 변화에 대해 설명한다. 여기서는 설명의 편의를 위해 도시에는 하나의 중심지만 있으며, 하나의 제품이 생산, 소비된다고 전제한다.

4.3.1 고속도로의 건설과 교통비용의 변화

고속도로가 건설되기 이전 제품의 생산면적은 그림 4-12의 그림(b)와 같이 중심지를 중심으로 제품의 무지대 한계거리에 의해 정해진다. 그러나 이러한 도시에 고속도로가 건설되었으며, 그 고속도로는 도시의 중심지를 직선으로 관통한다고 하자. 이 경우 제품의 생산면적은 전체적으로 확대되는 것이 아니라 그림(b)와 같이 고속도로의 영향범위만큼 확장된다. 일반적으로 말해 고속도로의 평균속도는 기존의 도로에 비해 빠르기 때문에 고속도로를 이용하면 통행시간은 절감된다. 통행시간의 절감은 곧 교통비의 절감을 의미한다. 문제는 고속도로를 이용하였을 때 교통비용이 얼마나 절감되는가 하는 것이다. 여기서 동일한 거리를 이동할 때 고속도로 이용 시 발생하는 교통비용과 기존 도로를 이용 시 발생하는 교통비용의 비, q에 초점을 맞추어 고속도로의 건설효과를 분석하기로 한다.

$$q = \frac{TC_{highway}}{TC_{local}}, \qquad \text{...식 (4-10)}$$

q : 교통비 절감계수,

$TC_{local(highway)}$: 기존 도로(고속도로)를 이용하였을 경우의 교통비용.

위의 식에서 알 수 있듯이 고속도로의 건설로 인해 절감되는 교통비를 나타내는 계수, q의 범위는 0보다 크고 1보다 작다. q가 0에 가까울수록 고속도로 이용 시 교통비용은 크게 절감되고 1에 가까울수록 절감되는 교통비용은 미미함을 가리킨다.

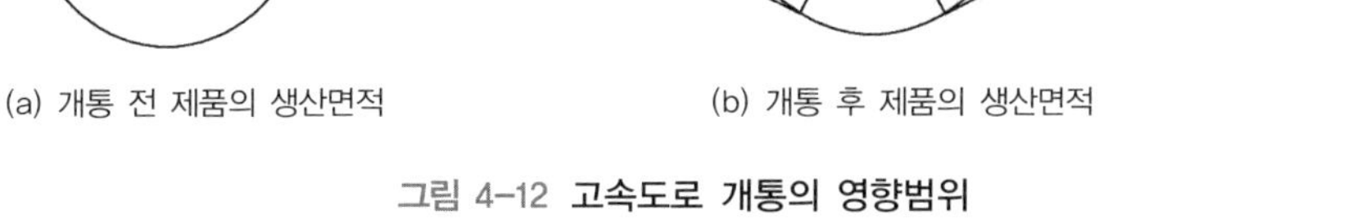

그림 4-12 **고속도로 개통의 영향범위**

건설된 고속도로가 도시 중심지를 관통한다고 해도 고속도로의 영향범위 내 생산자들만 고속도로를 이용하게 된다. 예를 들어 그림 4-12의 그림(b)에서 g점에 위치한 생산자라면 시장으로의 최단접근은 새롭게 건설된 고속도로를 이용하기보다는 기존의 도로를 이용할 것이다. 왜냐하면 고속도로를 이용하기 위해서는 불필요한 이동을 해야 하기 때문이다. 고속도로가 건설되었을 때 생산자의 총이동거리를 하나의 식으로 표현하면 다음과 같다.

$$D = d_1 + qd_2, \quad \text{...식 (4-11)}$$

D : 총 제품수송거리,

$d_1(d_2)$: 기존 도로(고속도로) 이용거리.

위의 식에서 첫째항은 생산자의 위치에서 건설된 고속도로까지의 이동거리를 말하며, 둘째항은 고속도로를 이용해서 시장까지 이동하는 거리를 말한다. 물론 고속도로에서의 접근성은 기존 도로에 비해 우수하기 때문에 생산자의 위치에서 시장까지의 총거리를 계산할 때는 q를 고려해야 한다. 여기서 핵심은 생산자가 고속도로에 접근하는 각도이다. 생산자의 접근각도는 고속도로에서 절감되는 교통비용과 밀접한 관계가 있다. 이에 대한 보다 구체적인 설명은 다음과 같다.

4.3.2 고속도로의 접근각도와 입지지대의 변화

생산자들이 제품운반을 위해 고속도로에 접근하는 각도는 고속도로를 이용할 때 얻게 되는 교통비의 절감 정도에 영향을 받는다. 이를 그림 4-13과 같이 극좌표로 설명해 보자. 그림에서 도시의 중심지는 (0, 0)이고 생산자는 임의의 점(x, Q)에 위치해 있다고 해보자. 생산자가 기존 도로를 이용하여 이동하는 거리와 고속도로를 이용하여 시장으로 접근하는 거리는 다음과 같이 표현된다.

$$d_1 = \frac{xsinQ}{\sin A}, \; d_2 = xcos\,Q - \frac{xsinQ}{\tan A}. \quad \text{...식 (4-12)}$$

위의 식을 식 (4-11)에 대입하면 정리하면 총거리는 다음과 같다.

$$D = xsinQ(\frac{1 - qcosA}{\sin A}) + qxcos\,Q. \quad \text{...식 (4-13)}$$

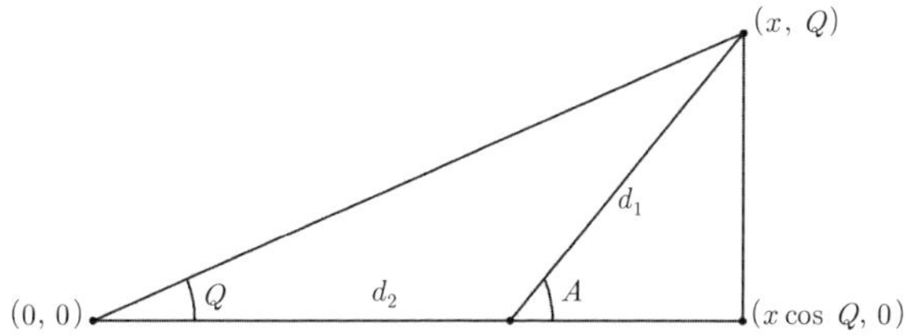

그림 4-13 고속도로의 건설로 인한 시장으로의 접근성

생산자는 기본적으로 비용 최소화를 추구하며, 시나리오 II에서 비용 최소화는 바로 교통비 최소화라고 할 수 있다. 더 나아가 교통비 최소화는 이동거리 최소화로 대신할 수 있다. 그러므로 생산자의 목적함수는 총거리가 최소화로 나타낼 수 있으며, 결정변수는 고속도로에 진입하는 각도가 된다. 이를 식으로 표현하면 다음과 같다.

$$\underset{A}{Minimize}\ D = xsinQ\left(\frac{1-qcosA}{\sin A}\right)+qxcosQ, \qquad \ldots\text{식 (4-14)}$$

결정변수가 A이므로 목적함수를 A로 미분하면,

$$\frac{dD}{dA} = xsinQ\left(\frac{q\sin^2 A-(1-qcosA)\cos A}{\sin^2 A}\right)=0. \qquad \ldots\text{식 (4-15)}$$

위의 일계조건으로부터 생산자의 접근각도와 고속도로 이용 시 절감되는 교통비용을 가리키는 q와의 관계는 다음과 같이 도출된다.

$$A = \cos^{-1}q. \qquad \ldots\text{식 (4-16)}$$

그리고 목적함수의 이계조건(SOC)은 양이므로 $(\frac{d^2D}{dA^2}>0)$, 식 (4-16)은 목적함수의 최소점이 되기 위한 필요충분조건을 모두 충족시킨다고 할 수 있다. 위의 식에서 q가 0에 가까울수록 절감효과가 크기 때문에 접근각도

A는 크게 된다. 그러나 반대로 q가 1에 가까울수록, 즉 절감효과가 미미할수록 접근각도 A는 작아진다. 만일 q가 1인 경우, 즉 고속도로의 이용효과가 없는 경우 생산자는 Q의 각도로 도시 중심지에 접근하게 된다. 여기에서 Q의 각도로 접근한다는 것은 생산자가 고속도로를 이용하지 않고 기존의 도로를 이용하여 시장에 접근함을 의미하는 것이다. 따라서 Q가 0보다 크고 A보다 작을 때 생산자는 새롭게 개통한 고속도로를 이용하게 된다. 이 때 생산자의 이동경로는 먼저 A각도로 기존 도로를 이용하여 고속도로에 접근하고, 다음으로 고속도로를 이용하여 시장에 도달하는 것이다. 이렇게 이동할 때 발생하는 총 교통비용($Tcost$)은 다음과 같다.

$$Tcost = yt(d_1 + qd_2), \qquad \text{…식 (4–17)}$$

$$d_1 = \frac{xsinQ}{\sin A},\ d_2 = xcos\,Q - \frac{xsinQ}{\tan A}.$$

만일 Q가 A보다 크다면 생산자는 건설된 고속도로를 이용하기보다는 기존 도로를 이용하여 도시 중심지에 접근하게 된다. 삼각함수에서 $\sin^2 A + \cos^2 A = 1$이므로 식 (4–17)은 하나의 식으로 아래와 같이 표현될 수 있다. (참고로 $\cos(A-B) = \cos A \cdot \cos B + \sin A \cdot \sin B$이다.)

$$Tcost = ytxcos(A-Q) = ytxf(Q), \qquad \text{…식 (4–18)}$$

$$f(Q) = \begin{cases} \cos(A-Q) & \text{if } 0 \le Q < A, \\ 1 & \text{if } A \le Q \le \frac{\pi}{2}. \end{cases}$$

위의 식에서 $f(Q)$는 d_1과 d_2의 거리를 하나의 최소교통비용 거리로 묶어주는 일종의 전환요소라 할 수 있다. 그러므로 전환요소를 이용하면 임의의 위치 (x, Q)에 있는 생산자의 입지지대는 다음과 같이 표현된다.

$$LR(x, Q) = y(p-c) - ytxf(Q). \qquad \text{…식 (4–19)}$$

도시 내부에 고속도로가 건설되었을 때, 제품의 생산면적은 그림 4-12의 그림(b)와 같이 확대된다. 다시 말해, 고속도로는 고속도로상의 무지대 한계거리와 고속도로로 향한 접근각도 A 내의 일정부분을 확장시킨다. 그리고 확장된 생산면적으로 인해 제품의 생산면적과 생산량은 증가된다. 그러나 여기서 독자들이 중요하게 생각해야 할 것은 바로 고속도로의 효과가 그림(b)로 끝나지 않는다는 것이다. 왜냐하면 생산면적의 확대는 제품의 가격변화에 영향을 주기 때문이다. 만일 제품에 대한 수요가 가격에 대해 탄력적이라면, 즉 수요곡선의 기울기가 음의 기울기를 갖는다면 생산량의 증가는 제품의 잉여를 발생시켜 가격의 하락을 초래한다.

고속도로의 건설로 절감되는 교통비용의 정도를 나타내는 q가 작아질수록 생산면적은 확대되고 생산량은 증가하게 된다. 그림 4-14는 제품에 대한 수요곡선이 구체적으로 주어졌을 때 q의 감소에 따라 제품의 생산량이 증가하고, 그에 따라 가격은 P^*_{before}에서 P^*_{after}로 하락함을 보여주고 있다. 또한 가격이 하락하였을 때 제품의 생산량은 Q^*_{before}에서 Q^*_{after} 변하게 되고, 생산면적은 이에 따라 다시 변하게 된다. 이에 대한 설명은 다음과 같다.

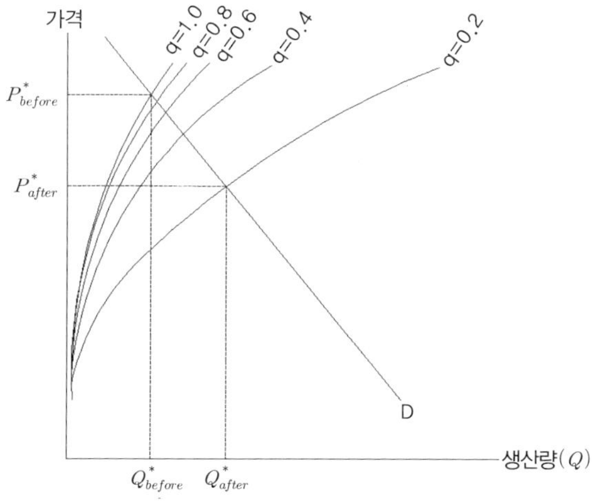

그림 4-14 q에 따른 생산량 변화

4.3.3 가격변화와 토지이용의 변화

고속도로가 건설되었을 때 제품의 생산면적은 그림 4-12의 그림(b)에서와 같이 고속도로에 영향을 받는 지역과 받지 않는 지역으로 구분된다. 각각의 면적은 다음과 같이 계산된다.

$$Area^{affected} = 2(d^*)^2 \tan(A), \qquad \text{...식 (4-20)}$$

$$Area^{unaffected} = \pi(d^*)^2 \left(\frac{2\pi - 4A}{2\pi}\right) = (d^*)^2(\pi - 2A),$$

$Area^{affected(unaffected)}$: 고속도로에 영향을 받는(받지 않는) 지역의 면적.

계산의 편의상 상수들을 하나의 상수항을 모으면,

$$K = \{(\pi - 2A) + 2\tan(A)\}.$$

상수항과 함께 제품의 생산면적은 다음과 같이 표현된다.

$$S(P) = y(d^*)^2 K = y\left(\frac{P-c}{t}\right)^2 K. \qquad \text{...식 (4-21)}$$

위의 식에서는 앞 절과 달리 가격을 대문자로 표시한다. 그 이유는 수요가 더 이상 무한 탄력적이지 않기 때문이다. 즉, 제품의 가격은 고정된 것이 아니라 제품의 생산량과 수요에 따라 변하는 변수임을 나타내기 위함이다. 제품에 대한 수요함수가 아래와 같이 주어졌다고 하면, 생산과 수요를 같게 하는 균형가격과 토지이용의 변화는 다음과 같은 과정을 통해 계산된다.

$$D(P) = a + bP, \quad a > 0, \; b < 0. \qquad \text{...식 (4-22)}$$

우선 시장은 공급과 수요가 같아질 때 균형이 이루어지므로, 식 (4-21)과 식 (4-22)로부터 균형가격은 다음과 같이 구해진다.

$$D(P) - S(P) = a + bP - \left\{ \left(\frac{yK}{t^2}\right)(P^2 - 2cP + c^2) \right\} = 0. \quad \ldots 식\ (4\text{–}23)$$

위의 식을 다시 정리하면,

$$P^2 - \{(b/G) + 2c\}P + \{c^2 - (a/G)\} = 0, \quad G = \frac{yK}{t^2}.$$

근의 공식을 적용하면 제품의 초과수요가 0이 되는 균형가격(P^*)은 다음과 같이 계산된다.

$$P^* = \frac{1}{2}\left\{((b/G) + 2c) + \sqrt{(b/G)^2 + (4bc/G) + (4a/G)}\right\}.$$

…식 (4–24)

고속도로의 건설로 제품의 가격이 하락된다면 그것이 생산면적에 미치는 영향은 그림 4–15와 같이 표현된다. 그림에서 보이듯이 고속도로의 영향을 받지 않은 지역에서는 생산면적이 축소하게 된다. 왜냐하면 제품의 가격이 하락할 때 무지대 한계거리도 함께 축소하기 때문이다. 그러나 고속도로에 영향을 받는 지역에서는 무지대 한계거리도 연장되고, 그 결과 제품의 입지 지대의 향상과 함께 생산면적이 확대된다.

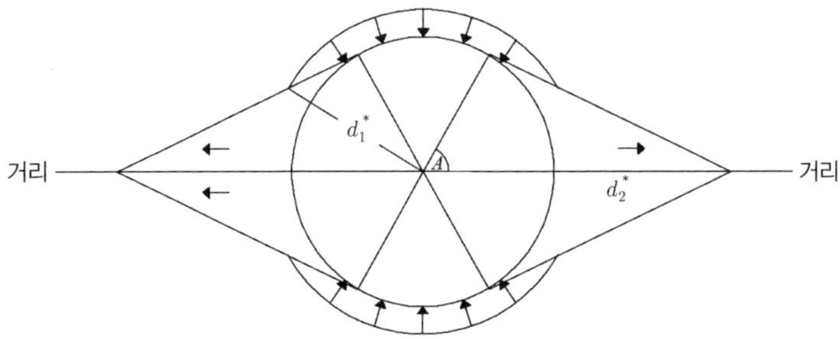

그림 4–15 가격변화에 따른 생산면적의 변화

지금까지 고속도로의 건설로 인한 접근성의 향상이 제품의 생산면적에 미치는 영향분석에 대해 설명하였다. 그림 4-16은 고속도로가 개통된 후 입지지대의 변화를 나타내는 그림이다. 여기서 주어진 파라미터들의 기본 값은 다음과 같다.

$$y = 1,\ c = 5,\ t = 1.5,\ \text{그리고}\ q = 0.5.$$

그리고 고속도로 건설 전과 후의 균형가격은 다음과 같이 계산되었다고 한다.

$$P^*_{before} = 25, \quad P^*_{after} = 23.$$

제품의 가격변화에 따른 무지대 한계거리의 변화는 다음과 같이 계산된다.

$$d^*_{before} = \frac{25-5}{1.5} = 13.33\text{km}, \quad d^*_{after} = \frac{23-5}{0.5 \times 1.5} = 24.0\text{km}.$$

고속도로의 건설은 위에서와 같이 제품의 생산면적의 확대와 생산량을 증가시켜 제품의 가격을 25원에서 23원으로 하락시켰다고 하자. (여기서는 편의상 단위를 원으로 표시하기로 한다.) 앞서 설명하였듯이 가격의 하락으로 인해 입지지대는 변하게 되는데, 그 변화는 고속도로의 영향범위에 따라 다르게 나타난다. 좀 더 구체적으로 말해, 고속도로의 영향을 받지 않는 지역($A \le Q \le \frac{\pi}{2}$)에서는 제품의 가격하락에 따라 입지지대가 −1.5원 만큼 하락하였다. 그러나 입지지대의 변화가 0인 지역 밖으로는 입지지대의 변화가 양수이다. 즉, 그 지역에서는 고속도로를 이용함에 따라 입지지대가 향상되었음을 가리키는 것이다.

그리고 입지지대가 가장 크게 증가한 곳은 바로 고속도로가 건설되기 전 무지대 한계거리점(시장중심으로부터 13.33km 떨어진 거리)이다. 무지대 한계거리점에서의 입지지대는 고속도로 건설로 인해 7.4원만큼 상승한 것으로 나타난다. 이는 앞 절에서도 그림으로 설명하였듯이 교통기술이 향상되었을 때 입지지대가 가장 크게 높아지는 지역은 바로 무지대 한계거리점이었다. 비록 방법은 다르지만 접근성 효과가 가장 큰 지역은 동일하게 무지대 한계거리점으로 나타난다.

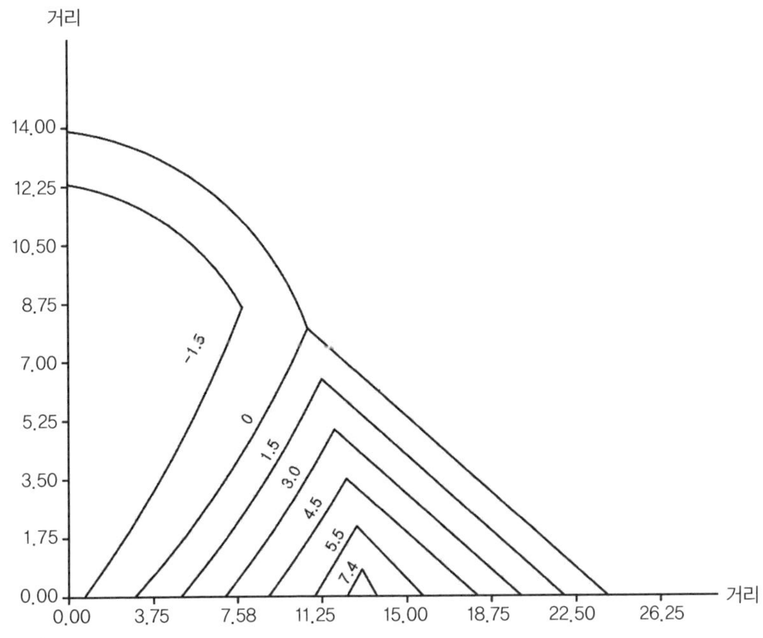

그림 4-16 고속도로 건설로 인한 입지지대의 변화

본 절에서 설명한 고속도로의 건설효과는 다음과 같이 요약될 수 있다. 고속도로의 건설로 인해 향상된 접근성은 교통비 절감을 통해 입지지대를 높이고 제품의 생산면적을 확장시킨다. 그리고 확장된 생산면적으로 인해 제품의 생산량은 증가하게 된다. 그러나 수요가 가격에 탄력적으로 반응하는 경우 제품의 생산량 증가는 다시 가격의 하락과 입지지대의 하락을 초래하여 생산면적을 축소시킨다. 이와 같은 고속도로의 건설효과는 영향범위에 따라 입지지대의 향상과 생산면적이 증가되는 공간과 입지지대가 하락하고 생산면적이 축소되는 공간이 도시 내에서 동시에 발생하게 된다. 그림 4-15와

그림 4-16은 이러한 상반된 효과가 나타나는 공간을 구체적으로 보여주는 그림이다.

4.4 역 튀넨(Reversal von Thünen)

앞 절에서 설명한 튀넨(Thünen) 이론의 핵심은 교통비용을 생산자가 지불하기 때문에 시장에서 멀어질수록 교통비용은 증가하게 되고, 그에 따라 입지지대는 감소하게 된다는 것이었다. 그러나 싱클레어(Sinclair, 1967)는 이러한 튀넨의 이론과는 반대되는 이론을 제시하였다. 그는 도시 주변의 토지이용에 영향을 주는 힘(force)은 시장으로 이동하는 데 발생하는 교통비용이 아니라 대규모의 도시확장에 있음을 주장하였다. 여기서 말하는 도시확장이란 물리적으로 도시의 영역이 확대되는 것으로 기존 도시 주변의 농지가 도시지역으로 편입됨을 의미하는 것이다.

일반적으로, 토지가 농지보다는 도시적 용도로 이용될 때 보다 높은 가치가 창출된다. 즉, 도시적 토지이용으로부터 창출되는 부가가치는 농지에 비해 높다. 그러므로 토지이용에 있어 도시적 용도와 농업적 용도가 경쟁할 때 의례히 도시적 용도가 경쟁에서 우위를 점하게 된다. 이러한 면을 고려해 볼 때, 토지의 소유자는 가치 측면에서 자신의 토지가 도시적 용도로 이용되길 기대한다고 할 수 있다.

도시의 공간적 확장은 주변토지의 용도전환을 가져오기 때문에 도시의 확장은 토지가 농업용도에서 도시적 용도로 전환되는 것으로 볼 수 있다. 현실적으로 용도의 변경이 완료되면, 이를 다시 원상태로 되돌리기는 어렵기 때문에 도시계획가나 도시정책가는 용도변경을 종합적인 측면에서 신중하게 다루어야 한다. 용도의 변경을 위해서는 다양한 도시계획의 변경단계를 거쳐야 하며, 그러한 과정을 거치면서 많은 시간이 소요된다. 토지용도의 변경은 즉흥적이고 단번에 이루어지는 것이 아니라 시간을 두고 점진적으로 이루어지는 특징이 있다.

도시계획의 변경과정에서 용도의 전환은 공익적인 차원이나 지역 간 형평성 차원에서 또는 도시공간구조의 체계상 이루어지지 않을 수도 있다. 그러므로 용도변경에는 용도전환이 이루어지지 않을 수 있는 위험성(risk)과 변경 시 가치의 상승 가능성이 함께 존재하게 된다. 그러나 일단 농지가 도시적 용도로 변경되면 그 토지의 가치는 상승하게 된다. 만일 인구 및 경제성장으로 인해 도시의 외연적 확장이 불가피한 경우 해당 도시의 주변에 있는 토지들의 기대가치(anticipated value)는 높아지게 된다. 이것은 용도가 변경되면서 토지의 가치는 크게 높아질 것이 예상되기 때문이다. 따라서 도시적 용도로의 전환이 예상되는 토지는 기대가치로 인해 높은 가치를 갖게 되며, 이러한 기대가치는 도시 주변의 토지이용에 많은 영향을 미치게 되는 것이다.

튀넨의 이론에서는 시장과 근접할수록 입지지대가 높아진다. 그러나 도시에 근접한 토지일수록 도시적 토지용도로 전환될 가능성이 높으므로 이러한 토지는 높은 기대가치를 갖게 된다. 이러한 용도변경의 기대 때문에 도시 주변에 있는 토지의 소유자는 농작물 생산을 위해 노동이나 자본을 투자하여 집약적으로 토지를 이용하지 않을 가능성이 높다. 왜냐하면 용도가 전환되면 투자된 시설들은 모두 매몰비용(sunk cost)이 되기 때문이다. 그러므로 토지의 소유자들에게는 비용최소화 원리가 작용하게 된다. 즉, 시설투자를 하지 않고 기다리다 용도전환이 될 때, 토지 소유자들은 개발자들에게 토지를 매각함으로써 보다 큰 이익을 얻게 된다. 한마디로 말해 최소비용으로 최대의 이익을 얻을 수 있게 되는 것이다. 농업시설에 대한 투자와 집약적인 농업토지이용을 고려해 볼 때 도시와 근접할수록 농작물재배로부터 얻게 되는 토지지대는 낮아지는 반면 도시와 멀어질수록 높아지는 것이다. 이러한 관계를 그림으로 나타내면 그림 4-17과 같다.

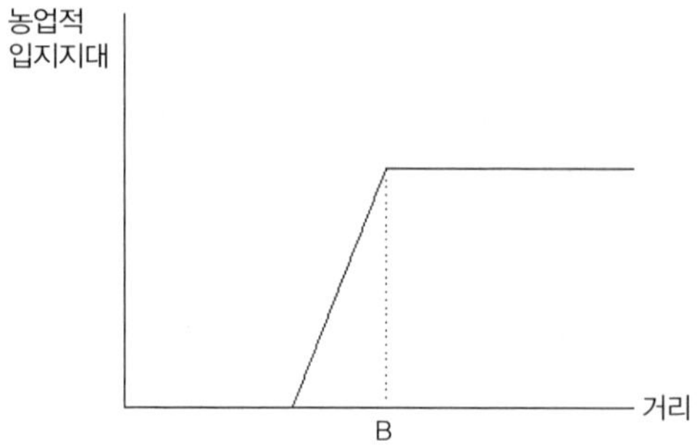

그림 4-17 역 튀넨의 개념

그림 4-17에서 입지지대곡선은 기대가치를 포함하지 않고 단지 농작물 재배로부터 도출되는 것이다. 따라서 농작물 재배로부터 얻게 되는 토지의 입지지대는 도시 주변에서 가장 낮고 도시에서 멀어질수록 증가하게 된다. 단, 그림에서 도시로의 전환이 어렵다고 인식되는 지점(그림에서 B로 표시됨)부터는 입지지대의 증가는 멈춘다고 할 수 있다. 그리고 B점 이후부터 농업의 토지이용은 집약적으로 이루어진다. 정리하여 말하자면, 도시에 가까울수록 농업적 토지이용은 집약적으로 이루어지지 않기 때문에 겉으로 드러나는 입지지대는 낮고, 반대로 용도전환이 어렵다고 예상되는 지역일수록 토지는 집약적으로 이용되기 때문에 농작물의 입지지대는 높아지게 된다. 이렇게 거리에 따른 입지지대의 변화는 튀넨의 경우와는 상반되기 때문에 이를 역 튀넨(reversal von Thünen)이라고 한다.

다수의 농작물의 경우 도시 외부에 토지를 가지고 있는 생산자는 도시로부터의 거리별로 용도전환에 대한 리스크와 기대가치를 고려하여 농작물을 선택 재배하게 된다. 농작물별 입지지대가 주어질 경우 토지이용은 그림 4-18과 같다.

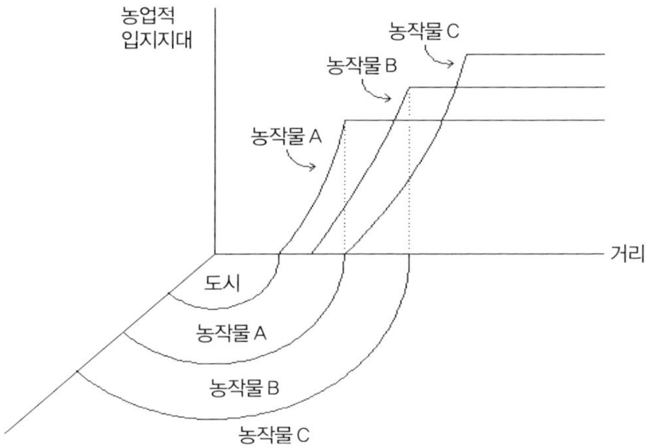

그림 4-18 **도시 주변에서의 농작물별 입지지대와 토지이용**

싱클레어는 그의 주장을 바탕으로 도시 주변의 토지이용의 특징을 설명하였다. 그림 4-19에 보이듯이 그는 도시 주변을 도시의 근접성에 따라 5개의 동심원 Zone으로 구분하였다. 여기서 각 Zone은 지대(地帶)라고 해석할 수 있으며, 각 Zone에서 나타나는 특징은 다음과 같다.

Zone I은 도시에 가장 근접한 주변지대이며, 토지는 도시적 토지이용으로 전환이 진행 중에 있고, 구획정리(subdivision)가 완성된 상태이다. 또한 도시와의 근접성 때문에 투기꾼들이 토지를 소유하는 비율이 높다. 따라서 투기의 목적이 크기 때문에 농업에 대한 투자는 거의 일어나지 않으며, 양계장이나 비닐하우스와 같이 온실재배가 이루어지는 공간이다. Zone II는 토지이용에 있어 용도가 불분명하고 불확실성한 특징을 갖는 지대라고 할 수 있다. 토지 중에는 나대지 상태로 방치된 토지가 많으며, 계획적인 구획정리는 착수되지 않은 상태이다. 또한 토지 소유자들은 농업적인 토지이용에 적극적이라기보다는 토지를 개발자들에게 팔려고 기다리는 경향이 높다. 그리고 토지 소유자들은 그들의 토지를 목장이나 위락시설의 용도로 일시적으로 임대하려는 경향이 높은 지대이다.

Zone III은 농업적 토지이용이 나타나기는 하나 앞으로의 도시화를 기대하고 있기 때문에 농업에 대한 시설투자가 적극적이지 못한 지대이다. 그러므로 Zone III은 전환적인 농업지대라고 할 수 있다. Zone IV는 도시의 영향을 일정부분 받고 있는 지역이기 때문에 전체적으로 집약적인 농업적 토지이용이 이루어지지는 않은 지대이다. 이러한 지대 안에 있는 토지는 낙농업과 같은 용도로 주로 이용되고 있는 특징이 있다. 마지막 Zone V는 도시의 영향력 범위에 벗어난 지역이라고 할 수 있다. 즉, 도시로의 용도전환의 가능성이 없기 때문에 농업의 전문화가 이루어지고 집약적인 농업토지이용을 보이는 지대이다. 또한 국가적으로 농업지역으로 인식되는 공간이기도 하다.

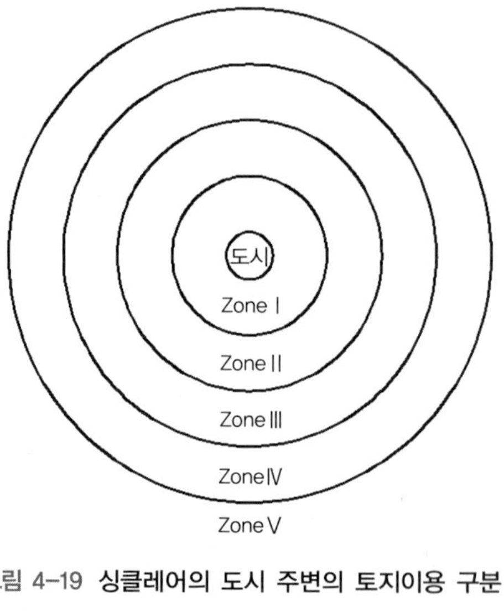

그림 4-19 싱클레어의 도시 주변의 토지이용 구분

위에서 설명된 내용을 간단히 요약하면 다음과 같다. 싱클레어는 도시의 확장과 도시 주변의 토지이용을 설명하였다. 그는 도시로부터 거리가 멀어질수록 도시의 영향력은 약해진다는 사실을 바탕으로 도시 주변의 공간구조를 제시하였다. 그의 주장을 한마디로 말한다면 도시의 영향력은 도시 주변의 공간구조 형성에 미치는 중요한 요인이라는 것이다. 교통비를 중심으로 토지이용을 제시하였던 튀넨의 이론에서 볼 때, 도시의 영향력을 고려한 싱클레어의 주장은 의미 있는 것이라 할 수 있다. 그러나 그의 주장의 전제는 도시의 성장에 있다. 즉, 도시가 경제적으로 성장할 때 증가하는 개발압력은 싱클레어가 설명한 바와 같이 도시의 외연적 확산의 가능성과 함께 도시 주변의 토지이용에 영향을 미친다고 할 수 있다. 그러나 쇠퇴하는 도시라면 그의 주장은 큰 의미를 갖지 못한다. 왜냐하면 도시의 쇠퇴로 인해 도시가 주변지역에 미치는 영향은 급속히 감소할 것이며, 이에 따라 투기나 용도전환에 대한 기대는 사라지기 때문이다. 그러므로 싱클레어의 주장이 보다 일반적인 이론이 되기 위해서는 도시의 성장특성이 구체적으로 반영되어야 한다.

4.5 요약

본 장은 생산자가 제품의 이동과정에서 발생하는 교통비를 지불하는 시나리오 II를 바탕으로 도시의 공간구조에 대해 설명하였다.
본 장에서는 복잡한 환경을 단순화시켜, 토지는 오직 시장과 떨어진 거리에 의해서만 구별되었다. 시장과 떨어진 거리에 따라 토지가 구별된다는 것은 바로 거리에 따라 토지수익에 차이가 있음을 의미하는 것이다. 본 장에서는 그러한 차이를 입지지대로 정의하였으며, 입지지대를 중심으로 농작물 재배의 공간적 분포와 도시 내부의 토지이용을 살펴보았다.

입지지대는 시장과 멀어질수록 감소하기 때문에 시장과의 근접성이 바로 토지의 가치결정에 핵심이다. 이에 본 장에서는 입지지대를 중심으로 농업토지이용과 공간구조를 크게 4절로 구분하여 설명하였다. 1절에서는 튀넨의 농업지대이론에 대해, 2절에서는 도시 내부의 공간구조에 대해 그리고 3절에서는 고속도로의 건설이 토지이용에 미치는 영향분석에 대해 설명하였다. 그리고 4절에서는 도시에서 멀어질수록 농업적 지대가 높아지는 역 튀넨에 대해 설명하였다. 각 절에서 다루어진 내용을 간단하게 요약하면 다음과 같다.

먼저 1절에서는 입지지대와 농작물 재배의 공간적 분포에 대해 설명하였으며, 입지지대가 0이 되는 지점을 무지대 한계점으로, 시장에서 그 지점까지의 거리를 무지대 한계거리로 명명하였다. 그리고 다음과 같이 단순상태에서부터 복잡한 상태로 세부 시나리오를 전개하면서 핵심적인 농작물 재배의 분포원리를 설명하였다.

- 시나리오 II-1: 단일시장에 단일의 농작물이 공급되는 경우
- 시나리오 II-2: 단일시장에 다수의 농작물이 공급되는 경우
- 시나리오 II-3: 다수시장에 다수의 농작물이 공급되는 경우

각 세부 시나리오의 결과로부터 겉으로 드러나는 농작물 재배의 토지이용은 농작물의 입지지대를 바탕으로 한 생산자의 선택결과에 기인한 것임을 설명하였다.

2절에서는 도시 내부의 공간구조에 대해 설명하였다. 튀넨의 이론은 도시 내부에서 이루어지는 토지이용을 설명하는 데도 동일하게 적용될 수 있다. 왜냐하면 시장을 도시 내부의 중심지로 그리고 다수의 농작물을 도시에서 제공되는 다양한 제품과 서비스로 단순히 대체하면 되기 때문이다. 이러한 이유로 인해 오늘날 많은 도시 공간구조이론은 방법론적으로 튀넨의 이론에 기초한다고 할 수 있다. 2절에서도 도시 내부의 토지이용은 도시에서 제공하는 다양한 제품과 서비스의 입지지대로부터 결정됨을 설명하였다. 또한 제품별 입지지대를 바탕으로 기술진보와 교통기술의 발전 등의 환경변화가 일어났을 때, 토지이용의 변화에 대해서도 설명하였다. 그리고 도시의 환경특성으로 인해 제품의 입지지대곡선이 비선형일 경우 동일한 용도라 해도 도시 내 다수의 공간에서 나타날 수 있음을 아울러 설명하였다.

3절에서는 고속도로의 건설이 도시의 토지이용에 미치는 영향을 설명하였다. 도시 중앙을 관통하는 도속도로의 건설효과는 도시 전체에 영향을 미친다기보다는 공간적으로 한정된다고 할 수 있다. 왜냐하면 고속도로의 영향범위 안에 있는 사람만이 건설된 고속도로를 이용할 것이기 때문이다. 즉, 고속도로를 이용하는 사람들만이 접근성 향상의 편익을 누리게 된다. 그러나 고속도로의 영향범위는 공간적으로 한정되지만 제품의 가격변화로 인해 그 효과는 도시 전체로 나타나게 된다.

고속도로의 건설효과는 다음과 같은 단계를 통해 분석된다. 고속도로의 건설로 인해 향상된 접근성은 교통비 절감을 통해 입지지대를 높이고 제품의 생산면적을 확장시킨다. 그리고 확장된 생산면적으로 인해 제품의 생산량은 증가하게 된다. 그러나 증가된 생산량은 다시 가격의 하락과 입지지대의 하락을 초래하여 생산면적을 축소시킨다. 이와 같이 고속도로의 건설은 입지지대를 높이고 생산면적을 확장시키는 효과가 있는 반면 반대로 입지지대를 하락시키고 생산면적을 축소시키는 효과도 동시에 도시에 가져다준다. 이에 3절에서는 고속도로의 영향범위에 따라 입지지대의 향상과 생산면적이 증가되는 공간과 입지지대가 하락하고 생산면적이 축소되는 공간을 분석할 수 있는 방법과 결과에 대해 설명하였다.

마지막으로 4절에서는 역 튀넨에 대해 설명하였다. 튀넨 이론의 핵심은 교통비용을 생산자가 지불하기 때문에 시장에서 멀어질수록 교통비용은 증가하게 되고, 그에 따라 입지지대는 감소하게 된다는 것이었다. 그러나 역 튀넨은 토지의 가치는 도시와 가까울수록 낮아지는 반면 도시와 멀어질수록 농업적 용도의 토지가치는 높아지는 현상을 말한다. 이러한 현상은 바로 토지 소유자들이 갖는 용도변환에 따른 기대가치에 기인함을 설명하였다. 그리고 도시로부터 거리가 멀어질수록 도시의 영향력은 약해진다는 사실을 바탕으로 도시 주변의 공간구조에 대해서도 설명하였다.

제5장 생산자 최적입지

앞 장에서는 생산자가 교통비를 지불하는 시나리오 II로부터 농업지대이론과 도시 내부의 공간구조에 대해 설명하였다. 본 장에서는 생산자가 제품과 생산원료 이동시 발생하는 교통비 모두를 지불하는 시나리오 III을 바탕으로 생산자의 최적입지에 대해 설명한다. 여기서 생산자의 최적입지란 바로 교통비 최소입지를 말한다. 본 장은 크게 4개의 절로 구성된다. 1절에서는 생산원료의 구분과 원료지표 그리고 생산자의 입지경향에 대해 설명한다. 2절에서는 단일의 생산자 입지를 결정하는 방법과 3절에서는 다수의 생산자 입지를 결정하는 방법에 대해 설명한다. 마지막으로 4절에서는 본 장에서 다루어진 내용이 요약된다.

5.1 원료지표와 산업입지

5.1.1 생산원료 구분

앞에서는 소비자가 교통비를 지불하는 시나리오 I과 생산자가 지불하는 시나리오 II를 바탕으로 중심지체계와 도시 내부의 공간구조를 살펴보았다. 본 장에서는 제1장에서 설명한 시나리오 III을 기초로 생산자 입지에 대해 설명한다. 생산자들이 동일한 생산기술을 이용하여 동일한 제품을 생산한다고 전제하면, 생산자 입지는 바로 산업입지가 된다. 또한 생산자 입지는 제품이 생산되는 구체적인 장소를 의미하기 때문에 생산자 입지는 바로 생산시설, 즉 생산공장의 입지라고 할 수 있다. 따라서 본 장에서는 생산자 입지와 산업입지 그리고 시설입지 모두가 같은 의미이다. 그리고 생산원료를 공급하는 지역과 생산된 제품이 소비되는 시장 그리고 제품을 생산하는 시설을 동시에 고려하기 때문에 본 장에서 설명되는 입지이론은 공간적으로 도시 내부에 적용되기보다는 전국이나 광역차원의 지역을 대상으로 하는 이론이며, 내용상 주로 제조업에 적용되는 이론이라고 할 수 있다.

시나리오 III에서는 기본적으로 생산자의 입지 선택, 즉 제품과 생산원료의 이동으로 인해 발생하는 총 교통비가 최소되는 공간 선택에 초점을 맞춘다. 지금까지 교통비는 오로지 이동하는 거리에 의해 결정되었지만 본 장에서는 이동물질의 무게(weight)도 거리와 동일하게 교통비에 영향을 주는 것으로 본다. 이는 같은 거리를 이동한다고 해도 이동하는 물질의 무게에 따라 교통비가 달라짐을 의미하는 것이다. 생산자의 입시 선택을 설명하기에 앞서 시나리오 III에서의 기본 가정을 먼저 살펴보면 다음과 같다.

- 생산자는 공간적으로 이동할 수 있는 반면 소비자는 시장에 고정되어 있음을 가정한다. 이는 생산원료나 제품의 이동 시 발생하는 교통비를 생산자가 모두 지불함을 의미한다. 그리고 여기서 시장은 소비자들이 모여 있는 도시를 의미하며, 도시는 점과 같은 경제(point economy)로 가정한다. 여기서 점경제란 바로 무공간의 공간경제(spaceless spatial economy)를 말한다. 즉, 도시 안에서는 공간이 인식되지 않기 때문에 도시 내에서 발생하는 교통비는 없다. 따라서 본 장에서 교통비는 도시나 지역 간 생산원료나 제품의 이동으로 발생하는 것이다.
- 생산원료는 모든 지역에 존재하는 것이 아니라 지질, 지형, 기후 등의 환경특성에 따라 지역별로 다름을 가정한다. 이는 본 장에서 설명되는 생산자의 입지이론이 동질적인 공간을 가정한 것이 아니라 이질적인 공간을 가정한 것임을 가리킨다.
- 이동하는 이동물질의 무게에 따라 교통비는 선형적으로 증감함을 가정한다. 따라서 생산원료나 제품이 무거울수록 교통비는 증가하며 가벼울

수록 감소한다.

- 제품의 가격과 노동자들의 임금이나 자본비용 같은 본원적 생산요소들의 가격은 모두 고정되어 있으며, 제품에 대한 수요도 생산자의 입지에 관계없이 일정함을 가정한다. 이러한 가정은 생산자의 비용 최소화가 교통비 최소화를 통해 달성될 수 있으며, 이는 결국 수익 최대화로 나타남을 의미한다.

위와 같은 가정들을 바탕으로 한 시나리오 III에서의 기본 질문은 생산원료의 지역과 제품이 소비되는 시장이 떨어져 있으며, 생산원료와 제품의 무게가 서로 다를 때 어느 곳이 생산자에게 최적의 공간인가 하는 것이다. 이것이 바로 웨버(Alfred Weber)가 가졌던 질문이며, 그는 이러한 질문을 통해 산업입지이론을 정립하였다. 그는 교통비가 거리뿐만 아니라 원료나 제품의 무게에 의한 영향을 반영하기 위해 거리와 무게를 통합한 단위로 톤-km를 제시하였다. 톤-km의 단위당 교통비, 즉 교통요율이 주어진다면 제품이나 원료이동으로 인해 발생하는 교통비는 구체적으로 계산될 수 있다.

표 5-1 차량 톤급별-거리별 수송비 구분

(단위: 원)

구분	1톤	2.5톤	5톤	11톤	25톤
20km까지	50,000	80,000	100,000	150,000	200,000
30km까지	60,000	100,000	130,000	180,000	230,000
50km까지	80,000	120,000	150,000	200,000	250,000
80km까지	100,000	140,000	170,000	220,000	270,000
100km까지	110,000	150,000	180,000	240,000	300,000
130km까지	130,000	160,000	190,000	250,000	310,000
150km까지	120,000	170,000	200,000	260,000	320,000
160km까지	150,000	180,000	210,000	270,000	330,000
200km까지	160,000	220,000	250,000	340,000	420,000
250km까지	180,000	240,000	270,000	360,000	440,000
300km까지	230,000	300,000	330,000	420,000	520,000
450km까지	190,000	270,000	300,000	420,000	520,000

· 자료: 전국 지방화물 운임(2010)

웨버가 제시한 톤-km의 단위는 사실 개념적인 단위가 아니라 매우 유용한 단위이다. 왜냐하면 현실에서도 화물수송비는 이동하는 거리와 화물의 무게에 의해 결정되기 때문이다. 예를 들어 우리나라에서도 화물운임의 기본 단위는 톤-km라고 할 수 있다. 표 5-1에 제시되었듯이 화물운임은 거리별 그리고 무게별로 구분되어 있으며, 수송거리가 멀수록 그리고 화물이 무거울수록 수송비는 증가하는 것으로 나타난다. 표에서 톤-km당 기본 운임은 어렵지 않게 도출될 수 있다. 만일 수송거리가 10km가 아니라 1km로 그리고 무게도 1톤 단위로 구분되었다면, 톤-km당 운임은 보다 정확하게 도출될 수 있을 것이다.

일반적으로 생산기술은 원료를 결합하는 기술이다. 즉, 제품은 생산원료의 기술적 결합을 통해 생산되는 것이다. 그러나 앞에서 가정하였듯이 생산과정에 투입되는 생산원료들은 한 공간에 모여 있다기보다는 공간적으로 흩어져 존재한다. 이로 인해 원료들의 지역 간 이동은 매우 복잡하게 일어나게 된다. 예를 들어, 한국은행(2009)에서 발표한 우리나라 다지역 투입 산출표를 보면 산업별 제품의 이동이 지역 내와 지역 간으로 구분되어 상세하게 제시되어 있다. 특히 생산원료로 투입되는 중간재의 이동은 생산과정에서 원료들이 동일한 지역 내에서 모두 공급되지 않음을 단적으로 보여주는 예라고 할 수 있다. 그러므로 비용 최소화를 추구하는 생산자의 일차적 관심은 생산원료와 제품의 이동에서 발생되는 총 교통비가 최소되는 공간을 찾는 데 있다. 만일 생산자가 생산원료를 얻는 데 과도한 교통비를 발생시키는 곳에 위치한다면 원료의 효율적인 결합 자체는 어려워진다. 따라서 생산자의 최적공간을 찾기 위해서는 가장 우선적으로 교통비 발생 측면에서 생산원료들에 대한 이해가 필요하다.

생산원료는 표 5-2에 제시되었듯이 크게 유비쿼터스 원료(ubiquitous input)와 특화원료(localized input)로 구분된다. 유비쿼터스 원료는 물이나 공기,

또는 흙 등과 같이 언제 어디서나 생산자가 원하면 얻을 수 있는 생산원료이다. 이러한 특징 때문에 유비쿼터스 원료는 생산자에게 교통비를 발생시키지 않으며, 생산자의 입지결정에도 아무런 영향을 주지 못한다. 그러나 특화원료는 철이나 석탄, 원유 등과 같이 특정 지역에만 존재하는 원료를 말한다. 이러한 원료를 공장까지 운반하는 과정에서 교통비는 발생하게 된다. 따라서 특화원료는 비용을 최소화하려는 생산자에겐 중요한 입지요소가 되는 것이다.

표 5-2 **원료 구분**

입지에 의한 구분	제품에 포함된 무게에 의한 구분	교통비 발생	예
특화원료	총-특화원료	발생	· 설탕원료인 사탕수수
	순-특화원료	발생	· 옷감원료인 실
유비쿼터스 원료	–	미발생	· 흙, 물

과일통조림을 생산하는 데 있어 과일을 생각해 보자. 과일은 모든 지역에서 재배되는 것이 아니라 기후나 토양 등의 자연조건이 적합한 곳에서만 재배된다. 이러한 특징은 과일이 과일통조림 생산자에게 특화원료가 됨을 가리킨다. 즉, 비용을 최소화하려는 생산자가 공장의 입지를 결정할 때 과일 재배지역의 위치는 중요하게 고려되어야 한다. 만일 생산자가 공장의 입지를 과일 재배지역과 멀리 떨어진 곳으로 결정한다면, 생산자는 원료이동에 많은 교통비를 지불해야 하므로 기업운영에 어려움을 직면할 수도 있다. 이와 같이 특화원료는 유비쿼터스 원료와 달리 생산자의 입지에 직접적으로 영향을 미치는 요소이다. 그러나 여기서 좀 더 생각해야 할 것은 바로 생산과정에서 손실되는 무게에 따라 특화원료의 영향력이 달라진다는 것이다.

원료의 무게 중 최종제품에 포함되는 무게에 따라 특화원료는 총-특화원료(gross localized input)와 순-특화원료(pure localized input)로 다시 구분된다. 전자는 생산과정에서 무게의 손실이 큰 원료를, 후자는 무게의 손실이 거의 없는 원료를 가리킨다. 총-특화원료는 원료의 총량 중 일부만이 최종제품에 포함되기 때문에 생산과정에서 무게손실이 크게 발생한다. 대표적인 총-특화원료는 사탕수수라 할 수 있다. 설탕은 사탕수수로부터 당액을 추출하고, 이를 농축 및 결정화 그리고 건조의 과정을 통해 만들어진다. 이러한 생산과정에 투입된 사탕수수의 무게와 최종생산된 설탕의 무게를 비교해 보면, 생산자는 사탕수수 8톤을 투입하여 설탕 1톤을 얻게 된다. 즉, 사탕수수의 무게 8톤 중 1톤만이 최종적으로 설탕에 포함되고, 나머지 7톤은 효용가치가 없는 쓰레기로 남게 되는 것이다. 이렇게 손실되는 무게를 생각해 보면 총-특화원료의 이동에는 과도한 교통비가 동반된다. 여기서 과도하다는 것은 불필요한 원료의 부분까지를 공장으로 운반하면서 지불된 교통비가 큼을 가리키는 것이다. 따라서 총-특화원료의 투입비율이 높을수록 교통비를 최소화 하려는 생산자는 총-특화원료 지역에 입지하려는 경향이 높아진다.

반면 순-특화원료는 원료 전체가 최종제품의 무게에 포함되기 때문에 생산과정에서 무게의 손실은 거의 발생하지 않는다. 예를 들어 옷감에 들어가는 실은 전형적인 순-특화원료의 예라 할 수 있다. 왜냐하면 생산과정에서 실 전체의 무게는 손실되지 않고 옷감의 무게에 모두 포함되기 때문이다. 이러한 특징 때문에 순-특화원료는 제품생산 후 쓰레기를 거의 발생시키지 않으며, 위에서 언급한 불필요한 부분에 대한 교통비도 발생시키지 않는다. 그러므로 순-특화원료의 투입비율이 높을수록 입지에 따른 교통비 차이는 미미해지며, 그 결과 생산자는 순-특화원료 지역으로 입지하려는 경향이 약해진다. 종합하자면, 특화원료가 생산자의 입지에 영향을 미치지만 그 영향의 정도는 총-특화원료의 투입비율에 의한다. 즉, 총-특화원료의 투입비율이 높을수록 생산자의 입지결정에 미치는 특화원료의 영향력은 높아지지만 반대로 순-특화원료의 투입비율이 높아질수록 낮아진다.

제품생산에 어떤 원료가 투입되는가에 따라 그리고 생산자가 어느 곳에 입지하는가에 따라 교통비는 변하게 된다. 이는 특화원료 지역과 시장 사이에 상반관계가 존재함을 가리킨다. 즉, 생산자가 특화원료 지역에 입지하면 특화원료 이동에 지불하는 교통비는 감소되지만 제품을 시장으로 운반하는데 드는 교통비는 늘어나게 된다. 반대로 생산자가 시장에 입지하면 특화원료를 운반하는 데에는 교통비가 늘어나지만, 제품을 시장에 운반하는 데 있어 교통비는 발생하지 않는다. 이러한 관계를 특화원료의 무게와 최종제품의 무게 간의 관계로 나타내어 생산자의 입지경향을 판단하는 지표가 바로 원료지표(material index, MI)이다. 원료지표는 다음의 식과 같이 최종제품의 무게에 대한 특화원료들의 무게비를 말한다.

$$MI = \frac{\sum_i W_{local,i}}{W_{final}}, \qquad \text{…식 (5-1)}$$

MI: 제품의 원료지표,

W_{final}: 최종제품의 무게,

$W_{local,i}$: 제품생산에 투입된 특화원료 i의 무게.

위의 식에서 특화원료의 총 무게가 제품보다 더 무거울 때 MI는 1보다 크게 된다. MI가 1보다 크다는 것은 생산에 투입되는 특화원료의 양이 유비쿼터스 원료의 양보다 많음을 가리킨다. 이동물질이 무거울수록 교통비는 증가하므로 생산자는 MI가 1보다 큰 경우 교통비 절감을 위해 특화원료 지역에 입지하려는 경향이 강해진다. 반면 제품생산에 투입되는 유비쿼터스 원료의 양이 상대적으로 많을 때 제품의 MI는 1보다 작게 된다. 이 경우 생산자는 시장에 입지하는 경향을 보이게 된다. 왜냐하면 생산자는 시장에 입지하여 제품운반 비용을 없애고 오로지 생산원료 운반에만 교통비를 지불함으로 비용 최소화를 달성할 수 있기 때문이다. 만일 순-특화원료만으로 제품이 생산된다면 제품의 무게는 바로 투입된 원료들의 무게 합과 같아지고, 그 결과 제품의 MI는 1이 된다. 이 경우 생산자가 특화원료 지역과 시장 사이의 어느 곳에 입지하더라도 총 교통비는 동일해지므로 특정 지역에 대한 생산자의 입지 선호는 없게 된다. 정리하면 MI에 의한 생산자의 입지경향은 다음과 같이 표현된다.

$$MI\begin{pmatrix} > \\ = \\ < \end{pmatrix}1 \Leftrightarrow \text{생산자의 입지경향}\begin{pmatrix} \text{특화원료 지역} \\ \text{모든 공간}^{*} \\ \text{시장} \end{pmatrix}, \qquad \ldots \text{식 (5–2)}$$

모든 공간*: 특화원료 지역과 시장 사이의 모든 공간.

위에서 설명한 유비쿼터스 원료와 특화원료는 교통비의 발생 유무에 의해 구분된다. 즉, 운반에 교통비가 발생되는 원료는 특화원료이고, 교통비가 발생되지 않으면 유비쿼터스 원료가 된다. 그러나 유비쿼터스 원료라고 하여도 지역적 특성으로 인해 제품을 다른 제품과 구별시킨다면, 그러한 원료는 특화원료로 취급되어야 한다. 맥주를 예를 들어 설명해 보자. 맥주의 원료는 물과 홉(hops), 설탕 그리고 화학. 첨가물 등이다. 이러한 원료 중 물은 전체 원료의 95%를 차지하기 때문에 물 이외의 기타 원료의 투입비율은 상대적으로 매우 낮다. 물은 어느 곳에서나 얻을 수 있는 유비쿼터스 원료라 할 수 있으므로 맥주의 MI는 1보다 작으며, 생산자는 그의 공장을 시장에 입지시킴으로써 교통비를 최소화하려고 할 것이다.

그러나 관점에 따라 맥주공장의 입지는 시장이 아닐 수도 있다. 맥주의 원료 중 물이 95%가 된다는 것은 지역의 수질수준에 의해 맥주의 독특한 맛이나 특징이 결정될 수 있음을 의미한다. 예를 들어 천연 암반수와 같은 물이 원료로 투입되고, 이로 인해 맥주가 다른 맥주와 구별된다면, 천연 암반수는 유비쿼터스 원료가 아니라 특화원료로 취급되어야 한다. 왜냐하면 천연 암반수는 모든 지역에서 얻을 수 있는 물과는 다르기 때문이다. 이럴 경우 맥주의 MI는 1보다 크게 되고 지역의 특수한 물을 운반하는 데 교통비가 많이 발생하므로 생산자는 교통비를 최소화시키기 위해 천연 암반수가 있는 지역에 입지하려 할 것이다. 이와 같이 유비쿼터스 원료라 하여도 그 원료의 지역적 차이가 제품의 특성과 소비자들의 선호도에 영향을 미친다면 그러한 원료는 특화원료로 취급되어야 한다.

5.1.2 원료지표와 생산자 입지

원표지표(MI)와 생산자의 입지와의 관계를 좀 더 자세히 설명해 보자. 그림 5-1은 하나의 시장과 두 곳의 특화원료 지역을 나타낸 것이다. 그림에서 보이듯이 생산자는 두 개의 특화원료를 투입하여 제품을 생산하는데, 특화원료 I은 제품당 3.5톤이 그리고 특화원료 II는 1.5톤이 투입된다. 그러므로 제품의 원료지표는 5이고 생산자는 교통비 최소화를 위해 특화원료 지역에 입지하려고 할 것이다. 문제는 생산자가 입지할 특화원료 지역이 어디인가 하는 것이다.

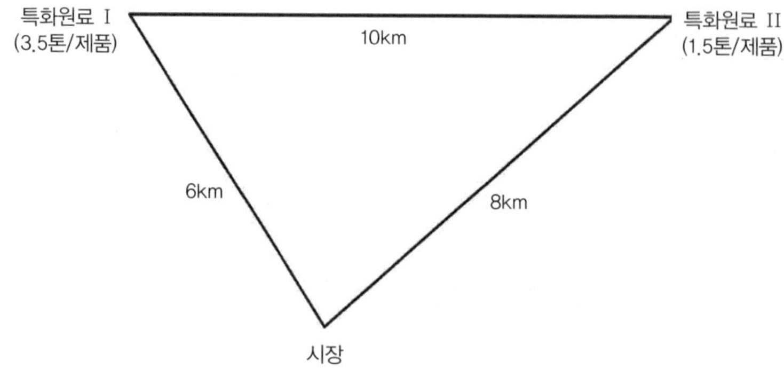

그림 5-1 2-특화원료와 시장의 경우

생산자가 입지하는 곳에 따라 발생하는 제품당 교통비를 계산하면 표 5-3과 같다. 표에 제시된 교통비는 톤-km당 교통요율이 1원이라고 전제하였을 때의 단위제품당 생산자가 지불하는 교통비이다. 표를 보면 교통비를 최소화하려는 생산자의 입지는 쉽게 알 수 있다. 즉, 생산자가 시장에 입지할 경우 제품당 33원의 교통비가, 특화원료 II에 입지할 경우 43원의 교통비가 발생하게 된다. 그리고 생산자가 특화원료 I의 지역에 입지한다면 21원의 교통비가 발생하게 된다. 그러므로 생산자는 교통비 절감 편익을 얻기 위해 특화원료 I의 지역에 입지하게 된다.

표 5-3 입지별 제품당 교통비 비교

(단위: 원)

구분	시장입지	특화원료 I 지역입지	특화원료 II 지역입지
시장	0	6	8
특화입지 I	21	0	35
특화입지 II	12	15	0
계	33	21	43

• 교통요율: 1원/톤-km 전제.

제품의 MI가 1보다 크고 특화원료가 다수일 때, 교통비를 계산하지 않고 생산자의 입지를 개략적으로 판단할 수 있는 간단한 방법은 식 (5-3)과 같이 표현된다. 한 특화원료의 무게가 제품을 포함한 나머지 특화원료들의 무게 합보다 클 경우 생산자는 그 특화원료 지역에 입지한다. 그러나 어떤 특화원료의 무게도 다른 특화원료의 무게 합보다 크지 않다면 생산자는 입지 다각형(locational polygon) 내에 입지하게 된다. 여기서 입지 다각형이란 특화원료 지역들과 시장을 꼭짓점으로 하여 이루어지는 다각형을 말한다.

$$W_i \binom{>}{\leq} \sum_{j, j \neq i} W_j \longleftrightarrow \text{생산자} \binom{\text{지역 } i}{\text{입지 다각형 내}} \text{입지, (단, MI}>1\text{).} \quad \text{…식 (5-3)}$$

식 (5-3)은 제품의 MI가 1보다 크더라도 생산자의 입지는 특화원료 지역이 아닌 입지 다각형 내로 결정될 수 있음을 가리킨다. 이를 그림으로 설명해 보자. 그림 5-2는 3개의 특화원료 지역과 하나의 시장으로 형성된 입지 다각형을 나타낸 것이다. 특화원료들의 무게로부터 제품의 MI는 9임을 알 수 있다. 제품의 MI가 높기 때문에 직감적으로 생산자의 입지는 특화원료 지역일 것이라 생각할 수 있다. 그러나 생산자는 3개의 특화원료 지역 중 어느 한 지역에도 입지하지 않는다. 왜냐하면 어느 특화원료의 무게도 제품과 다른 두 특화원료의 무게의 합보다 크지 않기 때문이다. 이런 경우 특화원료 지역들이 생산자를 유인하는 흡인력은 서로 상쇄되고, 그 결과 최종적인 생산자의 입지는 입지 다각형 안에서 결정된다.

엄밀히 말해 다수의 특화원료 지역이 있을 때 생산자의 입지가 어느 한 지역으로 결정되기는 어렵다. 특화원료 지역들의 흡인력이 작용하기 때문이다.

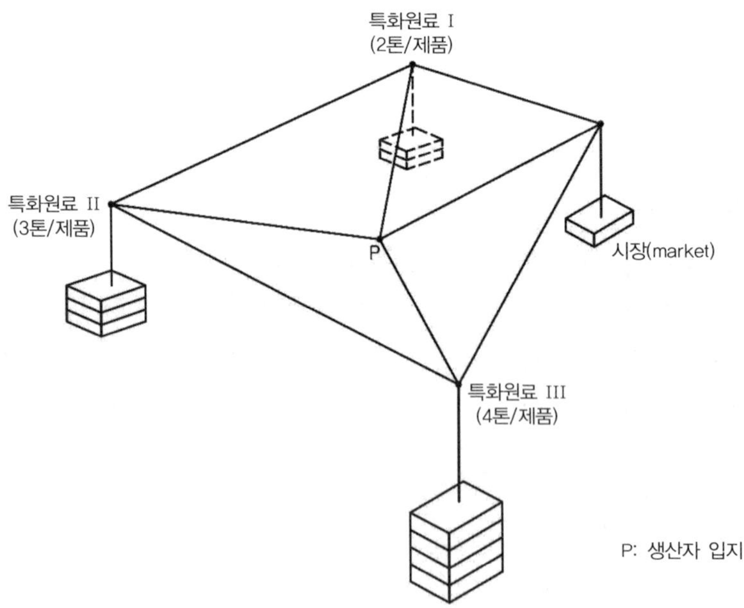

그림 5-2 3-특화원료 지역과 1-시장인 경우 생산자 입지

그러므로 식 (5-3)에서 특화지역으로 입지한다고 할 때, 그 지역은 점(point)이 아니라 해당지역 중심지의 영향범위를 포함한 공간으로 이해해야 한다. 만일 입지 다각형 내부에 점과 같은 정도의 생산자 입지를 찾고자 할 때는 반복수렴 기법(iteration method)과 같은 프로그래밍을 통해 찾아야 하는데, 이에 대해서는 다음 절에서 자세하게 설명된다.

MI는 생산자가 구체적인 교통비를 계산하지 않고 생산자의 입지경향을 간단하게 판단할 수 있는 유용한 지표이다. 표 5-3은 제품에 투입되는 원료들의 유형과 제품별 MI에 따라 생산자의 입지 선택을 요약한 것이다. 표에서 (+)는 생산자의 입지 선호가 시장 또는 특화원료 지역으로 분명하게 나타나는 경우를 가리킨다. (=)는 1개의 순-특화원료가 투입되는 경우 생산자의 입지선호를 나타낸 것이다. 1개의 순-특화원료가 투입될 때, 제품의 MI는 1이 되고, 생산자가 지불하는 총 교통비는 입지 다각형 내 모든 공간에서 동일해진다. 그러므로 생산자에게 명확한 입지 선호는 없어진다. 그리고 (⇒)는 생산자의 입지가 특화원료 지역 또는 시장으로 유인되지만 어느 한 지역으로 명확하게 결정되지는 않는 경우를 가리킨다. 예를 들면 그림 5-2의 경우가 이에 해당한다고 할 수 있다.

표 5-4를 보면 생산자가 분명하게 특화원료 지역에 입지하기보다는 시장에 입지하는 경우가 많음을 알 수 있다. 유비쿼터스 원료의 수가 특화원료의 수보다 많거나 같을 때 생산자는 시장에 입지하며, 1개의 총-특화원료만 투입될 때 생산자는 특화원료 지역에 입지한다. 그리고 특화원료가 많을수록 생산자는 어느 한 특화원료 지역보다는 입지 다각형 내에서 입지하는 경향이 높게 된다. 그 이유는 앞에서 언급하였듯이 특화원료 지역들의 흡인력은 서로 상쇄되기 때문이다. 그러므로 생산원료의 수가 다양해질수록 MI를 이용한 생산자의 명확한 입지결정은 어려워진다고 할 수 있다.

표 5-4 생산원료의 특성에 따른 생산자 입지 구분

생산원료의 투입 특성	MI	입지경향		
		특화원료	중간입지	시장
• 유비쿼터스 원료만 투입				(+)
• 하나의 순-특화원료만 투입	1	(=)	(=)	(=)
• 하나의 순-특화원료와 유비쿼터스 원료 투입	<1			(+)
• 하나 이상의 순-특화원료 투입	1			(+)
• 하나 이상의 순-특화원료와 유비쿼터스 원료 투입	<1			(+)
• 하나의 총-특화원료 투입	>1	(+)		
• 하나의 총-특화원료와 다수의 유비쿼터스 원료 투입	<1			(+)
• 하나 이상의 총-특화원료 투입	>1	(⇒)		
• 다수의 총-특화원료와 순-특화원료 투입	>1	(⇒)		
• 다수의 총-특화원료/순-특화원료와 유비쿼터스 원료 투입				(⇒)

(+): 명확한 입지, (=): 동일한 입지,
(⇒): 입지경향은 있으나 특정 지역으로 입지하지 않음.
• Hamilton(1967), Dicken and Lloyd, 1990 재인용

웨버(Weber)가 제품생산에 투입되는 원료를 유비쿼터스 원료와 특화원료로 구분하고, 특화원료를 다시 총-특화원료와 순-특화원료로 세분한 것은 산업입지를 분석하는 데 있어 중요한 기여라고 할 수 있다. 왜냐하면 이러한 구분을 통해 산업들의 입지특성에 대한 일반적인 이해수준을 향상시킬 수 있었기 때문이다. 또한 특화원료와 제품의 무게로부터 계산되는 원료지표도 생산자의 입지경향을 가늠할 수 있는 유용한 척도라 할 수 있다. 그러나 여기서 지적되어야 할 것은 바로 산업입지를 결정하는 데 있어 MI의 유용성이 사실 분명하지 않다는 것이다. 그것은 근본적으로 MI로부터 도출되는 생산자의 최적입지가 시장, 특화원료 지역 또는 입지 다각형 내부 등으로 제시되어 구체성이 떨어지기 때문이다.

스미스(Smith, 1955)는 영국의 65개 산업들의 MI와 입지관계를 표 5-5와 같이 분석하였다. 표를 보면 특화원료 지역에 입지한 22개 산업 중 MI가 1보다 작은 산업은 없었으며, 부분적 특화원료 지역에 입지한 12개 산업 중 9개 산업의 MI가 1보다 큰 것으로 나타났다. 그리고 MI가 1보다 작은 14개 산업 중 11개 산업이 특화원료 지역이 아닌 기타 지역에 입지하였다. 이러한 산업들의 입지결과를 종합해 보면 웨버의 주장은 일정부분 타당하다고 할 수 있다.

그러나 기타 지역에 입지한 산업은 웨버의 주장과는 다르게 나타난다. 좀 더 구체적으로 말하자면, 기타 지역에 입지한 31개의 산업 중 20개 산업의 MI가 1보다 큰 것으로 분석되었다. 웨버의 주장대로라면 MI가 1보다 큰 20개 산업은 기타 지역이 아니라 특화원료 지역에 입지해야 할 산업들이다. 이러한 스미스의 분석결과를 보면 MI만을 이용하여 산업입지를 분석하고 결정하는 것은 계획가나 정책가 입장에서는 조심스럽다고 할 수 있다. 이에 대해 스미스는 MI가 입지분석에 있어 유용하기는 하지만 정교하지는 않은 분석방법이며, 극단적인 경우에만 사용되어야 하는 분석 도구임을 강조하였다.

표 5-5 원료지표와 산업입지의 관계

입지 구분	원료지표(Material Index)				
	5 이상	2~5	1~2	1 이하	계
특화원료입지	2	4	16	0	22
부분적 특화원료입지	0	4	5	3	12
기타	0	8	12	11	31
계	2	16	33	14	65

• Dicken and Lloyd, 1990 재인용

원료지표, MI는 식 (5-1)에서도 알 수 있듯이 한 단위제품생산에 투입되는 특화원료들의 무게 합과 제품 무게의 단순한 비이다. 즉, 단위제품당 무게에만 초점이 맞춰지면서 MI는 투입되는 특화원료의 규모와 최종적으로 제품에 포함되는 특화원료의 무게 등에 관한 상세한 정보를 제공하지 못한다. 따라서 MI만을 바탕으로 산업들의 입지를 분석하고, 결정하는 것은 자칫 산업의 입지특성을 왜곡시킬 가능성도 있다. 또한 생산과정에서 발생하는 폐기물도 생산자의 입지결정에 중요하게 작용할 수 있지만 MI는 이를 반영하지 못한다. 왜냐하면 MI에서 고려되는 최종적인 산출물은 오직 제품뿐이기 때문이다.

엄밀히 말해 생산에 있어 최종산출물은 제품과 폐기물이지만 MI에서는 폐기물이 고려되지 못한다. 여기서 폐기물이란 원료가 생산과정에 투입되고 난 후 남게 되는 통상적인 의미로서 쓰레기를 말한다. 이러한 폐기물은 총-특화원료의 투입비율이 높을수록 많이 발생하게 된다. 그 이유는 총-특화원료의 비율이 높을 때, 그 만큼 생산과정에서 무게의 손실이 크고, 제품생산 후 폐기물도 많이 발생되기 때문이다. 예를 들어 앞에서 설명한 사탕수수는 오직 전체 무게의 1/8만이 설탕에 포함되므로 나머지 7/8은 폐기물이 되는 것이다.

폐기물 처리에 있어 비용이 발생하지 않는다면 폐기물은 생산자의 입지결정에 아무런 영향을 미치지 않는다. 그러나 만일 폐기물 처리에 비용이 발생한다면 생산자에게 폐기물은 입지결정에 중요한 요소가 된다. 이것은 생산자가 추구하는 비용 최소화에는 폐기물 처리비용이 포함될 것이기 때문이다. 만일 폐기물의 대부분이 특정 지역에 위치한 처리장에서 처리된다면, 폐기물을 처리장으로 운반하는 교통비도 원료나 제품운반에 지불되는 교통비와 동일하게 취급되어야 한다. 원자력발전소의 경우 핵폐기물의 처리에는 막대한 비용이 투입된다. 그러므로 원자력발전소의 입지를 결정할 때 폐기물 처리에 대한 비용은 구체적인 입지요소로서 반영되어야 한다.

폐기물이 많이 발생되는 산업의 입지결정에서 폐기물 처리 및 운반비용이 구체적으로 고려되지 못하였다면 결정된 입지는 최적의 입지가 아닐 수도 있다는 것이다. 표 5-5에서 MI가 1보다 크면서도 기타 지역에 입지한 산업 중에는 이러한 경우에 해당하는 산업도 있을 수 있다. 여하튼 MI가 보다 현실적으로 의미가 있는 지표가 되기 위해서는 생산에 투입되는 원료와 그로부터 발생하는 폐기물 등이 구체적으로 고려하여 보완되어야 한다. 예를 들면 제품의 무게와 처리비용이 발생하는 폐기물의 무게를 연계시키거나 지역 내 산업 간 연관관계를 반영한 다른 지표와 결합된다면 MI의 유용성은 높아질 것이다. 앞으로 관심 있는 연구자들에 의해 MI가 보다 현실적으로 유용한 지표가 될 수 있도록 수정, 보완이 이루어지길 기대해 본다.

5.2 단일의 생산자 입지

앞 절에서는 특화원료가 다수이고 원료들의 무게도 서로 다른 경우의 생산자의 입지에 대해 설명하였다. 언급하였듯이 제품의 MI만으로 생산자의 입지를 결정하는 것은 입지의 구체성 측면에서 한계가 있다. 이에 본 절에서는 모든 특화원료가 무거울 때 생산자의 단일 입지결정을 동심원적 등수송비곡선에 의한 방법과 반복수렴 기법에 의한 방법으로 구분하여 설명한다.

5.2.1 동심원적 등수송비곡선에 의한 입지결정

동심원적 등수송비 곡선(transportation cost isotims)은 어떤 한 지점에서 거리가 멀어짐에 따라 증가하는 교통비의 등고선(contour)들을 동심원의 형태로 나타낸 것이다. 이는 다음 장에서 설명될 등교통비용선(iso-dapane)과 사실 거의 같은 개념이라고 할 수 있다. 동심원적 등수송비곡선을 이용한 생산자의 입지결정은 시장과 특화원료 지역으로부터 전개되는 등수송비 동심원들을 바탕으로 교통비 최소공간을 찾는 것이다. 이를 예를 들어 설명하면 다음과 같다. 설명의 편의를 위해 특화원료 지역과 시장이 각각 한 곳일 때, 동심원적 등수송비곡선을 이용하여 교통비 최소공간을 찾아보자.

그림 5-3의 그림(a)는 특화원료와 제품의 무게가 서로 동일한 경우 그리고 그림(b)는 서로 다른 경우 교통비 최소공간을 가리킨다. 교통비는 이동하는 물질이 무거울수록 높아지므로 원료와 제품의 무게가 동일하다면, 거리별 등수송비를 가리키는 동심원들의 간격은 서로 동일하다. 그러나 무게가 다를 경우, 각 동심원의 간격은 서로 다르게 된다. 그림(b)에서 A지역이 시장이고 B지역이 특화원료 지역이라고 할 때, 특화원료 지역으로부터 전개되는 동심원의 간격이 시장에서의 동심원보다 좁다. 이는 특화원료의 무게가 제품보다 무거우며, 같은 거리를 이동하더라도 교통비가 더 크게 발생함을 의미하는 것이다.

그림 5-3에서 생산자가 지불하는 교통비는 각 지역에서 전개되는 등수송비 동심원들의 교차로부터 구해진다. 예를 들면 그림(a)의 P점에 생산자가 입지한다면, 그곳에서 5원의 특화원료 등수송비 동심원과 5원의 제품 등수송비 동심원이 교차한다. 그러므로 생산자는 P점에서 원료운반과 제품 운반에 각각 5원의 교통비를 지불하여 단위당 총 10원의 교통비를 지불하게 된다. 이와 같이 두 동심원의 교차로부터 동일한 교통비가 발생하는 공간들을 구별할 수 있다. 그리고 구별된 공간으로부터 교통비 최소공간이 그림(a)와 (b)와 같이 도출된다. 그림에서 굵은 점선으로 표시된 타원형의 공간들이 제품단위당 동일한 교통비가 발생하는 공간들이다. 그림에서 알 수 있듯이 특화원료와 제품의 무게가 동일할 때 교통비 최소공간은 넓게 나타난다. 그러나 특화원료와 제품의 무게가 다를 때, 교통비 최소공간은 상대적으로 좁고 구체적으로 나타난다. 또한 무게가 무거운 특화원료 지역과 근접한 공간에서 교통비 최소공간이 결정된다.

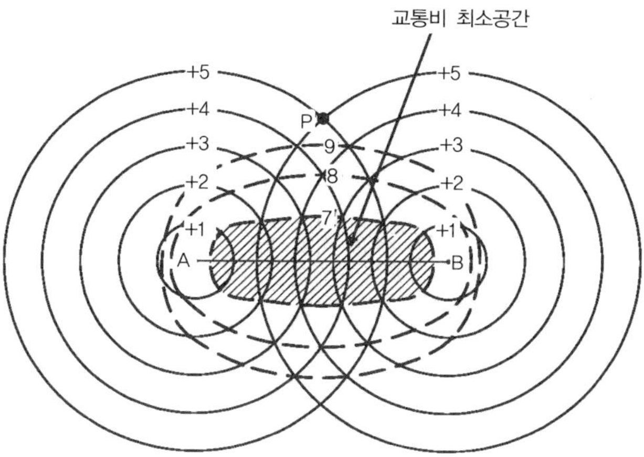

(a) 무게가 동일한 경우

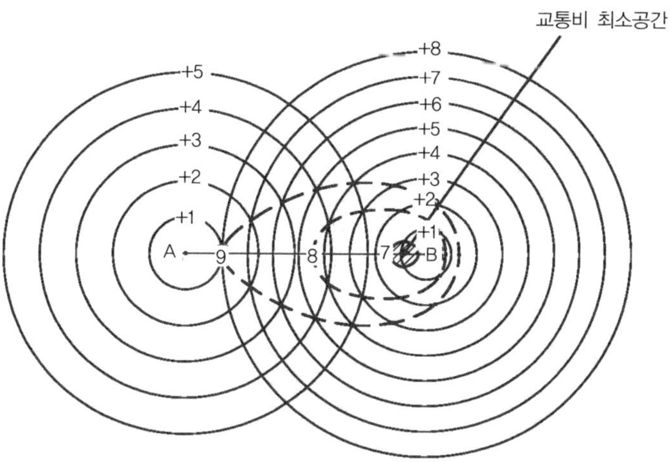

(b) 무게가 다른 경우

그림 5-3 두 지역에서의 교통비 최소공간

그림 5-4는 시장(A지역)과 두 곳의 특화원료 지역(B지역과 C지역)이 있을 때, 동심원적 등수송비곡선 방법에 의해 교통비 최소공간을 제시한 것이다. 단, 편의상 제품과 특화원료들의 무게는 서로 동일한 것으로 전제한다. 교통비 최소공간은 앞의 경우와 마찬가지로 각 지역으로부터 거리에 따른 등수송비 동심원들의 교차로부터 구해진다. 여기서도 굵은 점선에 의해 표시

된 공간들이 바로 단위당 교통비가 동일하게 발생하는 공간들이며, 빗금 친 공간이 바로 교통비 최소공간이 된다. 그림에서 알 수 있듯이 시장이나 특화원료 지역이 많아질수록 분석자는 주의해야 한다. 이것은 등수송비곡선이 많아질수록 그림이 시각적으로 복잡해지기 때문이다. 그러나 특화원료 지역이 많아질수록 교통비 최소공간은 보다 구체적으로 결정된다.

만일 두 특화원료와 최종제품의 무게가 서로 다르다면 각 특화원료 지역과 시장에서 전개되는 등수송비 동심원의 간격은 서로 다를 것이다. 이 경우 교통비 최소공간은 앞에서 설명한 방법과 동일하다. 단, 시각적으로 좀 더 복잡해진다고 할 수 있다. 따라서 동심원적 등수송비곡선 방법은 생산자의 입지를 결정하는 데 간단하고 유용한 방법이다. 그러나 시장과 특화원료 지역이 많아질수록 동심원들이 많아져 오히려 시각적으로 복잡해질 수 있으며, 이로 인해 적용에 한계가 있다고 할 수 있다.

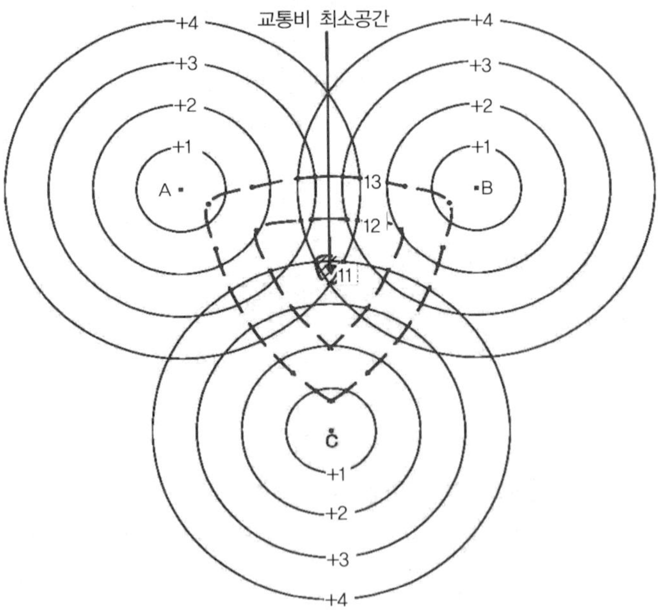

그림 5-4 세 지역에서의 교통비 최소공간(원료와 제품의 무게가 동일한 경우)

5.2.2 반복수렴 기법의 의한 입지결정

앞에서는 동심원적 등수송비선을 이용하여 교통비 최소공간을 결정하는 방법에 대해 설명하였다. 여기서는 반복수렴 기법에 의해 생산자의 최적입지, 즉 교통비 최소입지를 결정하는 방법에 대해 설명한다. 설명에 앞서 도출되는 최적입지의 구체성을 부각시키기 위해 모든 공간은 좌표화가 되어야 한다. 공간 좌표는 CAD(computer-aided design)와 같은 소프트웨어를 이용하여 결정하거나 분석자가 지도 위에서 직접 좌표를 결정할 수도 있다.

생산자의 최적입지는 제품과 특화원료의 이동으로 인해 발생하는 교통비를 최소화시킬 수 있는 곳이어야 하며, 그러한 입지는 다음과 같은 목적함수를 통해 구할 수 있다.

$$Minimize\ Z(X, Y) = \sum_i t_i \cdot w_i \cdot D_i, \qquad \text{...식 (5-4)}$$

$Z(X, Y)$: 최적입지(X, Y)에서의 총 교통비,

t_i : 특화원료 i를 수송하는 데 발생하는 톤-km당 교통요율,

w_i : 특화원료 i의 무게,

D_i : 최적입지에서 특화원료 지역 i까지의 직선거리.

생산자의 최적입지(X, Y)와 특화원료 지역 사이의 거리는 다음과 같이 계산된다.

$$D_i = \sqrt{(X - x_i)^2 + (Y - y_i)^2}, \qquad \text{...식 (5-5)}$$

(x_i, y_i) : 특화원료 지역 i의 위치.

여기서도 설명의 편의를 위해 특화원료들의 톤-km당 교통요율은 1원으로 전제한다. 따라서 식에서 교통요율, t_i는 생략하도록 한다. 식 (5-4)의 목적함수에서 선택변수는 X와 Y이므로 일계조건(FOC)은 다음과 같다.

$$\frac{\partial Z}{\partial X}=\sum_i \frac{w_i(X-x_i)}{D_i}=0,\quad \frac{\partial Z}{\partial Y}=\sum_i \frac{w_i(Y-y_i)}{D_i}=0. \quad \text{...식 (5–6)}$$

위의 식으로부터 교통비 최소의 입지는 다음과 같이 구해진다.

$$X=\frac{\sum_i \frac{w_i x_i}{D_i}}{\sum_i \frac{w_i}{D_i}},\quad Y=\frac{\sum_i \frac{w_i y_i}{D_i}}{\sum_i \frac{w_i}{D_i}}. \quad \text{...식 (5–7)}$$

그러나 위의 식에서 생산자의 최적입지는 직접 도출되지 않는다. 왜냐하면 D_i에 최적의 입지 좌표(X, Y)가 포함되어 있기 때문이다. 이 경우 생산자의 최적의 입지는 반복수렴 기법(iteration method)을 통해 결정될 수 있다. 반복수렴 기법을 이용하여 최적입지를 결정하기 위해서는 먼저 초기입지(X^o, Y^o)를 정해야 한다. 왜냐하면 생산자의 최적입지는 초기입지로부터 반복을 통해 수렴되기 때문이다. 초기입지는 편의상 다음과 같은 식에 의해 정해진다.

$$X^o=\frac{\sum_i w_i x_i}{\sum_i w_i},\quad Y^o=\frac{\sum_i w_i y_i}{\sum_i w_i}. \quad \text{...식 (5–8)}$$

초기입지를 식 (5–7)에 대입하여 첫번째 생산자의 입지와 그 입지에서 발생하는 총 교통비가 계산된다. 초기입지로부터 m번째 반복을 통해 얻은 입지(X^m, Y^m)와 그 입지에서의 총 교통비는 다음과 같이 표현된다.

$$X^m=\frac{\sum_i \frac{w_i x_i}{D_i^{m-1}}}{\sum_i \frac{w_i}{D_i^{m-1}}},\quad Y^m=\frac{\sum_i \frac{w_i y_i}{D_i^{m-1}}}{\sum_i \frac{w_i}{D_i^{m-1}}},\quad Z(X^m, Y^m)=\sum_i w_i D_i^m,$$

D_i^m: m번째 반복지점에서 특화원료 지역 i까지의 직선거리.

생산자의 최적입지는 반복에 따른 목적함수 값의 차이에 의해 결정된다.

$$\triangle Z^m = Z(X^m,\ Y^m) - Z(X^{m-1},\ Y^{m-1}) < \delta, \qquad \text{...식 (5-9)}$$

δ: 최적입지결정을 위한 교통비 차이의 허용수준.

위의 식에서 m번째 반복에 따른 교통비의 차이가 δ보다 크다면 반복을 계속하고, 작다면 반복을 중단하고 그 입지를 생산자의 최적입지로 결정한다. 분석자가 설정한 δ값은 기본적으로 찾고자 하는 입지의 구체성 정도를 가리킨다. 다시 말해, δ값이 작으면 작을수록 최적입지는 지리적으로 구체적인 위치를 나타내게 된다. 왜냐하면 δ값이 작다는 것은 입지변화에 따른 교통비의 변화가 작은 수준, 즉 공간범위가 좁은 수준까지 고려됨을 의미하기 때문이다. 따라서 최적입지를 시, 군 단위로 할 때보다는 읍면동 단위로 할 때의 δ값이 낮게 실정된다. δ값은 좌표화된 지도의 스케일과 목적함수의 단위 그리고 생산되는 제품의 규모 등을 종합적으로 고려하여 분석자가 0에 가까운 소수로 결정한다.

$$\triangle Z^m \begin{pmatrix} \geq \\ < \end{pmatrix} \delta \leftrightarrow \begin{pmatrix} \text{반복 계속} \\ \text{반복 중단} \end{pmatrix} \leftrightarrow \begin{pmatrix} X^{m+1} = X^m,\ Y^{m+1} = Y^m \\ \text{최적 입지 } X, Y\text{결정} \end{pmatrix}. \qquad \text{...식 (5-10)}$$

독자들의 이해를 돕기 위해 생산자의 단일입지를 예를 들어 설명해 보자. 표 5-5는 4개의 특화원료를 투입하여 제품을 생산하는 경우로 시장과 특화원료 지역의 위치 그리고 제품 및 특화원료의 무게를 요약한 것이다. 우선 주어진 자료로부터 제품의 원료지표(MI)는 다음과 같이 계산된다.

$$MI = \frac{1 + 0.41 + 0.19 + 0.05}{1.14} = 1.447.$$

표 5-6의 예에서 제품의 MI가 1.447로 1보다 크지만 생산자의 최적입지는 한 특화원료 지역에 입지하지 않는다. 왜냐하면 특화원료가 다수인 경우 설명하였듯이 특화원료 지역들이 생산자를 유인하는 흡인력이 서로 상쇄되기 때문이다. 그리고 어떤 특화원료의 무게도 나머지 특화원료와 제품의 합

보다 크지 않다. 따라서 생산자의 최적입지는 입지 다각형 내부에 존재하게 된다. 이 경우 생산자가 선택하는 최적입지를 앞에서 설명한 과정에 따라 결정해 보자.

표 5-6 4-특화원료와 1-시장의 경우

구분	x	y	무게
시장 M	0.9	0.9	1.14
특화원료 A	5.5	2.7	1.0
특화원료 B	3.5	3.5	0.41
특화원료 C	2.2	3.0	0.19
특화원료 D	4.5	0.8	0.05

생산자의 단일입지 결정과정은 편의상 그림 5-5에 제시된 바와 같이 4단계, 즉 공간좌표화 – 초기입지결정 – 교통비 계산 – 최적입지 판정의 단계로 구분할 수 있다. 이러한 과정을 단계별로 간단히 설명하면 다음과 같다.

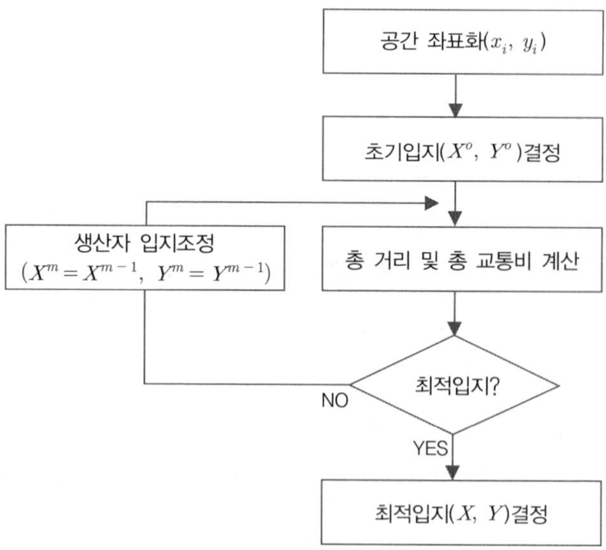

그림 5-5 단일입지 결정과정

단일의 입지를 결정하는 첫째 단계는 좌표화이다. 생산자의 최적입지는 입지 다각형 내에 존재하기 때문에 공간좌표화의 범위는 입지 다각형 내로 한정한다. 그리고 좌표화는 앞에서 언급한 방법 중 분석자가 적절한 방법을 선택하여 결정한다. 둘째 단계는 생산자의 초기입지 $Z(X^o, Y^o)$를 결정하는 것으로, 초기입지는 식 (5-8)을 적용하며 정한다. 본 예에서 초기입지와 그곳에서 생산자가 제품당 지불하는 교통비는 아래와 같이 계산된다.

$$X^0 = \frac{\sum_i w_i x_i}{\sum_i w_i} = 3.08387, \quad Y^0 = \frac{\sum_i w_i y_i}{\sum_i w_i} = 2.06846,$$

$$Z(X^o, Y^o) = 6.27114.$$

셋째 단계는 초기입지에서부터 m번째 반복입지까지 제품당 생산자가 지불하는 교통비를 계산하는 단계이다. 그리고 반복과정에서 구한 입시가 생산자의 최적입지인가를 판정하는 것이 네 번째 단계이다. 식 (5-10)에 제시되었듯이 최적입지는 입지변화에 따른 교통비의 차이와 분석자가 설정한 δ 값과 비교하여 결정된다. 본 예에서 δ값이 0.0001로 설정되었다면, 최적입지는 다음과 같이 교통비의 차이가 0.0001보다 작을 때까지 반복을 계속하여 결정된다.

$$\triangle Z^m < 0.0001.$$

반복에 따른 목적함수 값의 차이가 위의 조건을 충족한다면, 그 입지가 곧 생산자의 최적입지가 되는 것이다. 본 예에서 7번의 반복결과 생산자의 최적입지와 그곳에 입지하였을 때의 교통비는 다음과 같이 계산되었다.

$$(X, Y) = (3.18664, 2.34720), \quad Z(X, Y) = 6.24114.$$

표 5-7은 위에서 설명한 4개의 특화원료와 1개의 시장에서 초기입지부터 최적입지에 이르기까지의 수렴과정을 제시한 것이다. 그리고 그림 5-6은 초기입지(P^0)에서 반복수렴 결과 결정된 최적입지(P^*)을 그림에 표시한

것이다.

표 5-7 반복수렴 기법에 의한 최적입지 결정과정

반복횟수(m)	x_i 좌표	y_i 좌표	교통비(Z^m)	교통비 차이($\triangle Z^m$)
초기입지	3.08387	2.06846	6.27114	–
1	3.07107	2.23125	6.24798	0.02316
2	3.09649	2.34828	6.24385	0.00413
3	3.13514	2.33293	6.24211	0.00174
4	3.15653	2.33470	6.24159	0.00052
5	3.17031	2.33944	6.24134	0.00025
6	3.17985	2.34380	6.24121	0.00013
7	3.18664	2.34720	6.24114	0.00007

m: 반복횟수, δ=0.0001.

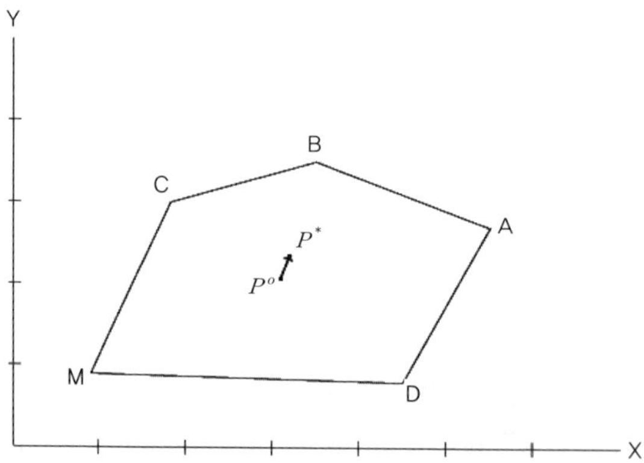

그림 5-6 입지다각형 내 생산자 최적입지

5.2.3 적용: 반복수렴 기법을 이용한 입지결정

앞에서는 특화원료 지역과 시장이 공간적으로 떨어져 있으며, 특화원료와 제품의 무게가 서로 다른 경우 생산자의 단일입지를 결정하는 방법에 대해 설명하였다. 설명된 반복수렴 기법을 이용하여 우리나라의 중심점을 찾아보면 다음과 같다. 단, 여기서 중심점이란 단순 평균의 중심점이 아니라 도시들의 인구규모를 고려한 가중평균의 중심점이다. 이러한 중심점을 찾기 위해서는 모든 도시가 고려되어야 하겠으나 본 절에서는 설명의 편의와 계산과정의 간편 등을 위해 우리나라 전체 도시 중 상위 50개 도시만을 고려하기로 한다. 이들 도시들의 인구는 본서 제 3장 표 3-2에 이미 제시된 바 있다. 그리고 도시의 중요성을 나타내는 가중치는 다양한 방법에 의해 결정될 수 있으나 여기서는 다음과 같이 평균 도시인구를 바탕으로 결정하기로 한다.

$$w_i = \frac{pop_i}{\overline{pop}},$$

$w_i(pop_i)$: 도시 i의 가중치(인구),

$\overline{pop}$: 도시들의 평균인구.

CAD를 이용하여 결정한 우리나라 상위 50개 도시들의 좌표와 도시별 가중치는 표 5-8에 제시된 바와 같다. 우리나라 상위 50개 도시를 대상으로 하였을 때 중심점의 결정과정은 목적함수를 포함하여 앞에서 설명한 단일시설의 입지결정 과정과 동일하다. 우선 식 (5-8)과 식 (5-4)에 의한 초기 중심점과 교통비는 다음과 같이 계산된다.

$$X^0 = \frac{\sum_i w_i x_i}{\sum_i w_i} = 442.63, \quad Y^0 = \frac{\sum_i w_i y_i}{\sum_i w_i} = 850.88,$$

$$Z(X^o, Y^o) = 18,634.71\text{원}.$$

위에서 정해진 초기입지부터 반복수렴을 통해 우리나라의 중심점이 도출된다. 그러나 도출되는 과정은 앞에서 자세히 설명되었으므로 여기서는 결과만 제시하기로 한다. 최종적으로 도출된 우리나라의 중심점과 중심점에서의 교통비는 다음과 같다.

$$(X, Y) = (348.05, 1055.74),\ \ Z(X, Y) = 17{,}360.85.$$

표 5-9는 초기입지부터 중심점까지의 수렴과정을 제시한 것이다. 표에 보이듯이 우리나라의 가중 평균의 중심점은 초기입지부터 30번의 반복을 통해 구해졌으며, 행정구역상 경기도 수원시 일대로 나타났다. 그리고 그림 5-7은 초기입지(P^o)부터 반복을 통해 수렴된 최종 중심점(P^*)을 표시한 것이다. 물론 여기서 구한 중심점은 앞에서 언급하였듯이 상위 50개 도시의 인구만을 고려한 것이다. 만일 우리나라의 모든 도시를 대상으로 하고, 도시별 가중치도 인구뿐만 아니라 도시의 경제규모나 혁신역량 등을 종합적으로 고려하였다면 중심점은 50개 도시를 대상으로 하였을 때와는 다소 차이가 있을 수 있다. 이에 대해서는 관심 있는 독자들이 시도해보길 바란다.

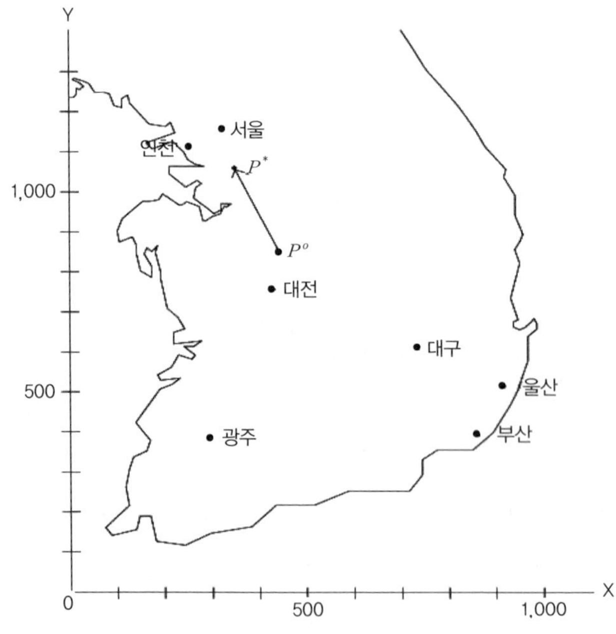

그림 5-7 우리나라의 가중평균의 중심점

표 5-8 우리나라 상위 50개 도시의 위치 및 가중치

구분	인구수(명)	좌표(x_i)	좌표(y_i)	가중치(w_i)
서울특별시	10,208,302	321.46	1158.57	12.30
부산광역시	3,543,030	859.88	395.34	4.27
인천광역시	2,710,579	250.16	1116.42	3.27
대구광역시	2,489,781	732.11	611.97	3.00
대전광역시	1,484,180	426.81	759.18	1.79
광주광역시	1,433,640	292.91	389.36	1.73
울산광역시	1,114,866	356.34	598.42	1.34
수원시	1,073,149	331.30	110.00	1.29
성남시	962,726	359.65	1108.47	1.16
고양시	938,784	283.11	1183.20	1.13
부천시	869,944	269.55	1134.59	1.05
용인시	839,204	380.18	1046.84	1.01
안산시	705,346	280.37	1078.10	0.85
청주시	643,161	446.91	856.64	0.77
전주시	635,007	356.34	598.42	0.77
안양시	616,547	302.60	1102.55	0.74
천안시	540,832	214.04	910.84	0.65
남양주시	525,211	370.17	1171.55	0.63
포항시	509,475	928.20	405.64	0.61
창원시	502,727	745.35	414.56	0.61
김해시	492,413	806.18	413.22	0.59
화성시	491,528	283.02	1032.06	0.59
의정부시	431,008	334.51	1203.15	0.52
제주시	410,378	861.35	121.37	0.49
평택시	410,042	346.71	976.68	0.49
마산시	406,307	722.77	400.92	0.49
시흥시	397,912	272.32	1100.85	0.48
구미시	396,419	664.56	702.09	0.48
진주시	331,720	599.36	401.91	0.40
파주시	323,011	276.97	1213.86	0.39
광명시	314,257	285.76	1121.58	0.38
원주시	307,882	566.56	1080.81	0.37

익산시	306,669	306.69	641.58	0.37
여수시	293,546	484.86	264.75	0.35
군포시	275,731	310.71	1086.90	0.33
순천시	269,516	442.12	325.37	0.32
경주시	267,466	744.08	606.49	0.32
군산시	266,922	243.81	654.84	0.32
춘천시	264,849	505.34	1250.46	0.32
아산시	256,449	325.16	906.25	0.31
양산시	250,387	841.47	446.36	0.30
목포시	244,339	146.51	152.48	0.29
광주시	238,583	391.80	1102.37	0.29
경산시	236,459	766.90	600.29	0.28
김포시	225,805	252.55	1173.46	0.27
거제시	225,522	740.46	303.81	0.27
강릉시	217,464	801.82	1221.33	0.26
충주시	206,613	562.12	963.32	0.25
이천시	197,496	439.67	1061.91	0.24
구리시	195,593	359.43	1162.87	0.24

표 5-9 우리나라 중심점의 수렴과정

반복횟수(m)	좌표(x_i)	좌표(y_i)	교통비(원)	$\triangle Z^m$
초기입지	442.63	850.88	18,634.71	–
1	423.94	884.80	18,301.98	332.72744
2	402.90	922.78	17,978.60	323.37616
3	386.31	956.45	17,738.07	240.53345
4	375.72	982.93	17,579.00	159.07272
…	…	…	…	…
10	354.64	1041.55	17,370.84	9.01161
…	…	…	…	…
25	348.14	1055.56	17,360.85	0.00177
…	…	…	…	…
29	348.06	1055.72	17,360.85	0.00012
30	348.05	1055.74	17,360.85	0.00007

m: 반복횟수, δ=0.0001.

5.3 다수의 생산자 입지

5.3.1 다수의 입지결정방법

앞 절에서는 단일의 생산자 입지를 결정하는 방법에 대해 설명하였다. 본 절에서는 다수의 생산자 입지(또는 시설입지)를 결정하는 방법에 대해 설명한다. 앞에서 언급하였듯이 본 장에서는 생산자 입지와 시설입지는 동일한 의미이다. 단, 본 절에서 다수의 시설이란 서로 다른 제품을 생산하는 시설들이 아니라 동일한 제품을 생산하는 시설들을 말한다. 또한 시설의 최적입지는 생산원료와 제품이동 시 발생하는 교통비를 최소화하는 입지가 아니라 생산된 제품을 수요지역(또는 시장)으로 운반하는 데 발생하는 교통비를 최소화하는 입지를 말한다. 따라서 본 절에서의 기본 질문은 공간적으로 떨어진 n개의 수요지역이 있을 때, 생산자는 k개의 시설들(또는 공장들)을 어떻게 배치하는 것이 최적인가 하는 것이다.

다수의 최적 시설입지를 찾는 방법은 단일시설의 입지를 찾는 방법과 개념적으로 유사하지만 분명한 차이가 있다. 그 차이는 바로 각 시설들이 담당하는 공간범위를 명확하게 인식하는 데 있다. 다수의 시설입지에서 핵심은 소위 말해 입지와 할당(location and allocation)이다. 여기서 입지와 할당이란 시설이 일단 입지하면 그 시설이 담당하는 공간범위가 동시에 결정됨을 말한다. 따라서 시설이 입지가 변할 때, 그 시설에 할당되는 공간도 함께 변하게 된다.

입지와 할당의 관계를 그림으로 설명하면 그림 5-8과 같다. 그림(a)는 24개 수요지역의 공간적 위치를 그리고 그림(b)와 (c)는 5개 시설의 입지에 따라 시설들의 서비스 범위가 달라짐을 구체적으로 가리킨다. 바꾸어 말하면, 그림(b)와 (c)는 시설이 어느 곳에 입지하는가에 따라 시설에 할당되는 공간범위가 달라짐을 보이는 것이다. 여기서 중요하게 생각해야 할 것은 각 시설에 할당되는 공간범위가 달라진다는 것은 시설이 담당하는 수요지역들과 전체 교통비가 달라짐을 의미하는 것이다. 따라서 그림(b)와 (c) 중 어떤 시설 배치가 제품을 배분하는 데 있어 생산자에게 더 효율적인가 하는 것은 바로 전체적으로 발생하는 교통비에 의해 결정될 수 있다.

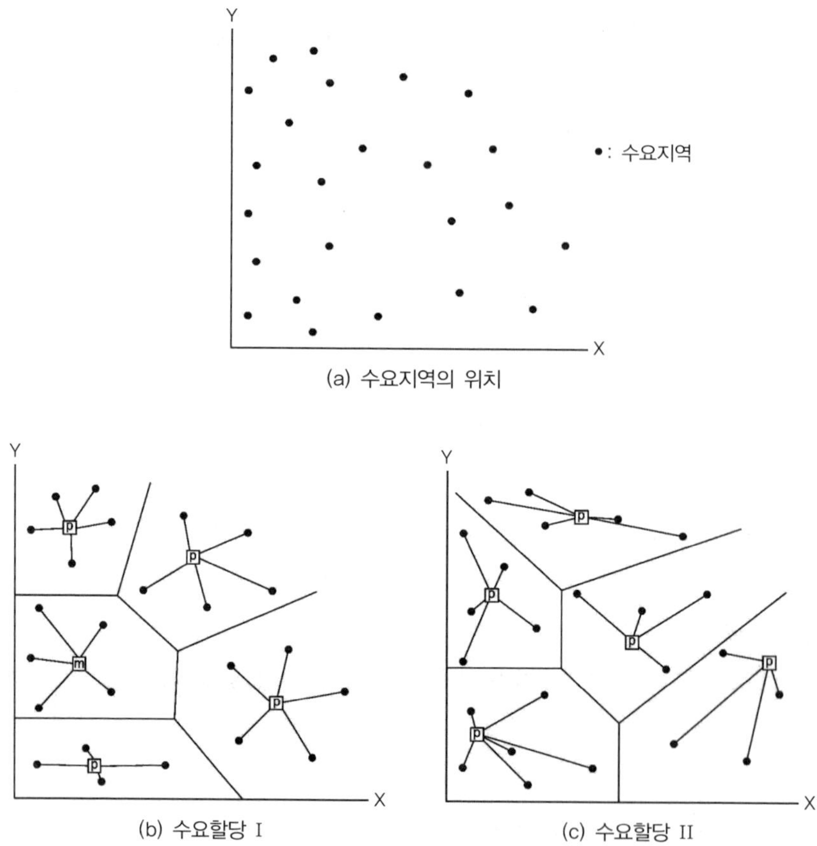

그림 5-8 시설입지 및 시설별 담당공간 범위

입지와 할당을 생각한다면 다수 시설의 입지결정은 두 측면, 즉 각 시설이 담당하는 공간범위와 모든 시설배치의 효율성을 동시에 고려하여 접근해야 한다. 다시 말해, 다수 시설의 입지는 전체공간 측면에서도 최적이 되어야 하는 동시에 각 시설이 담당하는 공간범위 내에서도 최적이 되어야 한다. 이와 같은 다수 시설의 입지문제를 풀기 위한 생산자의 목적함수는 수요지역들로 제품을 배분하는 데 있어 발생하는 교통비를 최소화 시키는 시설들의 위치를 결정하는 것이다. 이를 식으로 표현하면 다음과 같다. 단, 여기서도 모든 원료와 제품의 톤-km당 교통요율은 1원으로 전제하므로 식에서 교통요율(t)은 생략하기로 한다.

$$Minimize\ Z(X_j, Y_j) = \sum_{i}^{n}\sum_{j}^{k} a_{ij} w_i D_{ij}\ , \qquad \text{...식 (5-11)}$$

Z : 총 교통비,

X_j, Y_j : 생산자의 시설 j의 공간좌표(j=1,2, ..., k),

w_i: 수요지역 i의 가중치,

D_{ij}: 시설 j에서 수요지역 i까지의 거리,

$$D_{ij} = \sqrt{(X_j - x_i)^2 + (Y_j - y_i)^2}\ ,$$

x_i, y_i : 수요지역 i의 공간좌표(i= 1, 2, ..., n).

위의 식에서 시설들은 동일한 제품을 생산하기 때문에 각 수요지역은 하나의 시설에서만 제품을 공급받게 된다. 이는 목적함수에서 a_{ij}의 값이 1 또는 0이 됨을 가리킨다. 즉, 수요지역 i가 시설 j에서 제품을 공급받을 경우는 $a_{ij}=1$이고, 그렇지 않을 경우 $a_{ij}=0$이 된다. 그리고 결정변수는 X_j와 Y_j이므로 목적함수의 일계조건(FOC)으로부터 각 시설의 최적입지는 다음과 같이 도출된다.

$$X_j = \frac{\sum_i^n \frac{a_{ij}w_ix_i}{D_{ij}}}{\sum_i^n \frac{a_{ij}w_i}{D_{ij}}},\quad Y_j = \frac{\sum_i^n \frac{a_{ij}w_iy_i}{D_{ij}}}{\sum_i^n \frac{a_{ij}w_i}{D_{ij}}}. \qquad \text{...식 (5-12)}$$

단일시설의 입지결정에서와 마찬가지로 시설 j의 최적입지는 위의 식으로부터 직접 도출되지 않는다. 이것은 D_{ij}에 X_j와 Y_j가 포함되어 있기 때문이다. 따라서 여기서도 반복수렴 기법에 의해 시설들의 최적입지가 구해진다. 다수 시설의 입지결정 과정은 편의상 아래와 같이 4단계로 구분할 수 있다.

- 제1단계 : 공간좌표화
- 제2단계 : 시설입지 및 공간할당
- 제3단계 : 시설별 발생 교통비 계산 및 최적입지 판정
- 제4단계 : 총 교통비 계산 및 전체 시설들의 최적입지 판정

제1단계는 시설입지의 구체성을 위해 대상공간들을 좌표화 하는 단계이다. 제2단계는 각 시설에 수요지역을 할당하는 것이며, 이로부터 시설의 공간적 서비스 범위가 결정된다. 그리고 결정된 시설들의 서비스 범위를 바탕으로 공간이 구분된다. 제3단계는 구분된 공간 내에서 개별시설들의 최적입지를 찾는 단계이다. 여기서도 단일입지의 경우와 마찬가지로 반복에 따른 교통비의 차이를 바탕으로 시설의 최적입지를 판정하는데, 판정기준을 식으로 표현하면 다음과 같다. 식에서 $\Delta Z_j^{G,m}$의 값이 δ_I 보다 작을 때 시설 j는 구분된 공간 G 내에서 최적입지가 된다.

$$\Delta Z_j^{G,m} = Z_j^{G,m}(X_j^{G,m}, Y_j^{G,m}) - Z_j^{G,m-1}(X_j^{G,m-1}, Y_j^{G,m-1}) < \delta_I,$$

...식 (5-13)

$\triangle Z_j^{G,m}$: 구분된 공간 G내에서 m번째 반복에 따른 교통비의 차이,

$Z_j^{G,m}$: 구분된 공간 G내에서 m번째 반복으로 얻은 시설 j 입지에서의 교통비,

δ_I : 구분된 공간 G 내에서 최적입지결정을 위한 교통비 차이의 허용수준.

제4단계는 앞의 3단계에서 도출한 공간별 시설입지를 종합하여 총 교통비를 계산하고, 이를 바탕으로 시설들의 최적입지를 판정하는 단계이다. 여기서도 반복에 따른 총 교통비의 차이가 분석자가 설정한 값보다 작을 때의 입지가 바로 전체 시설들의 최적입지가 된다. 이를 식으로 표현하면 다음과 같다.

$$\triangle Z^p = \sum_j \triangle Z_j^p < \delta_{II}, \qquad \text{...식 (5-14)}$$

$\triangle Z^p$: 전체 시설의 p번째 반복에 따른 총 교통비 차이,

$\triangle Z_j^p$: 전체 시설 중 시설 j의 p번째 반복에 따른 교통비 차이,

δ_{II} : 전체 시설의 최적입지결정을 위한 총 교통비 차이의 허용수준.

요약하면, 그림 5-9에서 제시되었듯이 다수시설의 입지결정 과정에서는 반복수렴 기법이 두 부분, 즉 최적입지(I)과 최적입지(II)에서 공히 적용된다. 최적입지(I)이 각 시설에 할당된 공간범위 내에서 개별시설의 최적입지를 결정하는 것이라면, 최적입지(II)는 구분된 공간을 종합하여 전체 시설들의 최적입지를 결정하는 것이다. 식 (5-13)과 식 (5-14)의 조건식에서 δ_I와 δ_{II}의 값은 단일입지의 경우와 마찬가지로 분석자가 지도의 스케일과 목적함수의 단위 그리고 생산규모 등을 종합적으로 고려하여 정한다.

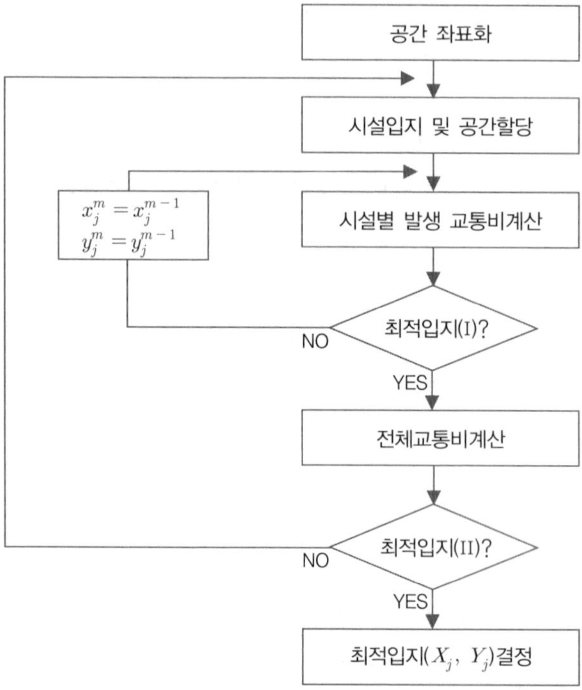

그림 5-9 **다수 시설의 입지결정 과정**

여기서는 독자들의 이해를 돕기 위해 15개의 수요지역에 3개의 시설입지를 결정하는 방법을 예로 들어 설명한다. 각 수요지역의 좌표와 가중치는 표 5-10에 제시된 바와 같으며, 설명의 편의를 위해 수요지역들의 가중치는 모두 동일한 것으로 전제한다. 편의상 다수 시설의 입지결정 과정을 앞에서 설명한 4단계로 구분하여 설명하면 다음과 같다.

● 제1단계 : 공간좌표화

공간 좌표화는 시설의 최적입지를 구체적으로 도출하기 위해 필수적인 것이다. 언급하였듯이 각 수요지역의 좌표는 분석가가 CAD와 같은 소프트웨어를 이용하거나 지도 위에서 직접 결정할 수도 있다. 본 예에서는 각 수요지역의 공간좌표가 표 5-10에 이미 주어졌으므로 이에 대한 설명은 생략하도록 한다.

표 5-10 수요지역의 좌표와 가중치

수요지역	위치 및 가중치			수요지역	위치 및 가중치		
	x_i	y_i	w_i		x_i	y_i	w_i
1	1	8	1	9	5	2	1
2	2	9	1	10	7	3	1
3	5	8	1	11	4	1	1
4	6	6	1	12	2	4	1
5	3	7	1	13	2	2	1
6	8	7	1	14	9	7	1
7	10	4	1	15	4	9	1
8	7	5	1				

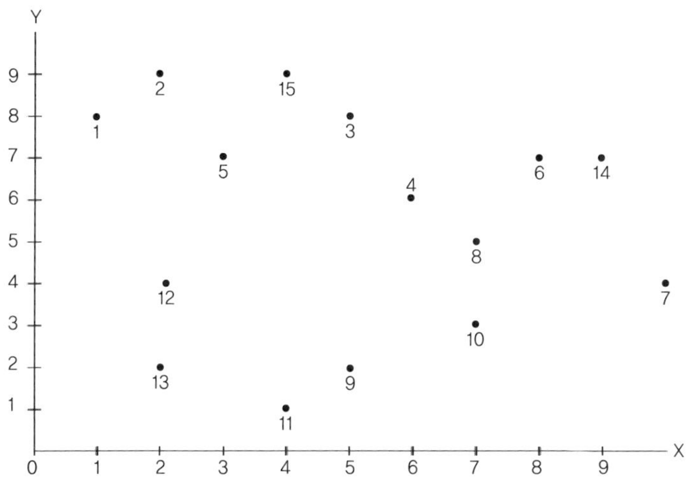

그림 5-10 15개의 수요지역

제2단계 : 시설입지 및 공간할당

우선 표 5-10에 주어진 15개 수요지역들의 좌표를 그림에 표시하면 그림 5-10과 같다. 그림에 표시된 수요지역들에 3개의 시설, A, B, C를 입지시켜 보자. 시설들의 초기입지는 표 5-11과 같이 주어졌다고 하면 주어진 시설들에 공간을 할당해야 한다. 공간할당은 거리를 바탕으로 수요지역을 가장 가까운 시설에 할당하는 것이다. 이를 그림으로 표시하면 그림 5-11과 같다. 그림에서 3개의 시설에 수요지역을 할당시킴으로 인해 전체 공간은 3개의 그룹으로 나뉘게 되는데, 여기서는 시설 A에 할당된 공간범위를 그룹 I, 시설 B와 시설 C에 할당된 공간범위를 각각 그룹 II와 그룹 III으로 부르기로 한다. 각 그룹 내에서 시설이 담당하는 수요지역들은 표 5-11에 제시된 바와 같이, 시설 A는 3개의 수요지역을, 시설 B는 7개의 수요지역을, 그리고 시설 C는 5개의 수요지역을 서비스하게 된다.

표 5-11 시설의 초기입지 및 공간할당

공급시설	초기입지		공간 구분	할당된 수요지역
	x_i	y_i		
A	1	2	그룹 I	11, 12, 13
B	8	3	그룹 II	4, 6, 7, 8, 9, 10, 14
C	3	8	그룹 III	1, 2, 3, 5, 15

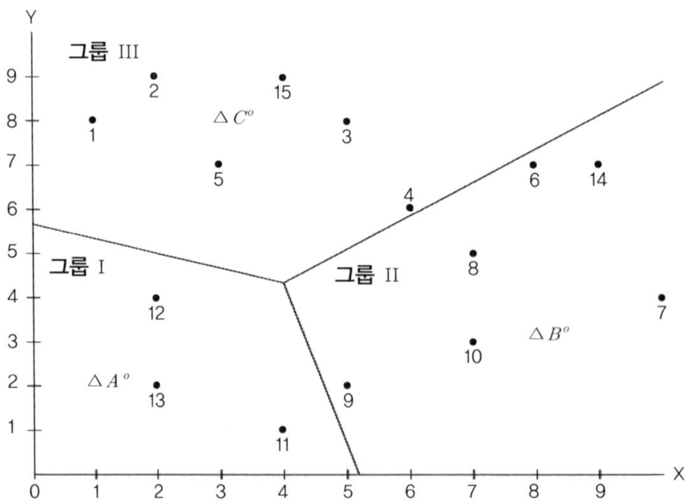

그림 5-11 초기입지에 따른 시설별 공간할당

● 제3단계 : 시설별 발생 교통비 계산 및 최적입지 판정

제3단계에서는 그룹별로 각 시설의 최적입지가 결정되며, 최적입지는 반복에 따른 교통비의 차이에 의해 판정된다. 각 시설별 최적입지를 살펴보자. 표 5-12와 같이 그룹 I에서 시설 A의 초기입지 $(X_A^0, Y_A^0) = (1,2)$는 1차 반복을 통해 $(X_A^1, Y_A^1) = (2.35865,\ 2.32788)$로 이동하였다. 1차 반복에 따른 교통비 차이가 분석자가 설정한 δ_I값 (즉, 0.0001)보다 크므로 입지 조정과 함께 반복은 계속되어야 한다. 교통비의 차이는 표 5-13에 제시되었다.

표 5-12 그룹 I의 경우(전체 1차 반복)

수요 지역	a_{iA}	D_{iA}	$\frac{a_{ij}w_i x_i}{D_{iA}}$	$\frac{a_{ij}w_i}{D_{iA}}$	$\frac{a_{ij}w_i y_i}{D_{iA}}$	시설입지	
						X_A	Y_A
11	1	3.16228	1.26491	0.31623	0.31623	1	2
12	1	2.23607	0.89443	0.44721	1.78885	1	2
13	1	1.00000	2.00000	1.00000	2.00000	1	2
계		6.39835	4.15934	1.76344	4.10508	2.35865	2.32788

표 5-13는 그룹 I 내에서 시설 A의 초기입지부터 최적입지까지 수렴하는 과정을 정리한 것이다. 시설 A의 최적입지는 초기입지에서 19번의 반복을 통해 구해지며, 그 입지에서의 교통비는 다음과 같다.

$$X_A = 2.09359,\quad Y_A = 2.05818,\quad Z_A^{\text{그룹}\,I} = 4.23467.$$

표 5-13 그룹 I의 시설 최적입지 결정과정(전체 1차 반복)

반복횟수	X_A	Y_A	$Z_A^{그룹\ I,m}$	$\triangle Z_A^{그룹\ I,m}$
초기입지	1	2	6.398346	–
1	2.35865	2.32788	4.30732	2.09103
2	2.30399	2.22329	4.27086	0.03646
…	…	…	…	…
10	2.13282	2.08281	4.23674	0.00066
…	…	…	…	…
18	2.09613	2.05977	4.23476	0.00010
19	2.09359	2.05818	4.23467	0.00009

m: 반복횟수, $\delta_I = 0.0001$.

그룹 II내 시설 B의 입지결정 과정도 앞에서 설명한 시설 A와 동일하다. 우선 시설 B의 초기입지에서 1차 반복을 통한 입지 변화는 표 5-14에 제시된 바와 같다.

표 5-14 그룹 II의 경우(전체 1차 반복)

수요 지역	a_{iB}	D_{iB}	$\frac{a_{ij}w_i x_i}{D_{iB}}$	$\frac{a_{ij}w_i}{D_{iB}}$	$\frac{a_{ij}w_i y_i}{D_{iB}}$	시설입지	
						X_B	Y_B
6	1	4.00000	2.00000	0.25000	1.75000	8	3
7	1	2.23607	4.47214	0.44721	1.78885	8	3
8	1	2.23607	3.13050	0.44721	2.23607	8	3
9	1	3.16228	1.58114	0.31623	0.63246	8	3
10	1	1.00000	6.00000	1.00000	3.00000	8	3
14	1	4.12311	2.18282	0.24254	1.69775	8	3
계		16.75752	20.36659	2.70319	11.10513	7.53428	4.10816

그룹 II에서 1차 반복을 통해 구한 입지와 초기입지와의 교통비 차이가 분석자가 설정한 δ_I값 (즉, 0.0001)보다 크므로 입지조정과 함께 반복은 계속되어야 한다. 표 5-15는 초기입지부터 시설 B의 최적입지까지 수렴하는 과정을 제시한 것이다. 최종적으로 시설 B의 최적입지는 초기입지에서 9번의 반복을 통해 구해지며, 그 입지에서의 교통비는 다음과 같다.

$$X_B = 6\text{-}41862,\quad Y_B = 4.87043,\quad Z_B^{\text{그룹 }II} = 13.69266.$$

표 5-15 그룹 II의 시설 최적입지 결정과정(전체 1차 반복)

반복	X_B	Y_B	$Z_B^{\text{그룹 }II,m}$	$\Delta Z_B^{\text{그룹 }II,m}$
초기입지	8	3	16.75752	-
1	7.53428	4.10816	14.20564	2.55188
2	7.50017	4.47616	13.85520	0.35044
3	7.49010	4.68789	13.73429	0.12091
…	…	…	…	…
8	7.42255	4.86895	13.69272	0.00016
9	7.41862	4.87043	13.69266	0.00006

m: 반복횟수, $\delta_I = 0.0001$.

그룹 III 내 시설 C의 최적입지도 앞에서 설명한 시설 A와 B의 입지결정과정과 동일한 방법에 의해 구해진다. 우선 시설 C의 초기입지에서 1차 반복을 통한 입지 변화는 표 5-16에 제시된 바와 같다.

표 5-16 그룹 III의 경우(전체 1차 반복)

	a_{iC}	D_{iC}	$\frac{a_{ij}w_ix_i}{D_{iC}}$	$\frac{a_{ij}w_i}{D_{iC}}$	$\frac{a_{ij}w_iy_i}{D_{iC}}$	시설입지	
						X_C	Y_C
1	1	2.00000	0.50000	0.50000	4.00000	3	8
2	1	1.41421	1.41421	0.70711	6.36396	3	8
3	1	2.00000	2.50000	0.50000	4.00000	3	8
4	1	3.60555	1.66410	0.27735	1.66410	3	8
5	1	1.00000	3.00000	1.00000	6.00000	3	8
15	1	1.41421	2.82843	0.70711	6.36396	3	8
계		11.43398	11.90674	3.69156	29.39202	3.22539	7.96194

그룹 III에서 1차 반복을 통해 구한 입지와 초기입지와의 교통비 차이가 분석자가 설정한 δ_I값보다 크므로 앞의 경우와 마찬가지로 여기서도 입지조정과 함께 반복은 계속되어야 한다. 표 5-17은 초기입지부터 시설 C의 최적입지까지 수렴하는 과정을 제시한 것이다. 최종적으로 시설 C의 최적입지는 초기입지에서 7번의 반복을 통해 구해지며, 그 입지에서의 교통비는 다음과 같다.

$$X_C = 3.45646\,, \quad Y_C = 6\text{−}95526, \quad Z_C^{\text{그룹}\ III} = 11.23808.$$

표 5-17 그룹 III의 시설 최적입지 결정과정(전체 1차 반복)

반복횟수	X_C	Y_C	$Z_C^{\text{그룹}\ III,m}$	$\triangle Z_C^{\text{그룹}\ III,m}$
초기입지	3	8	11.43398	–
1	3.22539	7.96194	11.28810	0.14588
2	3.33938	7.94455	11.25114	0.03696
…	…	…	…	…
6	3.45154	7.95303	11.23816	0.00026
7	3.45646	7.95526	11.23808	0.00009

m: 반복횟수, $\delta_I = 0.0001$.

● 제4단계 : 전체 교통비 계산 및 전체 시설들의 최적입지 판정

앞의 3단계에서는 그룹별로 시설들의 입지를 결정하였다. 제4단계에서는 그룹을 종합하여 총 교통비를 계산하고, 이를 바탕으로 전체 시설들의 최적입지 여부를 판정한다. 전체 시설들의 최적입지 여부는 전체 시설들의 입지 반복에 따른 총 교통비의 차이와 분석자가 설정한 값, δ_{II}과 비교하여 판정한다. 본 예에서 δ_{II}의 값은 δ_{I}값과 동일하게 0.0001로 설정되었다. 제4단계를 보다 자세히 설명한 것은 다음과 같다.

3개 시설에 대한 전체 1차 반복결과 변화된 시설들의 입지와 총 교통비는 표 5-18과 같다. 표에 보이듯이 총 교통비의 차이는 분석자가 설정한 δ_{II}값보다 크므로 전체적으로 최적입지를 찾기 위해 반복을 계속해야 한다.

$Z^1 = 29.16541, \quad \triangle Z^1 = 5.42443 > 0.0001,$

Z^1 : 전체 1차 반복을 통해 구한 시설들의 입지에서 발생하는 총 교통비.

표 5-18 시설들의 입지 및 교통비(전체 1차 반복)

구분	시설 구분	X_j	Y_j	교통비	$\triangle Z$
초기입지	A	1	2	6.39835	–
	B	8	3	16.75752	
	C	3	8	11.43398	
	계			34.58984	
1차 반복	A	2.09129	2.05674	4.23467	5.42443
	B	7.41606	4.87116	13.69266	
	C	3.45925	7.95672	11.23808	
	계			29.16541	

전체 1차 반복으로부터 시설 A, B, C의 서비스 공간 범위를 다시 정하면 그림 5-12와 같다. 그림에서 알 수 있듯이 시설들의 입지변화로 인해 시설들의 공간적 서비스 범위는 달라진다. 구체적으로 그림 5-11과 그림 5-12를 비교해 보면 초기에 시설 B에 할당되었던 수요지역 9가 시설 A의 서비스 범위로 이동하였음을 알 수 있다. 1차 반복결과 시설들에 할당된 수요지역들은 표 5-19에 제시된 바와 같다.

표 5-19 시설의 입지 및 공간할당(전체 1차 반복)

공급시설	x_i	y_i	공간 구분	수요지역
A	2.09359	2.05818	그룹 I	9, 11, 12, 13
B	7.41862	4.87043	그룹 II	4, 6, 7, 8, 10, 14
C	3.45646	6.95526	그룹 III	1, 2, 3, 5, 15

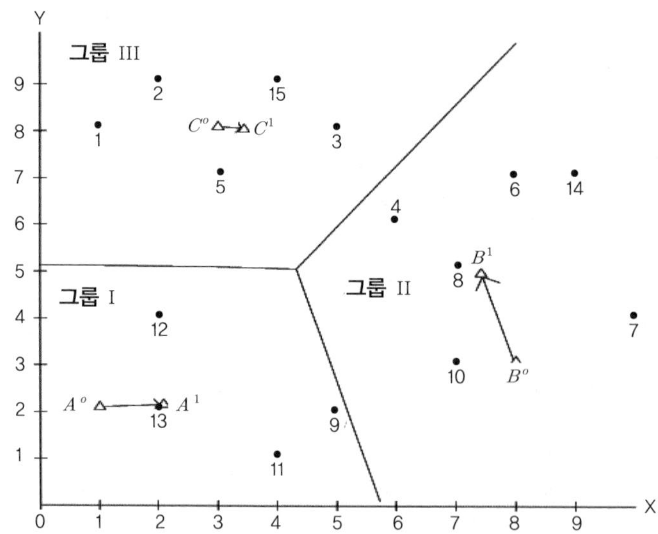

그림 5-12 시설의 입지 및 변화(3차 반복)

시설의 입지변화로 인해 시설에 할당된 수요지역도 달라졌으므로 다시 구분된 그룹별로 시설의 최적입지를 결정해야 한다. 그러나 모든 과정은 앞에서 설명한 과정과 동일하므로 이를 다시 설명한다는 것은 번거로울 뿐만 아니라 독자들도 지루해 할 것이다. 따라서 여기서는 결과만 제시하기로 한다. 관심 있는 독자는 직접 해보길 바란다. 초기입지부터 전체 반복을 통해 시설들의 최적입지에 수렴하는 과정을 요약하여 제시하면 표 5-20과 같다. 표에 보이듯이 본 예에서 전체 시설의 최적입지는 3번의 반복을 통해 구해졌으며, 이때의 교통비는 25.82630원으로 계산되었다.

표 5-20 전체 시설들의 최적입지 수렴과정

구분	시설	X_j	Y_j	Z	$\triangle Z$
초기입지	A	1	2	6.39835	–
	B	8	3	16.75752	
	C	3	8	11.43398	
	계			34.58984	
1차 반복입지	A	2.09359	2.05818	4.23467	5.42443
	B	7.41862	4.87043	13.69266	
	C	3.45646	7.95526	11.23808	
	계			29.16541	
2차 반복입지	A	3.31345	2.00978	6.60569	3.33901
	B	7.44874	5.35790	11.44011	
	C	3.00802	8.22567	7.78059	
	계			25.82640	
3차 반복입지	A	3.31786	2.00763	6.60564	0.00009
	B	7.44988	5.35895	11.44010	
	C	3.00466	8.22575	7.78056	
	계			25.82630	

• $\delta_{II} = 0.0001$.

그리고 최종적으로 도출한 3시설의 최적입지를 그림으로 표시하면 그림 5-13과 같다. 그림에서는 독자들의 이해를 돕기 위해 1차 반복에서 구한 시설들의 입지(A^1, B^1, C^1)와 3차 반복에 의한 시설들의 입지(A^3, B^3, C^3)를 함께 표시하였다.

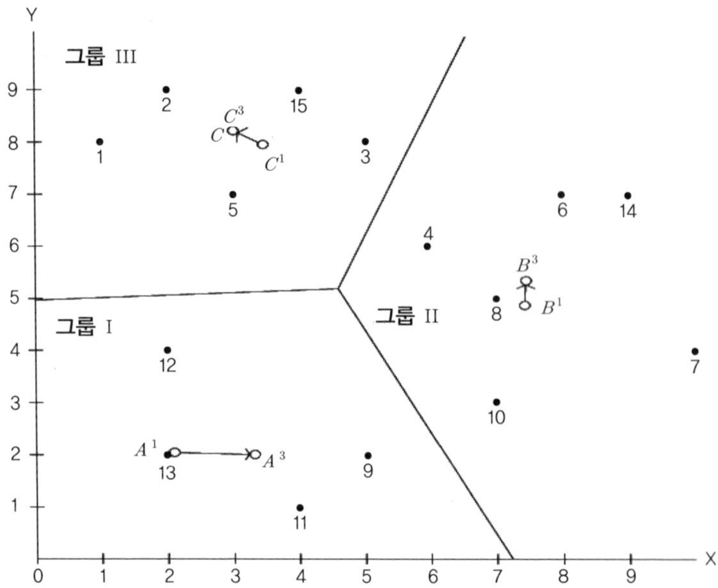

그림 5-13 시설들의 최적입지(전체 3차 반복)

5.4 요약

본 장에서는 생산자가 제품과 생산원료 이동 시 발생하는 교통비 모두를 지불하는 시나리오 III을 바탕으로 생산자의 입지를 크게 4개의 절로 구성하여 설명하였다. 각 절에서 설명한 내용을 간단하게 요약하면 다음과 같다. 먼저 시나리오 III에서의 기본 질문은 생산원료 지역과 제품이 소비되는 시장이 떨어져 있으며, 생산원료와 제품이 무거울 때 어느 곳이 생산자에게 최적의 공간인가 하는 것이었다. 이를 위해 1절에서는 생산원료의 구분과 원료지표 그리고 생산자의 입지경향에 대해 설명하였다. 생산원료는 교통비 발생여부에 따라 유비쿼터스 원료와 특화원료로 구분되었다. 유비쿼터스 원료는 생산자에게 교통비를 발생시키지 않기 때문에 생산자의 입지결정에는 아무런 영향을 주지 못한다. 반면 운반하는 데 교통비를 발생시키는 특화원료는 생산자의 입지결정에 중요한 영향을 미치는 원료이다.

특화원료는 생산과정에서 손실되는 무게에 따라 총-특화원료와 순-특화원료로 다시 구분되었다. 이 중에서 총-특화원료는 생산과정에서 무게의 손실이 큰 원료이기 때문에 교통비를 최소화하려는 생산자는 특화원료 지역에 입지하려는 경향이 높다. 1절에서는 원료지표와 생산자의 입지에 대해 실명하였다. 원료지표는 생산자의 입지경향을 가늠할 수 있는 유용한 척도지만 그의 유용성이 사실 분명하지 않다. 이에 원료지표가 보다 유용한 지표가 되기 위해서는 제품의 무게뿐만 아니라 생산과정에서 발생하는 폐기물에 대한 고려도 함께 이루어져야 함을 설명하였다.

2절에서는 단일의 최적입지를 찾는 방법으로 동심원적 등수송비곡선에 의한 입지결정 방법과 반복수렴 기법에 의한 입지결정 방법을 소개하였다. 두 방법은 생산자의 입지를 결정하는 데 있어 유용하게 사용될 수 있다. 단, 동심원적 등수송비곡선 방법은 시장과 특화원료 지역이 다수일 경우 시각적으로 복잡해지는 문제로 인해 적용에 있어 한계가 있을 수 있음을 설명하였다. 그리고 반복수렴 기법을 이용하여 우리나라의 상위 50개 도시를 대상으로 중심점을 찾는 과정에 대해 설명하였다.

마지막으로 3절에서의 기본 질문은 공간적으로 떨어진 n개의 수요지역이 있을 때, 생산자는 k개의 시설들(또는 공장들)을 어떻게 배치하는 것이 최적인가 하는 것이었다. 다수 시설의 입지에서 핵심은, 이른바 입지와 할당에 있다. 여기서 입지와 할당이란 시설이 일단 입지하면 그에 따라 그 시설이 담당하는 공간범위가 결정되는 것을 말한다. 3절에서는 다수 시설의 입지결정 과정을 4단계, 즉 공간좌표화 단계, 시설입지 및 공간할당 단계, 시설별 발생교통비 계산 및 최적입지 판정 단계, 그리고 총 교통비 계산 및 전체 시설들의 최적입지 판정단계로 구분하여 설명하였다. 단, 모든 수요지역들의 가중치는 동일한 것으로 전제하였는데, 이것은 만일 수요지역들의 가중치가 모두 다를 경우 거리를 바탕으로 한 공간할당은 어려워지기 때문이다.

다수의 시설입지를 결정하는 데 있어 가중치는 제품이나 원료의 무게뿐만 아니라 이동하는 도로의 상태에 따라서도 달라진다. 예를 들어 아스팔트로 포장된 도로를 이용하는 경우와 비포장도로를 이용할 때 발생하는 교통비는 달라진다. 따라서 수요지역에 접근하는 도로의 상태가 구체적으로 고려된다면 3절에서 설명한 방법에 의한 공간할당은 가능할 것이다. 즉, 교통망과 각 교통노선의 상태를 고려하여 가중치를 결정한다면 다수 시설의 최적입지는 반복수렴 기법에 의해서도 결정될 수 있다. 교통 네트워크가 주어진 상태에서의 최적입지에 대해 좀 더 공부하기 원하는 독자는 Love, Morris and Wesolowsky(1988) 또는 Beckmann(1999) 등을 참조하기 바란다.

본 장에서는 기본적으로 생산요소의 가격과 입지별로 생산자가 직면하는 수요는 동일한 것으로 가정하였다. 이는 바로 교통비 최소화 지역이 비용최소화 지역이며, 결국은 수익 극대화 지역임을 의미하는 것이다. 그러나 이러한 가정은 현실을 대신하는 데 있어 한계가 있다고 할 수 있다. 왜냐하면 생산요소의 가격은 지역별로 차이가 있으며, 생산자가 직면하는 수요도 지역의 경제규모와 주민들의 소득수준에 따라 차이가 있는 것이 현실이기 때문이다. 따라서 다음 장에서는 이러한 가정이 완화되었을 때 교통비 최소지역이 과연 수익 최대지역인가에 대해 설명한다.

제6장 비용 최소입지와 생산자 최적입지

앞 장에서는 제품의 가격과 생산요소의 가격 그리고 생산자가 직면한 수요가 모든 공간에서 일정함을 가정하고 산업입지를 살펴보았다. 이러한 가정은 교통비 최소화 지역이 비용 최소화 지역인 동시에 수익 최대화 지역임을 의미하는 것이었다. 즉, 원료와 제품의 운반에 따라 발생하는 교통비만이 생산자가 고려하는 유일한 입지요소였다. 그러나 본 장에서는 교통비뿐만 아니라 수요와 생산요소의 규모와 수준 그리고 생산규모 및 집적의 효과 등도 생산자에게는 중요한 입지요소임이 설명된다. 그리고 이러한 요소들이 구체적으로 입지결정 과정에 고려되었을 때, 교통비 최소입지는 생산자가 선택하는 최적입지와 다를 수 있음에 대해 설명한다. 본 장은 크게 4개의 절로 구성된다. 1절에서는 공간에 존재하는 수요규모와 생산자의 입지에 대해 살펴본다. 2절에서는 노동에 초점을 맞추어 생산요소의 규모와 수준이 공간별로 동일하지 않을 때의 생산자 입지에 대해 설명한다. 3절에서는 생산규모와 집적의 효과 그리고 생산자 입지에 대해 설명한다. 그리고 4절에서는 본 장에서 설명된 내용이 요약된다.

6.1 입지요소로서의 공간별 수요

6.1.1 비용 최소화 입지와 수익 최대화 입지

생산자의 입지결정에서 제품에 대한 수요는 중요하다. 왜냐하면 수요는 바로 생산자의 수입(revenue)과 직접적으로 연결되어 있기 때문이다. 제품의 수요는 기본적으로 가격과 소비자의 소득수준 및 선호도에 의해 결정된다

(김홍배, 2008). 일반적으로 말해, 도시나 지역이 직면한 사회, 경제, 문화 등의 환경은 서로 다르므로 이러한 수요의 결정요인들도 공간적으로 동일하다기 보다는 차이가 존재한다. 예를 들어 지역 간 생산기술의 차이나 생산에 투입되는 본원적 요소들(primary input)의 가격차이 그리고 교통비 등으로 인해 비록 같은 제품이라고 해도 가격은 지역마다 다를 수 있다. 소득수준도 지역경제를 구성하는 산업들의 특징에 따라 달라진다. 첨단의 고부가가치 산업으로 구성된 지역에서 주민들의 소득수준은 높은 임금으로 인해 저부가가치 산업으로 구성된 지역의 주민들보다 높게 나타난다. 그리고 지역을 구성하는 주민들의 남녀 구성비, 연령별 인구구성 비율, 그리고 지역의 문화나 역사 등이 서로 다르기 때문에 주민들의 선호도에도 지역적인 차이가 존재한다. 따라서 모든 공간이 모든 면에 있어 동질하다는 가정은 매우 현실적이지 못한 가정이다.

수요의 결정요인 중 지역 간 제품가격이나 소득수준의 차이로 인한 수요의 차이는 비교적 용이하게 나타낼 수 있다. 왜냐하면 지역 통계자료로부터 그러한 차이는 뚜렷하게 나타나기 때문이다. 그러나 개인의 선호도의 차이는 통계자료에 쉽게 나타나지 않으며 개인별로 조사하는 것도 어렵다. 또한 조사한다고 해도 서로 다른 개인들의 선호도를 종합하여 하나의 통합된 지역주민의 선호도로 나타내기는 더욱 어려운 일이다. 따라서 주민들의 선호도 차이에 의한 제품의 수요차이를 구하기는 실질적으로 어렵다고 할 수 있다. 요약하면, 제품가격이나 소득수준 그리고 선호도의 지역적 차이는 현실적으로 존재하며, 그러한 차이들이 결국 수요의 공간적 차이를 초래하는 것이다. 예를 들어 제품이 보통재(ordinary good)라면 지역 간 가격의 차이는 수요의 지역적 차이를 발생시킨다. 여기서 보통재란 바로 가격이 하락할 때 수요는 증가하고, 반대로 가격이 상승할 때 수요는 감소하는 특징을 갖는 제품을 말한다. 따라서 가격이 낮은 지역에서 제품에 대한 수요는 높아지고 가격이 높은 곳에서 수요는 낮아진다. 또한 소비자의 소득수준이 높은 지역일수록 지역의 구매력은 높아지고 이에 따라 수요규모도 커지지만, 반대로 소득수준이 낮은 지역일수록 지역의 구매력은 낮아지고, 그에 따라 수요규모도 낮아진다.

주민들의 선호도에 따라 제품의 수요도 변한다. 예를 들어 채식주의자들이 많이 거주하는 도시에서 햄버거의 수요는 타 도시에 비해 낮을 것이다. 또한 미국 내 오하이오 주와 펜실베이니아 주에 집단적으로 거주하는 아미쉬(Amish)들과 같이 현대의 기계화된 문명을 거부하고 옛 농민의 풍속과 삶의 방법을 고집하면서 사는 사람들이 모인 도시를 생각해 보자. 그러한 도시에서는 주민의 특성상 자동차나 컴퓨터와 같은 기계나 전자제품에 대한 수요는 크지 않을 것이다. 이와 같이 제품의 가격과 소비자들의 소득수준 그리고 선호도의 지역적 차이가 결과적으로 지역 간 수요의 차이를 발생 시키는 것이다.

앞 장에서는 제품가격, 생산비용, 그리고 수요규모가 모든 공간에서 일정하다고 가정하고 생산자의 최적입지에 대해 설명하였다. 이러한 가정 하에서는 교통비만이 생산자가 고려하는 유일한 입지요소이다. 그러므로 교통비 최소의 입지가 바로 비용 최소의 입지인 동시에 수익 최대의 입지가 되는 것이다. 이를 그림으로 설명하면 그림 6-1과 같다. 그림에서 보이듯이 교통비로 인해 비용곡선은 U자 형태로 나타나게 되고, 수요는 공간별 차이 없이 일정할 때 수익 최대의 입지는 바로 비용 최소의 입지가 되는 것이다. 즉, 그림에서 d_1는 비용이 최소가 되는 입지인 동시에 가장 큰 수익을 발생시키는 입지가 된다. 그러나 여기서 만일 공간별로 제품에 대한 수요가 일정하지 않다면 비용 최소의 입지는 생산자의 최적입지가 되지 않을 수도 있다. 왜냐하면 생산자가 입지를 결정하는 데 있어 궁극적으로 추구하는 것은 비용 최소화가 아니라 수익 최대화이기 때문이다.

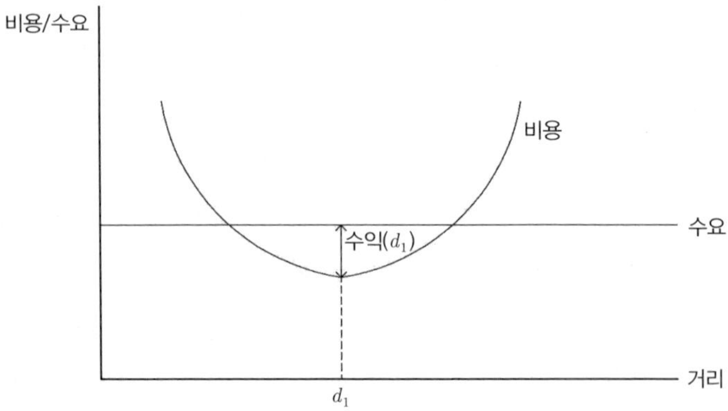

그림 6-1 수익 최대화 지점으로서의 비용 최소화 지점

만일 공간상에서 비용곡선은 U자 형태를 보이지만 수요가 일정하지 않다면 (즉, 거리에 따른 수요규모가 x축과 평행한 선이 아니라 비선형의 형태로 나타난다면), 언급하였듯이 최소비용 입지는 생산자의 최적입지가 되지 않을 수 있다. 이와 같이 수요가 생산자에게 중요하다면 공간에 존재하는 수요규모는 구체적으로 입지결정 과정에서 고려되어야 한다. 수요규모는 다양한 방법에 의해 구할 수 있는데, 가장 기본적인 방법은 공간에 거주하는 인구로부터 도출하는 것이다. 여기서는 편의상 공간의 단위를 도시로 전제하고 설명하기로 한다. 도시의 인구수와 수요규모 사이에는 일반적으로 밀접한 관계가 있다. 즉, 도시에 많은 인구가 거주할 경우, 그 만큼 도시의 수요규모는 크다고 할 수 있으며, 인구가 적은 도시의 수요규모는 그 만큼 작다고 할 수 있다. 이러한 관계를 식으로 표현하면 다음과 같다.

$$Demand_{u,i} = a + bPOP_u^c, \qquad \text{…식 (6–1)}$$

$Demand_{u,i}$: 도시 u에 존재하는 제품 i에 대한 수요규모,

POP_u: 도시 u에 거주하는 인구수,

a, b, c: 상수.

소비자의 소득수준은 수요규모를 결정하는 데 있어 핵심적인 요소이다. 따라서 인구와 함께 도시주민의 소득수준이 고려된다면 도시의 구매력 규모는 보다 정확하게 알 수 있으며, 이로부터 제품의 수요규모도 정확하게 도출될 수 있다. 이 경우 도시에 존재하는 제품 i에 대한 수요는 다음과 같이 표현될 수 있다.

$$Demand_{u,i} = a + bPOP_u^c + dIncome_u^e, \qquad \ldots \text{식 (6–2)}$$

$Income_u$: 도시 u에 거주하는 주민들의 평균 소득수준,

d, e: 상수.

도시의 인구와 평균소득뿐만 아니라 주변도시들과의 관계도 도시의 수요규모를 도출하는 데 있어 중요하다. 왜냐하면 도시는 근본적으로 고립된 공간이 아니라 개방된 공간이기 때문이다. 도시는 일반적으로 다른 도시들과 기능적으로 연관관계를 맺고 있으며, 그러한 관계로 인해 도시들 사이에는 사람과 물자, 자본 및 정보 등 다양한 흐름들이 일어난다. 여기서 사람들의 흐름, 즉 통행은 바로 제품의 흐름이라 할 수 있으며, 이러한 흐름은 도시의 공간적 영향범위를 결정하는 데 있어 바탕이 된다.

중심지이론에서 설명하였듯이 도시의 위계가 높을수록 그 도시에서 제공되는 제품의 수는 다양하고 그 영향범위도 넓다. 영향범위가 넓다는 것은 도시에서 제공되는 제품의 수요가 공간적으로 광범위하게 있음을 내포하는 것이다. 따라서 도시의 수요규모와 도시의 영향범위 사이에는 높은 상관관계가 존재한다. 그렇다고 해서 중앙정부의 행정서비스와 같이 특정한 경우를 제외하고는 모든 수요를 어느 한 도시가 담당하기는 사실 어렵다. (중앙정부가 제공하는 행정서비스에 대한 수요는 중앙정부가 입지해 있는 도시가 전국의 모든 수요를 담당한다.) 왜냐하면 기본적으로 도시의 영향력은 거리에 의해 제약되기 때문이다. 즉, 도시의 영향력은 도시가 클수록 커지

지만 도시와 멀어질수록 약해진다. 그러므로 도시가 담당하는 수요규모는 도시의 크기에 따라 그리고 타 도시들과 떨어진 거리에 따라 달라진다.

도시의 영향범위와 도시 간 수요의 차이는 중력모형에 의해 설명될 수 있다. 중력모형이란 두 물체간의 인력은 질량의 크기에 비례하고 거리의 제곱에 반비례한다는 만유인력의 법칙에 기초한다. 이러한 만유인력의 법칙을 지프(Zipf, 1949) 외에 많은 학자들이 사회과학 분야에 적용한 이래 중력모형은 현재까지도 교통, 관광, 지리를 포함한 다양한 분야에서 널리 활용되고 있다. 중력모형을 이용하면 도시들이 담당하고 있는 수요규모를 나타낼 수 있다. 이에 대한 설명은 다음과 같다.

6.1.2 도시의 영향범위와 수요규모

도시체계는 언급하였듯이 개방체계이기 때문에 도시 사이에 일어나는 통행을 제어할 제도적인 장치는 없다. 문제는 얼마나 많은 통행이 일어날 것인가 하는 것이다. 중력모형에 의하면, 두 도시 사이에 발생하는 통행규모는 도시의 크기와 도시 사이의 거리에 의해 결정된다. 그리고 통행규모는 도시의 크기와는 양(+)의 상관관계가 그리고 거리와는 음(−)의 상관관계가 존재한다. 즉, 도시들의 규모가 클수록 그리고 거리가 가까울수록 도시 간 통행은 많이 발생하게 되며, 반대로 도시가 작을수록 그리고 거리가 멀수록 도시 간 통행은 적게 발생하게 된다. 물론 중력모형에 의해 산정되는 통행규모는 확률적 의미에서의 규모이다. 도시의 크기를 도시의 인구수로 나타내면, 도시의 예상 통행량은 다음과 같이 표현된다.

$$I_{uv} = k_u \frac{P_u P_v}{d_{uv}^b}, \qquad \text{…식 (6-3)}$$

I_{uv} : 도시 v에서 도시 u로 향한 예상 통행량,

$P_{u(v)}$: 도시 $u(v)$의 인구수,

d_{uv} : 도시 u와 v 사이의 거리,

k_u : 도시 u의 통행환경을 나타내는 계수,

b : 거리의 마찰 계수.

중력모형에 의한 도시 간 통행량 산정을 예를 들어 설명해 보자. 세 도시 A, B, C의 인구수와 도시간 거리는 표 6-1에 제시된 바와 같다고 할 때, 도시 간 예상 통행량은 식 (6-3)을 이용하면 쉽게 계산될 수 있다.

표 6-1 도시 간 거리 및 도시 인구수 (단위 : km, 명)

구분	A	B	C	인구수
A	–	100	65	20,000
B	100	–	40	15,000
C	65	40	–	10,000

식 (6-3)에서 b와 k는 실제조사 자료로부터 구체적으로 결정되어야 하지만 여기서는 설명의 편의상 $b=2$ 그리고 $k_A = k_B = k_C = 1/3$로 가정한다. 이러한 가정과 함께 도시 간 예상되는 통행량은 다음과 같이 계산된다.

$$I_{AB} = I_{BA} = \frac{20,000 \times 15,000}{3 \times 100^2} = 10,000$$

$$I_{AC} = I_{CA} = \frac{20,000 \times 10,000}{3 \times 65^2} = 15,779$$

$$I_{BC} = I_{CB} = \frac{15,000 \times 10,000}{3 \times 40^2} = 31,250$$

도시의 인구수를 보면, 직감적으로 두 도시 A와 B 사이에서 통행량이 가장 클 것으로 예상할 수 있다. 도시 A와 B의 인구규모가 도시 C보다 크기 때

문이다. 그러나 계산된 결과를 보면 도시 간 예상 통행량은 도시 A와 B 사이에서 가장 적고 도시 B와 C 사이에서 가장 큰 것으로 나타난다. 이러한 결과는 도시 B와 C 사이의 근접성에 기인하는 것이며, 도시 간 통행량이 거리에 의해 크게 제약됨을 가리키는 것이다. 본 예에서 설명한 바와 같이 도시의 크기와 도시 간 거리를 바탕으로 통행량을 분석하고 예측하는 것이 바로 중력모형의 핵심이다.

위에서 설명한 중력모형을 확장하여 렐리(Reilly)는 도시의 영향범위 (또는 시장범위)를 결정하는 방법을 제시하였는데, 이를 렐리의 법칙이라고 부른다. 렐리의 법칙은 두 도시 사이에 위치한 소비자가 어느 도시에서 제품을 구입할 것인가 하는 선택을 바탕으로 도시의 공간적 영향범위를 제시해 준다. 여기서 소비자의 선택은 두 도시의 인구수와 소비자 위치에서 각 도시까지의 거리를 바탕으로 이루어진다. 구체적으로, 각 도시의 영향범위는 두 도시가 소비자를 유인하는 힘이 같아지는 지점에서 구분되는데 이를 그림으로 나타내면 그림 6-2와 같다.

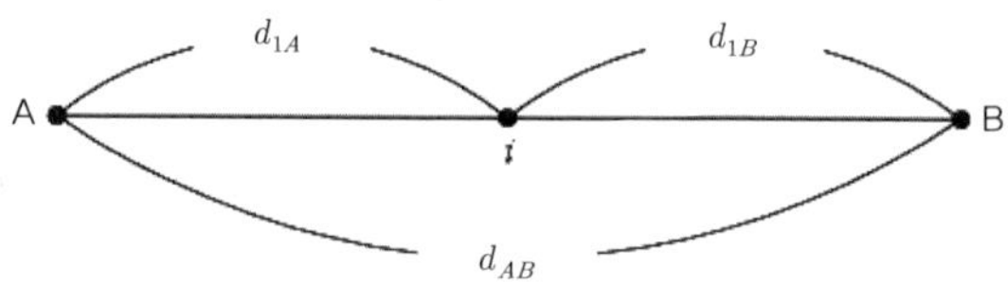

그림 6-2 도시 사이의 거리 구분

그림에서 두 도시 A와 B 사이의 거리 d_{AB}는 두 도시의 유인력이 같아지는 i지점을 중심으로 나눠지는데, 나눠진 지점까지의 거리가 바로 각 도시의 영향범위가 된다. 즉, 도시 A의 영향범위는 d_{iA}까지며, 도시 B의 영향범위는 d_{iB}까지이다. 도시 간 거리는 고정되어 있기 때문에 어느 한 도시의 영향범위가 계산되면 나머지 도시의 영향범위도 다음과 같이 동시에 구해진다.

$$d_{iB} = d_{AB} - d_{iA}, \qquad \text{...식 (6-4)}$$

$d_{iA(B)}$: 소비자 위치 i에서 도시 A(B)까지의 거리.

렐리의 법칙은 각 도시의 유인력이 같아지는 지점 i에서 다음과 같은 특정한 관계가 존재함을 제시한다.

$$\left(\frac{P_A}{P_B}\right)\left(\frac{d_{iB}}{d_{iA}}\right)^2 = 1. \qquad \text{...식 (6-5)}$$

식 (6-4)를 식 (6-5)에 대입하여 정리하면, 두 도시 A와 B 사이에서 각 도시의 영향범위가 다음과 같이 정해진다.

$$d_{iA} = \frac{d_{AB}}{1+\sqrt{\frac{P_B}{P_A}}}, \quad d_{iB} = \frac{d_{AB}}{1+\sqrt{\frac{P_A}{P_B}}}. \qquad \text{...식 (6-6)}$$

위의 식에서 알 수 있듯이 도시의 규모가 클수록 그 도시의 영향력의 범위는 넓게 나타난다. 여기서 도시의 인구규모는 그 도시가 제공하는 제품의 다양성이 포함되었다고 할 수 있다. 즉, 도시의 인구규모가 클수록 도시에서 제공하는 제품과 서비스는 다양해지고, 그에 따라 도시가 인구를 유인하는 힘은 크다고 할 수 있다. 반대로 도시의 인구규모가 적다면 같은 논리에 의해 도시의 유인력은 낮다고 할 수 있다. 렐리의 법칙은 두 도시 사이에서만 적용된다. 따라서 도시의 전체 영향력 범위를 도출하기 위해서는 해당도시를 중심으로 주변에 위치한 도시들과 일대일로 묶어서 식 (6-6)을 적용해야 한다. 렐리의 법칙은 도시의 영향력 범위를 공간적으로 구분하는데 있어 유용한 수단이며, 도시나 교통 분야를 포함한 다양한 분야에서 활용되고 있다. (본서 제8장에서는 렐리의 법칙을 이용하여 기존의 공항과 새롭게 건설될 공항의 공간적 영향범위를 결정하였다.) 표 6-1에 제시된 도시들의 시장범위를 렐리의 법칙에 의해 결정해 보자. 우선 도시 A와 B 사이에서 두 도시의 영향력이 같아지는 거리는 다음과 같이 계산된다.

$$d_{iA}^{AB} = \frac{100}{1+\sqrt{\dfrac{15,000}{20,000}}} = 53.59\text{km},$$

$$d_{iB}^{AB} = \frac{100}{1+\sqrt{\dfrac{20,000}{15,000}}} = 46.41\text{km}.$$

같은 방법으로 도시 A와 C 그리고 도시 B와 C에서 영향력이 같아지는 지점을 각각 계산하면 표 6-2와 같다. 표에 제시된 도시의 영향범위를 바탕으로 각 도시들의 전체 영향범위를 표시하면 그림 6-3과 같다.

표 6-2 도시의 영향범위 구분

축 구분	거리(km)	영향범위(km)
도시 A-도시 B	$d_{AB}=100$	$d_{iA}^{AB}=53.59,\ \ d_{iB}^{AB}=46.41$
도시 A-도시 C	$d_{AC}=65$	$d_{iA}^{AC}=38.08,\ \ d_{iC}^{AC}=26.92$
도시 B-도시 C	$d_{BC}=40$	$d_{iB}^{BC}=22.02,\ \ d_{iC}^{BC}=17.98$

도시들의 영향범위를 구분하는 것은 바로 각 도시가 담당하는 수요규모를 가늠하기 위해서이다. 도시가 담당하는 수요는 도시 내 수요와 도시 외부, 즉 영향범위 내에 존재하는 수요의 합이다. 따라서 도시들의 인구규모가 서로 다르다는 것은 도시들의 영향범위와 도시들이 담당하는 수요의 규모가 서로 다르다는 것을 가리킨다. 이와 같이 수요의 규모가 공간별로 다르다면 교통비 최소입지는 생산자의 수익을 최대화

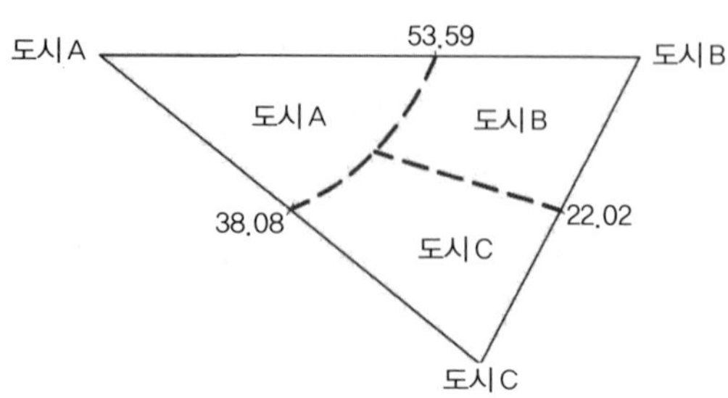

그림 6-3 도시의 영향범위 구분

시키는 입지와 항상 일치하지는 않는다. 그러므로 도시가 담당하는 수요규모는 생산자들이 시설의 입지를 결정하는 데 중요하게 고려되어야 할 요소이다.

6.1.3 도시 잠재력

렐리의 법칙 이외에도 공간별로 존재하는 수요의 차이는 잠재력(potential)의 개념에 의해 설명될 수 있다. 두 도시 u와 v 사이에 예상되는 통행량을 산정하는 식 (6-3)을 다시 생각해 보자. 이 식을 도시 u 주변의 모든 도시로 확대하고 각 도시 간 통행량을 아래와 같이 단순히 합하면, 그것이 바로 도시 u에서 예상되는 총통행량이 된다.

$$I_{u1} + I_{u2} + \dots I_{uv} + \dots + I_{un}$$
$$= k_u \frac{P_u P_1}{d_{u1}^b} + k_u \frac{P_u P_2}{d_{u2}^b} + \dots + k_u \frac{P_u P_v}{d_{uv}^b} + \dots + k_u \frac{P_u P_n}{d_{un}^b}.$$

이를 간단하게 표현하면,

$$I_u = \sum_v I_{uv} = \sum_v k_u \frac{P_u P_v}{d_{uv}^b}, \qquad \dots \text{식 (6–7)}$$

I_u : 도시 u의 예상 총통행량.

식 (6–7)의 우변에서 각 항은 해당도시의 인구 P_u를 공통적으로 포함하고 있으므로, 양변을 P_u로 나누어주면 도시 u의 인구 잠재력(population potential)이 계산된다.

$$PP_u = \sum_v k_u \frac{P_v}{d_{uv}^b}, \qquad \dots \text{식 (6–8)}$$

PP_u: 도시 u의 인구 잠재력, $PP_u = \sum_v I_{uv} / P_u$.

PP_u는 인구 1명을 기준으로 도시 u의 예상 통행규모의 정도를 나타내는 지표이다. 그러나 PP_u는 절대적인 면보다는 상대적인 면에서 의미가 있다고 할 수 있다. 다시 말해, 인구 1명 기준의 통행량이기 때문에 도시 잠재력은 도시 간 비교와 평가에 있어 의미를 찾을 수 있다. 예를 들어 PP_u가 다른 도시들에 비해 크다(작다)는 것은 도시 u를 중심으로 일어나는 통행량이 상대적으로 많음(적음)을 의미하는 것이다. 또한 식에 의해 계산되는 통행량은 바로 도시의 상대적 접근성 수준을 가리킨다고 할 수 있다. 이것은 통행량이 많으면 (적으면) 그만큼 도시의 접근성이 다른 도시들에 비해 높다(낮다)고 할 수 있기 때문이다. 따라서 PP_u는 접근성의 수준에 기초한 도시의 상대적 입지를 비교 평가하는 유용한 지표라고 할 수 있다.

PP_u를 도시의 인구 잠재력으로 부르는 이유는 접근성 수준이 바로 해당 도시의 발전 가능성을 내포하기 때문이다. 잠재력이란 사전적으로 '밖으로 드러나지 않고 속에 숨어 있는 힘'을 말한다. 즉, 잠재력이란 여건에 따라 외부로 표출될 수도 있고 드러나지 않을 수도 있기 때문에 잠재력이 높은 도시라고 해서 반드시 그 도시가 타 도시에 비해 높은 성장을 한다고 보장할 수는 없다. 단지, 확률적으로 볼 때 잠재력이 높은 도시의 발전 가능성은 잠재력이 낮은 도시에 비해 높다고 할 수 있는 것이다. 그러므로 접근성이 우수하다는 것은 그 만큼 그 도시가 다른 도시에 비해 잠재력이 크다는 것을 그리고 잠재력이 크다는 것은 장래 어떤 환경의 변화를 수용하여 발전할 수 있는 힘이 상대적으로 많음을 의미한다. 반대로 접근성의 수준이 낮은 도시는 동일한 논리에 의해 잠재력이 낮다고 할 수 있다.

도시의 인구 잠재력을 계산하는 데 있어서 문제는 바로 도시 자체의 잠재력을 산정하는 데 있다. 구체적으로, 식 (6-8)에서 도시의 자체 거리는 0이므로 인구 잠재력은 무한대가 된다. 아이사드(Isard, 1967)는 도시 자체의 잠재력을 계산하는 다양한 방법에 대해 설명하였는데, 여기서는 남광우와

이성호(2001)가 소개한 방법에 대해서만 설명하기로 한다. 도시 자체의 거리는 해당 도시를 원으로 보고 원의 반경의 1/2로 간주하는 것이다. 이를 식으로 표현하면 다음과 같다.

$$d_{uu}=\frac{r_u}{2}=\frac{\sqrt{\frac{S_u}{\pi}}}{2},\quad (S_u=\pi r_u^2), \qquad \text{...식 (6-9)}$$

d_{uu} : 도시 u의 자체 거리,

r_u : 도시 u의 반경,

S_u : 도시 u의 면적.

위의 방법을 이용하면 도시의 자체 잠재력은 다음과 같이 계산된다.

$$PP_{uu}=\frac{2P_u}{\sqrt{S_u/\pi}}, \qquad \text{...식 (6-10)}$$

PP_{uu}: 도시 u의 자체 잠재력.

도시의 면적이 주어지면 위의 식을 이용하여 도시 자체의 잠재력을 계산하는 데 있어 어려움은 없다. 종합하면, 도시 u의 인구 잠재력은 자체 도시의 인구 잠재력과 타 도시들과의 관계에 의한 잠재력의 합이다. 이를 식으로 표현하면 다음과 같다.

$$PP_u=\frac{2P_u}{\sqrt{S_u/\pi}}+\sum_{v\neq u}k\frac{P_v}{d_{uv}^b}. \qquad \text{...식 (6-11)}$$

위의 식에서 알 수 있듯이 자체 도시의 잠재력은 도시의 잠재력에서 큰 부분을 차지한다. 이는 도시의 잠재력이 원칙적으로 자체 도시의 잠재력에 기초함을 가리키는 것이다. 즉, 주변도시와의 관계도 중요하지만 도시 자체의 규모가 커야 궁극적으로 도시의 잠재력도 커지는 것이다. 그리고 도시의 인구 잠재력은 공간상에서 수요의 규모와 밀접하다. 왜냐하면 도시의 인구 잠재력은 근본적으로 통행에 기초한 도시의 구매력 규모를 그리고 도시의 통행은 바로 공간상에서 일어나는 수요의 흐름을 가리키기 때문이다.

중심지이론에서와 같이, 만일 모든 개인이 동일한 소득과 선호도를 갖고 있다면 식 (6-11)에 의한 인구 잠재력은 바로 가계부문의 수요규모를 합리적으로 나타내는 지표라 할 수 있다. 그러나 개인의 평균 소득수준은 도시마다 다른 것이 현실이므로 인구 잠재력이 보다 정확한 도시의 수요규모를 나타내기 위해서는 도시주민들의 소득수준이 고려되어야 한다. 소득수준과 인구규모가 결합되었을 때 식 (6-7)은 다음과 같이 표현된다.

$$I_u^{Income} = \sum_v k_u \frac{(W_u P_u)(W_v P_v)}{d_{uv}^b}, \qquad \text{...식 (6-12)}$$

I_u^{Income} : 도시 u의 평균소득을 고려하였을 때 예상되는 총통행량,

W_u : 도시 u내 인구의 평균소득.

위의 식에서 $W_u P_u$는 바로 도시 u 내 가계부문의 총 소득을 가리키며, 이는 바로 도시에 존재하는 실질적인 구매력 규모를 나타낸다. 식 (6-12)의 양변을 $W_u P_u$로 나누어주면 도시의 인구 잠재력은 도시의 시장 잠재력(market potential)을 가리키는 지표가 된다. MP_u는 1인 평균소득당 도시 u를 중심으로 일어나는 구매력의 흐름이라고 할 수 있다. 도시의 구매력 규모는 바로 도시의 실질적인 시장규모라 할 수 있으므로 아래의 식에 의해 계산된 잠재력을 도시 u의 시장 잠재력이라고 한다.

$$MP_u = \sum_v k_u \frac{Y_v}{d_{uv}^b}, \qquad \text{...식 (6-13)}$$

MP_u : 도시 u의 시장 잠재력,

Y_v : 도시 v의 가계소득의 규모.

위에서 설명한 인구 잠재력이나 시장 잠재력은 전국 또는 일정한 광역지역 내에 위치한 도시들이 담당하는 수요의 상대적 크기를 나타낼 수 있는 지표라고 할 수 있다. 또한 이러한 도시의 잠재력을 시계열적으로 살펴보면, 공간상에서 일어나는 경제의 변화 양상을 파악할 수 있어 국토나 지역계획 분야에서 의미 있는 결과를 제시할 수 있다.

우리나라 상위 50개 도시를 대상으로 식 (6-11)에 의한 도시의 인구 잠재력을 계산하면 표 6-3과 같다.(식에서 b와 k_u의 값은 편의상 각각 2와 1/50로 가정하였다.) 표에서 서울시의 인구 잠재력은 59,132로 전국에서 가장 높고, 그 다음은 부산광역시로 도시의 인구잠재력이 18,233이다. 반면 강원도 강릉시가 50개 도시 중에서 도시의 잠재력이 가장 낮은 968로 가장 낮게 계산되었다. 표에 제시된 도시들의 인구 잠재력을 지도에 표시하면 그림 6-4와 같다. 그림에서 나타나듯이 수도권에 위치해 있는 도시들의 인구 잠재력이 타 지역에 비해 월등히 높음을 알 수 있다. 이는 바로 수도권 도시들이 서울시와 근접하여 입지한 결과라 할 수 있다.

표 6-3 우리나라 상위 50개 도시들의 인구 잠재력

순위	도시명	인구 잠재력	순위	도시명	인구 잠재력
1	서울특별시	59,132	26	마산시	3,272
2	부산광역시	18,233	27	천안시	3,146
3	부천시	17,942	28	화성시	2,875
4	수원시	14,194	29	평택시	2,867
5	인천광역시	12,840	30	김포시	2,422
6	안양시	12,316	31	구미시	2,323
7	성남시	12,011	32	포항시	2,185
8	대구광역시	11,906	33	파주시	2,131
9	대전광역시	9,094	34	광주시	1,987
10	광주광역시	9,092	35	익산시	1,983
11	고양시	8,957	36	여수시	1,878
12	안산시	8,803	37	경산시	1,874

13	광명시	8,419	38	제주시	1,867
14	군포시	7,432	39	진주시	1,790
15	청주시	7,415	40	양산시	1,772
16	의정부시	7,261	41	아산시	1,682
17	전주시	6,306	42	거제시	1,615
18	구리시	6,248	43	원주시	1,524
19	시흥시	5,519	44	군산시	1,496
20	용인시	5,191	45	이천시	1,440
21	목포시	4,945	46	순천시	1,292
22	울산광역시	4,908	47	춘천시	1,163
23	창원시	4,283	48	경주시	1,095
24	남양주시	4,227	49	충주시	977
25	김해시	3,413	50	강릉시	968

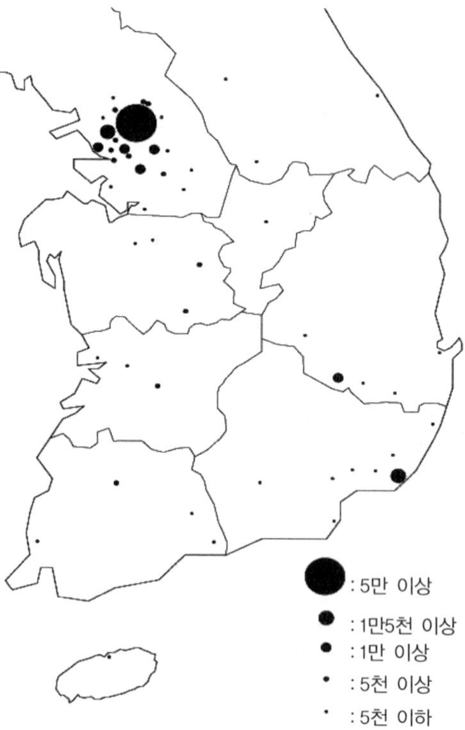

그림 6-4 우리나라 도시들의 인구 잠재력

그림 6-4는 국토공간상에서 인구 잠재력이 큰 도시들이 수도권 내에 집중되어 있음을 보인다. 그러므로 수요가 생산자의 입지결정에 중요하게 작용하는 요소라면 생산자는 수도권에 입지하려는 경향이 높아지게 된다. 만일 도시들의 평균소득이 고려된다면 시장 잠재력은 보다 정확한 도시의 구매력 규모를 가리킬 것이다. 이에 대해서는 독자들이 한번 계산해 보기 바란다.

본 절에서 설명한 렐리의 법칙이나 도시의 인구 및 시장 잠재력은 이론적으로 정교하지는 않지만 공간에 대한 유용한 관점을 제공한다. 그것은 도시들의 인구규모가 서로 같지 않을 경우 각 도시들이 담당하는 수요규모도 서로 다르다는 것이다. 수요규모가 공간별로 동일하지 않을 때, 생산자는 그의 최적입지를 찾는 과정에서 수요를 중요하게 고려해야 한다. 예를 들어 공간별로 생산자가 직면하는 비용과 수요가 그림 6-5와 같다면, 생산자는 비용이 최소가 되는 d_1을 그의 최적입지로 선택하지 않는다. 왜냐하면 생산자가 d_2에 입지하였을 때 얻을 수 있는 수익이 d_1에 입지하였을 때보다 더 크기 때문이다. 이 경우 생산자의 최적입지는 비용 최소의 지점이 아니라 수익 최대의 지점이 된다. 이와 같이 공간 내에 존재하는 수요규모는 생산자에게는 중요한 입지요소(location factor)가 되는 것이다.

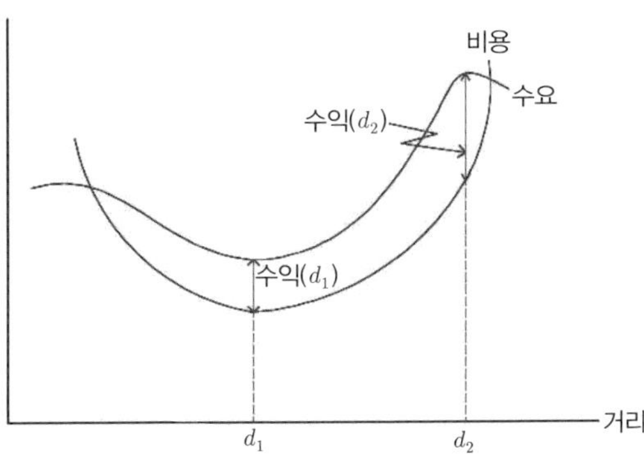

그림 6-5 교통비 최소지역이 최적입지가 아닌 경우

앞 장에서와 같이 모든 공간이 좌표화 되었다면 생산자의 최적입지는 다음과 같은 수익 최대화의 목적함수를 통해 결정될 수 있다. 그리고 공간의 특성이 반영된 수요함수와 비용함수가 구체적으로 주어진다면 식 (6-14)의 일계조건(FOC)을 통해 생산자의 최적입지는 도출될 수 있다.

$$Max\ \pi = P \cdot Demand(X, Y) - Cost(X, Y), \qquad \text{...식 (6-14)}$$

π : 생산자 수익,
P : 제품의 단위가격,
X, Y : 입지좌표,
$Demand(X, Y)$: 공간(X, Y)에 존재하는 수요규모,
$Cost(X, Y)$: 공간(X, Y)에서의 생산비용.

본 절에서 강조하고자 하는 것은 수요가 공간별로 다를 때, 최소비용의 입지가 최고의 수익을 가져다주는 입지와는 일치하지 않을 수 있다는 것이다. 그러므로 생산자는 최적의 입지를 선택하는 과정에서 수요와 비용을 함께 고려해야 하며 수요와 비용의 변화에 대해 신중해야 한다. 좀 더 구체적으로 말해, 수익의 최대화를 추구하는 생산자는 수요에 대해서는 경제의 환경변화와 장래변화를 내다보는 자세를, 그리고 비용에 대해서는 생산 및 가격구조 등을 뒤돌아보는 자세를 가지고 최적입지를 모색해야 한다.

6.2 입지요소로서의 생산요소

6.2.1 노동

앞 장에서는 교통비를 제외한 생산비용이 공간적으로 차이가 없음을 가정하고 생산자 입지에 대해 설명하였다. 그러나 그러한 가정은 현실을 잘 반

영한 것이라 할 수 없다. 왜냐하면 생산비용에서 큰 부분을 차지하는 노동 임금이나 토지의 지대(rent)와 같은 생산요소의 가격이 지역별로 차이가 있기 때문이다. 생산요소의 가격이 지역적으로 동일하지 않다면, 그것은 기본적으로 생산요소도 생산자에게는 중요한 입지요소가 될 수 있음을 의미하는 것이다. 따라서 본 절에서는 본원적 생산요소 중 노동에 초점을 맞추어 생산자의 입지를 설명한다.

생산자는 노동과 자본 그리고 토지의 본원적 생산요소들을 투입하여 제품을 생산한다. 본원적 생산요소 중 토지는 공간이동이 불가능한 요소이다. 또한 동일한 토지 위에서 다양한 경제활동이 동시에 일어나는 경우가 많기 때문에 용도별로 투입된 토지의 양을 정확하게 조사하는 것은 쉬운 일이 아니다. 예를 들어 한 고층건물에서 1층은 은행으로, 저층부는 판매시설로, 중층부는 사무실로, 고층부는 아파트와 같은 주거용도의 오피스텔로, 그리고 지하는 음식점으로 이용되는 건물을 주변에서 쉽게 볼 수 있다. 또한 건물 내 기계실이나 전기실 그리고 주차장 등은 공동으로 이용하는 시설이다. 이와 같은 건물들을 모두 조사하여 도시 전체의 토지면적을 용도별로 구분하기에는 많은 시간과 비용이 든다. 따라서 도시 및 지역경제 분야에서는 토지의 중요성에도 불구하고 건물이나 토지를 자본으로 간주하여 아래와 같이 생산함수를 노동과 자본으로 구성하는 것이 일반적이다.

$$Q = F(K, L), \qquad \text{…식 (6-15)}$$

$K(L)$: 생산과정에 투입된 자본(노동)의 양.

그러나 자본도 복잡하기는 마찬가지이다. 자본에는 생산라인에 투자된 다양한 시설들과 사무실에서 사용되는 컴퓨터와 각종 주변기기 및 기타 사무시설들을 포함한다. 이러한 시설들을 하나의 통일된 단위로 통합하여 물리적인 양으로 산정하는 것은 사실 거의 불가능하다. 왜냐하면 시설들의 크기와

단위가 서로 다르고 물리적으로도 통합할 수 없는 것이 대부분이기 때문이다. 따라서 본원적 생산요소에서 분명하게 숫자로 통합하여 나타낼 수 있는 요소는 바로 노동뿐이다.

도시 및 지역경제 분야에서는 모형의 간편을 위해 노동을 동질적이라고 가정하는 경우가 많다. 이러한 가정과 함께 노동이 공간적으로 균등하게 배분되어 있다고 가정하고 입지문제를 접근하면, 그것은 바로 앞 장에서 접근한 방법이 되는 것이다. 노동의 동질성과 공간적 균등배분의 가정은 사실 현실과 차이가 크다. 왜냐하면 통계자료를 보더라도 노동규모와 노동자들의 생산성은 공간적으로 차이가 크기 때문이다. 이와 같이 노동이 공간별로 동질적이지도 않고 또한 균등히 배분되지도 않았을 때, 노동은 생산자의 입지결정에 영향을 줄 수 있는 입지요소가 되는 것이다.

우리나라 예를 들어 지역별 노동규모의 차이에 대해 살펴보자. 표 6-4는 광역지역별로 노동자의 수를 제시한 것이다. 표에 보듯이 노동규모 측면에서 지역 간 차이는 크게 나타난다. 서울시와 경기도의 노동공급 규모는 5,032천명과 5,819천명으로 전체에서 차지하는 비율은 각각 20.4%와 23.6%이다. 반면 울산광역시와 제주도는 546천명과 295천명으로 전체에서 차지하는 비율은 각각 2.2%와 1.2%이다. 지역의 노동을 밀도 측면에서 보면 서울시가 8.31명/km^2, 부산시가 2.13명/km^2로 높은 반면 강원도와 전라남도가 각각 0.04명/km^2와 0.08명/km^2로 매우 낮다. 이와 같이 노동자들의 밀도 측면에서도 지역 간에는 큰 차이가 존재한다. 그러므로 대규모의 노동력을 투입하는 산업의 입지를 결정하는 경우 그 산업의 입지는 지역의 노동규모에 의해 영향을 받게 된다. 이는 지역이 보유한 노동규모가 실질적인 입지요소가 됨을 가리키는 것이다.

표 6-4 우리나라 지역의 노동규모 및 노동밀도

구분	노동(천명)	구성 비율	노동밀도 (노동자수/km^2)
서울특별시	5,032	20.4%	8.31
부산광역시	1,633	6.6%	2.13
대구광역시	1,237	5.0%	1.40
인천광역시	1,368	5.5%	1.35
광주광역시	686	2.8%	1.37
대전광역시	718	2.9%	1.33
울산광역시	546	2.2%	0.52
경기도	5,819	23.6%	0.57
강원도	723	2.9%	0.04
충청북도	765	3.1%	0.10
충청남도	1,040	4.2%	0.12
전라북도	852	3.5%	0.11
전라남도	938	3.8%	0.08
경상북도	1,413	5.7%	0.07
경상남도	1,590	6.4%	0.15
제주도	295	1.2%	0.16
계	24,655	100%	

• 출처: 통계청, 2009 ; 행정안전부, 2009

노동의 규모뿐만 아니라 노동임금의 수준도 생산자에게는 입지요소가 될 수 있는데, 비용을 최소화하려는 생산자는 노동임금이 낮은 지역을 선호할 것이기 때문이다. 만일 노동임금이 전국적으로 동일하다면 임금수준은 생산자의 입지결정에 아무런 영향을 미치지 못한다. 그러나 임금이 지역별로 다르다면 임금수준은 생산자의 입지결정에 영향을 미칠 수 있다.(물론 노동자들의 생산성이 지역적으로 차이가 없다는 전제 아래서이다.) 고용노동부

(2009)가 발표한 우리나라의 광역지역별 평균임금을 월평균 급여액 기준으로 보면 표 6-5와 같다. 표에 보이듯이 서울시의 임금이 월평균 2,430 천 원으로 가장 높고, 다음으로 울산광역시와 대전광역시가 각각 2,303천 원과 2,176천 원으로 높은 것으로 조사되었다. 반면 대구시는 1,803천 원으로 그리고 제주도는 1,717천 원으로 평균임금이 가장 낮은 것으로 조사되었다. 이와 같이 노동자들의 지역 간 임금 차이는 현실적으로 존재하는 것이며, 이러한 차이는 생산자의 입지결정에 영향을 줄 수 있다.

표 6-5와 같이 비록 지역 간 임금 차이가 있다고 하더라도 생산자는 임금 수준보다 노동자들의 생산성 수준을 더 중요하게 생각한다. 언급하였듯이 생산자가 궁극적으로 추구하는 것은 비용 최소화가 아니라 수익 최대화이기 때문이다. 예를 들어 어떤 도시의 임금수준이 전국 평균보다 10% 높지만, 그 도시에 있는 노동자들의 생산성이 전국에 비해 15% 더 높다면 생산자는 높은 임금에도 불구하고 그 도시에 입지하려 할 것이다.

표 6-5 우리나라 지역별 노동임금 (단위: 천원)

지역구분	월급여액	지역 간 차이 (전국=100)	지역구분	월급여액	지역 간 차이 (전국=100)
서울특별시	2,430	114.4	강원도	1,939	91.9
부산광역시	1,864	87.7	충청북도	1,916	90.2
대구광역시	1,803	84.8	충청남도	1,987	93.5
인천광역시	2,013	94.7	전라북도	1,864	87.7
광주광역시	1,935	91.1	전라남도	2,122	99.9
대전광역시	2,176	102.4	경상북도	1,954	91.9
울산광역시	2,303	108.4	경상남도	2,025	95.3
경기도	2,109	99.3	제주도	1,717	80.8
전 국	2,125				

• 출처: 고용노동부, 2009

생산성이 높은 도시에 입지할 경우 생산자는 높은 임금을 충당하고도 남는 수익이 발생하게 된다. 그리고 생산규모가 커질수록 생산자가 얻는 수익의 규모는 증가하게 된다.

김홍배(1996)가 지적하였듯이 노동자들의 생산성 향상은 주로 교육에 의해 이루어진다. 이러한 측면에서 볼 때 노동자들의 학력은 그들의 생산성 수준을 나타내는 유용한 지표가 된다. 우리나라의 학력별 평균임금을 2001년부터 2007년까지 살펴보면 표 6-6과 같다. 표는 우리나라 노동자들의 학력 간 임금 차이가 시간이 지남에 따라 계속 지속됨을 가리킨다. 그리고 이러한 학력 간 임금의 차이는 종합적으로 말해 바로 노동자들의 생산성의 차이에 기인하는 것이라 할 수 있다.

표 6-6 학력별 월평균 급여액 (단위: 천원)

학력	2007	2006	2005	2004	2003	2002	2001
중졸이하	1,584	1,463	1,384	1,258	1,226	1,160	1,087
고　졸	1,780	1,731	1,618	1,542	1,456	1,363	1,244
전문대졸	1,843	1,764	1,675	1,578	1,489	1,386	1,289
대졸이상	2,807	2,636	2,506	2,347	2,208	2,036	1,894

• 출처: 고용노동부, 2009

우리나라의 인구를 지역별 그리고 학력별로 구분하면 표 6-7과 같다. 규모 측면에서 볼 때 대졸 이상의 노동자들을 가장 많이 보유한 지역은 서울과 경기도이다. 즉, 서울시와 경기도는 생산성이 높은 노동력을 다른 지역에 비해 상대적으로 많이 보유하고 있다. 따라서 대졸 이상의 노동자들을 대규모로 고용하려는 생산자는 노동력 확보가 상대적으로 용이한 서울시와 경기도에 입지하려는 경향이 높다고 할 수 있다.

표 6-7의 학력별 인구구성을 지역의 구성 비율로 나타내면 표 6-8과 같다. 표에서 전체 인구비율은 표의 마지막 열에 제시되었으므로 인구비율과 학력별 인구비율을 비교하면 지역인구의 상대적 학력수준을 알 수 있다.

표 6-7 우리나라 지역별 학력별 인구구성

구 분	중졸 이하	고졸	대졸 (4년 미만)	대졸	석사 졸	박사 졸	합 계
전 국	5,615,274	11,529,923	3,189,331	6,017,578	627,314	134,466	27,113,886
서울특별시	894,007	2,323,250	685,217	1,764,611	220,715	48,169	5,935,969
부산광역시	475,040	883,232	248,167	448,469	32,955	8,392	2,096,255
대구광역시	313,143	556,476	201,303	318,881	27,089	6,954	1,423,846
인천광역시	272,897	767,847	175,654	248,674	19,952	2,361	1,487,385
광주광역시	132,913	307,280	103,593	218,285	16,061	4,850	782,982
대전광역시	146,765	306,757	94,540	213,486	31,570	11,802	804,920
울산광역시	116,140	312,707	79,251	109,886	6,997	1,067	626,048
경기도	950,962	2,760,765	695,535	1,437,190	157,699	27,233	6,029,384
강원도	239,925	327,549	80,584	131,714	13,840	2,960	796,572
충청북도	219,619	340,191	82,474	132,563	13,636	2,945	791,428
충청남도	317,354	431,481	104,514	138,834	16,674	3,036	1,011,893
전라북도	274,887	368,928	92,460	178,240	17,011	4,239	935,765
전라남도	346,448	365,642	100,111	125,612	9,809	1,697	949,319
경상북도	430,973	585,523	187,599	205,188	16,661	3,479	1,429,423
경상남도	419,901	778,853	207,003	293,350	22,281	4,373	1,725,761
제주도	64,300	113,442	51,326	52,595	4,364	909	286,936

• 출처: 통계청, 2005, 인구주택 총조사. 20세 이상~65세 미만

표 6-8 우리나라 지역별 인구의 학력구성 비율

구 분	중졸 이하	고졸	대졸 (4년 미만)	대졸	석사 졸	박사 졸	합 계
서울특별시	15.9	20.1	21.5	29.3	35.2	35.8	22.3
부산광역시	8.5	7.7	7.8	7.5	5.3	6.2	7.8
대구광역시	5.6	4.8	6.3	5.3	4.3	5.2	5.3
인천광역시	4.9	6.7	5.5	4.1	3.2	1.8	5.4
광주광역시	2.4	2.7	3.2	3.6	2.6	3.6	3.0
대전광역시	2.6	2.7	3.0	3.5	5.0	8.8	3.1
울산광역시	2.1	2.7	2.5	1.8	1.1	0.8	2.2
경기도	16.9	23.9	21.8	23.9	25.1	20.3	21.9
강원도	4.3	2.8	2.5	2.2	2.2	2.2	3.0
충청북도	3.9	3.0	2.6	2.2	2.2	2.2	2.9
충청남도	5.7	3.7	3.3	2.3	2.7	2.3	3.7
전라북도	4.9	3.2	2.9	3.0	2.7	3.2	3.5
전라남도	6.2	3.2	3.1	2.1	1.6	1.3	3.4
경상북도	7.7	5.1	5.9	3.4	2.7	2.6	5.2
경상남도	7.5	6.8	6.5	4.9	3.6	3.3	6.2
제주도	1.1	1.0	1.6	0.9	0.7	0.7	1.1
전국	100.0	100.0	100.0	100.0	100.0	100.0	100.0

• 출처: 통계청, 2005 인구주택 총조사, 20세 이상~65세 미만.

위에서 여러 번에 걸쳐 설명하였듯이 노동규모와 임금 수준 그리고 학력수준은 지역마다 다르기 때문에 이들은 생산자의 입지 선택에 영향을 주는 요소가 될 수 있다. 그러나 이러한 요소들의 영향력은 궁극적으로 산업의 생산특성에 달려있다고 할 수 있다. 왜냐하면 입지요소들의 실질적인 영향력은 투입되는 노동력의 비율에 따라 달라지기 때문이다. 예를 들어 생산과정이 자동화되어 노동의 투입비율이 낮다면, 그러한 산업은 지역의 노동규모와 수준에 큰 영향을 받지 않을 것이다. 그 결과 생산자는 노동관련 요소보다는 교통비나 수요 등과 같은 입지요소들을 더 중요하게 고려하게 된다. 반대로 생산과정에서 노동의 투입비율이 높을 경우, 그러한 산업의 입지는 지역의 노동규모와 임금 및 학력 수준에 영향을 받게 된다.

산업의 생산특성을 산업의 부가가치액에서 노동임금이 차지하는 비율로 살펴보면 다음과 같다. 한국은행(2009)이 발표한 우리나라 투입산출표의 77개 산업 중 노동임금이 부가가치액에서 차지하는 비율을 보면 어떤 산업이 그의 입지를 결정할 때 노동을 중요하게 고려하는지 알 수 있다. 우리나라 전체 산업들의 부가가치액에서 노동임금이 차지하는 평균비율은 0.479이다. 이를 기준으로 임금비율이 높은 상위 5개 산업과 낮은 하위 5개 산업을 제시하면 표 6-9와 같다.

전체 산업 중 사회복지사업의 노동비율이 0.943으로 가장 높고, 그 다음으로 교육서비스와 위생서비스 산업이 각각 0.837과 0.828로 높게 나타났다. 반면 석유제품 산업의 노동비율은 0.045로 전체 산업에서 가장 낮고, 그 다음으로 축산물과 농산물산업이 각각 0.048과 0.060으로 낮게 나타났다. 이와 같이 상위 산업들과 하위 산업들 사이에는 노동투입 비율이 차이가 크게 존재함을 알 수 있다. 따라서 노동투입 비율에 따라 노동의 규모와 수준이 생산자의 입지 선택에 미치는 영향은 달라진다. 즉, 노동투입 비율이 높은 산업의 경우 생산자는 입지결정에서 공간별 노동관련 입지요소들을 중요하게 고려하지만, 노동투입 비율이 낮은 산업의 경우 생산자는 노동관련 입지요소들의 영향을 크게 받지 않는다.

표 6-9 77개 산업 기준 노동임금/부가가치액 비율

구분	산업	비율	전체 산업평균
상위 5개	사회복지사업	0.943	0.479
	교육서비스	0.837	
	위생서비스	0.828	
	사회단체	0.803	
	석탄 및 원유	0.783	
하위 5개	석유제품	0.045	
	축산물	0.048	
	농산물	0.060	
	부동산	0.067	
	담배	0.075	

• 출처: 한국은행, 2009, 산업연관표 연장표.

위에서 설명한 내용을 종합하면, 생산요소의 규모와 수준 그리고 생산에 투입되는 요소의 양 등도 생산자에게는 입지요소가 될 수 있다는 것이다. 그러므로 생산자는 교통비뿐만 아니라 생산기술의 특성과 생산과정에 투입되는 요소들을 종합적으로 고려하여 최종입지를 결정해야 한다.

6.2.2 임계등교통비선(Critical Iso-Dapane)

본 절에서는 노동규모와 수준에 관련된 입지요소들이 최종적으로 해당 도시나 지역의 노동비용에 반영된다고 전제하고 생산자의 입지에 대해 살펴보기로 한다. 웨버(Weber)는 노동비용이 공간별로 일정하지 않을 때, 생산자의 입지는 교통비 최소입지와 다르다는 것을 임계등교통비선을 통해 제시하였다. 임계등교통비선이란 교통비 최소입지에서 멀어질 때 생산자가 추가적으로 지불해야 하는 교통비용이 다른 입지에서 생산요소 비용의 절감액과 같아지는 위치를 등고선으로 나타낸 선을 말한다. 예를 들어 설명하면, 표 6-10은 생산자의 입지에 따라 한 단위제품의 생산에 지불하는 교통비와 노동비를 제시한 것이다.

표 6-10 도시별 단위 교통비와 노동비 I

(단위: 원/제품)

구분	도시 A	도시 B	도시 C	도시 D
교통비	20	23	25	27
노동비	30	25	25	25
계	50	48	50	52

표에서 알 수 있듯이 도시 A는 교통비가 최소인 동시에 생산비용이 가장 높은 도시이다. 구체적으로 도시 A는 제품당 노동비가 다른 도시들에 비해 5원이 더 발생한다. 이 경우 임계등교통비선은 5원이 된다. 생산자는 기본적으로 교통비와 노동비를 종합한 생산비가 최소가 되는 곳에 입지를 결정하게 된다. 우선 도시 A와 도시 C를 비교해 보자. 도시 C는 임계등교통비선에 입지한다. 이는 생산에 투입되는 총비용이 도시 A와 도시 C에서 같음을 의미한다. 따라서 생산자는 도시 A와 도시 C에 입지하는 데 차이를 두지 않는다. 그러나 도시 D는 임계등교통비선 밖에 입지하고 있다. 이는 생산자가 도시 D에 입지하면 절감되는 노동비에 비해 교통비가 과도하게 발생함을 가리키는 것이다. 그러므로 생산자는 도시 D에 입지하지 않는다. 도시 B는 전체 비용이 최소가 되므로 생산자는 도시 B를 최적입지로 결정하게 된다.

위에서 언급하였듯이 생산자의 입지결정은 임계등교통비선을 기준으로 이루어진다. 즉, 교통비 최소도시와 비교할 때 다른 도시가 임계등교통비선 안쪽에 위치한다면 생산자는 그 도시로 입지를 결정하게 된다. 그림 6-11에서 도시 B는 임계등교통비선 안쪽에 입지해 있으므로 생산자는 도시 B를 최적입지로 결정하게 된다.

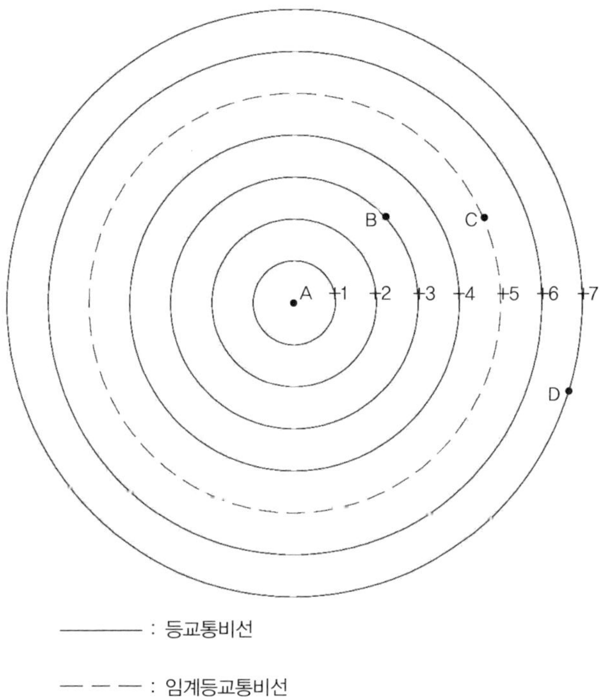

그림 6-11 임계등교통비선

표 6-10에서 도시 B, C, D의 제품당 노동비가 모두 동일하게 25원이므로 임계등교통비선은 하나만 존재한다. 그러나 도시마다 제품당 투입되는 노동비가 서로 다를 경우 임계등교통비선은 교통비 최소도시와 비교 도시별로 달리 존재하게 된다. 예를 들어 도시별 단위제품당 투입되는 교통비와 노동비가 표 6-11과 같다고 할 때, 임계등교통비선은 모두 달라진다. 즉, 도시 A와 B에서 임계등교통비선은 4원이며 도시 C와는 3원, 그리고 도시 D와는 2원이 된다. 따라서 이러한 경우 생산자는 도시 B만이 임계등교통비선 안에 위치하므로 도시 B에 입지하게 되며, 도시 C와 D에는 입지하지 않는다.

표 6-11 도시별 단위 교통비와 노동비 II

(단위: 원/제품)

구분	도시 A	도시 B	도시 C	도시 D
교통비	20	23	25	27
노동비	30	26	27	28
계	50	49	52	55

웨버의 임계등교통비선은 바로 노동비와 교통비 사이에는 대체관계가 존재함을 가리키는 것이다. 엄밀히 말해, 이와 같은 대체관계는 생산과정에 투입되는 모든 생산요소들 사이에도 존재할 수 있다. 즉, 노동비와 교통비 사이뿐만 아니라 다른 생산요소들 사이에서의 대체관계도 임계등교통비선과 동일한 방법이 적용될 수 있다. 예를 들어, 교통비와 토지비 사이, 노동비와 토지비 사이 등 기타 생산자가 직면한 생산요소 간에 존재하는 대체관계를 웨버가 설명한 방법을 이용하면 보다 합리적으로 생산자의 최적입지를 결정할 수 있다.

6.3 생산규모와 입지

6.3.1 시장범위와 규모의 경제

앞 절에서 설명한 공간별 수요규모와 생산요소의 특징 이외에도 효율적인 생산량의 규모도 생산자에게는 입지요소가 될 수 있다. 사실 제품에 대한 수요와 생산요소 그리고 생산량은 서로 독립된 것이 아니라 서로 복잡하게 얽혀져 있다. 좀 더 구체적으로 설명하면, 생산요소의 가격은 제품의 가격에 영향을 주며, 제품가격은 제품수요에 영향을 준다. 그리고 생산량의 규모는 제품수요에 의해 제한되며, 생산량의 규모로부터 생산요소에 대한 수요규모가 정해진다. 그리고 생산요소에 대한 수요는 다시 생산요소의 가격에 영향을 준다. 이와 같이 입지요소들 사이에서는 순환관계가 존재하며, 이러한 관계로 인해 입지문제는 항상 어렵고 복잡해지는 것이다. 따라서 생산자가 최적입지를 결정하기 위해서는 입지요소들에 대한 종합적인 이해가 필요하다. 앞 절에서는 생산자의 입지가 공간별 수요규모와 생산요소의 규모 및 수준에 의해 달라질 수 있음을 설명하였다. 본 절에서는 시장범위와 생산량의 규모 그리고 생산자의 입지에 대해 설명하기로 한다.

편의상 생산요소 중 하나인 토지가 고정되어 있다고 전제하고, 단기비용곡선(short-run cost curve)을 중심으로 효율적인 생산량에 대해 설명해 보자. 여기서 효율적인 생산량이란 생산자가 추구하는 목적에 따라 최소비용으로 생산할 수 있는 최대의 생산량 또는 생산자에게 최대의 수익을 발생시키는 생산량 등으로 해석될 수 있다. 어떤 해석이건 생산자에게 효율적인 생산량이 존재한다는 것은 기본적으로 생산에 있어 규모의 경제(economy of scale)가 존재함을 의미한다. 규모의 경제와 시장범위와의 관계는 기본적으로 생산자의 입지를 이해하는 데 있어 중요하다. 이에 대한 설명은 다음과 같다.

제품 생산에 투입되는 총비용은 크게 고정비용(fixed cost)과 가변비용(variable cost)으로 구분된다. 고정비용은 고정된 요소와 관련된 비용, 예를 들면 토지비나 임대료 등과 같이 생산량에 관계없이 생산자가 지불하는 비용이다. 그리고 가변비용은 원료비나 노동자들의 임금과 같이 생산량의 규모에 따라 변하는 비용이다.

$$TC = FC + VC, \qquad \text{…식 (6–16)}$$

$TC(FC, VC)$: 총생산비용(고정비용, 가변비용).

총비용과 생산량으로부터 평균비용과 평균고정비용, 평균가변비용, 그리고 한계비용이 계산되는데, 이를 식으로 표현하면 다음과 같다.

$$ATC = \frac{TC}{Q},\ \ AFC = \frac{FC}{Q},\ \ AVC = \frac{VC}{Q},\ \ MC = \frac{\Delta TC}{\Delta Q},$$

…식 (6–17)

$ATC(AFC, AVC, MC)$: 평균비용(평균고정비용, 평균가변비용, 한계생산비용).

평균비용은 총비용을 생산량으로 나눈 값이며, 평균고정비용과 평균가변비용도 각각 고정비용과 가변비용을 생산량으로 나눈 값이다. 그리고 한계비용은 한 단위 생산 증가에 따른 비용의 변화분이다. 이러한 비용들을 그림으로 나타내면 그림 6–12와 같다. 그림에서와 같이 p점에서 가변비용은 최소가 되며 q점에서는 총비용이 최소가 된다. 그리고 평균고정비용은 생산량이 증가할수록 낮아지며, 평균비용과 평균가변비용은 생산량 증가에 따라 감소하다가 증가하는 U자 형태의 특징을 갖는다. 구체적으로 평균비용은 생산량이 q점을 초과하면서 그리고 평균가변비용은 p점을 초과하면서 증가하게 된다.

그림 6–12의 그림(b)에서 평균가변비용의 최저점은 평균비용의 최저점보다 낮다. 이것은 평균비용에는 평균고정비용이 포함되기 때문이다. 그리고 한계비용곡선은 평균가변비용곡선과 평균비용곡선의 최저점을 통과한다. 한계비용곡선이 평균가변비용곡선과 평균비용곡선의 최저점을 통과하는 특징은 다음과 같은 생산자의 행태, 즉 평균비용 최소화로부터 도출된다.(이러한 특징은 평균가변비용도 동일하므로 평균비용에 대해서만 설명하기로 한다.) 우선 생산자의 기본 행위는 비용 최소화, 다시 말해 평균비용 최소화에 있으므로 이를 식으로 표현하면 다음과 같다. 그리고 식에서 생산자의 결정변수(또는 선택변수)는 생산량 Q이다.

$$Min.\ ATC = \frac{TC(Q)}{Q}.$$

…식 (6–18)

평균비용이 최소화되는 생산량은 위의 식의 일계조건(FOC)을 통해 다음과 같이 구해진다.

$$\frac{dATC(Q)}{dQ} = 0. \qquad \text{...식 (6-19)}$$

위의 일계조건에서 평균비용이 최소화되는 점은 다음과 같이 평균비용과 한계비용이 같아지는 특징을 갖는다.

$$\frac{dTC(Q)}{dQ} = \frac{TC(Q)}{Q}, \text{ 즉 } ATC = MC. \qquad \text{...식 (6-20)}$$

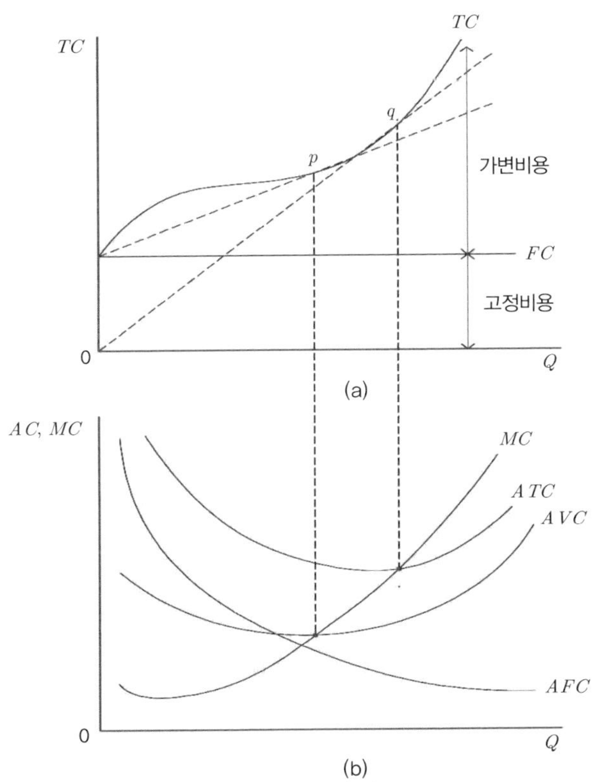

그림 6-12 생산량에 따른 비용의 변화

식 (6-17)에 제시된 비용들은 생산량에 따라 달라진다. 이는 그림 6-12의 그림(a)에서 알 수 있듯이 총비용과 생산량과의 관계가 비선형적인 특성에 기인하는 것이다. 즉, 총비용은 q점까지 생산량 증가에 따라 체감적으로 증가하지만, 그 이후부터는 체증적으로 증가하게 된다. 비용이 체감적으로 증가함은 평균비용이 낮아지는 것을 그리고 체증적으로 증가함은 평균비용이 높아지는 것을 의미한다. 생산량의 증가에 따라 평균비용이 낮아지는 현상을 규모의 경제(economy of scale)라고 하며, 평균비용이 높아지는 현상을 규모의 불경제(diseconomy of scale)라고 한다.

규모의 경제는 생산자에게 수확체증(increasing returns to scale)으로 그리고 규모의 불경제는 수확체감(decreasing returns to scale)으로 나타난다. 여기서 수확체증이란 투입되는 생산요소의 증가보다 생산량이 더 크게 증가하는 경우를 말하며, 생산요소의 증가보다 생산량의 증가가 적은 경우를 수확체감이라고 말한다. 예를 들어, 생산요소들을 2배씩 증가시켰을 때 생산량의 증가가 2배 보다 크면, 그 때의 생산기술은 수확체증이라 하고, 2배 보다 작으면 수확체감이라 한다. 이를 비용 측면에서 보면 평균비용이 낮아지면 수확체증이고 높아지면 수확체감이다. 그리고 투입된 생산요소의 증가만큼 생산량이 증가하는 현상을 수확불변(constant returns to scale)이라고 한다. 생산기술이 수확불변으로 특징지어질 때 생산량의 증가에 따른 평균비용은 일정하게 된다.

여기서 중요하게 인식해야 할 것은 생산량의 증가는 수요 증가에 기인하며 수요 증가는 시장의 공간적 범위가 확대된 결과로 나타난다는 것이다. 즉, 소비자는 공간적으로 분산되어 있기 때문에 시장의 범위는 바로 수요의 규모와 직접적으로 연관되어 있다. 그러므로 생산량의 규모와 생산에 있어 규모의 경제 또는 불경제는 시장의 범위에 의해 결정된다고 할 수 있다.
그리고 시장의 범위가 넓어질수록 제품의 운반거리는 늘어나게 되고, 이에 따라 교통비도 자연히 증가하게 된다. 따라서 시장영역을 확장할 때 생산자는 교통비의 증가와 규모의 경제에 따른 평균비용의 변화를 함께 고려해야 한다. 만일 규모의 불경제 상태라면 시장영역의 확장은 생산자에게 교통비와 평균비용을 동시에 증가시킨다. 그러나 교통비와 평균비용이 증가해도 생산자는 시장을 확장할 수도 있는데, 이것은 생산자는 수익이 발생하는 한 생산을 계속할 것이기 때문이다. 이를 경제학원론으로 돌아가서 설명을 해 보자. 수익을 최대화하려는 생산자는 다음과 같은 목적식을 통해 생산량을 결정하게 된다.

$$Max\ \pi = P \cdot Q - TC(Q), \quad \text{...식 (6-21)}$$

π : 생산자 수익.

생산자의 결정변수는 생산량이므로, 일계조건(FOC)은 다음과 같다.

$$\frac{d\pi}{dQ} = P - \frac{dTC(Q)}{dQ} = 0. \quad \text{...식 (6-22)}$$

위의 식으로부터 수익을 최대화하려는 생산자의 생산량 결정은 다음과 같다.

$$P = MC. \quad \text{...식 (6-23)}$$

다시 말해 식 (6-23)은 수익을 최대화하려는 생산자는 한계비용이 가격과 동일해지는 수준까지 제품을 생산함을 가리킨다. 그림 6-13의 그림(c)에서와 같이 생산자에게 수익을 발생시키는 생산량은 평균비용이 높아지는 규모의 불경제 상태에서 결정된다. 그러므로 생산자는 교통비와 평균비용이 상승한다고 해도 시장을 확장할 수 있는 것이다.

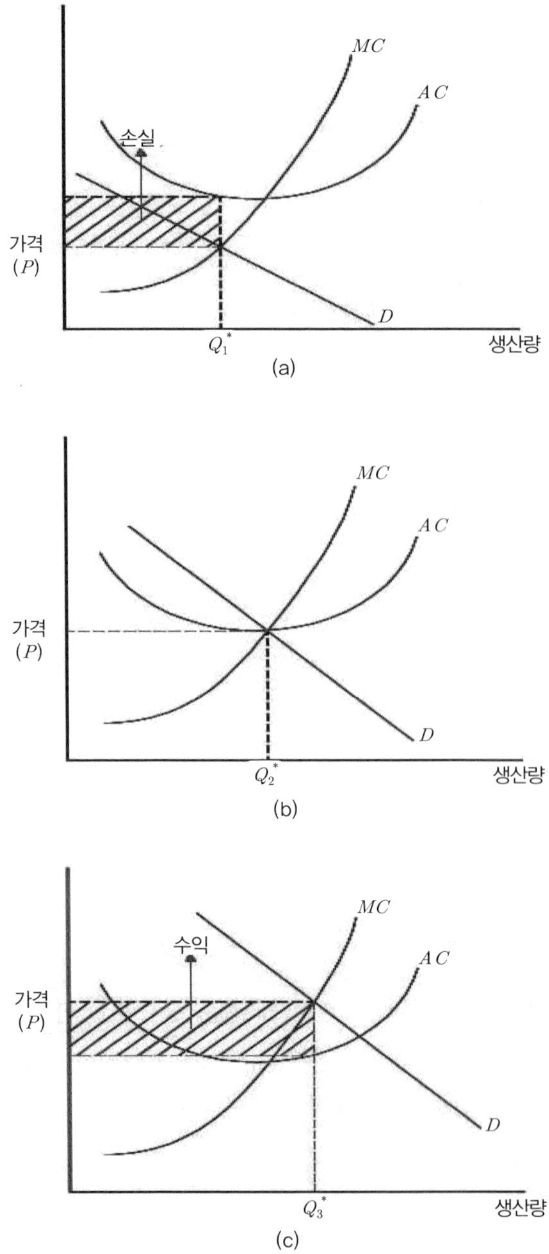

그림 6-13 가격결정에 따른 생산자의 손실 및 수익

그림 6-13의 3개 그림은 생산자가 생산을 중단하고 시장을 떠나는 경우와 시장에 남아 생산활동을 지속하는 경우를 각각 표현한 것이다. 그림(a)는 규모의 경제에도 불구하고 손실이 발생하므로 생산자는 생산을 포기하고 시장을 떠나는 경우이다. 그림(b)는 손실도 수익도 발생하지 않는 경우로 생산자가 시장에 남아 있을 최소한의 조건을 가리킨다. 그리고 그림(c)는 수익이 발생하므로 생산자가 시장에 남아 생산활동을 지속하는 경우이다. 이와 같은 3개의 그림은 수요가 수익 또는 손실을 결정하는 데 있어 핵심적인 역할을 하며, 수요에 따라 생산자는 수확체감이나 수확불변 또는 수확체증을 경험하게 됨을 가리킨다. 여기서 수요규모는 언급한 바와 같이 시장의 공간적 범위에 의해 결정된다.

시장의 범위가 확대될 때, 생산자는 평균비용의 변화와 교통비 증가를 직면하게 된다. 이를 그림으로 설명하면 그림 6-14와 같다. 그림에 보이는 한계선(marginal line)은 후버(Hoover, 1937)와 아이사드(Isard, 1967)가 설명한 거리에 따른 생산비용의 변화와 증가된 교통비가 반영된 생산자의 배달가격(delivery price)이다. 생산자가 제품을 원점에 위치한 소비자에게만 공급한다면 배달가격은 OA이다. 이 배달가격은 시장이 일정수준으로 (그림에서 M지점) 확대될 때까지는 감소하게 된다. 왜냐하면 시장 확대로 인해 감소되는 평균비용이 증가되는 교통비보다 크기 때문이다. 그러나 시장이 일정수준 이상으로 확대되면 배달가격은 규모의 불경제와 교통비의 증가로 인해 높아지게 된다. 그림에서 K지점에 위치한 소비자에게 제품이 공급된다면 그곳에서의 생산자 배달가격은 EK가 되지만 원점에 위치한 소비자에게는 교통비가 발생하지 않으므로 배달가격은 OB가 된다. 그리고 N지점에 위치한 소비자에게 제품이 공급된다면 그곳에서의 생산자 배달가격은 NG가 된다.

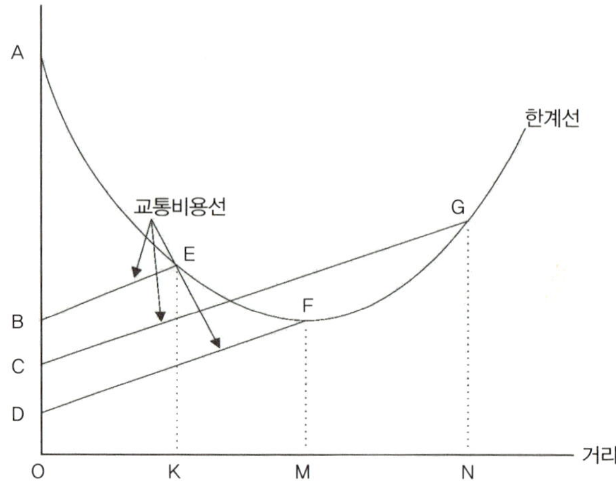

그림 6-14 **생산자의 한계선**

동질한 공간에 동일한 생산기술로 동일한 제품을 생산하는 두 생산자가 그림 6-15와 같이 각각 O_1과 O_2에 입지한다면, 위에서 설명한 생산자의 한계선도 서로 동일할 것이다. 따라서 각 생산자가 담당하는 시장영역은 두

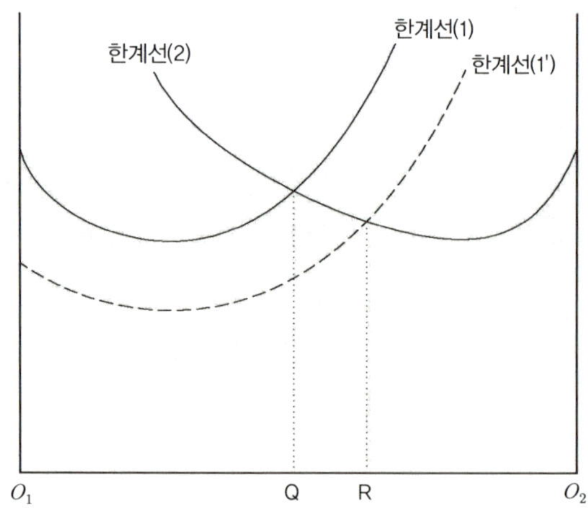

그림 6-15 **생산자의 시장범위 구분**

생산자의 한계선이 교차하는 Q점을 기준으로 구분된다. 그러나 만일 O_1에 입지한 생산자의 생산성이 첨단의 생산기술로 인해 향상되었다면 그 한계선은 그림에서와 같이 아래로 이동하게 된다. 이 경우 두 생산자가 담당하는 시장영역은 Q점이 아니라 R점을 기준으로 구분된다. 이와 같이 생산기술의 변화는 생산자가 담당하는 시장범위에 영향을 미치게 된다.

6.3.2 원료배합과 생산자 입지

생산원료들의 배합도 생산자에게 영향을 미치는 입지요소가 될 수 있다. 왜냐하면 생산량의 규모에 따라 원료배합이 변했을 때 생산자의 입지도 변할 수 있기 때문이다. 예를 들어 두 입지, A와 B 그리고 두 생산원료, 1과 2를 생각해 보자. 입지 A에는 원료 1이 원료 2에 비해 많이 존재하고 입지 B에는 반대로 원료 2가 원료 1에 비해 많이 존재한다. 이에 따라 입지 A에서 원료 1의 가격은 낮고 원료 2의 가격은 높게 형성되어 있으며, 입지 B에서는 원료 2의 가격이 저렴한 반면 원료 1의 가격은 상대적으로 비싸다.

만일 생산자의 총비용이 4,000원이라고 한다면, 이 비용으로 생산자가 투입할 수 있는 원료의 양은 입지별로 다를 것이고 이에 따라 원료의 배합도 다르게 된다. 설명의 편의상 입지 A에서 원료 1의 단위가격은 100원이고 원료 2의 단위가격은 200원이며 입지 B에서 원료 1과 2의 단위가격은 각각 200원과 100원이라고 해 보자. 주어진 조건으로부터 입지 A에서 원료 1은 최대 40단위 그리고 원료 2는 최대 20단위 투입할 수 있으며, 입지 B에서 원료 1은 최대 20단위 그리고 원료 2는 40단위 투입할 수 있다.

각 입지에서 생산자의 등비용선(iso-cost curve)을 그림으로 나타내면 그림 6-16의 그림(a)와 같다. 등비용선이란 주어진 생산자의 지출예산으로 투입할 수 있는 생산원료들의 결합을 연결한 선을 말한다. 그리고 두 입지에서의 등비용선을 서로 겹친다면 생산자의 입지 선택은 명확해진다. 여기서 입지 선택이 명확해진다는 것은 바로 동일 비용을 투입하여 더 많은 제품을 생산할 수 있는 입지가 명확하게 드러남을 의미하는 것이다. 예를 들어, 생산자의 기술특성상 투입되어야 할 원료 1의 양이 14단위로 고정된다면 생산자는 입지 A를 선택할 것이다. 투입되는 원료 1의 양이 고정된 상태에서 입지 A에서 투입 가능한 원료 2는 13단위인데 비해 입지 B에서는 12단위이기 때문이다. 즉, 생산자는 더 많은 원료 2를 투입하여 더 많은 제품을 생산할 수 있는 입지 A를 선택하게 된다.

그림 6-16의 그림(b)는 총비용의 증가에 따른 등비용선과 등량선(iso-quant curve)을 표시한 것이다. 참고로 등량선은 동일한 양을 생산할 수 있는 생산요소의 배합을 나타난 선이다. 그림을 보면 생산량이 증가할 때, 생산자의 입지는 A에서 B로 변함을 알 수 있다. 즉, 생산량이 소규모일 때 생산자는 입지 A를 선택하지만, 생산량이 일정규모 이상으로 커지면 입지 B를 선택한다. 이와 같이 생산규모가 변할 때 투입되는 원료들의 배합은 달라지고 달라진 원료배합은 생산자의 입지에도 영향을 준다.

그림 6-16과 같은 예는 앞 장에서 설명한 시장입지와 원료입지에도 적용할 수 있다. 일반적으로 생산량이 소규모일 때 생산자는 시장입지를 선호하지만 생산량이 증가할수록 원료입지를 선호하는 경향이 높다. 또한 생산기술이 노동집약적인 경우와 기술집약적인 경우 입지별 노동과 자본의 배합의 용이성도 생산규모에 따라 생산자의 입지를 변화시킬 수 있다. 그러므로 생산원료나 요소의 배합도 생산자의 입지를 결정하는 데 있어 중요한 입지요소가 될 수 있는 것이다.

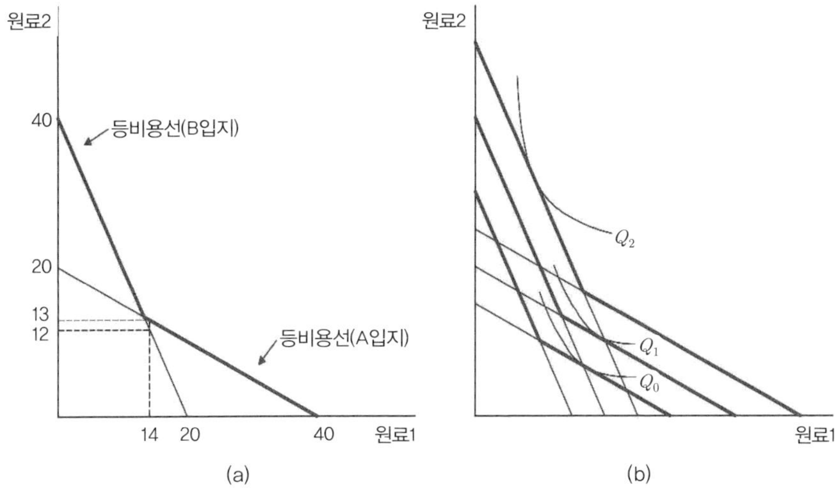

그림 6-16 **생산량의 규모와 생산자 입지**

6.3.3 집적의 경제와 불경제

겉으로 드러나는 경제활동의 일반적인 특징은 바로 공간적 집중이라고 할 수 있다. 크리스탈러(Christaller)가 설명한 바와 같이 경제활동은 특정 공간(즉, 중심지)을 중심으로 집적하는 경향이 있다. 경제활동이 어떤 특정 공간에 집중되는 것은 생산자들이 그 공간에 입지하여 외부효과(external effect)의 편익을 얻을 수 있기 때문이다. 외부효과란 시장의 메커니즘을 거치지 않고 한 생산자의 행위가 다른 생산자에게 직접적으로 영향을 미치는 효과를 말한다. 물론 외부효과는 생산자들 사이뿐만 아니라 생산자와 소비자, 소비자와 소비자 사이에서도 발생한다. 그러나 여기서는 생산자에 초점이 맞추어져 있으므로 생산자 중심으로 설명을 하기로 한다.

외부효과는 개별 생산자의 내부환경에서 일어나는 것이 아니라 생산자들의 사이에서 일어나며, 생산자의 생산성 변화를 통해 평균비용의 변화로 나타난다. 이러한 외부효과와 구별하기 위해 앞에서 설명한 규모의 경제 또는 불경제를 종종 내부규모의 경제(internal economy of scale) 또는 불경제(internal diseconomy of scale)라고 한다. 만일 외부효과가 생산자들의 생산성 향상을 통해 평균비용을 감소시킨다면, 그 공간에는 외부의 경제(external economy)가 그리고 평균비용을 상승시키면 외부의 불경제(external diseconomy)가 존재한다고 할 수 있다. 도시나 지역경제에서 외부의 경제 또는 불경제는 경제활동의 공간적 집중으로부터 생산자가 얻는 이익 또는 불이익을 말한다. 그리고 그 효과는 공간 내 모든 생산자에게 영향을 준다. 이러한 외부의 경제나 불경제의 근원은 바로 제한된 공간에 경제활동이 집적되면서 발생하는 것이다. 즉, 집적의 효과는 바로 한정된 공간에서 생산자들의 근접성이나 경제활동의 밀도 등에 의해 나타나게 되는 것이다. 그러므로 공간 측면에서 외부의 경제를 집적의 경제(agglomeration economy)로 그리고 외부의 불경제를 집적의 불경제(agglomeration diseconomy)라고 부른다.

제한된 공간 내에 다양한 생산자들이 집중되는 것은 생산자들 간의 생산과 소비의 상호 연관관계 때문이다. 일반적으로 산업간 연관관계는 크게 전방연계효과(forward linkage effect)와 후방연계효과(backward linkage effect)로 구분된다. 전자는 어떤 산업의 성장이 그 산업의 제품을 중간재(intermediate input)로 사용하는 산업들을 성장시키는 효과를 그리고 후자는 한 산업이 그의 생산에 중간재로 투입하는 산업들의 성장을 유도하는 효과를 말한다. 이와 같은 산업간 연계효과는 투입산출표(input-output table)에서 감응도 계수와 영향력 계수를 측정하므로 구체적으로 분석될 수 있다. (이에 대해 관심이 있는 독자는 김홍배(2009)를 참조하기 바란다.) 다시 말해, 집적경제의 근본은 공간 내 존재하는 산업간 연관관계에 있다고 할 수 있다. 왜냐하면 공간내에 구축된 산업간 기능적 연관관계로 인해 생산자들이 집중하여 집적경제를 발생시키기 때문이다.

웨버는 집적의 경제가 일어나는 공간을 그림 6-17과 같이 표현하였다. 그림은 집적의 경제가 특정 공간에 존재할 때 교통비 최소지역이 생산자에게 최적의 입지가 아님을 가리키는 것이다. 그림에서 각 원은 앞에서 설명한 임계등교통비선이라고 할 수 있다. 그림(a)는 각 임계등교통비선이 서로 교차하지 않을 때 집적의 경제는 발생하지 않음을 가리킨다. 집적의 경제는 생산자들의 집중에 의해 발생하는 것이므로 생산자들이 서로 떨어져 있을 때 집적경제는 발생하지 않는다. 그러나 그림(b)와 같이 임계등교통비선이 서로 교차할 때, 생산자 사이의 기능적 연관관계는 구축되고 구축된 연관관계로부터 집적의 경제가 발생하게 된다. 그 결과 생산자들은 교통비 최소지역에서 집적경제가 존재하는 것으로 이동하게 된다. 그러나 생산자들의 공간적 집중으로 인해 오히려 교통혼잡이나 대기오염 등의 불경제가 발생하게 되고, 발생된 집적의 불경제가 집적의 편익보다 커질 때 생산자는 다시 최적의 입지를 모색하게 된다.

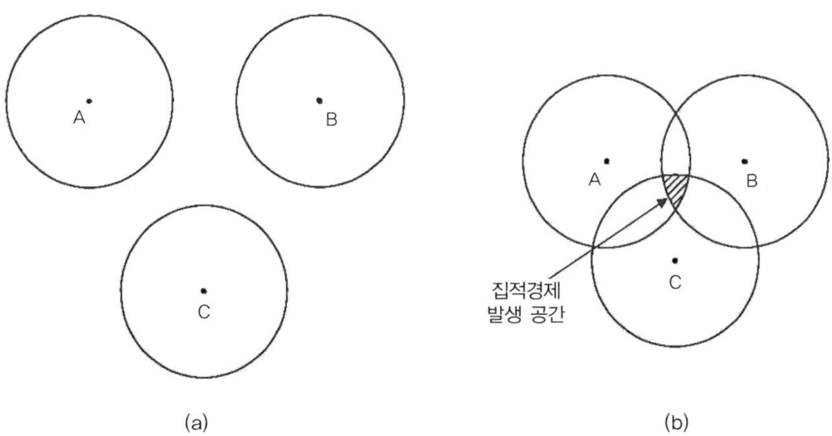

그림 6-17 집적경제의 발생 공간

집적의 효과는 모든 공간에서 일어나는 현상이라기보다는 특정 공간에서만 발생하는 현상이다. 그리고 집적경제가 존재하는 공간은 집적경제가 존재하지 않는 공간에 비해 높은 생산성과 함께 높은 수익을 보장한다. 그 결과 생산자는 집적경제가 존재하는 공간으로 이동하게 되는 것이다. 그러나 집적의 불경제가 발생하는 공간에서 생산자의 수익은 낮아지게 되므로 같은 논리에 의해 생산자는 다른 공간으로 이동하게 된다. 이와 같이 집적의 경제 또는 불경제에 따라 생산자의 이동방향이 결정되므로 집적의 효과는 도시나 지역의 성장을 이해하는 주요 요인이다. 그러므로 공간에서 집적경제의 존재여부는 바로 생산자가 입지를 결정하는 데 중요한 영향을 주는 입지요소가 되는 것이다.

6.4 요약

제품의 가격과 생산요소의 가격 그리고 생산자가 직면한 수요가 모든 공간에서 동일하다고 가정할 때, 교통비 최소지역은 비용 최소지역인 동시에 수익 최대지역이다. 그리고 이러한 가정 하의 교통비는 생산자가 고려하는 유일한 입지요소이다. 그러나 본 장에서는 교통비뿐만 아니라 수요규모, 생산요소의 규모와 수준 그리고 생산규모 및 집적의 경제 등도 생산자에게는 중요한 입지요소임을 설명하였다. 그리고 이러한 입지요소들이 구체적으로 입지결정 과정에 고려될 때, 교통비 최소지역은 생산자의 최적입지와 항상 일치하지 않음을 설명하였다. 본 장은 크게 4개의 절로 구성되었으며, 각 절에서 다루어진 내용을 요약하면 다음과 같다.

1절에서는 공간에 존재하는 수요규모가 생산자의 입지결정에 중요하게 고려되어야 함을 설명하였다. 이를 위해 렐리(Reilly)의 법칙을 바탕으로 도시의 영향범위와 도시 간 수요의 차이에 대해 설명하였다. 도시의 영향범위는 도시가 담당하는 수요규모와 밀접하기 때문에 렐리의 법칙은 생산자들의 입지결정 과정에서 중요하게 적용될 수 있다. 공간별로 존재하는 수요규모의 차이를 도시인구와 타 도시들과의 거리로부터 도출되는 인구 잠재력과 시장 잠재력을 이용하여 설명하였다. 도시의 인구 잠재력이나 소득 잠재력은 기본적으로 접근성의 수준에 기초하여 도출되는 것이기 때문에 도시의 상대적 입지를 비교 평가하여 적용될 수 있음을 설명하였다.

렐리의 법칙이나 도시의 인구 및 시장 잠재력은 이론적으로 정교하지는 않지만 공간에 대한 유용한 관점을 제공한다. 그것은 도시들의 인구규모가 서로 다르다면 각 도시들이 담당하는 수요규모도 서로 다르다는 것이다. 이에 1절에서는 도시별 수요규모가 서로 다를 때, 비용 최소의 입지는 수익 최대의 입지와 동일하지 않을 수 있음을 설명하였다.

2절에서는 입지요소로서 노동에 초점을 맞추어 생산요소의 규모와 수준 그리고 생산자 입지에 대해 설명하였다. 공간별 노동이 동질적이지도 않고 분포도 균등하지 않으며 생산성도 다를 때, 노동은 생산자의 공간 선택에 영향을 줄 수 있는 입지요소가 된다. 따라서 생산자는 교통비와 함께 생산요소의 규모와 수준을 종합적으로 고려하여 최종입지를 결정해야 함을 설명하였다. 또한 생산요소의 비용이 공간적으로 일정하지 않을 때, 생산자의 입지는 교통비 최소지역과 다름을 웨버의 임계등교통비선을 통해 설명하였다. 웨버의 임계등교통비선은 바로 노동비와 교통비 사이에 대체관계가 존재함을 가리키는 것이다. 이에 2절에서는 교통비와 노동비 사이뿐만 아니라 생산요소 사이에도 대체관계가 존재하며, 웨버와 같은 방법을 이용하면 생산자의 최적입지를 보다 합리적으로 결정할 수 있음을 설명하였다.

3절에서는 생산규모와 집적의 효과 그리고 생산자의 입지에 대해 설명하였다. 생산량의 증가는 수요 증가에 기인하며 수요 증가는 시장의 공간적 범위가 확대된 결과로 나타남을 설명하였다. 또한 시장범위에 따른 생산비용의 변화와 증가된 교통비가 반영된 생산자의 한계선과 이를 바탕으로 생산자들의 시장범위가 결정됨을 설명하였다. 그리고 입지별로 생산원료의 가격이 다를 때 생산규모의 증가에 따라 원료의 배합이 달라지고, 결국은 생산자의 입지가 달라질 수 있음도 설명하였다. 집적의 경제와 불경제도 생산자에게는 입지요소가 될 수 있다. 겉으로 드러나는 경제활동의 일반적인 특징은 바로 공간적 집중이다. 경제활동이 어떤 특정 공간에 집중되는 것은 생산자들이 그 공간에 입지하여 집적의 편익을 얻을 수 있기 때문이다. 이에 3절에서는 집적경제의 근본이 공간 내에 존재하는 산업간 연관관계에 있음을 설명하였다. 그리고 생산자의 수익은 집적의 경제 또는 불경제에 따라 변하게 되고, 이에 따라 생산자의 입지도 달라질 수 있음을 설명하였다.

종합하면, 공간별 수요와 생산요소의 규모 및 수준 그리고 생산규모와 집적의 효과도 생산자에게는 입지요소가 될 수 있다. 그러나 이러한 입지요소들 사이에는 복잡한 순환관계가 존재하기 때문에 입지문제는 항상 어렵다. 따라서 본 장에서 강조하고자 한 것은 생산자가 최적입지를 결정하기 위해서는 무엇보다도 입지요소들에 대한 종합적이고 체계적인 이해가 필요하다는 것이다.

III 편

시설관련 입지결정

제7장 계층분석과정 기법을 이용한 시설입지결정

본 장에서는 다양한 기준을 종합적으로 고려할 수 있는 계층분석과정 기법과 이를 이용한 시설입지결정에 대해 설명한다. 본 장은 크게 5절로 구성된다. 1절에서는 시설의 입지결정에 적용될 수 있는 일반적인 기준들이 소개된다. 2절에서는 계층분석과정 기법에 대해, 3절에서는 개인의 주택구매를 예를 들어 평가요소들의 가중치 결정방법과 그에 따른 의사결정에 대해 설명한다. 4절에서는 가상의 첨단산업단지에 초점을 맞추어 입지요소들의 가중치와 기준별 점수를 통합하여 최적입지를 결정하는 방법에 대해 설명한다. 마지막 5절에서는 본 장에서 다루어진 내용이 요약된다.

7.1 시설입지의 다양한 기준

시설의 입지를 결정하는 데 있어 어려움은 근본적으로 인구가 한 공간에 모여 있지 않고 불규칙하게 분산되어 있음에 기인한다고 할 수 있다. 왜냐하면 인구가 불규칙하게 분산되어 있을 때 시설에 대한 접근이 모든 공간에서 달라지기 때문이다. 이러한 이유로 인해 시설의 입지결정에 있어 핵심은 바로 접근성에 있다고 할 수 있다. 즉, 한정된 시설들을 공간적으로 어떻게 배치하는 것이 접근성 측면에서 최적인가 하는 것이 시설입지의 핵심이다. 그러나 문제는 바로 접근성에 대한 통일된 기준이 없다는 것이다. 이를 바꾸어 말하면, 한 측면에서 도출된 최적입지가 다른 측면에서 볼 때 최적입지인가 아닐 수 있다는 것이다. 그러므로 접근성 측면에서 시설입지를 결정할 때 일관성의 문제는 항상 내포되어 있다. 일반적으로 시설 입지를 결정하는 데 적용되는 기준들은 다음과 같다.

- 기준#1: 총거리(total aggregate distance) 최소화 기준
- 기준#2: 극소극대(minimax) 거리기준
- 기준#3: 균등배분(equal assignment) 기준
- 기준#4: 최소수요제약(threshold constraint) 기준
- 기준#5: 용량제약(capacity constraint) 기준
- 기준#6: 하이브리드(hybrid)방식

각 기준에 대한 설명은 다음과 같다. 총거리 최소화 기준은 사람들이 시설 이용을 위해 이동하는 총거리 (또는 생산자가 제품을 공급하는 총거리)가 최소가 되는 입지를 찾는 데 적용되는 기준이다. 본서 제5장에서 설명된 생산자의 입지결정은 바로 총거리 최소화 입지기준에 기초한 것이라 할 수 있다. 이를 식으로 표현하면 다음과 같으며, 식에서 선택변수(또는 결정변수)는 시설의 입지 j이다.

$$Minimize\ Total\,Distance = \sum_j \sum_i d_{ij}, \qquad \text{...식 (7-1)}$$

d_{ij} : 개인 i가 시설 j까지 이동하는 거리.

극소극대 거리기준은 시설들과 사람들 사이의 최대거리가 최소가 되는 입지를 찾는 데 적용하는 기준이다.

$$Min(\max(d_{ij})). \qquad \text{...식 (7-2)}$$

균등배분 기준은 시설이 서비스하는 수요규모가 균등해지는 입지 또는 시설이 담당하는 면적이 일정해지는 입지를 찾는 데 적용되는 기준이다. 이 기준은 시설에 대한 접근성과 형평성, 즉 시설이 담당하는 일정 수요규모나

일정면적을 함께 고려하여 입지를 결정하는 방법이다.

$$P_j(A_j) \approx \overline{P}(\text{또는 } \overline{A}), \qquad \ldots \text{식 (7-3)}$$

$P_j(A_j)$: 시설 j가 담당하는 인구수(면적),

$\overline{P}(\overline{A})$: 시설이 담당하는 일정 수요규모(일정면적).

최소수요 제약기준은 어떤 시설이 서비스할 수 있는 수요규모 (또는 인구규모)가 일정규모 이상이 되는 입지를 결정할 때 적용되는 기준이다. 이 기준은 접근성과 함께 시설의 효율성이 함께 고려된 입지결정기준이라고 할 수 있다. 즉, 시설이 담당하는 수요가 일정규모 이상이 되어야 하는 경우, 예를 들면 지하철역이나 종합백화점의 입지 등을 결정할 때 적용될 수 있는 입지기준이 바로 최소수요 제약기준이다.

$$P_j \geq \overline{P}. \qquad \ldots \text{식 (7-4)}$$

용량제약 기준은 최소수요 제약기준과 반대의 입지결정 기준이다. 이 기준은 시설이 담당하는 수요규모가 과도하면 오히려 비효율이 발생한다는 측면이 고려된 입지결정 기준이다.

$$P_j \leq \overline{P}. \qquad \ldots \text{식 (7-5)}$$

시설의 입지는 위에서 설명한 기준들과 같이 한 측면에만 초점을 맞추어 결정할 수도 있고 다수의 기준들을 결합하여 결정할 수도 있다. 다수의 기준들을 결합하여 시설의 입지를 찾는 방법이 바로 하이브리드(hybrid) 방식이다. 여기서 하이브리드 방식이란 다수의 입지기준을 결합하되, 기준들을 목적식과 제약식으로 구분하여 프로그래밍 하는 방식이다. 예를 들면 m개의 시설을 배치하는데 각 시설이 담당하는 수요가 어떤 수준 이하가 되어야 하며, 총거리도 최소화되는 입지결정을 생각해 보자. 이러한 경우 식 (7-6a)와 같이 총거리 최소화 기준과 용량제약 기준을 목적함수와 제약식으로 설정하여 시설의 최적입지를 결정할 수 있다. 또는 총거리를 최소화시키는 시설들의 입지를 정수계획법(integer programing)을 통해 결정할 수도 있다. 단, 시설과의 거리가 일정거리 이하가 되어야 하는 조건이 주어진다면 식은 식 (7-6b)와 같이 표현된다. 이와 같이 하이브리드 방식에서는 목적에 맞게 다수의 기준을 결합하여 시설의 입지를 결정할 수 있다.

$$\begin{aligned} &Minimize\ \ Total\,Distance = \sum_j \sum_i d_{ij}, \\ &s.t. \qquad P_j \leq \overline{P} \end{aligned}$$ …식 (7-6a)

$$\begin{aligned} &Minimize\ \ Total\,Distance = \sum_j \sum_i d_{ij} x_j, \\ &s.t. \qquad d_{ij} \leq \overline{d} \end{aligned}$$ …식 (7-6b)

x_j : 정수(integer).

위에서 설명한 6개의 입지기준들은 관점이 서로 다르지만 시설에 대한 접근성과 효율성 또는 형평성 등이 명확하게 고려되어 있다. 그러므로 모든 기준은 나름대로 의미도 있고 합리성도 있다고 할 수 있다. 이는 어떤 입지기준이 다른 기준보다 더 낫다고 단적으로 말하기는 어렵다는 것을 의미한다. 다시 말해, 시설의 설치목적과 필요성에서 어떤 입지기준이 더 강조되느냐에 따라 최적입지는 달라질 수 있는 것이다. 예를 들어 우체국의 입지를 생각해 보자. 우체국의 입지에서 중요한 것은 바로 신속성과 편의성으로 요약될 수 있다. 즉, 우편물을 배달하는 공급자 측면에서 볼 때 신속성이 강조될 수 있으나 우편물을 보내기 위해 우체국을 이용하는 수요자들의 전체적인 접근의 편리성과 용이성도 강조되어야 한다. 신속성이 강조될 때 적용될 수 있는 기준은 극소극대 거리기준일 것이나 이용자 측면에서는 총거리 최소화 기준이 적용되어야 한다. 또한 우체국은 행정구역 기준으로 균등하게 배치되어야 한다는 면이 고려된다면 균등배분 기준도 적용 가능한 기준이 될 수 있다.

경찰서의 입지도 관점에 따라 달라질 수 있다. 긴급 상황에서 경찰관이 신속히 출동할 수 있는 입지가 강조될 때 적용될 수 있는 기준은 극소극대 거리기준이다. 그러나 경찰서 입지는 공공안전과 주민복지에 밀접한 관계가 있으므로 일정구역마다 시설을 배치해야 한다면 형평성 측면에서 균등배분 기준도 적용될 수 있는 기준이 된다. 또한 주어진 공공예산의 제약을 생각한다면 예산의 효율성도 강조되어야 한다. 이 경우 시설의 효율성도 중요한 입지결정 기준이 되므로 경찰서의 입지는 용량제약 기준에 의해 결정될 수도 있다.

위와 같이 시설의 입지를 결정함에 있어 적용되는 기준은 다양하다. 물론 하이브리드 방식에 의해 모든 강조점들을 고려하여 입지결정을 할 수 있다. 그러나 그러한 경우 기술적 어려움이나 상반된 강조점으로 인해 최적입지의 결정에 문제가 발생할 수도 있다. 요약하면, 시설의 입지결정에 있어 핵심은 접근성에 있으나 접근성에 대한 통일된 기준이 없어 근본적으로 일관성 있는 결정을 내리기는 어렵다고 할 수 있다.

표 7-1 시설별 입지결정 기준 적용

시설의 종류	입지결정의 강조점	적용 입지기준
우체국	접근성, 신속성, 주민복지	기준#1, #2, #3, #6
대규모 판매시설	광역 접근성, 시장성	기준#1, #4, #6
소매점	도보에 의한 접근성, 시장성	기준#1, #2, #3, #6
경찰서	신속성, 안전성, 형평성	기준#2, #3, #5, #6
시청 및 행정기관	접근성, 형평성, 효율성	기준#1, #3, #5, #6
창고배분체계	효율성, 접근성, 시장성	기준#1, #4, #6

• 기준#1: 총거리 최소화 기준, 기준#2: 극소극대 기준, 기준#3: 균등배분 기준
기준#4: 최소수요 제약기준, 기준#5: 용량제약 기준, 기준#6: 하이브리드 방식

표 7-1은 의사결정자의 관점에 따라 시설의 입지결정에 적용되는 기준이 달라질 수 있음을 제시한 것이다. 그리고 적용되는 기준이 달라질 때 결정되는 시설입지도 대부분 달라진다. 엄밀히 말해 시설의 입지는 어느 한 측면만이 아니라 종합적인 측면을 고려하여 결정되어야 한다. 특히 공공시설의 경우에는 더욱 그렇다. 왜냐하면 시설 자체가 도시나 지역에서 갖는 의미가 복합적이기 때문이다. 예를 들면 어떤 도시의 시청이 공간수요의 증가로 인해 이전한다고 해보자. 최적의 입지결정을 위해서는 도시 내 공간구조의 특성이나 입지의 상징성과 역사성, 또는 주민들의 편의성, 예상되는 도시경제의 활성화와 공간 내 불균형 성장의 가능성, 자연재해에 대한 피해 가능성 등을 종합적으로 고려해야 한다. 도시공원의 입지를 결정하는 경우에도 마찬가지로 주민 전체의 접근성, 환경성, 공공안전성, 쾌적성, 편의성 그리고 예산의 효율성 등이 모두 고려되어야 한다. 이와 같이 시설의 입지에는 다양한 기준이 복잡하게 연결되어 있으므로 시설의 입지를 결정할 때에는 어느 특정 측면만 강조되지 말아야 한다.

시설의 입지를 결정할 때는 위에서 언급하였듯이 시설이 갖는 여러 측면의 중요도를 종합적으로 고려해야 한다. 이러한 점을 고려한다면 위에서 설명한 6가지의 입지기준은 종합적이라기보다는 부분적인 기준이라고 할 수 있다. 시설의 입지를 결정하는 데 있어 다수의 기준이 제시될 때, 의사결정자가 이용할 수 있는 방법이 바로 계층분석과정(analytic hierarchy process, AHP) 기법이다. AHP기법이란 다면적 평가기준에 의해 제기되는 복잡한 문제를 체계적으로 단순 구조화시켜 의사결정자가 합리적인 결정을 내릴 수 있도록 유도하는 방법이다. AHP기법은 분석의 명확성과 적용의 간편성 때문에 시설의 입지결정뿐만 아니라 도시계획 분야와 경영 및 경제분석 분야 등 다양한 의사결정 분야에서 널리 사용되는 방법이다. 이에 대한 설명은 다음과 같다.

7.2 AHP기법이란?

사티(Saaty, 1980)에 의해 개발된 AHP기법의 유용성은 두 가지로 요약된다. 첫째는 정성적이거나 무형적인 효과와 정량적인 효과를 비율척도를 통해 통합적으로 측정할 수 있다는 것이다. 그리고 둘째는 문제를 점차 작은 요소로 분해하고, 분해된 요소들의 단순 쌍대비교(pairwise comparison)를 통해 문제해결이 가능하다는 데 있다. 이러한 AHP기법이 기초하고 있는 공리(axiom)는 다음과 같이 요약된다.

- 공리#1 : 역수성(reciprocal)
  동일한 계층 내에 있는 2개의 요소는 상호간 비교가 반드시 가능해야 하며, 상대적 중요성의 정도를 표현할 수 있어야 한다. 또한 상대적 중요성의 정도는 역수의 조건도 만족시켜야 한다. 예를 들면, 요소 a가 요소 b보다 x배 중요하다면 역으로 요소 b는 요소 a보다 $1/x$배 중요함이 성립되어야 한다.
- 공리#2 : 동질성(homogeneity)
  요소의 중요성 정도는 한정된 범위 내의 정해진 척도(bounded scale)를 통해 표현되어야 한다.
- 공리#3 : 독립성(independence)
  상대적인 중요도를 평가하는 요소들은 특성이나 내용 측면에서 서로 관련성이 없어야 한다.
- 공리#4 : 기대성(expectation)
  계층구조는 의사결정에 필요한 모든 사항들을 완전하게 포함하고 있다고 가정한다.

AHP기법은 위와 같은 공리를 바탕으로 항목들 사이의 중요도를 계층적으로 나누어 파악함으로써 각 대안들의 중요도를 산정하고, 이를 바탕으로 최종의 의사결정을 유도하는 방법이다. 여기서 최종의사결정은 다수의 평가기준과 다수의 대안이 제시되었을 때, 어떤 대안이 최적의 대안인가를 결정하는 하는 것이다. AHP기법을 이용한 의사결정과정은 내용상 크게 아래와 같이 5단계로 구분할 수 있다.

- 제1단계 : 의사결정문제의 계층구조화
- 제2단계 : 요소들 간의 쌍대비교자료 수집
- 제3단계 : 요소들의 가중치 추정
- 제4단계 : 일관성 검정
- 제5단계 : 최종의사결정

의사결정과정을 단계별로 설명하면 다음과 같다. 제1단계는 의사결정문제를 계층구조화 시키는 단계이다. AHP기법을 이용하여 문제를 해결하려면 우선적으로 문제를 그림 7-1과 같이 최종목표와 평가요소, 그리고 대안으로 구분하여 계층을 구성해야 한다. 계층구조는 연구의 특성에 따라 그림과 같이 단순한 3단계로 구성할 수도 있고, 그 이상의 복잡한 다단계로 구성할 수도 있다.

계층구조에서 최상위계층(계층 1)인 최종목표는 궁극적인 의사결정이 되며, 하위계층(계층 2)의 요소는 의사결정에 영향을 미치는 요소들로 구성된다. 여기서 요소는 평가항목이나 평가기준으로도 표현될 수 있다. 그리고 최하위계층(계층 3)은 문자 그대로 의사결정자의 선택대상인 대안들로 구성된다. AHP기법에서는 각 요소들의 중요도, 즉 가중치가 산정되고 산정된 요소들의 가중치에 따라 대안들이 평가된다. 이때 동일 계층에 있는 요소들의 가중치는 그대로 그 하위단계에 전달되는데, 이러한 계층적 분화원리(principle of hierarchic composition)에 의해 의사결정을 하는 것이 AHP기법의 핵심이다.

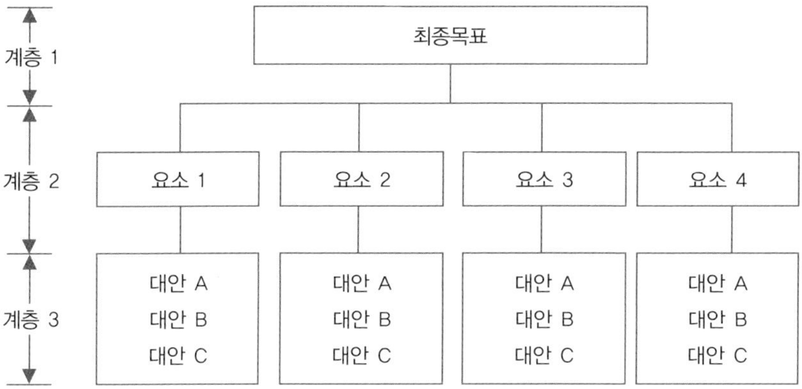

그림 7-1 AHP의 계층구조

의사결정문제의 계층구조가 형성되면 두 번째 단계는 요소들 간의 쌍대비교자료를 수집하는 것이다. 쌍대비교자료는 설문을 통해 수집된다. 계층분석 과정에서 동일한 단계에 있는 요소들의 중요도를 측정하기 위해서는 사용할 척도(scale)를 먼저 결정해야 한다. 중요도의 측정방식은 요소들의 상호 비교를 통해 이루어지며, 척도는 보통 1~9로 구분되는데 연구자에 따라 또는 연구성격에 따라 달라질 수 있다. 표 7-2는 중요도의 척도를 1~5로 구분한 경우이다. 예를 들어 척도 1은 두 요소 간의 중요도가 서로 동일하다는 의미이며, 척도 5는 한 요소가 비교되는 요소에 비해 절대적으로 더 중요함을 의미하는 것이다.

표 7-2 요소의 상호 비교 시 중요도의 척도

척도(numerical judgement)	해석(verbal judgement)
1	동일하게 중요
2	약간 더 중요
3	상당히 더 중요
4	아주 더 중요
5	절대 더 중요

세 번째 단계가 바로 요소들의 가중치 추정이다. 우선 n개의 요소들을 각각 A_1, A_2, ..., A_n이라 하고, 각 요소들의 중요도를 w_1, w_2, .., w_n이라 하자. 요소들의 쌍대비교로부터 얻어진 결과, 행렬 A는 중요도 관점에서도 다음과 같이 표현된다.

$$A = \begin{bmatrix} a_{11} & a_{12} \cdots & a_{1n} \\ a_{21} & a_{22} \cdots & a_{2n} \\ . & . & . \\ . & . & . \\ a_{n1} & a_{n2} \cdots & a_{nn} \end{bmatrix} = \begin{bmatrix} w_1/w_1 & w_1/w_2 \cdots & w_1/w_n \\ w_2/w_1 & w_2/w_2 \cdots & w_2/w_n \\ . & . & . \\ . & . & . \\ w_n/w_1 & w_n/w_2 \cdots & w_n/w_n \end{bmatrix}.$$

쌍대비교행렬에서 a_{ij}는 아래의 식과 같이 요소 간 상대적 가중치를 의미한다.

$$a_{ij} = w_i/w_j,\ (i, j\ =\ 1,\ \ldots,\ \mathrm{n}). \qquad \text{...식 (7-7)}$$

위의 식의 양변을 w_j로 나누고, 모든 요소를 합하여 행렬로 나타내면 다음과 같다.

$$\sum_{j}^{n} a_{ij} \cdot w_j = n \cdot w_i,\quad A \cdot W = n \cdot W, \qquad \text{...식 (7-8)}$$

$$W = \begin{bmatrix} w_1 \\ w_2 \\ . \\ . \\ w_n \end{bmatrix},\quad n:\ \text{행렬 } A\text{의 고유치}.$$

위의 식은 n개의 선형 방정식이므로 W가 0이 아닌 해, 즉 non-trivial 해를 갖기 위해서는 다음과 같은 식이 성립되어야 한다.

$$|A - nI| = 0, \qquad \text{...식 (7-9)}$$

I: 단위행렬.

이성근과 윤민석(1994)이 설명하였듯이 행렬 A가 완전한 기수적 일관성(cardinal consistency)이 있다면 다음과 같은 식이 성립되어야 한다. 즉, 식 (7-9)의 특성방정식의 근, λ_i은 가장 큰 근 하나만이 n값을 가지며, 나머지는 모두 0이 되어야 한다.

$$\lambda_{max} = n, \quad \lambda_i = 0, \quad \lambda_i \neq \lambda_{max}, \qquad \text{...식 (7-10)}$$

λ_i : 특성방정식 (characteristics equation)의 근.

행렬 A가 완전한 기수적 일관성이 있다면 식 (7-8)은 다음과 같이 표현되며, 이로부터 가중치 행렬이 유도된다. λ_{max}을 계산하는 구체적인 방법은 다음 절에서 설명된다.

$$A \cdot W = \lambda_{max} \cdot W. \qquad \text{...식 (7-11)}$$

네 번째 단계는 앞에서 수집된 자료에 대한 일관성 검정이다. 일관성 검정은 AHP기법에 있어 매우 중요하다. 왜냐하면 수집된 자료로부터 요소들의 가중치가 도출되고, 도출된 가중치를 바탕으로 최종의사결정이 이루어지기 때문이다. 여기서 자료에 대한 일관성 검정은 바로 앞에서 추정된 요소들의 가중치에 대한 일관성 검정과 동일한 의미이다. 만일 일관성 없는 자료로부터 추정된 가중치는 의미 없는 것이 되고, 그러한 요소들의 가중치는 의사결정에 영향을 주어서는 안 된다.

일관성이란 쌍대비교에 의해서 얻어진 행렬 A의 a_{ij}가 진정 w_i/w_j의 값을 나타낸다면 기수적 일관성, 즉 $a_{ij} \cdot a_{jk}=a_{ik}$가 성립되어야 한다는 것이다. 여기서 $a_{ij} \cdot a_{jk}=a_{ik}$의 의미는 i를 j보다 x배 중요하게 생각하고 j는 k보다 y배 중요하게 생각한다면, i는 k보다 $x \cdot y$배 중요하게 평가된다는 의미이다. 추정한 a_{ij}가 정확하게 w_i / w_j와 일치할 경우 식 (7-10)과 같이 $\lambda_{max} = n$이 성립된다. 그러나 일치하지 않을 경우 λ_{max}는 n 이상이 된다.

따라서 추정된 행렬 A의 일관성 검정은 $\lambda_{max} - n = 0$이 일치하는 정도를 바탕으로 이루어지며, 구체적으로는 일관성 지수(consistency index, CI)와 일관성 비(consistency ratio, CR)에 의해 평가된다. 우선 일관성 지수는 다음과 같이 계산된다.

$$\mathrm{CI} = \frac{\lambda_{max} - n}{n-1}. \qquad \text{...식 (7-12)}$$

위에서 계산된 일관성 지수를 경험적 자료로부터 얻어진 무작위 지수(random index, RI)로 나눈 값에 의해 일관성 비가 계산되고, 이를 바탕으로 자료의 일관성이 검정된다.

$$\mathrm{CR} = \frac{CI}{RI}. \qquad \text{...식 (7-13)}$$

위의 식에서 무작위 지수란 1에서 9까지 정수들을 무작위 추출하여 역수행렬을 작성한 후 이로부터 일치 지수를 구한 것을 가리킨다. 표본 500개로부터 무작위 지수를 구하여 평균한 값은 표 7-3에 제시된 바와 같다. 예를 들어 비교 항목수가 3개이면 무작위 지수는 0.58이 된다. 사티(Saaty)는 일관성 비의 값이 0.1 이내인 경우에만 수집된 쌍대비교행렬은 서수적 순위에 있어 무리가 없고 일관성 있는 행렬이라고 하였다. 따라서 일관성 비가 0.1 이내인 자료만 분석의 자료로 허용된다. 그러나 설문대상의 특성에 따라 일관성 비는 달라질 수 있다. 예를 들어 고령자들을 대상으로 요소간 쌍대비교를 하는 경우 설문에 대한 응답자의 이해도는 낮아질 수 있고, 결과적으로 일관성 비는 높아지게 된다. 이러한 경우 노화준 외(1996)는 일관성 비가 0.2까지 분석자료로 허용하는 것도 가능하다고 하였다.

표 7-3 무작위 지수(RI)

비교 항목수	1	2	3	4	5	6	7	8	9	10	11	12
RI	0.00	0.00	0.58	0.90	1.12	1.24	1.32	1.41	1.45	1.49	1.51	1.48

• 출처: Saaty(1980)

AHP기법의 마지막 단계는 최종의사결정 단계이다. 앞의 제3단계에서 요소들의 가중치가 구해지면 이를 종합하여 대안들의 가중치가 계산되고, 이를 바탕으로 대안들이 비교 평가된다. 대안들의 최종가중치는 요소들의 가중치의 합으로 다음과 같은 식에 의해 계산된다.

$$W^k = \sum_{j}^{n}(\prod_{p}^{m} w_j^{p,k}), \quad \text{...식 (7-14)}$$

W^k: 대안 k의 종합 가중치,

$w_j^{p,k}$: 계층 p내 요소 j에서 k의 가중치,

p: 계층(p = 1, ..., m), j: 요소(j= 1, ..., n).

그리고 위의 식에 의해 계산된 대안들의 가중치를 바탕으로 최종의사결정이 이루어진다. 설명할 필요도 없이 최종가중치가 가장 높은 대안이 바로 의사결정자가 선택해야 할 최적의 대안이 된다. 다음 절에서는 구체적인 가중치 도출과정과 의사결정과정에 대해 설명한다. (AHP기법에 대한 보다 자세한 설명을 원하는 독자는 Satty(1980)와 조근태, 조용곤, 강현수(2005)를 참고하기 바란다.)

7.3 AHP기법의 계산과정

본 절에서는 AHP기법을 이용한 의사결정과정에 대해 설명하기로 한다. 우선 독자의 이해를 돕기 위해 설정된 의사결정문제는 다음과 같다. 주택 수요자 K는 주택가격, 지하철역과의 거리, 공원과의 거리, 그리고 주택 경과연수 등 4기준을 바탕으로 3주택(A, B, C) 중 한 주택을 구입하려 한다. 주택을 각 기준별로 구분하여 비교해 보면 표 7-4에 제시된 바와 같이 서로 상이한 상태이다.

표 7-4 주택 수요자 K가 구입을 고려하고 있는 3주택 비교

구분	주택 A	주택 B	주택 C
가격	2억 천만 원	2억 9천만 원	2억 3천만 원
지하철역과의 거리	1.8km	2.3km	3.2km
공원과의 거리	3.0km	2.2km	1.7km
경과연수	13년	6년	9년

표 7-4로부터 수요자 K의 선택기준별 주택 구입의 우선순위는 다음과 같다.

- 주택가격: 주택 A > 주택 C > 주택 B
- 지하철역과의 거리: 주택 A > 주택 B > 주택 C
- 공원과의 거리: 주택 C > 주택 B > 주택 A
- 주택 경과연수: 주택 B > 주택 C > 주택 A

위와 같이 선택기준별 수요자의 주택 구입의 우선순위는 변한다. 이와 같이 선택기준에 따른 주택 구입 순위에 일관성이 없을 때, 수요자 K의 의사결정은 어려워진다. 그러면 수요자 K의 주택 선택 문제를 AHP기법을 이용하여 풀어보자. 이에 대한 설명은 편의상 앞 절과 마찬가지로 5단계로 구분하기로 한다.

제1단계 : 의사결정문제의 계층구조화

수요자 K가 우선적으로 해야 할 것은 바로 의사결정문제를 계층으로 구분하여 구조화시키는 것이다. 수요자 K의 주택 선택 문제는 그림 7-2와 같이 3계층으로 구조화 시킬 수 있다. 최상위계층은 최선의 주택을 선택하여 구입하는 것이며, 상위계층은 주택 선택에 영향을 주는 요소, 즉 수요자 K의 주택 선택 기준으로 구성된다. 그리고 하위계층은 바로 수요자 K가 선택할 수 있는 3주택, A, B, C로 구성된다.

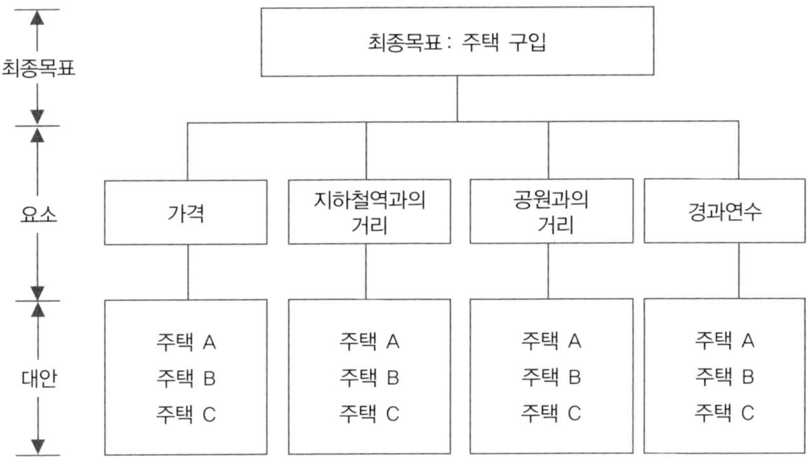

그림 7-2 **주택 선택 문제의 계층구조**

제2단계 : 쌍대비교자료 수집

AHP기법을 이용하여 의사결정을 하려는 수요자 K는 기본적으로 쌍대비교자료를 수집해야 한다. 자료는 설문대상을 선정하고 쌍대비교를 위한 질문으로부터 자료가 작성된다. 본 예에서는 주택 구입의 대상자가 수요자 자신이므로 질문대상을 자신으로 한정하기로 한다. 그리고 편의상 표 7-2와 같이 중요도는 5점(1~5) 척도로 구분한다. 이 경우 쌍대비교자료는 다음과 같이 작성된다.

예를 들어 '주택가격'은 '지하철역과의 거리'의 선택기준에 비해 얼마나 중요한가? 라는 질문에 대해 '절대 더 중요하다'라고 한다면 '가격' 행과 '지하철역과의 거리' 열이 만나는 칸에 5를 기입하면 된다. 이와 같은 방법에 의해 쌍대비교행렬의 요소값을 기입하면 된다. 단, 모든 쌍대비교행렬에서 대각선 요소는 모두 1이 되고, 대각선 요소를 중심으로 서로 대칭되는 요소들은 서로 역수관계를 갖게 된다. 질문에 대한 수요자 K의 응답자료는 표 7-5-a ~ 표 7-5-e에 제시된 바와 같이 선택기준 간 쌍대비교행렬과 각 선택기준별 주택 간 쌍대비교행렬이다.

표 7-5-a 주택 선택기준 간 쌍대비교행렬

구분	가격	지하철역과의 거리	공원과의 거리	경과연수
가격	1	5	3	2
지하철역과의 거리	1/5	1	2	1
공원과의 거리	1/3	1/2	1	1/2
경과연수	1/2	1	2	1

표 7-5-b 가격 측면에서의 주택간 쌍대비교행렬

가격	주택 A	주택 B	주택 C
주택 A	1	5	2
주택 B	1/5	1	1/3
주택 C	1/2	3	1

표 7-5-c 지하철역과의 거리 측면에서의 주택간 쌍대비교행렬

지하철역과의 접근성	주택 A	주택 B	주택 C
주택 A	1	3	5
주택 B	1/3	1	3
주택 C	1/5	1/3	1

표 7-5-d 공원과의 거리 측면에서의 주택간 쌍대비교행렬

공원과의 거리	주택 A	주택 B	주택 C
주택 A	1	1/2	1/4
주택 B	2	1	1/3
주택 C	4	3	1

표 7-5-e 경과연수 측면에서의 주택간 쌍대비교행렬

경과연수	주택 A	주택 B	주택 C
주택 A	1	1/5	1/3
주택 B	5	1	2
주택 C	3	1/2	1

제3단계 : 요소들의 가중치 추정

표 7-5-a ~ 표 7-5-e와 같이 수집된 선택기준 간 그리고 각 기준별 주택 간 쌍대비교행렬로부터 요소들의 가중치가 계산된다. 가중치는 주택 선택기준별 가중치와 선택기준별 주택들의 가중치로 구분된다. 주택 선택기준별 가중치는 표 7-5-a로부터 계산되며, 선택기준별 주택들의 가중치는 표 7-5-b ~ 표 7-5-e에 제시된 자료로부터 계산된다. 가중치 계산방법은 모두 동일하므로 여기서는 주택 선택기준 중 가격 측면에서 주택들의 가중치를 계산하는 과정에 대해서만 설명하기로 한다.

표 7-5-b로부터 표 7-6과 같이 주택별 열의 합을 구하여 정규화 시키고, 다음으로 정규화된 자료에서 행의 평균을 계산한다. 계산된 평균값이 바로 가격 측면에서 주택들의 가중치가 된다. 표에 보이듯이 가격 측면에서 주택 A의 가중치가 0.581로 가장 높은 것으로 그리고 주택 B의 가중치가 0.11로 가장 낮은 것으로 계산되었다. 이러한 주택가격 기준으로 대안들의 가중치를 계산하는 과정, 즉 자료수집-정규화-가중치계산의 과정을 동일하게 모든 주택 선택기준에 적용하면 각 기준별 주택들의 가중치가 계산된다. 또한 기준별 가중치도 동일하게 자료수집-정규화-가중치 계산의 과정을 통해 계산된다. 이에 대해서는 독자 스스로 하기 바란다. 단, 여기서는 계산결과만 표 7-7-a와 표 7-7-b에 제시하기로 한다.

표 7-6 가격 측면에서의 주택별 가중치 계산

가격	주택 A	주택 B	주택 C	행 평균
주택 A	10/17	5/9	6/10	0.581
주택 B	2/17	1/9	1/10	0.110
주택 C	5/17	3/9	3/10	0.309
열의 합	1.00	1.00	1.00	1.000

표 7-7-a 선택기준별 주택들의 가중치

구분	가격	지하철역과의 거리	공원과의 거리	경과연수
주택 A	0.581	0.633	0.137	0.110
주택 B	0.110	0.260	0.239	0.581
주택 C	0.309	0.106	0.623	0.309

표 7-7-b 각 주택 선택기준의 가중치

선택기준	가중치
가격	0.494
지하철역과의 거리	0.176
공원과의 거리	0.117
경과연수	0.213

● 제4단계 : 일관성 검정

일관성 검정은 요소들의 가중치를 계산하기 위해 설문을 통해 수집된 모든 쌍대비교행렬을 대상으로 한다. 즉, 모든 설문 응답자들이 바로 일관성 검정의 대상이 된다. 그러나 본 예에서 응답자는 수요자 K 혼자이므로 일관성 검정은 수요자 K의 주택 선택기준 간 쌍대행렬과 선택기준별 주택 간 쌍대행렬에 대해서만 이루어진다. 쌍대비교행렬에 대한 검정방법은 모두 동일하기 때문에 여기서도 가격 측면에서의 주택 간 쌍대비교행렬에 대한 일관성 검정만 설명하기로 한다. 일관성 검정은 궁극적으로 식 (7-12)와 식 (7-13)에 의해 이루어지는데 이를 위해서는 먼저 λ_{max}가 계산되어야 한다.

앞에서 언급하였듯이 설문자료로부터 구해지는 λ_{max}는 항상 n보다 크게 나타난다. 따라서 $\lambda_{max}-n$의 값이 작을수록 쌍대비교행렬의 수치들은 일관성이 높다고 할 수 있다. λ_{max}는 다음과 같은 과정을 통해 구해진다. 표 7-5-b의 각 열에 앞에서 계산한 가격 측면에서의 주택들의 가중치를 곱하면 표 7-8에 제시된 바와 같다. 즉, 표 7-5-b의 첫 번째 열에는 0.581을, 두 번째 열에는 0.110을 그리고 세 번째 열에는 0.309를 곱하여 행의 합을 구한다.

표 7-8 쌍대비교의 원 자료와 중요도의 곱

가격	주택 A(×0.581)	주택 B(×0.110)	주택 C(×0.309)	계
주택 A	0.581	0.548	0.618	1.748
주택 B	0.116	0.110	0.103	0.329
주택 C	0.291	0.329	0.309	0.929

• 모든 숫자는 소수점 4자리에서 반올림하였음.

표 7-8의 각 행의 합을 다시 가격기준의 주택별 가중치로 나눈다.

- 1.748/0.581 = 3.006
- 0.329/0.110 = 3.001
- 0.929/0.309 = 3.004

위에서 얻어진 결과의 평균한 값이 λ_{max}가 된다.

$$\lambda_{max} = (3.006 + 3.001 + 3.004)/3 = 3.004$$

λ_{max}값이 구해지면 행렬 A의 일관성 정도는 앞에서 설명한 일관성 지수(CI)와 일관성 비(CR)를 통해 계산된다. 일관성 지수와 일관성 비는 아래와 같이 계산된다. 단, 본 예에서 비교 항목수가 3개이므로 표 7-3에 제시되었듯이 무작위 지수(RI)는 0.58이 된다. 그러므로 식 (7-12)와 식 (7-13)에 의한 일관성 지수와 일관성 비는 다음과 같이 0.002와 0.003이 된다.

$$\mathrm{CI} = \frac{\lambda_{max} - n}{n-1} = \frac{3.004 - 3}{2} = 0.002$$

$$CR = \frac{CI}{RI} = \frac{0.002}{0.58} = 0.003$$

일관성 비가 0.1보다 작은 0.003이므로 가격 측면에서 수집된 주택 간 쌍대비교행렬 자료는 일관성이 있으며, 일관성 있는 자료로부터 계산된 가중치도 의미 있는 것이라 할 수 있다. 참고로 각 요소들의 일관성 지수와 일관성 비는 표 7-9에 제시된 바와 같다.(계산과정은 생략되었으므로 독자들이 직접 계산하여 확인하기 바란다.) 선택기준 간 쌍대비교행렬과 각 기준 측면에서의 주택 간 쌍대비교행렬에 대한 자료는 모두 일관성이 있는 자료이므로 표 7-7-a와 표 7-7-b에 제시된 가중치들은 모두 의미 있는 것이라 할 수 있다.

표 7-9 선택기준별 일관성 지수(CI)와 일관성 비(CR)

구 분		CI	CR
선택기준 간 쌍대비교행렬		0.051	0.056
주택 간 쌍대비교행렬	가격	0.002	0.003
	지하철역과의 거리	0.019	0.033
	공원과의 거리	0.009	0.016
	경과연수	0.002	0.003

제5단계: 최종의사결정

수요자 K의 주택 선택기준들의 가중치와 기준별 주택들의 가중치로부터 표 7-10과 같이 주택별 최종가중치가 계산된다. 그리고 계산된 주택들의 최종가중치에 의해 대안선택이 이루어진다. 표 7-4에서와 같이 수요자 K는 기준별 우선순위가 달라 의사결정에 어려움이 있었다. 그러나 AHP기법을 이용하여 기준별 가중치와 이를 바탕으로 한 각 주택의 종합적인 가중치가 계산되었을 때, 수요자 K의 주택 구입은 명확해진다. 즉, 표 7-10에 보이듯이 최종가중치가 가장 큰 주택 A가 바로 수요자 K에게는 최선의 주택이 된다. 따라서 수요자 K는 3주택 중 주택 A를 구입해야 한다. 이와 같이 AHP기법은 다수의 기준들과 다수의 대안이 제시되었을 때 문제를 체계적으로 단순 구조화시켜 의사결정자의 합리적인 선택을 유도하는 유용한 방법이다.

표 7-10 주택별 최종가중치

구분	가격	지하철역과의 거리	공원과의 거리	경과연수	합계 (최종가중치)
주택 A	0.287 (0.581×0.494)	0.111 (0.633×0.176)	0.016 (0.137×0.117)	0.023 (0.110×0.213)	0.438
주택 B	0.054 (0.110×0.494)	0.046 (0.260×0.176)	0.028 (0.239×0.117)	0.124 (0.581×0.213)	0.252
수택 C	0.153 (0.309×0.494)	0.019 (0.106×0.176)	0.073 (0.623×0.117)	0.066 (0.309×0.213)	0.310

7.4 AHP기법을 이용한 최적입지결정

앞 절에서는 AHP기법의 의사결정방법에 대해 설명을 하였다. 본 절에서는 계획가나 정책가들이 현실에서 흔히 직면할 수 있는 시설입지의 문제를 AHP기법을 이용하여 풀어본다. 설명을 위해 설정된 상황은 다음과 같다. 본 절에서 설명되는 시설의 입지결정은 철원 플라즈마산업기술연구원(2007)의 자료를 참고하여 재구성한 것이다.

가상의 지역 R의 정부는 지역경제의 활성화를 위해 첨단산업단지의 건설을 추진 중에 있다. 단지가 건설되면 첨단산업을 비롯한 다양한 경제활동이 지역 내로 유입되고, 이로 인해 지역생산액과 고용규모가 크게 증가될 것이 예상된다. 지역 R은 행정적으로 크게 4개의 도시(郡 수준의 지역)로 구성되어 있는데, 각 도시는 현재 나름대로 합리적인 후보지를 선정하고, 선정된 후보지가 지역 R내 최적의 첨단산업단지라고 주장하고 있다. 그러나 각 후보지의 환경이 모두 다르기 때문에 어느 후보지가 지역 내 최적의 첨단산업단지인지에 대해서는 분명하지 않은 실정이다. 이러한 상황에서 첨단산업단지의 입지를 AHP기법을 이용하여 결정해 보자. 첨단산업단지의 입지결정 과정은 앞 절과 동일하게 5단계로 구분하여 설명하기로 한다.

● 제1단계 : 의사결정문제의 계층구조화

언급하였듯이 지역 내 최적의 단일입지를 결정하기 위해서는 가장 먼저 의사결정문제를 계층구조화 시켜야 한다. 여기서는 계층구조를 그림 7-3과 같이 최종목표-상위계층-하위계층-대안의 4계층으로 구성하며, 최종목표는 설명할 필요도 없이 첨단산업단지의 최적입지를 결정하는 것이다. 상위계층은 3부문, 즉 입지환경부문, 사업추진환경부문 그리고 개발효과부문으로 구성된다. 상위계층의 각 부문은 다시 하위계층으로 구분된다. 입지환경부문은 후보지 내 지형특성, 자연환경과의 부합성, 그리고 외부지역과의 접근성으로, 사업추진환경부문은 부지매입 비용, 부지확보의 용이성 그리고 주거지역과의 격리성으로 그리고 개발효과부문은 지역경제 파급효과와 지역 내 균형개발효과로 구성된다. 마지막으로 최하위계층은 대안으로 지역 R내 각 도시에서 제시한 후보지 4곳이다.

첨단산업단지 위치결정의 계층구조화 다음으로는 각 요소들을 어떤 기준으로 평가할 것인가를 결정해야 한다. 기준은 개념적 수준에서 모호하게 제시되지 말아야 하며, 입지평가의 명료성을 위해 질문 응답자(또는 평가자)에게 구체적인 수치를 제공해야 한다. 여기서 요소별 평가기준은 표 7-11과 같다. 즉, 입지환경부문에서 후보지 내 지형특성은 후보지 내 지형의 평균경사로, 자연환경과의 부합성은 후보지들의 생태환경 등급으로 그리고 외부지역과의 접근성은 국도 및 고속도로로부터 후보지까지 접근거리의 합으로 평가된다. 사업추진환경부문의 경우 부지매입 비용은 단순히 부지매입 비용으로, 부지확보의 용이성은 국공유지 구성 비율로 그리고 주거지역과의 격리성은 후보지와 인근 주거지역으로부터의 이격거리로 평가된다. 개발효과부문에서 지역경제 파급효과는 첨단산업단지 건설로 인해 증가되는 고용규모로 그리고 지역 내 균형개발효과는 첨단산업단지의 건설로 인한 고용분산계수의 변화를 바탕으로 평가된다.

첨단산업단지가 어느 도시에 입지하는가에 따라 고용효과는 달라진다. 왜냐하면 도시경제의 산업구조 특성과 도시들 사이의 산업 간 연관관계가 다르기 때문이다. 그리고 고용효과로 인해 지역 R내 도시들 사이의 고용 격차는 심화될 수도 있고 완화될 수도 있다. 여기서 균형개발효과는 첨단산업단지의 입지로 인해 지역 내 도시들 사이에서의 경제규모의 격차가 심화되는지 완화되는지를 가리키는 효과이다. 이러한 균형개발효과는 일반적으로 분산계수에 의해 분석될 수 있는데, 이를 식으로 표현하면 다음과 같다.

$$CV_E = \frac{\sqrt{\frac{1}{N-1}\sum_{u=1}^{N}\left(E^u - \overline{E}\right)^2}}{\overline{E}}, \qquad \text{…식 (7-15)}$$

CV_E : 고용의 분산계수, N: 지역 R내 도시수,

E^u : 지역 R내 도시 u의 고용자수,

$\overline{E}$: 지역 R내 도시들의 평균 고용자수.

위의 식에 의해 계산된 고용분산계수가 증가된다면 그것은 첨단산업단지의 건설로 인해 지역 R내 도시 간 고용규모의 격차가 심화됨을, 반대로 고용분산계수가 감소한다면 그것은 도시들 사이의 고용규모의 격차가 완화됨을 의미하는 것이다. 이를 위해서는 우선 첨단산업단지의 건설이 지역경제에 미치는 파급효과를 계산해야 한다. 지역경제에 미치는 파급효과는 지역 투입산출모형이나 수출기반모형 등 다양한 승수모형을 이용하면 구체적으로

분석될 수 있다. 그러나 여기서는 분석방법을 설명하는 것이 아니므로 이에 대한 설명은 생략하고 첨단산업단지의 건설로 인한 고용효과는 표 7-12에 제시된 바와 같다고 전제한다.(고용효과를 분석하는 방법에 대해 관심이 있는 독자는 김홍배(2008)를 참조하기 바란다.)

표 7-11 **계층별 요소별 평가기준**

상위계층	하위계층	기 준	단위	비고
입지환경 부문	후보지 내 지형특성	후보지 내 지형의 평균경사	°(도)	
	자연환경과의 부합성	자연생태 등급	등급	
	외부지역과의 접근성	국도와 고속도로와의 접근거리의 합	km	
사업추진 환경부문	부지매입 비용	부지매입 비용	억원	
	부지확보 용이성	국공유지 구성 비율	%	
	주거지역과의 격리성	주거지역으로부터의 이격거리	km	
개발효과 부문	지역경제 파급효과	증가되는 고용규모	인	
	지역 내 균형개발효과	고용분산계수	–	현재 고용분산 계수: 0.62

후보지별 첨단산업단지 건설의 고용효과를 바탕으로 지역 내 균형개발효과 부문에 대한 평가가 이루어진다. 표 7-11에 제시되었듯이 현재 지역 R내 도시 간 고용분산계수는 0.62이다. 첨단산업단지의 입지에 따라 지역 내 도시 간 고용규모의 격차는 달라지는데 이에 대해서는 표 7-12에 제시된 바와 같다. 즉, 첨단산업단지가 후보지 A에 건설될 때 고용분산계수는 0.32로 크게 낮아진다. 이는 지역 내 고용규모의 격차가 크게 완화됨을 가리킨다. 반대로 첨단산업단지가 후보지 D에 입지하게 될 때 고용분산계수는 0.91로 크게 높아진다. 이는 현재의 도시 간 고용격차가 심화될 것임을 가리키는 것이다.

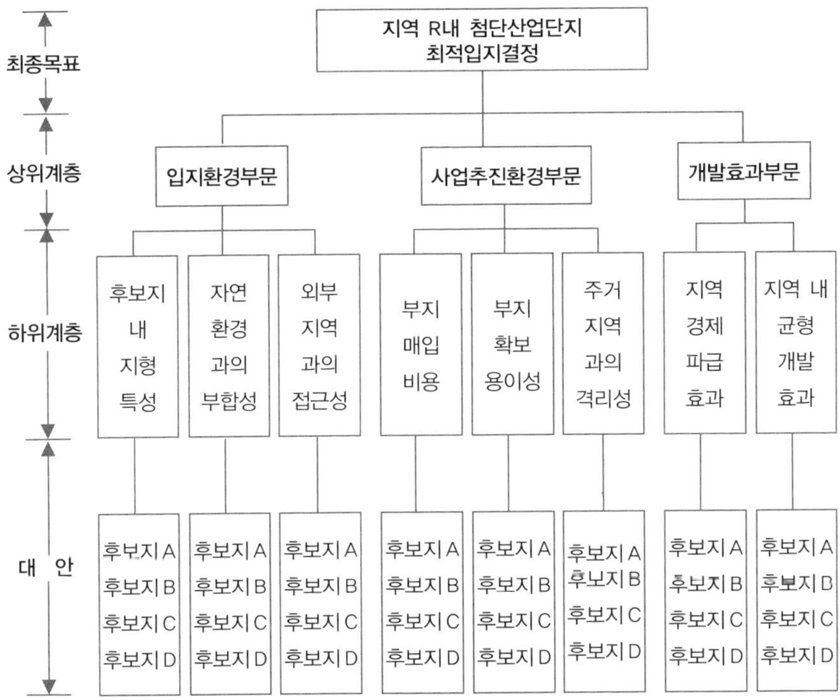

그림 7-3 첨단산업단지 최적입지결정을 위한 계층구조화

표 7-12 평가요소별 후보지 현황

상위계층	하위계층	입지 대안			
		후보지 A	후보지 B	후보지 C	후보지 D
입지환경 부문	후보지 내 지형특성	7.6°	10.2°	3.6°	5.1°
	자연환경과의 부합성	3등급	3등급	4등급	5등급
	외부지역과의 접근성	54.5km	42.2km	46.2km	71.4km
사업추진 환경부문	부지매입 비용	29.0억 원	52.2억 원	28.4억 원	42.1억 원
	부지확보의 용이성	1.5%	4.1%	6.7%	2.9%
	주거지역과의 격리성	3.3km	4.2km	5.3km	4.7km
개발효과 부문	지역경제 파급효과	4,633명	4,234명	2,352명	3,014명
	지역 내 균형개발효과	0.32	0.55	0.87	0.91

지역 R내 후보지 4곳에 대한 분석결과를 계층별 요소별 평가기준에 따라 정리하면 표 7-12와 같다. 각 요소별 후보지들의 우선순위를 정하면 다음과 같다.

- 후보지내 지형특성 : 후보지 C > 후보지 D > 후보지 A > 후보지 B
- 자연환경과의 부합성 : 후보지 D > 후보지 C > 후보지 A = 후보지 B
- 외부 지역과의 접근성 : 후보지 B > 후보지 C > 후보지 A > 후보지 D
- 부지매입 비용 : 후보지 C > 후보지 A > 후보지 D > 후보지 B
- 부지확보의 용이성 : 후보지 A > 후보지 D > 후보지 B > 후보지 C
- 주거지역과의 격리성 : 후보지 C > 후보지 D > 후보지 B > 후보지 A
- 지역경제 파급효과 : 후보지 A > 후보지 B > 후보지 D > 후보지 C
- 지역 내 균형개발효과 : 후보지 A > 후보지 B > 후보지 C > 후보지 D

위와 같이 첨단산업단지로서의 후보지 적합 순위는 평가요소에 따라 변한다. 즉, 의사결정자가 보는 관점에 따라 최적입지는 달라지는 것이다. 예를 들어 자연환경과의 부합성만으로 첨단산업단지의 입지를 결정한다면 후보지 B가 최적이다. 그러나 부지매입 비용 또는 지역경제 파급효과만을 고려한다면 최적입지는 각각 후보지 C와 후보지 A가 된다. 따라서 첨단산업단지의 최적입지는 각 요소별 가중치를 구체적으로 고려하여 종합적인 측면에서 결정되어야 한다. 이와 같은 경우 앞 절에서 설명한 AHP기법은 지역 R내 첨단산업단지의 최적입지를 결정하는 데 있어 유용한 수단이 될 수 있다.

지역 R내 첨단산업단지의 최적입지는 앞에서 자세히 설명하였듯이 계층별 각 요소의 가중치를 측정하고 이를 종합함으로써 결정된다. 즉, 그림 7-3에 제시된 상위계층과 하위계층 요소들의 가중치와 평가요소별 후보지들의 가중치로부터 후보지들의 최종가중치를 계산하고, 이를 종합함으로써 최적의 첨단산업단지의 입지가 결정된다. 그러나 본 절에서는 상위계층과 하위계층의 요소들의 가중치는 앞 절과 같이 쌍대비교를 통해 측정하고, 요소별 후보지들에 대한 평가는 점수화하여 첨단산업단지의 입지를 결정하도록 한다. 이러한 평가과정을 식으로 표현하면 다음과 같다. 각 계층항목에 대한 가중치가 결정되면 후보지의 요소별 최종가중치는 다음과 같이 계산된다.

$$W_j^p = W^p \cdot w_j, \quad \sum_j w_j = 1, \qquad \text{...식 (7-16)}$$

W_j^p: 상위계층 p부문 내 하위계층 j요소의 최종가중치,

w^p: 상위계층 p부문의 가중치,

w_j: 하위계층 j 요소의 가중치.

위의 식으로부터 계산된 요소별 최종가중치와 각 후보지에 대한 평가점수로부터 식 (7-17)과 같이 후보지별 종합점수가 계산된다. 그리고 계산된 후보지들의 종합점수를 비교하여 첨단산업단지의 최적입지가 결정된다. 계산된 결과 종합점수가 가장 높은 후보지가 최적의 첨단산업단지로 결정되는 것이다.

$$A^k = \sum_p \sum_j W_j^p \cdot A_j^{p,k}, \qquad \text{...식 (7-17)}$$

A^k: 후보지 k의 종합점수,

$A_j^{p,k}$: 후보지 k의 p부문 j항목의 점수.

제2단계 : 쌍대비교자료 수집

요소별 가중치는 앞에서 설명한 바와 같이 설문에 근거한 쌍대비교행렬을 바탕으로 도출된다. 설문은 쌍대비교의 양식으로 응답자가 보다 쉽게 이해할 수 있도록 구성해야 한다. 여기서는 요소 간 상대적 중요도를 5점 척도에 의해 구분하며, 이에 대한 질문의 예는 표 7-13-a ~ 표 7-13-d에 제시된 바와 같다.

표 7-13-a **지역 R내 첨단사업단지 관련 설문(상위계층)**

(질문) **상위계층**에 관한 질문입니다. 다음 두 조건 중 첨단산업단지를 선정할 때 더욱 중요하게 고려되어야 할 조건은 무엇이며, 얼마만큼 더 중요하다고 생각하십니까?

부문요소	중요←				동등				→중요	부문요소
입지환경	5	4	3	2	1	2	3	4	5	사업추진환경
입지환경	5	4	3	2	1	2	3	4	5	개발효과
사업추진환경	5	4	3	2	1	2	3	4	5	개발효과

표 7-13-b **지역 R내 첨단사업단지 관련 설문(하위계층-입지환경부문)**

(질문) **입지환경**에 관한 질문입니다. 다음 두 조건 중 첨단산업단지를 선정할 때 더욱 중요하게 고려되어야 할 조건은 무엇이며, 얼마만큼 더 중요하다고 생각하십니까?

부문요소	중요←				동등				→중요	부문요소
후보지 내 지형특성	5	4	3	2	1	2	3	4	5	외부지역과의 접근성
후보지 내 지형특성	5	4	3	2	1	2	3	4	5	자연환경과의 부합성
외부지역과의 접근성	5	4	3	2	1	2	3	4	5	자연환경과의 부합성

표 7-13-c **지역 R내 첨단사업단지 관련 설문(하위계층-사업추진환경부문)**

(질문) **사업추진환경**에 관한 질문입니다. 다음 두 조건 중 첨단산업단지를 선정할 때 더욱 중요하게 고려되어야 할 조건은 무엇이며, 얼마만큼 더 중요하다고 생각하십니까?

부문요소	중요←				동등				→중요	부문요소
부지매입 비용	5	4	3	2	1	2	3	4	5	부지확보의 용이성
부지매입 비용	5	4	3	2	1	2	3	4	5	주거지역과의 격리성
부지확보의 용이성	5	4	3	2	1	2	3	4	5	주거지역과의 격리성

표 7-13-d **지역 R내 첨단사업단지 관련 설문(하위계층-개발효과부문)**

(질문) **개발효과**에 관한 질문입니다. 다음 두 조건 중 첨단산업단지를 선정할 때 더 욱 중요하게 고려되어야 할 조건은 무엇이며, 얼마만큼 더 중요하다고 생각하십니 까?

부문요소	중요←				동등			→중요		부문요소
지역경제 파급효과	5	4	3	2	1	2	3	4	5	지역 내 균형개발효과

표 7-13-a ~ 표 7-13-d에 대한 응답자료로부터 쌍대비교행렬을 작성하고, 이로부터 부문별, 요소별 가중치가 계산된다. 단, 여기서는 하위계층의 요소별 후보지들의 가중치는 언급하였듯이 상대적 가중치가 아니라 절대적인 점수로 평가한다. 따라서 요소별 후보지들의 평가를 위한 질문은 앞 절에서 설명한 쌍대비교를 위한 질문과 조금 다르게 구성된다. 여기서는 설명의 편의를 위해 질문 응답자가 평가항목별 후보지 현황을 참고하여 5점 척도로 점수를 부여하는 것으로 하였다. 이와 관련한 질문은 표 7-14-a ~ 표 7-14-h에 제시된 바와 같다.

표 7-14-a **후보지 내 지형 경사에 관한 질문**

(질문) **지형특성**에 관한 질문입니다. 아래의 자료를 참고하여 각 후보지의 점수를 표시해 주기 바랍니다.**(일반적으로 경사가 20도가 넘으면 개발이 어렵습니다.)**

후보지	평가점수				
	극히 빈약	빈약	보통	우수	극히 우수
후보지 A	1	2	3	4	5
후보지 B	1	2	3	4	5
후보지 C	1	2	3	4	5
후보지 D	1	2	3	4	5

구 분	후보지 A	후보지 B	후보지 C	후보지 D
평균경사(도)	7.6°	10.2°	3.6°	5.1°

표 7-14-b 자연환경과의 부합성에 관한 질문

(질문) **후보지의 자연생태 등급**에 관한 질문입니다. 아래 자료를 참고하여 각 후보지의 점수를 표시해 주기 바랍니다.**(일반적으로 생태등급이 1-2등급이면 개발이 어렵습니다.)**

후보지	평가 점수				
	극히 빈약	빈약	보통	우수	극히 우수
후보지 A	1	2	3	4	5
후보지 B	1	2	3	4	5
후보지 C	1	2	3	4	5
후보지 D	1	2	3	4	5

구 분	후보지 A	후보지 B	후보지 C	후보지 D
자연생태 등급	3등급	3등급	4등급	5등급

표 7-14-c 외부지역과의 접근성에 관한 질문

(질문) **외부지역과의 접근성**에 관한 질문입니다. 다음은 후보지가 주변의 국도와 고속도로에서 떨어진 거리를 모두 합한 결과입니다. 아래 자료를 참고하여 각 후보지의 점수를 표시해 주기 바랍니다.

후보지	평가점수				
	극히 빈약	빈약	보통	우수	극히 우수
후보지 A	1	2	3	4	5
후보지 B	1	2	3	4	5
후보지 C	1	2	3	4	5
후보지 D	1	2	3	4	5

구 분	후보지 A	후보지 B	후보지 C	후보지 D
후보지와 국도 및 고속도로와의 거리 합(km)	54.5km	42.2km	46.2km	71.4km

표 7-14-d 부지매입 비용에 관한 질문

(질문) **부지매입비용**에 관한 질문입니다. 아래 자료를 참고하여 각 후보지의 점수를 표시해 주기 바랍니다.

후보지	평가점수				
	극히 빈약	빈약	보통	우수	극히 우수
후보지 A	1	2	3	4	5
후보지 B	1	2	3	4	5
후보지 C	1	2	3	4	5
후보지 D	1	2	3	4	5

구 분	후보지 A	후보지 B	후보지 C	후보지 D
토지매입 비용	29.0억 원	52.2억 원	28.4억 원	42.1억 원

표 7-14-e 국공유지 비율에 관한 질문

(질문) **부지확보 용이성**에 관한 질문입니다. 아래 자료를 참고하여 각 후보지의 점수를 표시해 주기 바랍니다.**(일반적으로 국공유지 비율이 높을수록 첨단산업단지를 위한 부지확보가 용이합니다.)**

후보지	평가점수				
	극히 빈약	빈약	보통	우수	극히 우수
후보지 A	1	2	3	4	5
후보지 B	1	2	3	4	5
후보지 C	1	2	3	4	5
후보지 D	1	2	3	4	5

구 분	후보지 A	후보지 B	후보지 C	후보지 D
국공유지비율	1.5%	4.1%	6.7%	2.9%

표 7-14-f **주거지역과의 격리성에 관한 질문**

(질문) **주거지역과의 격리성**에 관한 질문입니다. 아래 자료를 참고하여 각 후보지의 점수를 표시해 주기 바랍니다.

후보지	평가점수				
	극히 빈약	빈약	보통	우수	극히 우수
후보지 A	1	2	3	4	5
후보지 B	1	2	3	4	5
후보지 C	1	2	3	4	5
후보지 D	1	2	3	4	5

구 분	후보지 A	후보지 B	후보지 C	후보지 D
주거지역과의 이격거리	3.3km	4.2km	5.3km	4.7km

표 7-14-g **지역경제 파급효과에 관한 질문**

(질문) **지역경제 파급효과**에 관한 질문입니다. 아래 자료를 참고하여 각 후보지에 점수를 표시하여 주기 바랍니다.

후보지	평가점수				
	극히 빈약	빈약	보통	우수	극히 우수
후보지 A	1	2	3	4	5
후보지 B	1	2	3	4	5
후보지 C	1	2	3	4	5
후보지 D	1	2	3	4	5

구 분	후보지 A	후보지 B	후보지 C	후보지 D
첨단산업 입지시 지역고용 증가	4,633명	4,234명	2,352명	3,014명

표 7-14-h **지역 내 균형개발에 관한 질문**

(질문) **지역 내 균형개발효과**에 관한 질문입니다. 다음은 첨단산업이 입지했을 때의 분산계수의 변화를 나타내는 자료입니다.**(분산계수(CV)의 값이 클수록 도시들 사이의 고용규모 격차는 심화된다고 할 수 있습니다.)** 아래 자료를 참고하여 각 후보지의 점수를 표시해 주기 바랍니다.

후보지	평가점수				
	극히 빈약	빈약	보통	우수	극히 우수
후보지 A	1	2	3	4	5
후보지 B	1	2	3	4	5
후보지 C	1	2	3	4	5
후보지 D	1	2	3	4	5

구 분	후보지 A	후보지 B	후보지 C	후보지 D
각 후보지에 첨단산업이 입지할 경우 고용분산계수	0.32	0.55	0.87	0.91
지역 불균형 정도	크게 완화	완화	심화	심화

제3단계 : 요소들의 가중치 추정

설문을 통해 수집된 자료로부터 요소들의 가중치를 계산하는 과정은 앞 절에서 자세히 설명한 바와 같으므로 여기서는 생략하기로 한다. 단, 설명을 위해 상위계층의 가중치와 하위계층의 요소들의 가중치는 표 7-15와 같이 계산되었다고 가정한다.

표 7-15 **계층별 요소별 가중치**

상위계층	부문별 가중치	하위계층		최종가중치
		요소	가중치	
입지환경부문	0.277	후보지 내 지형특성	0.260	0.072
		자연환경과의 부합성	0.375	0.104
		외부지역과의 접근성	0.365	0.101
사업추진환경부문	0.329	토지매입 비용	0.383	0.126
		부지확보 용이성	0.321	0.106
		주거지역과의 격리성	0.296	0.097
개발효과부문	0.394	지역경제 파급효과	0.558	0.220
		균형개발효과	0.442	0.174

표 7-15를 보면 계층에 따라 부문과 요소들의 중요도가 제시되어 있다. 상위계층에서는 개발효과부문이 0.394로 가장 중요한 것으로 그리고 입지환경부문이 0.277로 상대적으로 중요도가 가장 낮은 것으로 나타났다. 또한 상위계층 내 부문들을 구성하는 요소들의 가중치도 표에 제시되었다. 상위계층의 부문별 중요도와 하위계층의 요소별 중요도를 종합하면 요소들의 최종가중치가 계산된다. 표에 보이듯이 요소별 최종가중치는 상위 부문의 가중치가 그대로 전달되는 AHP의 성격상 지역경제 파급효과와 균형개발효과의 최종가중치가 각각 0.220과 0.174로 가장 중요하게 평가되었으며, 후보지 내 지형특징과 주거지역과의 격리성의 중요도가 각각 0.072와 0.097로 가장 낮게 평가되었다.

● 제4단계: 일관성 검정

일관성 검정은 응답자가 설문항목들에 대해 얼마나 논리적으로 일관성 있게 답을 하였는지를 검정하는 것이다. 일관성 검정의 중요성은 앞 절에서 언급하였듯이 매우 중요하다. 왜냐하면 설문결과로부터 요소별 최종가중치가 도출되며, 도출된 가중치는 최종의사결정에 중요하게 작용하기 때문이다.

그러므로 계산된 가중치의 적정성을 평가하기 위해 요소들 간 쌍대비교행렬에 대한 일관성 검정을 실시해야 한다. 일관성 검정은 앞 절에서 설명하였듯이 질문 응답자별로 실시해야 하며, 일관성 검정에서 탈락한 질문응답자의 자료는 의사결정에 영향을 못 미치도록 가중치 계산에서 제외되어야 한다. 앞에서 일관성 검정의 계산과정에 대해서는 자세히 설명하였으므로 여기서는 이에 대한 설명은 생략하기로 한다.

제5단계 : 종합점수 및 최적입지 결과

표 7-14-a ~ 표 7-14-h에 대한 질문 결과 요소별 후보지들의 점수는 표 7-16-a에 요약된 바와 같다고 가정한다. 항목별 후보지의 점수는 5점이 만점이다. 그리고 평가요소별 후보지들의 점수를 합하면 후보지들의 종합평가점수가 된다. 그러나 표에 제시된 점수는 앞의 표 7-15에 제시된 가중치가 고려되지 않은 점수이다. 그러므로 후보지들의 단순 합계점수는 엄밀히 말해 첨단산업단지의 최적 위치를 결정하는 데 있어 큰 의미는 없다고 할 수 있다.

표 7-16-a 요소별 가중치가 고려되지 않은 후보지별 평가점수

상위계층	하위계층	후보지 A	후보지 B	후보지 C	후보지 D
입지환경부문	지형특성	3.6	3.5	4.8	4.1
	자연환경과의 부합성	3.4	3.4	4.6	4.8
	외부지역과의 접근성	3.6	4.4	4.1	2.8
사업추진환경 부문	부지매입 비용	4.3	3.3	4.3	3.7
	부지확보의 용이성	3.0	3.4	4.1	3.6
	주거지역과의 격리성	3.0	3.2	4.1	3.9
개발효과부문	지역경제 파급효과	4.7	4.4	3.1	3.2
	지역 내 균형개발효과	4.8	4.0	2.5	3.0
합 계		30.4	29.6	31.6	29.1

지역 R내 첨단산업단지의 입지는 표 7-16-a에 제시된 후보지별 점수와 표 7-15에 제시된 요소별 가중치로부터 계산된 결과에 의해 결정되어야 한다. 우선 요소별 가중치로 보정되지 않은 점수를 바탕으로 후보지들의 우선순위는 다음과 같다.

후보지 C > 후보지 A > 후보지 B > 후보지 D

요소별 가중치가 고려된 후보지들의 최종 평가점수는 표 7-16-b와 같다. 이를 바탕으로 후보지들의 우선순위는 다음과 같다.

후보지 A > 후보지 B > 후보지 C > 후보지 D

가중치를 고려한 우선순위와 고려하지 않았을 경우 우선순위는 크게 다름을 알 수 있다. 이는 시설의 입지결정에서 평가요소들의 가중치가 중요하게 작용함을 가리키는 것이다. 가중치를 고려한 점수를 바탕으로 볼 때 지역 R내 최적의 첨단산업단지는 후보지 A이다.

표 7-16-b 요소별 가중치가 고려된 후보지들의 종합평가점수

상위계층	하위계층	후보지 A	후보지 B	후보지 C	후보지 D
입지환경부문	후보지 내 지형특성	0.259	0.252	0.346	0.295
	자연환경과의 부합성	0.353	0.353	0.478	0.499
	외부지역과의 접근성	0.364	0.445	0.415	0.283
사업추진환경부문	부지매입 비용	0.542	0.416	0.542	0.466
	부지확보의 용이성	0.317	0.359	0.433	0.380
	주거지역과의 격리성	0.292	0.312	0.399	0.380
개발효과부문	지역경제 파급효과	1.033	0.967	0.682	0.704
	지역 내 균형개발효과	0.836	0.697	0.435	0.522
합 계		3.996	3.801	3.729	3.529

7.5 요약

본 장에서는 계층분석과정 기법을 이용한 시설의 입지결정에 대해 설명하였다. 본 장은 크게 5절로 구성되었다. 각 절에서 설명한 내용을 간단히 요약하면 다음과 같다. 1절에서는 시설의 입지결정에 있어서 핵심은 접근성에 있음을 설명하였다. 그리고 접근성 측면에서 시설들의 입지결정을 결정하는 데 적용될 수 있는 6가지의 기준, 총거리 최소화 기준, 극소극대 거리 기준, 균등배분 기준, 최소수요 제약기준, 용량제약 기준 그리고 하이브리드(hybrid) 방식에 대해 설명하였다. 그러나 이러한 기준들은 종합적이라기보다는 접근성 또는 효용성 등과 같이 특정 측면만을 강조한 부분적인 기준이라 할 수 있다. 또한 시설의 최적입지를 결정할 때 나타나는 문제는 바로 접근성이 관점에 따라 다양하게 정의될 수 있다는 것이다. 즉, 접근성에 대한 통일된 기준이 없다는 것이 시설입지에 있어 근본적인 문제라고 할 수 있다. 이는 한 측면에서 도출한 최적입지가 다른 측면에서 볼 때 최적입지가 아닐 수 있음을 의미한다. 이에 1절에서는 시설의 입지를 결정하는 데 있어 일관성의 문제는 항상 내포되어 있음을 설명하였다.

2절에서는 AHP기법에 대해 설명하였다. AHP기법은 한마디로 말해 다수의 대안이 제시되었을 때 다면적 평가기준에 의해 제기되는 복잡한 문제를 체계적으로 단순 구조화시킴으로써 의사결정자의 합리적인 결정을 유도하는 방법이다. 또한 AHP기법은 정성적이거나 무형적인 효과와 정량적인 효과를 비율척도를 통해 통합적으로 측정할 수 있기 때문에 시설입지를 종합적인 측면에서 결정하는 데 특히 유용하다. 2절에서는 AHP기법을 이용한 의사결정과정을 내용상 크게 아래와 같이 5단계로 구분하여 설명하였다.

- 제1단계 : 의사결정문제의 계층구조화
- 제2단계 : 요소들 간의 쌍대비교자료 수집
- 제3단계 : 요소들의 가중치 추정

- 제4단계 : 일관성 검정
- 제5단계 : 최종의사결정

3절에서는 주택수요자의 주택구입을 예로 들어 AHP기법을 이용한 의사결정과정에 대해 설명하였다. 의사결정과정은 앞 절에서 설명한 5단계 과정에 따라 각 단계에서 다루어져야 할 내용과 계산방법을 상세하게 설명하였다. 그리고 4절에서는 독자의 이해를 돕기 위해 계획가나 정책가들이 현실에서 흔히 직면할 수 있는 문제의 예로 첨단산업단지의 최적입지를 결정하는 과정에 대해 설명하였다. 구체적으로 입지결정을 위한 계층별 · 요소별 평가체계를 구축하고, 계층별(상위계층, 하위계층) 그리고 요소별 가중치와 요소들의 점수를 바탕으로 시설의 입지를 결정하는 것을 설명하였다. 그리고 입지요소들의 가중치와 기준별 점수를 통합하여 최적입지를 결정하는 방법에 대해 설명하였다.

제8장
국제공항 건설의 파급효과와 입지결정

본 장은 국제공항의 입지결정에 대해 설명한다. 국제공항의 건설이 국가 전체와 입지한 지역에 미치는 효과는 다양하지만, 문헌을 살펴보면 그러한 효과를 구체적으로 분석하여 제시한 연구는 많지 않은 실정이다. 이에 본 장에서는 국제공항 건설의 파급효과 분석과 입지결정에 대해 설명한다. 본 장은 크게 6절로 이루어지는데 1절에서는 국제공항과 관련하여 항공을 통해 수출·수입되는 제품들의 일반적인 특성을 도출하고, 세계 주요 국가들의 국제공항의 수와 경제지표 사이의 관계에 대해 살펴본다. 2절에서는 국제공항 건설의 파급효과를 항목화하고, 3절에서는 각 항목별 효과를 분석할 수 있는 틀이 정립된다. 4절에서는 분석에 대한 이해를 위해 가상의 3-지역경제와 두 곳의 국제공항 후보지가 제시된다. 5절에서는 3절에서 정립된 분석 틀을 가상의 다지역 경제에 적용하여 후보지별 국제공항 건설에 따른 파급효과를 분석하고, 이를 바탕으로 국제공항의 입지가 결정된다. 마지막으로 6절에서는 본 장에서 다루어진 내용이 요약된다. 본 장은 Kim, Choi and Jeong(2011)을 바탕으로 하여 재작성한 것이다.

8.1 국제공항과 경제

공공시설을 공간적으로 배분하는 데 있어 지역 간 갈등은 항상 잠재되어 있다고 할 수 있다. 왜냐하면 공공시설도 다른 자원과 같이 무한히 존재하는 것이 아니라 기본적으로 제한되어 있기 때문이다. 즉, 제한된 자원의 배분이 지역 간 또는 도시 간 갈등의 원인이 될 수 있는 것이다. 지역 간 갈등현상은 시설의 성격에 따라 다르게 나타난다. 예를 들어 모든 지역에서 기피하는 시설이나 혐오하는 시설의 경우에는 이른바 님비(NIMBY, not in my backyard)현상이 그리고 지역에 유리한 시설은 핌피(PIMFY, please in my front yard)현상이 일어난다. 전자의 시설로는 핵폐기장이나 핵폐기물 저장소, 화장시설 등이 해당되며, 후자의 시설로는 첨단산업단지나 국제공항 등이 해당된다. 님비시설이건 핌피시설이건 입지결정은 명확하고 합리적인 분석의 틀을 통해 이루어져야 한다. 만일 시설입지가 모호한 근거를 바탕으로 결정되었을 때, 이로 인해 지역 간 분쟁과 갈등이 일어날 수 있으며, 더 나아가 사회불안 요소로도 작용할 수 있다. 표 8-1은 새로운 국제공항의 건설입지를 둘러싸고 우리나라 동남권 지역에서 일어나는 지역 간 갈등의 예를 제시한 것이다.

국제공항의 경우 건설과 관리에 투입되는 비용이 막대하므로 입지는 파급효과를 정확하게 분석하여 결정되어야 한다. 합리적인 과정을 통해 도출된 분석결과는 입지결정 후 일어날 수 있는 지역 간 분쟁을 미연에 방지하며, 결정에 대한 정당성도 함께 보장하는 것이다. 이에 본 장에서는 핌피시설의 전형적인 예라고 할 수 있는 국제공항의 입지결정에 대해 설명한다. 국제공항의 입지는 다수의 측면, 예를 들어 자연환경적 측면, 물리적 측면, 사회적 측면, 경제적 측면 등을 종합적으로 고려하여 결정되어야 한다.

자연환경적 측면에는 공항 건설에 적합한 지형이나 지질, 기후 및 기상 조건 등이, 물리적 측면에는 건설로 인한 자연훼손의 정도나 비행기 이착륙의 용이성 등이 포함된다. 사회적 측면에는 지역 간 불균형 개발의 완화 (또는 심화)나 지역 내 인적자본의 수준 등이 그리고 경제적 측면에는 투입되는 공사비의 규모나 경제적 파급효과 그리고 경제성 등이 포함된다. 이러한 측면들을 동시에 고려하여 입지를 결정하려면 앞 장에서 설명한 AHP기법은 유용한 분석방법이라고 할 수 있다. 그러나 본 장에서는 개발의 파급효과에 초점을 맞추어 공항의 입지를 결정하는 방법에 대해 설명하기로 한다.

표 8-1 핌피시설의 입지에 관한 지역 간 갈등의 예(조선일보 2011년 2월 11일)

A14 2011년 2월 11일 금요일 51판 제28030호 조선일보

"가덕도다" "밀양이다" "두 곳 다 안 된다"…

'동남권 신공항' 둘러싼 갈등 갈수록 복잡

부산·경남 등 지역대립 심화

정파 따라 셈법 확연히 달라

환경단체 '신공항건설 반대'

동남권 신공항을 둘러싼 갈등 구도가 복잡해지고 있다. 부산과 경남, 여당과 야당, 시민단체와 환경단체 등 지역·정파·입장 등에 따라 '부산 가덕도' '경남 밀양' '두 곳 다 안 된다' 는 등 이리저리 갈리고 꼬이며 파열음의 옥타브를 높여가고 있다.

◆지역 간 대립 심화

부산 영도구는 11일 지역 내 공공기관·국민운동단체·기업체 등 관계자 45명이 참석한 가운데 부산 가덕해안공항 후보지·부산신항 배후철도·거가대교·남항·북항대교 등 현장 시찰을 할 예정이다. 영도구측은 "가덕도 신공항에 대한 범구민적 유치 의지를 결집하기 위한 것"이라고 말했다.

바른공항건설시민연대는 지난 9일 성명서를 내고 "청와대와 정부는 3월 말까지 국가 백년대계를 바라보고 국가경쟁력 차원에서 동남권 신공항 입지를 결정하라"며 "그렇지 않을 경우 동남권 시·도민의 강력한 규탄과 저항에 직면할 것이다"고 주장했다. 부산시도 이날 "동남권에 공항이 없기 때문에 신공항을 건설하려는 것이 아니다"며 "국가 백년대계를 위해선 24시간 안전한 운항이 가능한 국제관문공항이 필요하고 그 입지는 가덕도 해안이 최선의 대안"이라는 입장을 발표했다.

부산시와 부산을가꾸는모임 등 지역 시민단체 등은 이날 밀양 하남평야와 가덕도 해안 등 신공항 후보지를 답사, 두 지역을 비교하며 가덕도의 당위성을 공유하는 행사를 가졌고, 바른공항건설시민연대 회원 등 200여명은 지난 8일 부산역·김해공항·사상터미널·노포터미널 등에서 가덕도 신공항의 당위성 등을 알리는 가두 캠페인을 전개했다.

경남 밀양의 신공항유치 범밀양시민사회단체연대는 10일 밀양상공회의소에서 기자회견을 갖고 "정부는 3월로 예정한 신공항 입지선정 약속을 반드시 지켜라"고 요구했다. 이 단체는 "정부가 이미 수차례 연기한 신공항 입지선정을 이번에도 연기할 경우 지역갈등은 앞으로 더욱 심화될 수 있는 만큼 조속히 결단을 내려야 한다"고 주장했다. 이들은 조만간 대구·경북·울산시역 등과 연대, 대규모 집회를 갖기로 했다.

최근 경남도청공무원노조 홈페이지에 부산지역 신문·방송을 비난하는 글이 잇따르고 있다 "언론은 공정성이 생명. 부산지역 신문·방송은 부산의 입장에서 일방적으로 보도하며 지역감정을 부추기고 있다. 공정한 보도를 하기를 엄중히 경고한다", "국책사업을 지역 이기주의로 몰고 가 양 지역 갈등 조장의 앞잡이 노릇을 하는 기자의 경남도청 출입을 막자" 등의 내용을 담은 글이 올라 있다.

◆정치권의 셈법 차이

한나라당 부산지역 의원들은 지난 9일 동남권 신공항과 관련된 긴급대책회의를 가졌고, 경남 밀양 출신 한나라당 조해진 의원은 지난 7일 국회 브리핑룸에서 대구·울산·경북·경남 등 4개 시·도 광역의원들과 함께 동

남권 신공항의 밀양유치를 촉구하는 기자회견을 가졌다.

민주당 부산광역시당은 지난 9일 성명서를 냈다. 민주당측은 이날 성명서에서 "만약 올 상반기 중 가덕 신공항안이 관철되지 못한다면, 밀양 신공항은 물론이고 기존 공항 확장안이든 사실상 표류든 간에, 우리는 부산시민과 함께 부산시와 부산 한나라당에 대한 대대적인 심판운동에 들어갈 것"이라고 주장했다. 부산의 한나라당과 민주당이 '가덕도 신공항' 이란 점에서는 같은 입장이지만 셈법이 차이가 난다. 지역 정가에선 이를 두고 민주당측이 '동남권 신공항 문제'를 내년 총선에서 정치쟁점으로 삼겠다는 의지를 밝힌 것으로 해석하고 있다.

◆"가덕도·밀양 모두 안 된다"

습지와 새들의 친구, 부산녹색연합, 부산환경운동연합, 경남환경운동연합 등 부산·경남의 환경단체들은 "정부가 추진하는 동남권 신국제공항 건설 계획을 백지화하라"고 촉구하고 나섰다.

이들은 지난 9일 경남도청 프레스센터에서 기자회견을 열고 "후보지로 거론되고 있는 밀양 하남지역과 부산 가덕도는 재두루미·고니 등 세계적 멸종 위기종들이 월동하는 주남저수지·낙동강 하구와 인접해 있고, 낙동강은 동아시아~호주를 이동하는 철새들의 주요 이동통로"라며 "신공항 건설은 철새 서식지 훼손에 그치지 않고 멸종 위기종들의 멸종을 가속화하는 등 국제적 환경문제를 야기할 수 있다"고 주장했다.

이들은 또 "시속 900㎞로 비행하는 항공기는 1.8㎏의 철새와 충돌(버드 스트라이크·bird strike)하면 64t의 충격을 받는다"며 "신공항 건설 이후 주남저수지와 낙동강 하구를 찾는 철새는 비행안전을 위협하는 불청객이 될 수밖에 없어 주남저수지와 낙동강 하구는 아예 없애버려야 할 골칫거리가 될 것"이라고 밝혔다.

이들은 "신공항 건설은 생태적으로 심각한 피해를 가져올 수 있는 사안인 만큼 정부는 신공항 건설 문제를 원점에서 재검토하고, 지방자치단체는 소모적인 신공항 유치전을 즉각 중단하라"고 촉구했다.

한마디로 말한다면 국제공항의 건설은 해외시장에 대한 접근성 향상이라고 할 수 있다. 오늘의 시대는 사람, 자본, 기술 및 문화 등의 국가 간 교류가 자유로워지는 세계화 시대이다. 이러한 시대적 특징을 고려한다면, 국제공항은 오늘날 가장 중요한 사회간접자본의 하나이며 국가의 경제성장에 기여하는 바도 크다고 할 수 있다. 국제공항은 국가차원뿐만 아니라 지역차원에서도 동일하게 중요하다. 왜냐하면 지역에서 해외시장으로 직접적으로 그리고 신속하게 접근할 수 있는 통로도 역시 국제공항이기 때문이다. 따라서 국제공항은 입지하는 지역의 경제성장에 있어 핵심적인 역할을 담당한다고 할 수 있다. 특히 우리나라의 경우 세계화 시대와 함께 지방화가 성숙되면서 국제공항이 지역에서 갖는 의미는 더욱 커지고 있다. 그러나 국제공항이 아무리 중요하다 해도 모든 도시에 공항을 건설할 수는 없는 것이다. 그 이유는 공항 건설에 두입되는 비용도 막대하지만, 더 중요한 것은 바로 공항에 대한 수요이다. 다시 말해, 국제공항은 어느 한 도시의 수요만을 담당하기는 일반적으로 어렵다. 중심지이론에 비춰어 보았을 때 국제공항은 전국 또는 광역지역 수준 이상에서 다루어져야 하는 위계 높은 시설이라고 할 수 있다.

국제공항이 지역경제에 미치는 효과는 다양하게 나타나기 때문에 공항의 입지를 결정하기 위해서는 무엇보다도 파급효과에 대한 종합적인 이해가 되어야 한다. 국제공항은 세계화 시대에 있어 핵심적인 사회간접자본으로 널리 인식되지만, 문헌을 살펴보면 공항건설의 파급효과나 입지결정에 관한 연구는 드물게 이루어졌음을 알 수 있다. Kim, Choi and Jeong(2011)의 연구는 드믄 연구 중 하나이다. 국제공항에 관한 연구가 드믄 이유는 연구자들이 국제공항에 관심이 없어서라기보다는 국제공항이 가져올 수 있는 파급효과의 분석이 어렵고 복잡하기 때문이라고 할 수 있다. 이에 본 장에서는 국제공항의 입지결정 시 중요하게 고려되어야 할 파급효과에 대해 설명한다.

한국무역협회(2010)에서 조사한 우리나라 수출입물량을 운송수단별 그리고 제품별로 구분해 보면 표 8-2와 같다. 표에서 알 수 있듯이 항공을 통해 운송되는 수출입물량은 해상교통을 통해 운송되는 양과는 비교가 되지 않을 정도로 적다. 구체적으로 말해, 1년 동안의 총수출량 161,173.8 천ton 중 항공에 의한 수출량은 전체에서 0.4%에 해당하는 651.3천ton 뿐이다. 수입에서 항공이 차지하는 비율은 수출의 경우보다 더 낮은 0.1%이다. 이러한 통계는 우리나라의 국제무역에서 해상교통이 운송수단으로 절대적인 위치에 있음을 가리키는 것이다. 항공에 의해 운송되는 수출입은 실질적으로 국제공항에서 선적과 하역이 이루어진다. 그러므로 물량 측면에서 볼 때, 국제공항이 해외무역에서 갖는 역할은 미미하다고 할 수 있다. 그러나 수출입 규모를 물량단위가 아닌 금액단위로 보면 국제무역에서 국제공항의 역할은 미미한 것이 아니라 매우 중요함을 알 수 있다.

표 8-3은 표 8-2의 운송수단별 제품별 해외 수출입량을 금액으로 전환한 것이다. 표에 제시되었듯이 우리나라의 총수출액 463,971.4백만 USD 중 항공에 의한 수출액은 114,781.5백만 USD로 전체에서 24.7%를 차지한다. 그리고 총수입액 419,200.5백만 USD의 23.9%에 해당하는 100, 010.1백만 USD 만큼이 항공을 통해 해외로부터 유입된다. 따라서 항공을 통한 수출입 제품들의 가치는 해상교통에 비해 매우 높다. 운송수단별 총금액을 총물량으로 나누면 구체적인 운송수단별 평균가치가 구해진다. 수출의 경우, 항공을 통해 해외로 수출되는 제품들의 천ton당 평균가치는 176.2백만 USD로 해상교통의 평균가치인 2.2백만 USD에 비해 약 81배 높게 나타난다. 수입의 경우도 항공을 통해 우리나라로 유입되는 제품들의 천ton당 평균가치는 183.8백만 USD로 해상교통 제품의 평균가치 0.7백만 USD 보다 약 273배 높다. 이와 같이 가치가 높은 제품들의 수출과 수입이 항공을 통해 이루어지는 것이다. 이는 국제무역에서 항공교통이 해외무역에서 중요한 역할과 기능을 담당하고 있음을 가리키는 것이다. 이렇게 항공으로 운송되는 제품들의 특징은 우리나라에서만 나타나는 것이 아니라 해외의 모든 나라에서도 공히 나타나는 일반적인 것이라 할 수 있다.

항공으로 수출하는 제품 중 전자전기제품과 같은 첨단산업을 보면 다음과 같다. 표 8-2와 표 8-3에서 항공으로 운송되는 제품별 수출량 구성 비율을 계산하면, 물량단위에서 전자전기제품은 45.4% 그리고 금액단위로는 84.1%를 차지한다. 이와 같이 첨단의 전자전기제품이 차지하는 비율은 나머지 제품에 비해 월등히 높다. 전자전기제품의 항공수출 비율이 높다는 것은 첨단산업의 입지를 결정하는 데 있어 국제공항과의 근접성이 중요하게 작용함을 의미한다. 왜냐하면 첨단산업이 공항에 근접하여 입지하므로 육상 물류비를 감소시켜 가격의 국제경쟁력을 확보할 수 있기 때문이다. 따라서 첨단산업이 집중된 지역의 경우 경쟁력 확보 측면에서 국제공항은 기본적으로 필요한 사회간접자본이라고 할 수 있다.

표 8-2 운송수단별 수출입물량 비교 (단위: 천ton, %)

구분	수출물량			수입물량		
	항공교통	해상교통	합계	항공교통	해상교통	합계
농림수산물	11.3	2,449.8	2,461.1	29.4	39,068.0	39,097.4
광산물	0.6	48,306.4	48,307.0	2.0	358,330.2	358,332.3
화학공업제품	36.2	45,541.4	45,577.5	63.3	27,133.4	27,196.7
플라스틱고무 및 가죽제품	31.1	2,621.3	2,652.4	25.8	1,028.9	1,054.6
섬유류	61.9	2,645.2	2,707.0	25.5	1,549.0	1,574.6
생활용품	10.5	286.5	297.0	13.0	717.1	730.1
철강금속제품	31.0	28,537.7	28,568.8	76.5	40,803.8	40,880.3
기계류	168.5	26,645.7	26,814.2	138.6	4,796.5	4,935.1
전자전기제품	295.8	3,392.5	3,688.3	161.8	1,223.9	1,385.6
잡제품	4.5	96.0	100.4	8.3	53.9	62.2
전산업 (비율)	651.3 (0.4%)	160,522.5 (99.6%)	161,173.8 (100.0%)	544.2 (0.1%)	474,704.8 (99.9%)	475,248.9 (100.0%)

• 출처: 한국무역협회, 한국무역통계, 2010(www.kita.net)

표 8-3 운송수단별 수출입금액 비교

(단위: 백만 USD)

구분	수출금액			수입금액		
	항공교통	해상교통	합계	항공교통	해상교통	합계
농림수산물	159.2	4,998.9	5,158.1	669.7	23,577.2	24,246.9
광산물	3,092.4	32,976.1	36,068.5	2,478.2	133,144.2	135,622.5
화학공업제품	2,628.5	48,986.7	51,615.2	8,798.5	35,947.6	44,746.1
플라스틱고무 및 가죽제품	806.2	10,475.0	11,281.2	1,574.0	6,893.2	8,467.2
섬유류	1,137.3	12,751.6	13,888.9	1,666.0	8,254.0	9,920.0
생활용품	462.5	2,204.7	2,667.2	1,188.6	3,997.0	5,185.6
철강금속제품	577.2	37,683.9	38,261.1	1,424.1	44,786.8	46,210.9
기계류	8,079.0	135,506.4	143,585.3	20,029.2	39,649.8	59,679.0
전자전기제품	96,897.2	62,935.1	159,832.3	60,917.5	22,185.3	83,102.9
잡제품	942.0	671.5	1,613.5	1,264.2	755.2	2,019.5
전산업 (비율)	114,781.5 (24.7%)	349,189.8 (75.3%)	463,971.4 (100.0%)	100,010.1 (23.9%)	319,190.3 (76.1%)	419,200.5 (100.0%)

• 출처: 한국무역협회, 한국무역통계, 2010(www.kita.net)

한 나라의 경제규모와 그 나라가 보유하고 있는 국제공항의 수 사이의 관계를 살펴보자. 표 8-4는 세계 주요 45개 국가를 대상으로 국제공항의 수, 국가의 경제규모 그리고 무역규모를 정리한 것이다. 이 표를 제시한 목적은 국제공항의 수와 국가의 경제규모 및 무역규모와의 관계를 단순히 살펴보기 위함이다. 표에 제시된 국가들은 국내총생산(GDP)이 1,000억 USD 이상인 국가들이며, 국제공항의 수는 연간 이용객이 10만 명 이상인 공항들이다. 그러나 여기서 제시된 국제공항의 수가 의미하는 바는 사실 크지 않다고 할 수 있다. 왜냐하면 공항의 규모가 고려되지 않았기 때문이다. 즉, 표에서는 1개의 해외노선을 보유한 공항과 수십 개의 해외노선을 보유한 공항이 하나의 동일한 국제공항으로 취급된다. 따라서 공항 건설이 국가 및 지역에 미치는 파급효과를 정확하게 파악하기 위해서는 무엇보다도 공항의 규모와 공항에서 연결되는 국내외 도시들의 수 그리고 보유하고 있는 국내외 노선 수 등이 구체적으로 고려되어야 한다. 그렇게 될 때 국제공항과 관련한 의미 있는 분석이 이루어질 수 있다. 그러나 본 절에서는 그러한 공항 규모를 고려하지 않고 단순히 국제공항의 수와 국가의 경제지표 사이에 어떤 관계가 존재하는지에 대해서만 알아보기로 한다.

표 8-4로부터 국가가 보유한 국제공항의 수와 경제규모 및 무역규모와의 관계를 그림으로 나타내면 그림 8-1과 같다. 그림 8-1은 두 그림으로 구성되어 있는데, 첫째 그림(a)는 국제공항의 수와 국가의 GDP 사이의 관계를 그리고 둘째 그림(b)는 국제공항의 수와 해외 무역규모(수출액+수입액) 사이의 관계를 표현한 것이나. 그림(a)에서 알 수 있듯이 국제공항의 수와 GDP 사이에는 양의 상관관계가 존재한다. 즉, 나라의 경제규모가 크면 클수록 국제공항의 수는 증가되며, 그러한 관계는 다음과 같은 단순 회귀식에 의해 표현된다.

$$Y = -0.3979 + 0.0056\,GDP, \quad (R^2 = 0.88), \qquad \ldots\text{식 (8–1)}$$

Y: 국가가 보유하는 국제공항의 수.

그림(b)는 국제공항의 수와 국가의 해외 무역규모 사이의 관계를 나타낸 것이다. 그림에서 알 수 있듯이 한 국가 내 국제공항의 수와 그 국가의 무역규모 사이에는 양의 상관관계가 존재한다. 즉, 해외무역의 규모가 크면 클수록 국가 내 국제공항의 수는 많아지는 것이다. 해외무역의 규모가 증가하면 해외 국가들과 물적 교류와 인적교류가 자연 증가하게 되고, 증가되는 교류로 인해 항공수요는 늘어나게 된다. 늘어난 항공수요는 결과적으로 국제공항의 수를 증가시키게 된다. 이러한 국제공항과 무역규모 사이의 관계는 다음과 같은 포물선 형태의 회귀식에 의해 구체적으로 표현된다.

$$Y = 3.5457 - 0.0096\,Trade + 1.41 \cdot 10^{-5}\,Trade^2,\ (R^2 = 0.88), \quad \text{...식 (8-2)}$$

$Trade$: 국가의 해외 무역규모.

한 국가의 경제규모와 해외 무역규모를 식 (8-1)과 식 (8-2)에 대입하면 개략적인 차원에서 국가가 보유해야 할 국제공항의 수가 도출된다.

오늘날 항공을 이용한 국제교류는 국제화와 개방화가 진전됨에 따라 활발해지고 있으며, 앞으로도 계속 증가할 것으로 전망된다. 한국항공진흥협회

표 8-4 국가별 국제공항 수와 경제지표(2009년 기준)

국가[1]	국제공항 수[2]	국가 GDP (10억 USD)	무역규모 (10억 USD)
그리스	1	330	80
남아프리카공화국	3	286	127
네덜란드	1	792	946
노르웨이	2	383	189
뉴질랜드	3	115	51
대만	3	379	378
덴마크	3	310	176
독일	24	3,340	2,078
러시아	3	1,231	389
루마니아	1	161	92
미국	87	14,256	2,615
멕시코	1	875	464
말레이시아	1	191	281
브라질	1	1,572	281
베네수엘라	2	326	113
벨기에	4	468	726
스웨덴	1	406	250
스위스	3	492	375

국가[1]	국제공항 수[2]	국가GDP (10억 USD)	무역규모 (10억 USD)
스페인	5	1,460	514
싱가포르	1	177	585
아랍에미리트	4	199	274
아르헨티나	2	309	95
아일랜드	4	227	178
영국	16	2,174	867
오스트리아	4	385	269
이스라엘	1	195	95
이탈리아	14	2,112	819
인도	4	1,287	410
인도네시아	1	540	213
일본	8	5,068	1,132
체코	1	190	217
칠레	1	163	88
캐나다	10	1,337	835
쿠웨이트	1	115	110
콜롬비아	1	230	66
태국	5	264	286
터키	1	616	243
포르투갈	3	228	113
폴란드	1	430	279
필리핀	1	2,668	81
프랑스	6	238	1,033
핀란드	1	161	124
헝가리	1	129	161
호주	7	981	345
대한민국	4	833	687

1) GDP가 1,000억 USD 이상인 국가, 2) 연간 이용객 10만 명 이상인 국제공항.

• 출처: 한국항공진흥협회, 외교통상부, kotra.

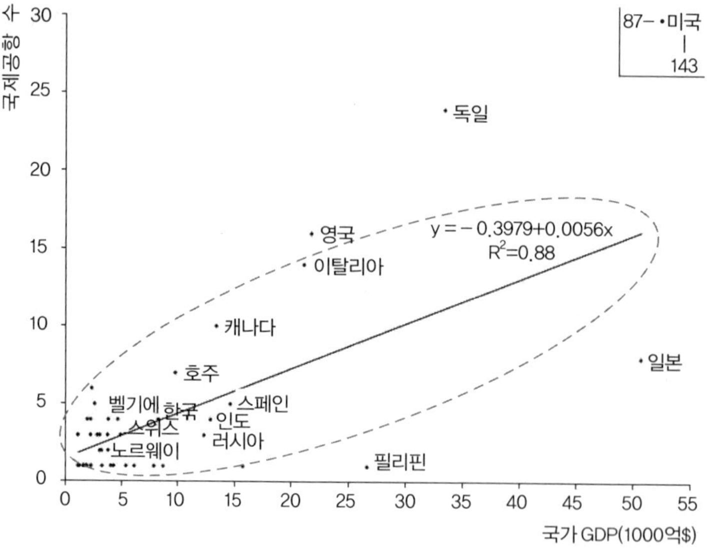

(a) 국제공항 수와 국가 GDP의 관계

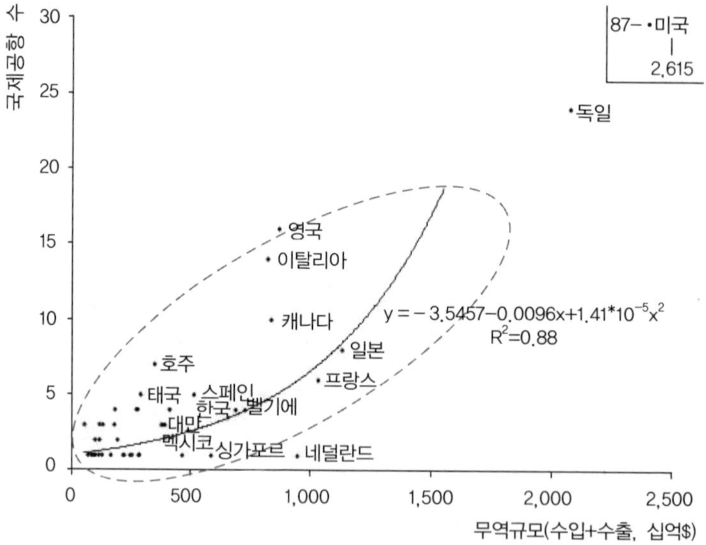

(b) 국제공항 수와 무역규모의 관계

그림 8-1 국제공항 수와 국가의 경제지표 사이의 관계

(2010)에 의하면 국제민간항공기구(ICAO, International Civil Aviation Organization)는 세계 여객 킬로가 2005년에서 2025년까지 연평균 4.6% 증가할 것으로, 그리고 국제항공운송협회(IATA, The Air Transport Association)는 2007년에서 2028년까지 여객 킬로가 연평균 4.0%로 증가할 것을 전망하였다. 국제공항협회(ACI, Airports Council International)도 IATA와 비슷하게 여객수요의 증가를 제시하였다. 화물의 경우, ICAO는 2005년에서 2025년까지 연평균 6.6% 성장할 것으로, IATA는 연평균 4.4%, 그리고 ACI는 연평균 5.1% 증가할 것으로 전망하였다. 이와 같이 다양한 기관에서 예측한 바를 종합하면 앞으로 항공을 이용한 여객 및 화물수요는 지속적으로 증가할 전망이다.

위에서 제시한 식 (8-1)과 식 (8-2)로부터 경제규모와 무역규모가 증가할수록 국제공항의 수는 증가해야 한다. 그리고 국제항공관련 기관들이 전망하였듯이 항공기를 이용한 여객 및 화물수요도 증가할 것이다. 따라서 경제적으로 성장하는 국가라면 국제공항수의 증가는 자연스러운 현상이라고 할 수 있다. 문제는 공항의 영향범위가 광역적이기 때문에 어느 공간에 국제공항을 건설하는 것이 바람직한가 하는 것이다. 기본적으로 공항 건설에 투입되는 비용규모가 크기 때문에 국제공항은 비용의 효율성 측면에서 파급효과를 극대화시킬 수 있는 곳에 건설되어야 한다.

공항 건설의 파급효과는 경제 내 다양한 부문에서 발생하므로 의미 있고 정확한 분석이 되기 위해서는 우선적으로 파급효과를 항목별로 구분하고, 구분된 항목에 따라 분석의 합리적인 틀이 수립되어야 한다. 다시 말해, 공항과 같이 파급효과가 복잡하고 광범위한 시설의 경우, 분석의 핵심부분은 바로 항목화(itemization)에 있다고 할 수 있다. 왜냐하면 항목화를 통해 분석의 내용과 범위가 결정되기 때문이다. 이에 다음 절에서는 국제공항 건설의 파급효과를 분석하기 위한 항목화가 제시된다.

8.2 국제공항 건설의 항목화

국제공항 건설의 파급효과를 분석함에 있어 분석결과의 종합성과 정확성을 높이기 위해서는 파급효과의 항목화가 우선 되어야 한다. 여기서는 공항건설의 파급효과는 표 8-5에 제시된 바와 같이 크게 파급효과 I과 파급효과 II로 구분하기로 한다. 파급효과 I은 시간에 따라 지속되는 것이 아니라 건설기간에만 발생하는 단기효과를 말한다. 건설수요의 증가로 인한 경제적 효과가 파급효과 I에 해당하는 전형적인 예라 할 수 있다. 반면 파급효과 II는 공항 건설이 완료된 후부터 시간이 지남에도 불구하고 지속되는 효과를 말한다. 이러한 효과에는 공항운영에 따른 고용창출효과, 접근성 향상에 따른 물류비용 절감효과, 공항 이용자들의 비용절감효과 그리고 외국인 방문 증가효과 등이 포함된다.

국제공항 건설의 파급효과를 바탕으로 입지를 결정한다면 단기효과보다는 장기적으로 지속되는 효과에 초점을 맞추어야 한다. 따라서 본 장에서는 파급효과 I에 해당하는 단기효과는 분석에서 제외하고 파급효과 II에 초점을 맞추어 설명하기로 한다.

표 8-5 공항 건설이 지역경제에 미치는 파급효과 항목 구분

구 분	항 목	공간적 영향범위	
		기초행정구역	광역행정구역
파급효과 I	건설수요 증가에 의한 지역경제 파급효과	○	○
파급효과 II	공항운영에 따른 고용창출효과	○	
	접근성 향상에 따른 물류비용 절감효과	○	○
	국제공항 이용자들의 비용절감효과	○	○
	외국인 방문 증가효과	○	○

파급효과 II에 해당하는 효과들은 공간적 영향범위가 서로 다르기 때문에 분석에서 영향범위를 고려하는 것이 중요하다. 왜냐하면 공간범위를 고려하지 않는 경우 분석결과는 과도 또는 과소해질 수 있기 때문이다. 따라서 본 절에서는 표 8-5와 같이 공항 건설의 효과를 항목별로 공간적 영향범위를 설정하고, 이에 따라 분석의 틀(framework)을 제시하기로 한다. 표에서 기초행정구역은 시와 군과 같은 기초자치단체의 행정구역을 그리고 광역행정구역은 광역시나 도 단위의 행정구역을 의미한다.

표 8-5에 제시된 공항 건설의 파급효과를 보다 자세히 설명하면 다음과 같다. 먼저 공항운영에 따른 고용창출효과의 공간적 영향범위는 공항이 건설되는 기초행정구역 내로 국한한다. 그 이유는 공항운영과 관련된 고용 증가는 자동차로 통근거리가 30분 정도인 지역주민에게 주로 발생하는 것으로 조사되었기 때문이다(Robertson, 1995). 또한 영국 공항의 여러 사례에서도 공항 종사자의 80~90%는 자동차로 통근거리가 30분 정도 되는 곳에 거주하는 것으로 조사되었다(Mason, 1994). 따라서 공항운영에 따른 고용창출의 공간적 범위는 공항이 입지하고 있는 기초자치단체의 행정구역 내로 한정하는 것이 적절하다고 할 수 있다.

산업부문의 경우 새로운 공항이 지역에 건설되었을 때 직접적으로 나타나는 것은 바로 해외시장에 대한 접근성 향상 효과이다. 국제공항이 건설되면, 건설 전에 제품을 수출하거나 또는 수입하는 과정에서 발생하였던 국내 물류비가 절감된다. 여기서 말하는 국내 물류비는 수출의 경우 공장에서 선적지인 공항까지 발생하는 육상 물류비용을, 그리고 수입의 경우는 공항에서 국내 시장까지의 육상 물류비용이다. 그러나 물류비용 절감효과는 표 8-6과 표 8-7에 제시된 바와 같이 수출과 수입시 이루어지는 계약조건에 따라 달리 나타난다. 즉, 국내 육상 물류비용을 누가 부담할 것인가에 따라 공항건설의 물류비용 절감효과는 크게 발생할 수도 있고 미미하게 나타날 수도 있다. 단적으로 말해, 국제공항의 건설효과의 크기는 기본적으로 수출, 수입 시 체결되는 계약조건에 의해 결정된다고 할 수 있다.

표 8-6은 해외수출의 경우 계약조건별 물류비 부담주체와 물류비 절감효과를 간단히 요약, 정리한 것이다. 표에서와 같이 계약조건이 EXW인 경우에는 해외 수입업자가 수출과정에서 발생한 모든 물류비를 부담하게 된다. 왜냐하면 EXW조건에서 물품인도 장소는 공장이기 때문이다. 이러한 계약조건에서 새롭게 국제공항이 건설되면 물류비 절감효과는 해외 수입업자에게 귀속되고, 그 효과는 궁극적으로 해외의 최종 소비자가 지불하는 가격의 감소와 수출의 증가로 나타난다. 해외에 있는 소비자가 제품구입 시 지불하는 가격은 바로 제품의 생산가격과 공장부터 해외의 시장까지 이동하는 과정에서 발생한 물류비용의 합이다. 그러므로 물류비용의 감소는 바로 해외의 최종 소비자가 지불하는 가격의 감소로 나타나게 된다. 만일 어떤 기업이 그의 제품을 수출하는 데 있어 EXW조건으로 계약을 체결하였다면, 그 기업에게 국제공항의 건설효과는 해외에서 제품가격의 하락에 따른 수출 증가이다.

EXW 계약조건을 제외한 나머지의 경우는 국내 수출업자가 국내 운송비용을 부담하기 때문에 해외의 최종 소비자가 지불하는 가격에는 변화가 없다. 예를 들어 FOB조건으로 체결된 계약은 수출업자가 공장에서부터 공항이나 항구까지 제품을 이동하는 과정에서 발생한 모든 물류비를 부담하는 계약조건이다. 따라서 FOB조건으로 수출계약이 이루어진다면 국제공항 건설로 인한 물류비 절감은 국내 수출업자에게 귀속된다. FOB 외에도 CFR, CIF, DDU 그리고 DDP의 계약조건에서도 물류비 절감효과는 모두 국내 생산자들에게 귀속된다. 그리고 귀속된 물류비가 어떻게 사용되는가에 의해 파급효과가 결정된다. 여기서는 생산자에게 귀속되는 물류비 절감액은 모두 생산시설에 재투자하는 것으로 가정한다. 이러한 가정을 바탕으로 할 때 국제공항의 건설로 인한 효과는 바로 투자수요의 증가로 나타나게 된다.

표 8-6 수출 계약조건과 국내 물류비 부담여부

계약조건	내용(수출업자 기준)	수출업자 국내 물류비 부담여부	최종소비자 가격변화 (해외소비자)	최종 효과
EXW(공장 인도조건 : EX-Works)	국내공장에서 물품을 인도하는 조건	부담 안함	변화	수출 증가
FOB(본선 인도조건 : Free On Board)	국내 공항·항구에서 본선에 물품을 실을 때까지 모든 비용을 매도인이 부담하는 조건	부담	변화 없음	투자 증가
CFR(운임포함 인도조건 : Cost and Freight)	물품 선적과 목적 항에 도착하기까지의 운임을 포함해서 인도하는 조건	부담	변화 없음	투자 증가
CIF(운임, 보험료 포함 인도조건 : Cost, Insurance and Freight)	CFR에서 보험료까지 포함해서 인도하는 조건	부담	변화 없음	투자 증가
DDU(관세미지급 인도조건 : Delivered Duty Unpaid)	수입국 내 지정장소까지 비용을 부담하되 관세는 미지급하고 인도하는 조건	부담	변화 없음	투자 증가
DDP(관세지급 인도조건 : Delivered Duty Paid)	DDU에서 관세도 지급하고 인도하는 조건	부담	변화 없음	투자 증가

표 8-7 수입 계약조건과 국내 물류비 부담여부

계약조건	내용(수입업자 기준)	수입업자 국내 물류비 부담여부	최종소비자 가격변화	최종 효과
EXW(공장 인도조건 : EX-Works)	해외공장에서 물품을 인도받는 조건	부담	변화	수입 증가
FOB(본선 인도조건 : Free On Board)	해외 공항·항구에서 본선에 실을 때 물품을 인도받는 조건	부담	변화	수입 증가
CFR(운임포함 인도조건 : Cost and Freight)	국내 공항·항구에서 물품을 인도받되 보험료는 지불해야 하는 조건	부담	변화	수입 증가
CIF(운임, 보험료 포함 인도조건 : Cost, Insurance and Freight)	국내 공항·항구에서 물품을 인도받는 조건	부담	변화	수입 증가
DDU(관세미지급 인도조건 : Delivered Duty Unpaid)	국내 지정장소에서 물품을 인도받고 관세는 지불하는 조건	부담 안함	변화 없음	영향 없음
DDP(관세지급 인도조건 : Delivered Duty Paid)	국내 지정장소에서 물품을 인도받는 조건	부담 안함	변화 없음	영향 없음

우리나라에서 수출은 FOB, 수입은 CIF기준으로 통계가 작성되기 때문에 현실적으로 계약별 상세한 수출입 자료는 없는 실정이다. 그러므로 분석을 위해서는 표 8-8에 제시한 바와 같이 제품의 가격에 영향을 주는 계약조건과 영향을 주지 못하는 계약조건의 비율을 정해야 한다. 여기서는 그러한 비율을 50:50으로 전제하기로 한다. 수입의 경우도 수입가격에 영향을 주는 계약조건과 영향을 주지 않는 계약조건의 비율을 50:50으로 전제한다. 만일 계약별로 수출과 수입의 상세한 자료가 조사되어 있다면 분석의 정확성은 그만큼 높아진다고 할 수 있다.

표 8-8 수출, 수입 시 계약조건별 비율 전제

구 분		지역경제효과	비율
수출 계약조건	EXW	수출 증가	50%
	FOB, CFR, CIF, DDU, DDP	투자 증가	50%
수입 계약조건	EXW, FOB, CFR, CIF	수입 증가	50%
	DDU, DDP	영향 없음	50%

국제공항의 건설은 산업부문뿐 아니라 가계부문에도 영향을 미치는데 이것은 공항 건설로 인해 지역 내 주민들의 해외 접근성도 향상되기 때문이다. 그리고 향상된 접근성은 바로 여행객들의 교통비 절감으로 나타난다. 즉, 기존 공항을 이용하면서 지역 내 이용자들이 지불하였던 비용과 시간은 새로운 공항으로 인해 감소된다. 감소되는 교통비의 사용에 따라 그 구체적인 파급효과가 결정되는데, 여기서는 지역 내 공항 이용자들의 절감된 교통비용이 모두 국내제품 소비에 지출됨을 가정한다.

마지막 국제공항의 건설효과는 바로 외국과의 교류 증가로 인한 외국인 방문객 증가이다. 지역 내에 국제공항이 건설된다는 것은, 언급하였듯이 해외와의 접근성이 높아짐을 의미하는 것이다. 그리고 해외와의 접근성이 높아질 때 해외와의 교역규모는 증가되며, 증가된 교역규모로 인해 인적교류가 활발하게 된다. 해외와의 물적 그리고 인적교류가 활발해진다는 것은 지역 측면에서 볼 때 외국인 방문객이 증가됨을 가리키는 것이다. 여기서는 외국인 방문객 증가를 지역과 해외와의 교역 증가의 결과로 보고, 이에 따른 파급효과를 분석하기로 한다.

우리나라에서 외국인 방문객수는 위에서 언급하였듯이 교역규모와 밀접한 관계가 있다고 할 수 있다. 1980~2008년까지의 무역규모와 외국인 방문객수와의 관계를 그림으로 나타내면 그림 8-2와 같다. 그림에서 x축은 로그를 취한 무역규모(수출액+수입액)이며, y축은 로그를 취한 외국인 방문객수이다. 그림에서 알 수 있듯이 외국인 방문객의 수와 무역규모는 거의 선형적인 관계로 특징지을 수 있다.(이러한 관계는 우리나라뿐만 아니라 세계 여러 나라에서 공히 나타나는 현상이라고 할 수 있다.) 따라서 국제공항 건설로 인해 증가되는 수출과 수입으로 무역규모가 증가되면 외국인 방문객의 수는 자연히 증가하게 되는 것이다.

그림 8-2에서 제시된 무역규모와 외국인 방문객수의 관계를 단순 회귀식으로 결정하면 다음과 같다.

$$\ln(Visitors) = 4.169 + 0.644\ln(Trade),\ R^2 = 0.929,\ \ldots \text{식 (8-3)}$$

$Visitors$: 외국인 방문객수.

위의 식을 전미분하면 다음과 같다. 즉, 식은 무역규모가 1% 증가할 때 외국인 방문객은 0.644% 증가함을 가리킨다.

$$\frac{d(Visitors)}{Visitors} = 0.644\frac{d(Trade)}{Trade}. \qquad \ldots \text{식 (8-4)}$$

국제공항 건설로 인해 증가되는 무역규모가 구해지면, 그 무역규모를 식 (8-4)에 대입하여 증가되는 외국인 방문객수를 구체적으로 예측할 수 있다.

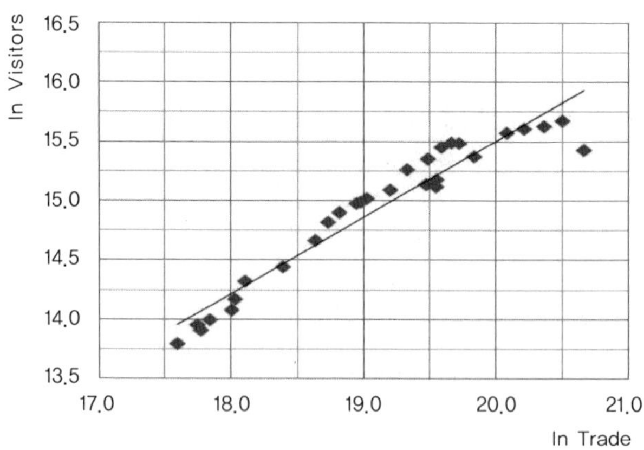

그림 8-2 무역규모와 외국인 방문객수와의 관계

8.3 항목별 분석 구조

8.3.1 공항운영에 따른 고용창출효과

공항운영에 따른 고용창출효과는 건설된 국제공항에 고용된 종사자수와 그로 인한 지역 전체의 고용이 증가되는 것을 말한다. 앞 절에서 이러한 고용창출효과는 공항이 건설되는 기초 행정구역 내로 국한한다고 전제하였으므로 분석의 정확성을 위해 소지역 단위에 적합한 모형을 선택해야 한다. 수출기반모형(export base model)은 모형이 단순하고 자료 구득이 용이하여 소지역 단위의 경제분석에 널리 이용되고 있는 모형이다(김홍배, 2009). 따라서 여기서는 수출기반모형을 이용하여 공항운영에 따른 고용창출효과를 분석하기로 한다.

공항의 종사자수는 공항이 담당하는 여객수요와 화물수요를 기초로 추정해야 한다. 왜냐하면 공항을 이용하는 여객과 화물규모가 많을수록 공항운영에 관련하여 종사하는 사람들이 많아질 것이기 때문이다. 표 8-9는 국내외 주요 국제공항들의 여객수와 화물량 그리고 공항 종사자수를 정리한 것이다. 여기서 공항 종사자수는 공항직원과 기타 용역업체에서 고용된 모든 사람들이다. 표에 제시된 자료를 바탕으로 공항을 이용하는 여객수와 화물량 그리고 공항 종사자와의 상관관계를 분석하면 표 8-10과 같다. 그리고 공항 종사자수와 여객수의 관계 그리고 공항 종사자수와 화물량의 관계를 표시하면 각각 그림 8-3의 두 그림과 같다.

상관분석과 그림에서 나타나듯이 공항 종사자의 수는 여객수와 화물량과 밀접한 관계가 존재한다. 이러한 관계를 바탕으로 건설되는 국제공항의 종사자수는 공항을 이용하는 이용객수와 화물량으로부터 추정될 수 있다.

표 8-9 국제공항별 여객수와 화물량 그리고 종사자 규모

공항이름	여객수(명)	화물량(톤)	종사자수(명)
Baltimore/Washington 국제공항(2002)	20,369,923	225,083	12,030
Berlin Airports(2005)	17,154,200	N.A	14,500
Blue Grass Airport(2002)	876,641	1,415	1,760
Chicago O'Hare 국제공항(2006)	77,028,134	1,558,235	50,000
Dallas Fort Worth Tx(DFW)(2000)	60,687,122	904,994	48,785
Denver 국제공항(2008)	51,245,334	250,994	20,963
Detroit MI(DTW)(2008)	35,135,828	210,952	18,000
김해 국제공항(2008)	7,202,117	113,710	3,500
김포 국제공항(2008)	14,264,693	203,977	15,000
Hartsfield-Jackson Atlanta(2005)	85,907,423	767,897	56,505
Houston Tx(2003)	34,154,574	381,926	35,400
Houston TX(IAH)(2008)	41,709,389	412,217	18,800
인천 국제공항(2008)	29,973,522	2,423,717	25,000
제주 국제공항(2008)	12,448,084	225,478	3,000
Kansas City 국제공항t(2002)	12,032,943	142,563	17,600
Los Angeles 국제공항t(2008)	59,497,539	1,629,525	59,000
Miami FL 국제공항(MIA)	34,063,531	1,806,770	36,797
Minneapolis 국제공항(2002)	34,308,389	339,676	32,000
Nashvile 국제공항(2002)	8,473,617	50,312	27,000
Newark NJ(LGA)2008	23,073,056	N.A	7,410
New York J.F.K(2008)	47,807,816	1,430,609	35,000
New York EWR(2008)	35,360,848	10,457	15,960
Oakland 국제공항(2002)	11,416,579	608,542	10,700
Philadelphia 국제공항(2002)	23,953,052	536,270	21,000
Phoneix AZ(PHX)(2002)	38,891,193	250,491	46,633
San Francisco 국제공항(2004)	35,792,707	562,933	2,290
Seattle-Tacoma 국제공항(2002)	27,036,073	400,499	17,000
Southwest Florida 국제공항t(2002)	5,277,708	15,891	30,000
Toronto International Airport(2008)	32,334,831	483,975	19,875

• 출처: Airport council international(2002), Colorado aeronautics division(2008), Hartsfield-Jackson Atlanta airport(2005), Houston airport system(2004), Martin associates(2009), Northwest Corridor LRT Line(2000), Wilbur Smith associates(2007), 인천공항공사(2009), 한국공항공사(2009)외.

표 8-10 공항종사자와 여객수 그리고 화물량의 상관관계

구 분	여객수	화물량	종사자수
여객수	1.00	0.49	0.75
화물량	–	1.00	0.51
종사자수	–	–	1.00

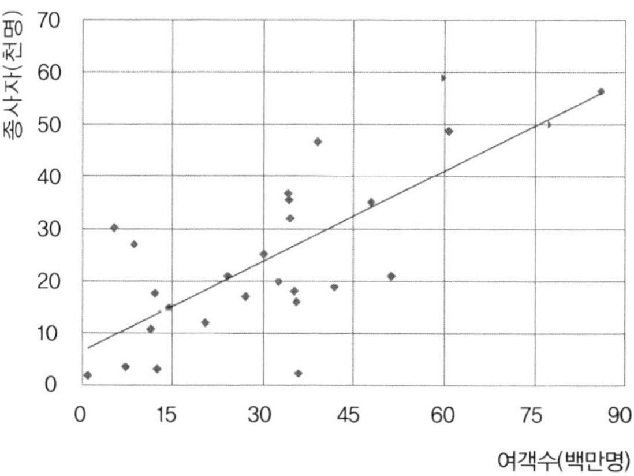

(a) 여객수와 종사자의 관계

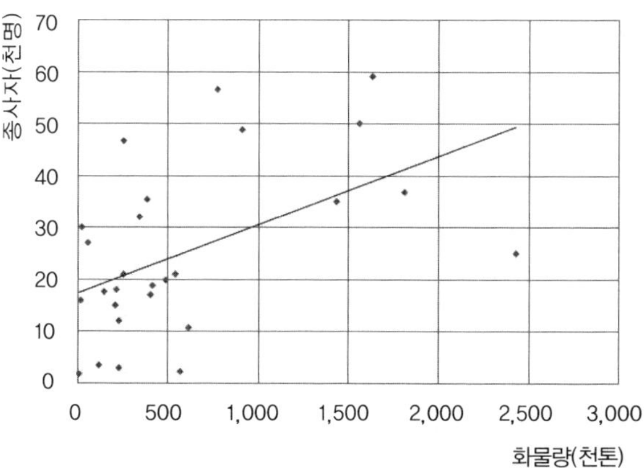

(b) 화물량과 종사자의 관계

그림 8-3 공항의 수요와 종사자수와의 관계

표 8-10에 제시된 공항 종사자수와 여객수의 자료를 이용하여 다중 회귀식을 결정하면 다음과 같다.

$$E^{r,air} = 5879.84 + 0.000509 passenger^{r,air} + 0.004634 cargo^{r,air},$$

$$R^2 = 0.59, \quad \ldots \text{식 (8-5)}$$

$E^{r,air}$: 지역 r에 입지한 국제공항의 종사자수,

$passenger^{r,air}$: 지역 r에 입지한 국제공항을 이용하는 연간 여객수,

$cargo^{r,air}$: 지역 r에 입지한 국제공항이 취급하는 연간 화물량.

수출기반모형의 기본 전제는 외부수요가 지역경제의 성장을 선도한다는 것이다. 이러한 전제를 바탕으로 할 때, 지역경제의 변화는 외부수요의 변화로부터 추정되어야 한다. 식 (8-5)에 의해 추정되는 공항 종사자수는 지역 외부수요와 지역 내부수요를 모두 포함하고 있다. 따라서 추정된 공항 종사자수에서 지역의 외부수요를 담당하는 종사자수를 구분해야 공항운영에 따른 고용창출이 지역 전체에 미치는 효과를 분석할 수 있다. 이를 식으로 표현하면 다음과 같다.

$$\Delta E^r = \lambda^r \Delta Ex^r, \quad \ldots \text{식 (8-6)}$$

ΔE^r: 지역 r내 전체 고용인구의 변화,

ΔEx^r: 지역 r의 외부수요 변화,

λ^r: 지역의 수출승수(export multiplier).

여기서는 수출기반모형에서 대한 전반적인 설명을 생략하기로 한다.(이에 관심이 있는 독자는 김홍배(2009)를 참조하기 바란다.)

8.3.2 물류비용 감소효과

국제공항이 지역에 건설되었을 때 지역의 해외 접근성은 높아지게 되고, 이러한 접근성 향상은 일차적으로 물류비용의 감소로 나타나게 된다. 그리고

물류비용의 감소로부터 파급효과가 경제 내 다양한 부문에서 일어난다. 여기서는 그러한 효과들을 다음과 같이 4항목으로 구분한다.

- 수출가격 감소에 따른 수출 증가
- 수입가격 감소에 따른 수입 증가
- 생산부문의 투자수요 증가
- 가계부문의 소비 증가

위에서 제시된 세부항목들에 대한 분석의 틀은 다음과 같이 정립된다.

(1) 수출가격 감소에 따른 수출 증가

앞에서 언급하였듯이 국제공항의 건설은 해외시장에 대한 접근성의 향상을 의미한다. 그리고 그러한 접근성의 향상은 물류비용의 절감을 통한 수출가격의 하락과 수출의 증가로 나타난다. 단, 여기서는 분석의 편의를 위해 해외시장에 대한 접근성 향상이 국내 시장에 미치는 영향은 단기적으로 없는 것으로 전제한다. 이러한 전제는 국제공항의 건설이 국내 산업의 가격에 미치는 영향 없이 수출만 증가시키는 것을 가리킨다. 수출 증가의 효과는 그림 8-4에 보이는 바와 같이 5단계 과정을 통해 분석된다.

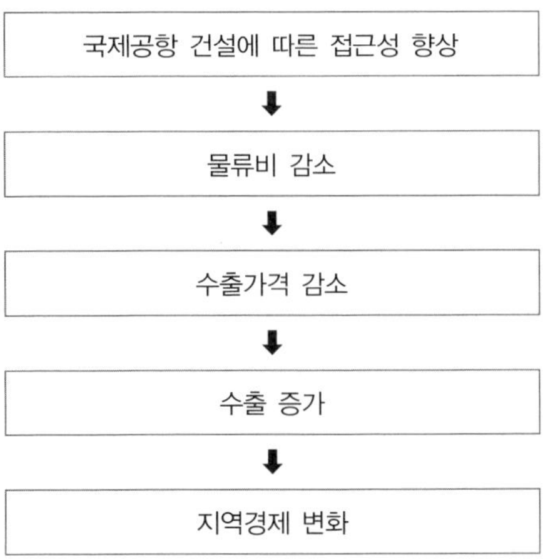

그림 8-4 해외시장에 대한 접근성 향상의 파급효과 분석체계

그림 8-4에 제시된 접근성 향상이 수출가격 변화를 통해 경제에 미치는 영향을 단계별로 설명하면 다음과 같다.

● 1단계 : 공항 건설에 따른 접근성 향상

국제공항 건설로 인한 접근성 향상은 지역에서 기존 공항까지의 거리와 새로운 공항까지의 거리의 차이로 나타낼 수 있다. 이를 식으로 표현하면 식 (8-7)과 같다. 단, 지역들의 규모가 서로 다르므로 접근성 향상은 지역경제규모를 고려해야 한다. 여기서는 지역의 고용규모를 바탕으로 지역의 가중치를 결정하여 지역별 접근성의 향상을 보정하기로 한다.

$$\Delta D^{r,airport} = \sum_{s}(d^{s,\text{기존공항}} - d^{s,\text{신공항}})\gamma^{s}, \qquad \text{...식 (8-7)}$$

$\Delta D^{r,airport}$: 지역 r에서 공항으로 이동하는 데 절감된 거리,

$d^{s,\text{기존공항(신공항)}}$: 지역 s에서 기존 공항(새로운 공항)까지의 거리,

γ^{s}: 종사자수 기준 지역 s의 가중치($\gamma^{s} = \dfrac{E^{s}}{\sum_{s} E^{s}/n}$).

● 2단계 : 물류비 변화

국제공항 건설로 인해 절감되는 물류비는 언급하였듯이 육상 물류비의 절감이다. 물류비가 포함되었을 때 지역 제품의 수출가격은 다음과 같이 표현될 수 있다. 여기서 말하는 수출가격이란 해외의 최종 소비자가 제품구입 시 지불하는 가격이다. 단, 분석의 편의를 위해 제품에 대한 수입관세는 없다고 가정한다.

$$\begin{aligned} pe_{i}^{r}EQ_{i}^{r} &= p_{i}^{r}EQ_{i}^{r} + T_{i}^{r,airport}, \\ &= p_{i}^{r}EQ_{i}^{r} + t_{i}^{r,airport}EQ_{i}^{r}, \end{aligned} \qquad \text{...식 (8-8)}$$

p_i^r: 지역 r내 산업 i의 국내 가격,

EQ_i^r: 지역 r내 산업 i의 수출량,

pe_i^r: 지역 r내 산업 i의 물류비 포함 수출가격,

$T_i^{r,airport}$: 지역 r에서 공항까지의 교통비,

$t_i^{r,airport}$: 지역 r에서 공항까지의 교통요율.

식 (8-8)의 양변을 수출량으로 나누면 수출가격은 다음과 같이 표현된다.

$$pe_i^r = p_i^r + t_i^{r,airport}. \quad \text{...식 (8-9)}$$

위의 식에서 공항까지의 교통요율($t_i^{r,airport}$)은 산업별로 다르다. 왜냐하면 산업별 제품당 가격과 제품의 무게와 부피가 다르며, 이동과정에서의 파손 가능성에 따른 추가비용도 다르기 때문이다. 이에 여기서는 김홍배 · 원제무 · 박재룡 · 이택준(1997)과 같이 산업별 교통요율을 식 (8-10)과 같이 표현하기로 한다.

$$t_i^{r,airport} = \delta_i^r t^{r,airport},\ \delta_i^r = \frac{p_i^r}{\overline{pe^r}}, \quad \text{...식 (8-10)}$$

δ_i^r: 산업별 교통요율 보정계수,

$t^{r,airport}$: 지역 r의 평균 교통요율,

$\overline{pe^r}$: 지역 r의 평균 제품수출가격.

단, 위의 식에서 교통요율의 단위는 원/ton이다. 그리고 지역 간 거리, 특히 지역에서 공항까지의 거리는 고정되어 있으므로 지역의 평균 교통요율은 현실에서 적용되는 ton-km당 교통비의 거리로부터 다음과 같이 구해질

수 있다.

$$t^{r,airport} = a \cdot D^{r,airport}, \qquad \text{...식 (8-11)}$$

a: 톤-km당 교통비.

식 (8-10)을 식 (8-9)에 대입하면 수출가격은 다음과 같이 표현된다.

$$pe_i^r = p_i^r (1 + \frac{t^{r,airport}}{\overline{\overline{pe^r}}}). \qquad \text{...식 (8-12)}$$

위의 식의 양변에 로그를 취하여 전미분하면,

$$\frac{d(pe_i^r)}{pe_i^r} = \frac{d(p_i^r)}{p_i^r} + \frac{\frac{1}{\overline{\overline{pe^r}}} d(t^{r,airport})}{1 + \frac{t^{r,airport}}{\overline{\overline{pe^r}}}}. \qquad \text{...식 (8-13)}$$

위의 식에서 국내가격(p_i^r)은 변하지 않는다고 앞에서 가정하였으므로 첫째항, $d(p_i^r)/p_i^r$는 0이 된다. 따라서 물류비 변화로 인한 수출가격의 변화율은 다음과 같이 지역의 평균 교통요율의 변화에 의해 결정된다. 여기서는 물류비 변화로 인한 수출가격의 감소율을 k^r로 표기하기로 한다. 그리고 교통요율의 변화, $d(t^{r,airport})$는 식 (8-7)과 식 (8-11)로부터 구해진다.

$$\frac{d(pe_i^r)}{pe_i^r} = \frac{d(t^{r,airport})}{\overline{\overline{pe^r}} + t^{r,airport}} = k^r, \qquad \text{...식 (8-14)}$$

k^r: 지역 r의 산업 i의 물류비 변화로 인한 수출가격의 감소율.

3단계 : 수출가격 변화

식 (8-14)를 이용하면 국제공항 건설로 인한 지역 r내 산업 i의 감소된 수출가격이 식 (8-15)와 같이 구해진다. 수출가격은 수출계약조건에 따라 감소여부가 결정되므로 감소된 수출가격은 계약조건의 비율과 영향범위 내 종사자 비율에 의해 아래와 같이 보정된다.

$$\widetilde{pe_i^r} = pe_i^r (1 + c^{ex} \omega^r k^r), \qquad \text{...식 (8-15)}$$

$\widetilde{pe_i^r}$: 지역 r내 산업 i의 변화된 수출가격,

c^{ex} : 수출가격에 영향을 주는 계약조건(contract condition)의 비율,

ω^r : 지역 r의 영향범위 보정계수.

4단계 : 수출규모 변화

제품의 가격변화로 인한 수출량의 변화는 일반적으로 CET함수(constant elasticity of transformation function)를 이용하여 계산된다. CET함수는 공급자 측면에서 이윤을 극대화할 수 있는 조건을 추정하는 데 이용되는데, 이를 식으로 표현하면 다음과 같다.

$$Max\ X_i^r = p_i^r \cdot SQ_i^r + pe_i^r \cdot EQ_i^r,$$
$$s.t\ Q_i^r = A_i^r \cdot [\delta_{i,e} \cdot EQ_i^{r, \rho_{i,e}} + (1 - \delta_{i,e}) \cdot SQ_i^{r, \rho_{i,e}}]^{\frac{1}{\rho_{i,e}}}, \qquad \text{...식 (8-16)}$$

X_i^r : 지역 r내 산업 i의 생산량,

p_i^r : 지역 r내 산업 i의 국내가격,

SQ_i^r : 지역 r내 산업 i의 국내 공급량,

pe_i^r : 지역 r내 산업 i의 수출가격,

EQ_i^r : 지역 r내 산업 i의 수출량,

A_i^r : 지역 r내 산업 i의 효율성계수.

위의 식을 라그랑지(Lagrange) 함수로 나타내고, 이로부터 일계조건(FOC)을 이용하면 아래의 식과 같이 해외 수출량과 국내 공급량의 관계가 국내가격과 해외수출가격의 함수로 표현된다.

$$EQ_i^r = SQ_i^r \cdot \left[\frac{p_i^r \cdot (1-\delta_{i,e})}{pe_i^r \cdot \delta_{i,e}} \right]^{\frac{1}{\rho_{i,e}^{-1}}}. \quad \text{...식 (8-17)}$$

위의 식의 양변에 로그를 취한 뒤 전미분하면,

$$\frac{d(EQ_i^r)}{EQ_i^r} = \frac{d(SQ_i^r)}{SQ_i^r} + \rho_{i,e}\left(\frac{d(p_i^r)}{p_i^r} - \frac{d(pe_i^r)}{pe_i^r} \right). \quad \text{...식 (8-18)}$$

앞에서 해외시장에 대한 접근성 향상은 단기적으로 수출가격에만 영향을 주는 것으로 가정하였으므로 국내 공급량과 국내에서의 가격변화는 모두 0이 된다. 따라서 식 (8-18)은 다음과 같이 단순화된다.

$$\frac{d(EQ_i^r)}{EQ_i^r} = -\rho_{i,e}\left(\frac{d(pe_i^r)}{pe_i^r} \right). \quad \text{...식 (8-19)}$$

위의 식에서 제시된 수출가격의 감소는 항공으로 운송되는 제품의 경우에만 일어난다. 왜냐하면 국제공항 건설로 인한 접근성 향상은 공항을 통해 수출되는 산업만 해당하기 때문이다. 따라서 수출량 증가는 항공을 이용한 수출량에 한정되므로 식 (8-19)를 보다 정확하게 표현하면 다음과 같다.

$$\frac{d(EQ_i^{r,air})}{EQ_i^{r,air}} = -\rho_{i,e}\left(\frac{d(pe_i^r)}{pe_i^r} \right),$$

$$EQ_i^{r,air} = c^{ex} \Phi_i^{r,ex,air} EQ_i^r, \quad \text{...식 (8-20)}$$

$\Phi_i^{r,ex,air}$: 지역 r 내 산업 i의 수출량 중 항공을 이용한 수출비율.

5단계 : 지역경제 파급효과

지역산업의 수출규모 변화에 따른 지역경제 파급효과는 다지역 투입산출모형(multi-region input-output model)을 이용하면 구체적으로 분석된다. 앞 단계에서 계산한 수출 증가로부터 생산액 증가, 부가가치액 증가 그리고 고용의 증가 등의 파급효과는 레온티에프 역행렬을 이용하여 다음과 같이 분석된다.

$$\Delta X^r = (I - A)^{-1} \cdot (\Delta EX^{r,air}), \quad \Delta V^r = \widehat{A_V} \cdot (\Delta X^r),$$

$$\Delta W^r = \widehat{E_W} \cdot (\Delta X^r), \qquad \text{...식 (8-21)}$$

ΔX^r : 생산액 증가,

$(I - A)^{-1}$: 레온티에프 역행렬,

$\Delta EX^{r,air}$: 지역 r내 항공을 이용한 수출액의 변화행렬,

$\Delta V^r(\Delta W^r)$: 부가가치액(고용) 효과,

$\widehat{A_V}(\widehat{E_W})$: 부가가치(고용)계수 행렬.

(2) 수입가격 감소에 따른 수입 증가

국제공항 건설로 인한 해외시장과의 접근성 향상은 수출 증가뿐만 아니라 수입도 증가시킨다. 이것은 공항에서 국내시장으로 배분되는 과정에서 발생하는 육상 물류비도 수출의 경우와 마찬가지로 절감되기 때문이다. 그리고 수입제품의 국내가격은 해외에서의 생산가격과 국내로 운송되면서 발생한 물류비용의 합이다. 이는 물류비의 절감이 바로 수입제품의 가격 감소로 나타남을 의미한다. 수입가격의 감소가 지역경제에 미치는 파급효과는 수출 증가의 경우와 유사한 방법으로 분석된다. 좀 더 정확하게 표현하자면, 수입제품의 평균가격 감소율은 앞에서 제시한 식 (8-14)와 동일한 k^r이다. 따라서 국제공항 건설로 인해 감소되는 수입가격은 다음과 같이 표현된다.

$$\widetilde{pm_i^r} = pm_i^r (1 + c^{im} w^r k^r), \qquad \text{...식 (8-22)}$$

$\widetilde{pm_i^r}$: 지역 r내 산업 i의 변화된 수입가격,

c^{im}: 수입가격에 영향을 주는 계약조건(contract condition) 비율.

가격 감소에 따른 수입 증가는 아래의 식과 같이 아밍톤(Armington) 함수를 이용하여 분석한다. 이 함수를 이용하면 가격변화에 따른 수입량의 규모가 계산된다.

$$Min.\ X_i^r = p_i^r \cdot DQ_i^r + pm_i^r \cdot MQ_i^r,$$
$$s.t\ Q_i^r = A_i^r \cdot [\delta_{i,m} \cdot MQ_i^{r,\rho_{i,m}} + (1-\delta_{i,m}) \cdot DQ_i^{r,\rho_{i,m}}]^{\frac{1}{\rho_{i,m}}}, \quad \text{…식 (8–23)}$$

DQ_i^r: 지역 r내 산업 i의 지역 공급량,

MQ_i^r: 지역 r로 해외로부터 수입된 산업 i의 수입량.

위의 식을 라그랑지(Lagrange) 함수로 나타내고 이로부터 일계조건(FOC)을 이용하면 식 (8–24)와 같이 지역공급량과 해외수입량의 관계가 국내가격과 수입가격의 함수로 표현된다. 그리고 이로부터 수입가격의 감소로 인한 수입량의 증가가 계산된다.

$$MQ_i^r = DQ_i^r \cdot \left[\frac{p_i^r \cdot \delta_{i,m}}{pm_i^r \cdot (1-\delta_{i,m})}\right]^{\frac{1}{\rho_{i,m}}}. \quad \text{…식 (8–24)}$$

구체적으로 공항 건설로 인해 감소되는 수입가격이 계산되면, 이로부터 증가되는 수입량이 다음과 같이 계산된다.

$$\frac{d(MQ_i^{r,air})}{MQ_i^{r,air}} = -\frac{1}{\rho_{i,m}}\left(\frac{d(pm_i^r)}{pm_i^r}\right). \quad \text{…식 (8–25)}$$

여기서도 수입량의 증가는 항공을 통해 유입되는 제품에만 해당된다. 따라서 증가된 수입량은 수출의 경우와 같이 항공비율을 고려하여 계산해야 한다.

$$MQ_i^{r,air} = c^{im}\Phi_i^{r,im,air}MQ_i^r, \qquad \text{...식 (8-26)}$$

$\Phi_i^{r,im,air}$: 지역 r내 산업 i의 수입량 중 항공을 이용한 수입금액의 비율(물량기준).

해외 수입의 증가가 지역경제에 미치는 파급효과는 수출의 경우와 마찬가지로 레온티에프의 역행렬과 수입액의 변화로부터 다음과 같이 분석된다.

$$\Delta X^r = (I-A)^{-1}\cdot(\Delta MX^{r,air}), \quad \Delta V^r = \widehat{A_V}(\Delta X^r),$$
$$\Delta W^r = \widehat{E_W}(\Delta X^r), \qquad \text{...식 (8-27)}$$

$\Delta MX^{r,air}$: 지역 r내 항공을 이용한 수입액의 변화행렬.

(3) 생산부문의 투자수요 증가

앞에서 가정하였듯이 수출업자가 국내 운송비용을 지불하는 경우(즉, 표 8-6에 제시된 계약조건 중 EXW조건을 제외한 모든 계약조건의 경우) 공항 건설로 인해 절감된 교통비는 투자수요 증가로 나타난다. 이러한 생산부문의 투자수요 증가는 그림 8-5와 같이 4단계를 통해 분석된다.

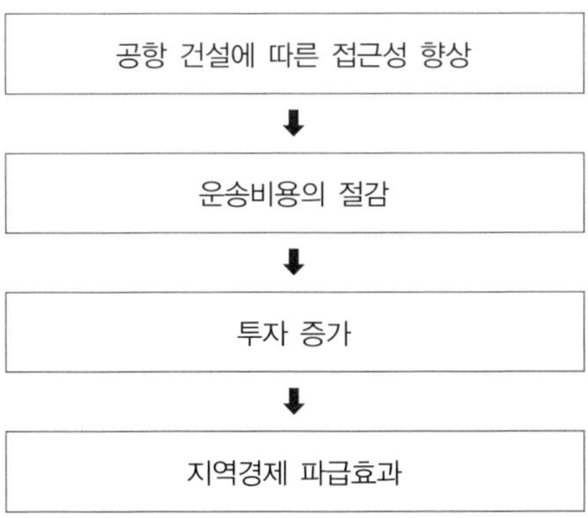

그림 8-5 공항 접근성 향상에 따른 투자 증가 효과

수출의 경우 접근성 향상으로 인해 절감되는 운송비용을 식으로 표현하면 다음과 같다.

$$\Delta T_i^{r,\,industry} = \Delta t^{r,\,industry}(1 - c^{ex})\,\Phi_i^{ex,air} EQ_i^r, \qquad \text{...식 (8–28)}$$

$$\Delta t^{r,\,industry} = \sum_s \Delta t^{s,industry} \cdot \gamma^s,$$

$\Delta T_i^{r,\,industry}$: 지역(광역시도) r내 산업 i의 절감되는 운송비용,

$\Delta t^{r,\,industry}$: 지역 r에서 절감되는 톤당 운송비.

절감된 총운송비는 산업별 운송비 절감액을 합함으로써 구해진다.

$$\Delta T^{r,\,industry} = \sum_i \Delta T_i^{r,\,industry}. \qquad \text{...식 (8–29)}$$

절감된 운송비용은 투자수요의 증가(ΔI^r)로 나타난다고 하였으므로 이를 식으로 표현하면 다음과 같다.

$$\Delta I^r = \Delta T^{r,\,industry}. \qquad \text{...식 (8–30)}$$

따라서 투자수요 증가에 의한 지역경제의 파급효과는 앞의 항목들과 마찬가지로 레온티에프의 역행렬을 이용하여 다음과 같이 분석된다.

$$\Delta X^r = (I - A)^{-1} \cdot (\Delta I^r),\ \ \Delta V^r = \widehat{A_V}(\Delta X^r),$$

$$\Delta W^r = \widehat{E_W}(\Delta X^r). \qquad \text{...식 (8–31)}$$

(4) 가계부문의 소비수요 증가

국제공항 건설에 따른 국제선 이용객의 비용 감소효과는 그림 8–6에 제시된 바와 같이 5단계 과정을 통해 분석된다.

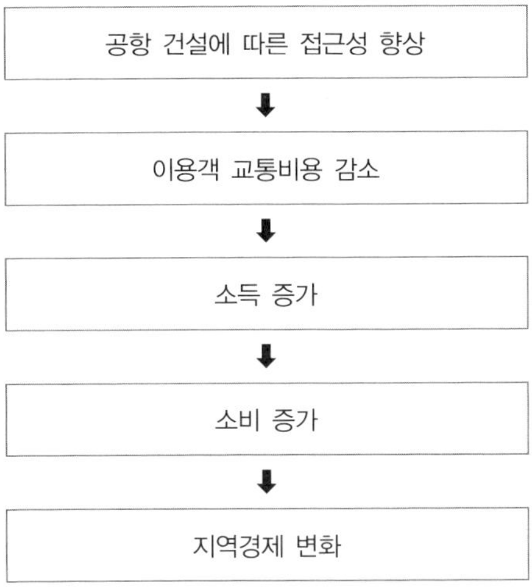

그림 8-6 **공항 접근성 향상에 따른 이용객 교통비 감소효과**

국제공항이 지역 내에 건설되었을 때, 지역 내 이용객은 기존 국제공항까지 이동하는 데 지불하는 비용은 감소된다. 그러나 절감되는 지역별 이용객의 교통비용은 이용객들이 선택하는 교통수단별로 다르다. 일반적으로 국제공항까지 이동하는 데 이용되는 교통수단은 국내공항, 고속버스, 리무진, 자가용, 고속철도, 택시 등 다양하다. 또한 교통수단별 교통요율이 서로 다르기 때문에 이용객들이 선택하는 교통수단별 비율에 따라 절감되는 교통비도 다르게 나타난다. 그러므로 지역 이용객의 절감된 교통비용은 다음과 같이 표현된다.

$$\Delta T^{r,\,passengers} = \sum_{k}^{n} w_k b_k \cdot Passengers^{r} \cdot \Delta D^{r,pass,airport}, \qquad \ldots \text{식 (8-32)}$$

$\Delta T^{r,\,passengers}$: 지역 r내 국제공항 이용객의 교통비 절감액,

b_k: 교통수단 k의 인 · km당 교통요금,

w_k: 교통수단 k의 이용객 비율,

$Passengers^r$: 지역 r내 국제공항 이용객수,

$\Delta D^{r,pass,airport}$: 지역 r내 이용객의 총절감거리.

절감된 교통비는 소비 증가로 나타남을 앞에서 가정하였으므로 위의 식에 의해 계산되는 교통비 절감액은 바로 지역 내 가계부문의 지출액 증가(ΔC^r)가 된다.

$$\Delta C^r = \Delta T^{r,passengers}. \quad \text{...식 (8-33)}$$

지역 내 가계부문의 지출 증가가 지역경제에 미치는 영향은 앞에서와 마찬가지로 레온티에프의 역행렬을 이용하여 다음과 같이 분석된다.

$$\Delta X^r = (I-A)^{-1} \cdot (\Delta C^r),\ \Delta V^r = \widehat{A_V}(\Delta X^r),\ \Delta W^r = \widehat{E_W}(\Delta X^r). \quad \text{...식 (8-34)}$$

8.3.3 외국인 방문수요 증가 효과

외국과의 무역규모가 증가할 때, 외국인들의 지역방문은 자연 높아지게 된다. 그림 8-2에 제시된 바와 같이 해외 무역규모와 외국인 방문객 사이에는 뚜렷한 양의 상관관계가 존재한다. 그러므로 앞에서 계산된 수출과 수입의 증가를 식 (8-4)에 대입하면 국제공항 건설에 따른 외국인 방문객 증가를 구체적으로 계산할 수 있다. 한편 10년간 우리나라를 방문한 외국인들의 1인당 평균 지출액은 표 8-11에 제시된 바와 같이 1,102USD (1,212,200원)로 조사되었다. 그러므로 외국인 방문객 증가와 외국인 한 명이 평균적으로 지출하는 금액을 알면 외국인 방문객 증가의 파급효과는 어렵지 않게 분석할 수 있다.

표 8-11 **연도별 외국인 방문객수와 1인당 평균소비액(2005년 기준가격)**

연 도	방문객수(명)	1인당 평균소비액(USD)
2000	5,321,792	1,113
2001	5,147,204	1,119
2002	5,347,468	1,033
2003	4,752,762	1,088
2004	5,818,138	1,039
2005	6,022,752	968
2006	6,155,047	935
2007	6,448,240	963
2008	5,025,164	1,460
2009	5,612,290	1,305
평 균	5,565,086	1,102

• 출처: 관광지식정보시스템, 2005년 기준가격, 환율 1 USD = 1,100원 기준

외국인 증가에 따른 지출액 증가는 다음과 같이 표현된다.

$$\Delta C^{r,\,visitors} = c^{visitor} \Delta\, Visitors^{r}, \qquad \text{...식 (8–35)}$$

$\Delta C^{r,\,visitors}$: 지역 r내 외국인 방문객 증가로 인한 지출 증가,

$c^{visitor}$: 외국인 방문객 1인당 평균 지출액,

$\Delta\, Visitors^{r}$: 지역 r내 증가될 외국인 방문객수.

외국인 방문객의 증가는 결국 국내에서 생산된 제품에 대한 최종수요를 증가시켜 국민 및 지역경제에 영향을 미치게 된다. 이러한 파급효과도 앞의 경우와 마찬가지로 레온티에프의 역행렬과 위의 식에 의해 계산된 외국인 방문객들의 지출 증가로부터 분석된다.

$$\Delta X^{r} = (I - A)^{-1} \cdot (\Delta C^{r,\,visitors}),\ \ \Delta V^{r} = \widehat{A_V}(\Delta X^{r}),$$

$$\Delta W^{r} = \widehat{E_W}(\Delta X^{r}). \qquad \text{...식 (8–36)}$$

8.4 가상의 다지역 경제

본 절에서는 가상의 국가 N국의 3-지역경제를 대상으로 국제공항 건설의 파급효과를 앞 절에서 제시된 분석의 틀을 이용하여 분석한다. N국은 크게 지역 R, 지역 S 그리고 지역 T의 3지역으로 구성되며, 각 지역은 16개 산업으로 구성되어 있다. 여기서 지역 R은, 이른바 경제가 집중된 수도권과 같은 지역이며 지역 내에 국제공항이 입지하고 있다. 그러나 지역 S와 T는 지역 R에 비해 상대적으로 낙후된 지역이며 공항도 없는 실정이다. 따라서 N국에서 항공을 이용한 해외로 출국하거나 해외에서 입국하기 위해서는 지역 R에 있는 공항을 통해야만 한다. 그리고 지역 S와 지역 T는 각각 4도시와 3도시로 구성되어 있다.

N국의 중앙정부는 지역 S와 지역 T 중 한 곳에 국제공항을 건설할 계획이다. 지역 S는 그의 하부행정구역인 도시 C가 최적의 후보지로 주장하는 반면 지역 T는 도시 F가 최적 후보지로 주장하고 있다. 여기서는 편의상 도시 C에 위치한 공항 후보지를 후보지 I로 그리고 도시 F에 위치한 공항 후보지를 후보지 II로 명명한다. 이러한 상황에서 중앙정부는 어느 공항 후보지가 더 바람직한 후보지인지를 파급효과를 바탕으로 결정하려 한다. 단, 여기서 후보지 간의 자연환경이나 물리적 환경 그리고 투입되는 공사비 규모는 차이가 없다고 전제한다. 참고로 N국의 지역별·산업별 연관관계를 알 수 있는 다지역 투입산출표는 본 장 부록에 첨부되었다. 그리고 각 지역과 지역에 속한 도시들의 인구규모 그리고 각 공항 후보지와 기존 공항과의 거리 등은 표 8-12에 제시된 바와 같다.

표 8-12 **지역의 인구 및 공항 후보지와 기존 공항과의 거리**

구 분		인구(명)	기존 공항까지의 거리(km)	후보지 I까지의 거리(km)	후보지 II까지의 거리(km)
지역 R		7,000,000	10	270	240
지역 S	도시 A	600,000	240	130	240
	도시 B	400,000	330	90	270
	도시 C	1,200,000	300	30	180
	도시 D	300,000	370	90	160
지역 T	도시 E	2,500,000	360	180	100
	도시 F	1,000,000	270	190	30
	도시 G	500,000	210	240	120
계		13,500,000	–	–	–

8.4.1 도시의 수출승수

공항운영에 따른 고용효과의 공간적 범위는, 언급하였듯이 기초행정구역이다. 수출기반모형을 이용하여 공항운영의 파급효과를 분석하기 위해서는 우선 공항이 건설될 후보지 도시의 수출승수를 구해야 한다. 도시의 수출승수는 외부수요 1단위가 도시 전체에 미치는 영향을 말하며, 이는 도시의 총고용을 도시의 수출량으로 나눈 값이다. 일반적으로 도시의 수출량을 구하기 위해서는 도시경제를 구성하는 산업들의 입지상 계수(location quotient coefficient)를 바탕으로 수출산업을 구분해야 한다. 입지상 계수가 1보다 큰 산업이 바로 도시의 외부수요를 담당하는 수출산업이며, 1보다 작은 산업은 도시의 내부수요를 담당하는 산업으로 그리고 입지상 계수가 1과 같을 때 그 산업을 자급자족 산업이라 한다.(참고로 수출기반모형에서 수출량은 도시의 외부수요 규모이다. 모형에서는 도시가 독립적인 경제 실체의 단위이며 분석은 도시가 기준이다. 따라서 수출기반모형에서의 도시 수출량과 식 (8-16)의 산업별 해외 수출량과는 내용면에서 차이가 있음을 독자는 유의하기 바란다.)

산업별 입지상 계수를 바탕으로 도시 C를 구성하는 산업들에서 수출산업을 구분하고, 이로부터 수출량과 수출승수를 구하면 표 8-13과 같다. 표에 보이는 바와 같이 도시 C의 수출승수는 3.92이다. 이는 도시 C의 외부수요 1단위 변화가 3.92명의 도시 전체의 고용변화를 일으킴을 의미한다. 이러한 도시의 수출승수 계산과정에 대한 설명은 생략하기로 한다.(이에 관심 있는 독자는 김홍배(2009)를 참조하기 바란다.)

표 8-13 지역 S 내 도시 C의 수출량 및 수출승수

산업 구분	전국(명)	도시 C(명)	입지상(LQ_i^C)	수출량(Ex_i^C)
농림어업	19,000	1,050	0.70	0
광업	5,000	35	0.09	0
음식료 및 담배제조업	281,000	22,750	1.02	499
섬유가죽	130,000	4,550	0.44	0
목재·나무·종이제품제조업	124,000	3,150	0.32	0
화합물	150,000	14,700	1.24	2,822
비금속·금속광물제조업	193,000	19,250	1.26	3,967
기계제품	250,000	35,000	1.77	15,203
전자제품	178,000	28,000	1.99	13,905
기타 제조업	145,000	8,750	0.76	0
전기가스수도	72,000	3,185	0.56	0
건설업	350,000	12,250	0.44	0
도소매 숙박음식	910,000	38,500	0.53	0
운수창고통신	350,000	28,000	1.01	285
부동산금융보험	520,000	87,500	2.12	46,323
기타	430,000	18,550	0.54	0
합계	4,107,000	325,220	–	83,003
수출승수(λ^C)	3.92			

지역 T내 도시 F의 수출산업과 수출량 그리고 수출승수도 표 8-14에 제시된 바와 같다. 표에서 보이듯이 도시 F의 수출승수는 5.85로, 이는 도시 F의 외부수요 1단위 증가가 5.85명의 도시 전체의 고용을 발생시킴을 의미한다.

표 8-14 지역 T내 도시 F의 수출량 및 수출승수

산업 구분	전국(명)	도시 F(명)	입지상(LQ_i^F)	수출량(Ex_i^F)
농림어업	19,000	6,000	5.08	4,820
광업	5,000	330	1.06	19
음식료 및 담배제조업	281,000	10,080	0.58	0
섬유가죽	130,000	16,850	2.09	8,775
목재·나무·종이제품제조업	124,000	2,520	0.33	0
화합물	150,000	15,700	1.69	6,383
비금속·금속광물제조업	193,000	6,120	0.51	0
기계제품	250,000	19,000	1.22	3,472
전자제품	178,000	22,000	1.99	10,944
기타 제조업	145,000	12,500	1.39	3,494
전기가스수도	72,000	3,600	0.80	0
건설업	350,000	18,000	0.83	0
도소매 숙박음식	910,000	45,000	0.80	0
운수창고통신	350,000	19,800	0.91	0
부동산금융보험	520,000	25,200	0.78	0
기타	430,000	32,400	1.21	5,691
합계	4,107,000	255,100	–	43,598
수출승수(λ^F)	5.85			

8.4.2 영향범위 구분 및 시나리오 설정

국제공항 건설의 경제적 파급효과를 분석하기에 앞서 공항의 공간적 영향범위를 구분하는 것은 중요하다. 왜냐하면 공항의 영향범위로부터 절감되는 물류비용의 규모와 수준이 구체적으로 도출될 수 있기 때문이다. 여기서는 본서 6장에서 설명한 렐리(Reilly)의 법칙을 이용하여 공항의 영향범위를 결정하기로 한다. 기존 공항과 건설될 공항 사이에서 두 공항의 유인력이 같아지는 지점에서는 다음과 같은 관계가 존재한다.

$$\frac{V_X}{d_{XZ}^2} = \frac{V_Y}{d_{YZ}^2}, \quad d_{XY} = d_{XZ} + d_{YZ}, \qquad \text{…식 (8–37)}$$

$V_{X(Y)}$: X(Y)공항의 규모,

$d_{XZ(YZ)}$: 공항지역에서 Z지점까지의 거리,

d_{XY}: 공항 X와 공항 Y 사이의 거리.

위의 식에서 알 수 있듯이 공항의 영향범위는 공항의 규모에 비례하고 거리의 제곱에 반비례한다. 식 (8–37)을 바탕으로 기존 공항과 새롭게 건설될 공항의 공간적 영향범위는 다음과 같이 계산된다.

$$d_{XZ} = \left(\frac{\sqrt{s}}{1+\sqrt{s}}\right) d_{XY}, \; d_{YZ} = d_{XY} - d_{XZ}, \; s = \frac{V_X}{V_Y}. \qquad \text{…식 (8–38)}$$

공항의 규모는 공항이 담당하게 될 수요규모에 의해 결정된다. 그러나 건설될 국제공항의 수요를 예측하는 것은 또 다른 영역이므로, 여기서는 공항 수요에 대한 구체적인 예측보다는 다음과 같은 3 시나리오를 통해 공항의 규모와 영향범위를 결정하기로 한다.

- 시나리오#1: 신공항의 규모가 기존 공항의 1/2일 때
- 시나리오#2: 신공항의 규모가 기존 공항의 1/3일 때
- 시나리오#3: 신공항의 규모가 기존 공항의 1/4일 때

여기서는 기존 공항을 이용하는 연간 여객수와 화물량이 각각 900만 명과 50만 톤으로 가정한다. 따라서 각 시나리오에 따라 새롭게 건설될 공항의 규모는 표 8-15와 같다.

표 8-15 시나리오별 공항이 담당할 여객 및 화물 수요규모

구 분	연간 여객수(명)	연간 화물수요(톤)
기존 공항	9,000,000	500,000
신공항(시나리오#1)	4,500,000	250,000
신공항(시나리오#2)	2,970,000	165,000
신공항(시나리오#3)	2,250,000	125,000

표 8-15에 제시된 시나리오별 공항규모를 식 (8-38)에 대입하면 공항 후보지의 공간적 영향범위가 도출되며, 이를 그림으로 나타내면 그림 8-7과 같다. 그림 a-1, b-1 그리고 c-1은 공항이 도시 C내 후보지 I에 입지할 경우 시나리오별 영향범위를 나타낸 것이다. 그림 a-2, b-2, 그리고 c-2는 공항이 도시 F내 후보지 II에 입지한 경우 시나리오별 영향범위를 나타낸 것이다. 그림에서와 같이 공항의 규모가 클수록 영향범위는 크게 나타나게 된다.

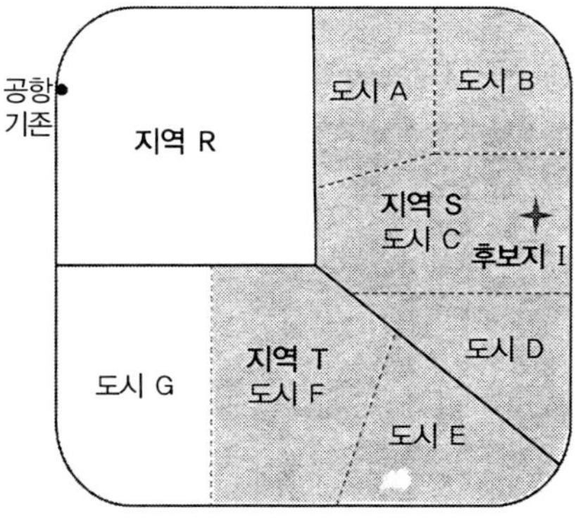

a-1. 후보지 I의 영향범위(시나리오#1의 경우)

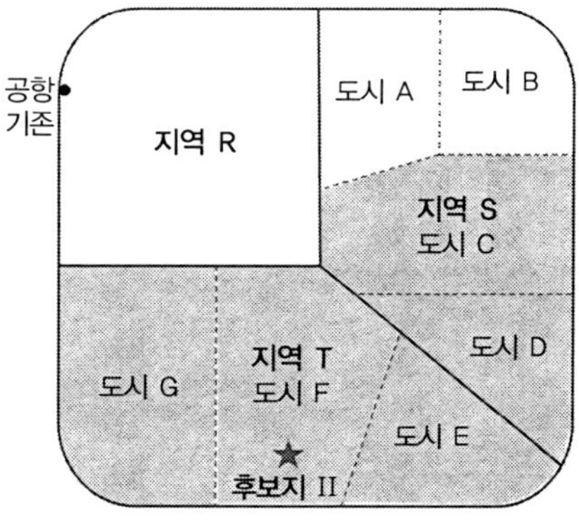

a-2. 후보지 II의 영향범위(시나리오#1의 경우)

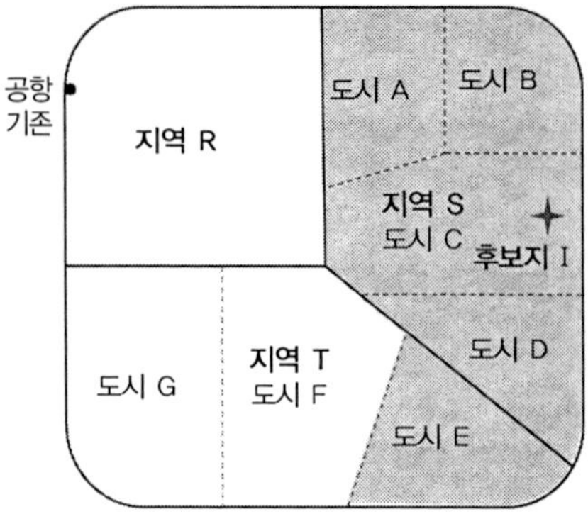

b-1. 후보지 I의 영향범위(시나리오#2의 경우)

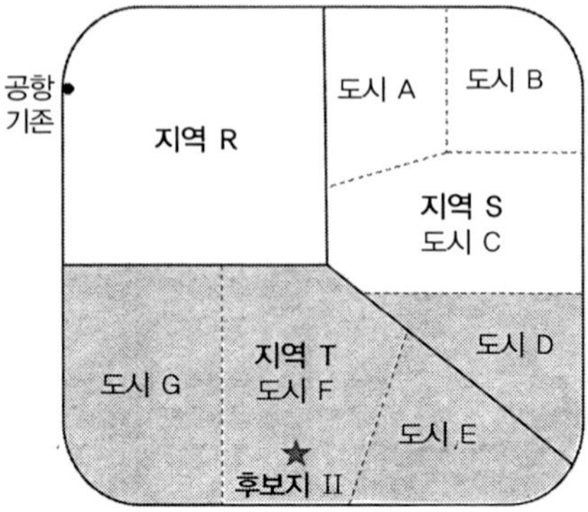

b-2. 후보지 II의 영향범위(시나리오#2의 경우)

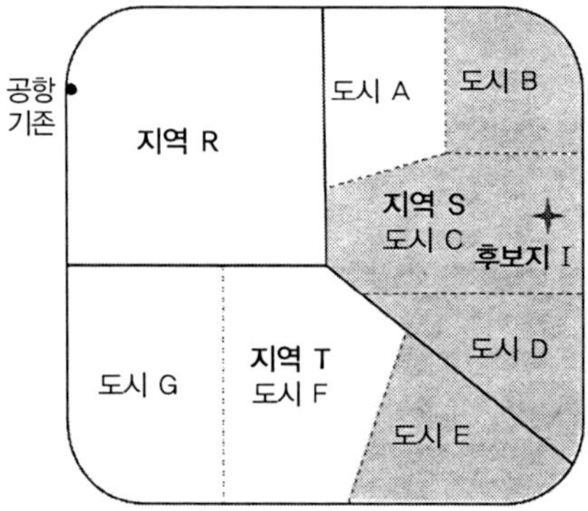

c-1. 후보지 I의 영향범위(시나리오#3의 경우)

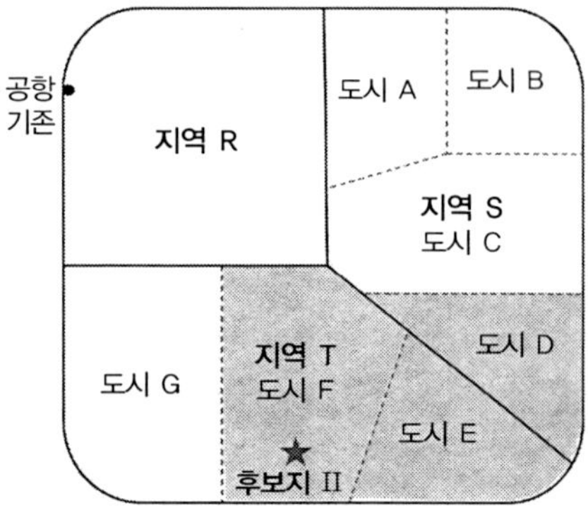

c-2. 후보지 II의 영향범위(시나리오#3의 경우)

그림 8-7 **시나리오별 공항 후보지들의 영향범위**

8.5 공항 건설의 파급효과 분석

앞 절에서 정립된 분석의 틀에는 많은 파라메타를 포함하고 있다. 본 절에서는 편의상 파라메타 값들을 대부분 가정하였다. 따라서 분석에 이용된 파라메타들의 값은 현실적으로 의미가 없다고 할 수 있다. 여기서는 분석과정과 결과를 구체적으로 제시하는 데 목적이 있으므로 분석에 사용된 파라메타 값들을 구체적으로 제시하지 않기로 한다.

본 절에서는 앞에서 정립된 분석의 틀과 파라메타의 값들을 가상의 N국의 다지역 경제에 적용하여 국제공항이 지역 S내 도시 C에 건설되는 경우와 지역 T내 도시 F에 건설되는 경우의 파급효과를 분석한다. 그리고 파급효과 분석결과를 바탕으로 N국에 있어 새로운 국제공항의 입지를 결정하도록 한다. 독자들의 이해를 위해 파급효과 분석은 3절에서 항목화 하였던 순서대로 제시하도록 한다.

공항운영에 따른 고용창출효과

표 8-15에 제시된 시나리오별 공항의 여객수요와 화물수요를 바탕으로 건설될 공항의 고용규모는 식 (8-5)를 이용하여 계산된다. 앞에서 설명하였듯이 추정된 공항의 고용인원 전체가 모두 외부수요를 담당하는 것은 아니다. 왜냐하면 추정된 고용인원 중 일부는 도시 자체의 수요를 감당할 것이기 때문이다. 여기서는 편의상 공항 고용 전체인원 중 50%는 외부수요를 담당한다고 가정하였다. 즉, 공항운영을 위해 고용된 인원의 50%는 바로 증가된 도시의 외부수요라고 할 수 있다. 따라서 이러한 도시 외부수요의 증가와 앞에서 구한 도시들의 수출승수로부터 공항운영에 따른 고용창출효과가 도시 전체에 미치는 파급효과는 표 8-16에 제시된 바와 같다. 표에서 알 수 있듯이 비록 외부수요의 증가가 두 도시에서 같다고 해도 도시의 수출승수가 다르기 때문에 공항 건설의 파급효과도 다르게 나타난다.

표 8-16 후보지별 공항운영의 고용창출효과 (단위: 명)

구분	후보지 I			후보지 II		
	시나리오 #1	시나리오 #2	시나리오 #3	시나리오 #1	시나리오 #2	시나리오 #3
공항 고용규모	9,329	8,156	7,604	9,329	8,156	7,604
수출량(외부수요)	4,664	4,078	3,802	4,664	4,078	3,802
수출승수	3.92	3.92	3.92	5.85	5.85	5.85
고용파급효과	18,276	15,979	14,898	27,293	23,862	22,248

● 해외 무역규모 증가의 파급효과

접근성 향상에 따른 해외 수출제품과 수입제품의 가격 감소를 구하기 위해서는 우선 육상 물류비의 절감액을 구해야 한다. 지역별·시나리오별 물류비용의 절감액은 식 (8-11)에 의해 계산되며, 계산된 결과는 표 8-17과 같다. 표에서 알 수 있듯이 물류비용은 국제공항의 규모가 클수록 절감되는 물류비용이 크며, 공항이 입지하는 지역에서 당연히 크게 나타난다.

표 8-17 **물류비의 변화(절감액)** (단위: 원/톤)

구분	후보지 I			후보지 II		
	시나리오#1	시나리오#2	시나리오#3	시나리오#1	시나리오#2	시나리오#3
지역 S	57,397	57,397	50,751	20,844	6,344	6,344
지역 T	33,356	28,321	28,321	58,844	58,844	56,012
합계	90,752	85,717	79,072	79,688	65,188	62,356

● 해외수출 증가

식 (8-14)에 의해 계산되는 수출가격의 평균 감소율은 표 8-18-a에 제시된 바와 같다. 표에서 알 수 있듯이 국제공항이 건설되는 지역에서의 가격 감소율이 건설되지 않은 지역에 비해 높으며, 공항의 규모가 클수록 높게 나타난다. 이러한 수출가격의 감소로 인해 수출은 증가하게 되며, 증가되는 수출액은 표 8-18-b와 같다.(여기서 수출액의 증가를 산업별로 나타내면 오히려 복잡하므로 여기서는 총액만을 제시하기로 한다.) 그리고 식 (8-21)을 이용하면 수출액 변화가 각 지역과 전국에 미치는 파급효과를 계산할 수 있다. 생산액과 부가가치액 그리고 고용으로 구분하여 파급효과를 제시하면 표 8-18-c ~ 표 8-18-e와 같다.

표 8-18-a 수출가격의 변화율

구분	후보지 I			후보지 II		
	시나리오#1	시나리오#2	시나리오#3	시나리오#1	시나리오#2	시나리오#3
지역 S	−0.0029	−0.0029	−0.0019	−0.0006	0.0000	0.0000
지역 T	−0.0010	−0.0009	−0.0009	−0.0029	−0.0029	−0.0024

표 8-18-b 수출액의 변화 (단위: 백만원)

구분	후보지 I			후보지 II		
	시나리오#1	시나리오#2	시나리오#3	시나리오#1	시나리오#2	시나리오#3
지역 S	1,549	1,549	792	203	2	2
지역 T	466	397	397	2,105	2,105	1,535
합계	2,015	1,946	1,189	2,308	2,108	1,538

표 8-18-c 수출액 증가의 파급효과(생산액 증가효과) (단위: 백만원)

구분	후보지 I			후보지 II		
	시나리오#1	시나리오#2	시나리오#3	시나리오#1	시나리오#2	시나리오#3
지역 R	201	195	117	208	187	136
지역 S	2,273	2,260	1,194	696	414	303
지역 T	710	613	582	2,926	2,918	2,128
합계	3,185	3,068	1,893	3,830	3,518	2,567

표 8-18-d 수출액 증가의 파급효과(부가가치액 증가효과) (단위: 백만원)

구분	후보지 I			후보지 II		
	시나리오#1	시나리오#2	시나리오#3	시나리오#1	시나리오#2	시나리오#3
지역 R	127	123	74	128	115	84
지역 S	741	736	390	236	144	106
지역 T	297	257	243	1,211	1,207	881
합계	1,165	1,117	706	1,575	1,466	1,070

표 8-18-e 수출액 증가의 파급효과(고용 증가효과) (단위: 명)

구분	후보지 I			후보지 II		
	시나리오#1	시나리오#2	시나리오#3	시나리오#1	시나리오#2	시나리오#3
지역 R	56	54	33	58	52	38
지역 S	319	317	168	99	59	43
지역 T	163	141	134	674	673	490
합계	539	513	334	831	784	572

● 해외 수입의 경우

앞서 언급하였듯이 본 장에서 말하는 국제공항 건설로 인해 절감되는 물류비용은 바로 육상 물류비용이다. 그러므로 해외 수입의 경우도 물류비용의 절감효과는 수출의 경우와 동일하게 계산된다. 식 (8-22)와 식 (8-25)에 의한 수입가격의 감소율과 수입의 증가는 표 8-19-a, 표 8-19-b와 같이 구해진다. 그리고 식 (8-27)에 의해 수입액 증가의 파급효과는 표 8-19-c ~ 표 8-19-e에 제시된 바와 같다. 표에서 알 수 있듯이 국제공항이 건설되는 지역에서의 가격 감소율이 건설되지 않은 지역에 비해 높으며, 공항의 규모가 클수록 높게 나타난다. 이러한 수입가격의 감소와 수입 증가는 경제에 음의 효과, 즉 경제를 위축시키는 것으로 나타난다.

표 8-19-a 수입제품의 평균 가격 감소율

구분	후보지 I			후보지 II		
	시나리오#1	시나리오#2	시나리오#3	시나리오#1	시나리오#2	시나리오#3
지역 S	−0.0015	−0.0015	−0.0010	−0.0003	0.0000	0.0000
지역 T	−0.0005	−0.0005	−0.0005	−0.0015	−0.0015	−0.0013

표 8-19-b 수입액의 변화 (단위: 백만원)

구분	후보지 I			후보지 II		
	시나리오#1	시나리오#2	시나리오#3	시나리오#1	시나리오#2	시나리오#3
지역 S	132	132	68	17	0	0
지역 T	39	33	33	176	176	128
합계	171	166	101	193	176	128

표 8-19-c 수입제품 증가의 파급효과(생산액 감소효과) (단위: 백만원)

구분	후보지 I			후보지 II		
	시나리오#1	시나리오#2	시나리오#3	시나리오#1	시나리오#2	시나리오#3
지역 R	−15	−15	−9	−16	−15	−11
지역 S	−217	−215	−114	−67	−40	−29
지역 T	−63	−54	−51	−248	−247	−180
합계	−295	−285	−173	−331	−301	−220

표 8-19-d 수입제품 증가의 파급효과(부가가치액 감소효과) (단위: 백만원)

구분	후보지 I			후보지 II		
	시나리오#1	시나리오#2	시나리오#3	시나리오#1	시나리오#2	시나리오#3
지역 R	−10	−9	−6	−10	−9	−7
지역 S	−80	−79	−42	−24	−14	−10
지역 T	−26	−22	−21	−101	−100	−73
합계	−115	−111	−68	−135	−123	−90

표 8-19-e 수입제품 증가의 파급효과(고용 감소효과) (단위: 명)

구분	후보지 I			후보지 II		
	시나리오#1	시나리오#2	시나리오#3	시나리오#1	시나리오#2	시나리오#3
지역 R	−4	−4	−3	−5	−4	−3
지역 S	−38	−38	−20	−11	−6	−4
지역 T	−14	−12	−11	−56	−56	−41
합계	−56	−54	−34	−71	−66	−48

● 투자수요 증가

지역 내 생산자가 표 8-6에 제시된 계약조건 중 EXW조건을 제외한 다른 조건으로 계약한 경우, 생산자는 공항 건설로 인해 육상 물류비용의 절감을 얻게 된다. 본 장에서 절감된 교통비는 투자수요 증가로 나타난다고 가정하였으므로 N국에서 이러한 투자수요 증가의 파급효과는 다음과 같이 분석된다. 먼저 식 (8-28)과 식 (8-29)로부터 공항 후보지별, 시나리오별 그리고 지역별 운송비의 절감액은 표 8-20-a와 같이 계산된다. 그리고 계산된 운송비 절감액이 모두 투자되었을 때의 파급효과를 생산액과 부가가치액 그리고 고용으로 구분하여 제시하면 각각 표 8-20-b ~ 표 8-20-d와 같다.

표 8-20-a 운송비 절감액 (단위: 백만원)

구분	후보지 I			후보지 II		
	시나리오#1	시나리오#2	시나리오#3	시나리오#1	시나리오#2	시나리오#3
지역 S	109	109	73	24	1	1
지역 T	50	43	43	142	142	118
합계	160	152	116	166	143	120

표 8-20-b 투자수요 증가의 파급효과(생산액 증가효과) (단위: 백만원)

구분	후보지 I			후보지 II		
	시나리오#1	시나리오#2	시나리오#3	시나리오#1	시나리오#2	시나리오#3
지역 R	38	37	28	33	28	24
지역 S	202	193	147	25	22	18
지역 T	12	11	9	197	170	142
합계	252	240	184	254	220	184

표 8-20-c 투자수요 증가의 파급효과(부가가치액 증가효과) (단위: 백만원)

구분	후보지 I			후보지 II		
	시나리오#1	시나리오#2	시나리오#3	시나리오#1	시나리오#2	시나리오#3
지역 R	25	23	18	21	18	15
지역 S	105	100	76	9	7	6
지역 T	5	5	4	115	100	83
합계	135	128	98	145	125	105

표 8-20-d 투자수요 증가의 파급효과(고용 증가효과) (단위: 명)

구분	후보지 I			후보지 II		
	시나리오#1	시나리오#2	시나리오#3	시나리오#1	시나리오#2	시나리오#3
지역 R	11	10	8	9	8	7
지역 S	55	52	40	3	3	2
지역 T	3	2	2	63	54	45
합계	68	65	50	75	65	54

가계부문의 지출증가(소비수요)

국제공항 건설에 따른 지역 이용객의 교통비용 절감은 식 (8-32)에 의해 분석된다. 우선 지역 이용객 1인당 교통비 절감액은 표 8-21-a와 같고, 지역에서 새롭게 건설된 공항을 이용하는 사람들이 표 8-21-b와 같다고 하면, 전체 절감되는 교통비는 표 8-21-c와 같다. 그리고 이러한 교통비 절감액이 모두 제품 소비에 지출된다고 가정하였으므로 가계부문의 소비증가의 파급효과는 식 (8-34)에 의해 분석된다. 분석결과는 표 8-21-d ~표 8-21-f에 제시된 바와 같다.

표 8-21-a 여객 1인당 통행비 절감액 (단위: 원/명)

구분	후보지 I			후보지 II		
	시나리오#1	시나리오#2	시나리오#3	시나리오#1	시나리오#2	시나리오#3
지역 S	27,360	27,360	24,192	9,936	3,024	3,024
지역 T	15,900	13,500	13,500	28,050	28,050	26,700
합계	43,260	40,860	37,692	37,986	31,074	29,724

표 8-21-b 신공항 이용객수 (단위: 명)

구분	후보지 I			후보지 II		
	시나리오#1	시나리오#2	시나리오#3	시나리오#1	시나리오#2	시나리오#3
지역 S	500,000	500,000	380,000	300,000	60,000	60,000
지역 T	437,500	437,500	437,500	700,000	700,000	612,500
합계	937,500	937,500	817,500	1,000,000	760,000	672,500

표 8-21-c 이용객의 교통비 절감 총액 (단위: 백만원)

구분	후보지 I			후보지 II		
	시나리오#1	시나리오#2	시나리오#3	시나리오#1	시나리오#2	시나리오#3
지역 S	13,680	13,680	9,193	2,981	181	181
지역 T	6,956	5,906	5,906	19,635	19,635	16,354
합계	20,636	19,586	15,099	22,616	19,816	16,535

표 8-21-d 이용객 교통비 절감의 파급효과(생산액 증가효과) (단위: 백만원)

구분	후보지 I			후보지 II		
	시나리오#1	시나리오#2	시나리오#3	시나리오#1	시나리오#2	시나리오#3
지역 R	5,257	4,990	3,847	5,402	4,734	3,950
지역 S	22,500	21,355	16,463	2,717	2,381	1,987
지역 T	1,708	1,621	1,249	24,552	21,513	17,951
합계	29,465	27,966	21,559	32,671	28,627	23,887

표 8-21-e 이용객 교통비 절감의 파급효과(부가가치액 증가효과) (단위: 백만원)

구분	후보지 I			후보지 II		
	시나리오#1	시나리오#2	시나리오#3	시나리오#1	시나리오#2	시나리오#3
지역 R	3,185	3,023	2,330	3,267	2,863	2,389
지역 S	14,426	13,692	10,555	1,356	1,188	992
지역 T	939	891	687	15,715	13,770	11,490
합계	18,549	17,605	13,572	20,338	17,821	14,870

표 8-21-f 이용객 교통비 절감의 파급효과(고용 증가효과) (단위: 명)

구분	후보지 I			후보지 II		
	시나리오#1	시나리오#2	시나리오#3	시나리오#1	시나리오#2	시나리오#3
지역 R	1,551	1,472	1,135	1,601	1,403	1,170
지역 S	6,593	6,258	4,824	435	381	318
지역 T	431	409	316	7,721	6,765	5,645
합계	8,575	8,139	6,274	9,757	8,549	7,133

● 외국인 방문객수 증가

표 8-18-b와 표 8-19-b에 제시된 해외 수출과 수입의 증가를 합하면 N국에서 국제공항 건설로 인해 증가되는 무역규모가 된다. 증가된 무역규모를 식 (8-3)에 대입하면, 외국인 방문객의 증가가 표 8-22-a와 같이 구체적으로 계산된다. 표에 제시된 외국인 방문객 증가와 표 8-11에서 도출한 외국인 1인당 지출액으로부터 외국인들의 소비증가는 표 8-22-b와 같이 계산된다. 그리고 이러한 외국인 소비증가의 파급효과는 표 8-22-c ~ 표 8-22-e에 제시된 바와 같다.

표 8-22-a 외국인 방문자수 증가

구분	후보지 I			후보지 II		
	시나리오#1	시나리오#2	시나리오#3	시나리오#1	시나리오#2	시나리오#3
무역규모 (백만원)	2,187	2,111	1,290	2,501	2,284	1,666
방문자수 (명)	9,149	8,944	6,512	9,977	9,409	7,679

표 8-22-b 외국인 소비수요 증가

구분	후보지 I			후보지 II		
	시나리오#1	시나리오#2	시나리오#3	시나리오#1	시나리오#2	시나리오#3
소비 증가 (백만원)	10,979	10,733	7,814	11,972	11,290	9,215

표 8-22-c 외국인 방문객 증가의 파급효과(생산액 증가효과) (단위: 백만원)

구분	후보지 I			후보지 II		
	시나리오#1	시나리오#2	시나리오#3	시나리오#1	시나리오#2	시나리오#3
지역 R	2,797	2,734	1,991	2,860	2,697	2,201
지역 S	11,971	11,703	8,520	1,438	1,356	1,107
지역 T	908	888	647	12,997	12,257	10,004
합계	15,676	15,325	11,158	17,295	16,310	13,313

표 8-22-d 외국인 방문객 증가의 파급효과(부가가치액 증가효과) (단위: 백만원)

구분	후보지 I			후보지 II		
	시나리오#1	시나리오#2	시나리오#3	시나리오#1	시나리오#2	시나리오#3
지역 R	1,694	1,656	1,206	1,730	1,631	1,331
지역 S	7,675	7,503	5,463	718	677	553
지역 T	499	488	355	8,319	7,845	6,403
합계	9,869	9,648	7,024	10,767	10,153	8,287

표 8-22-e **외국인 방문객 증가의 파급효과(고용 증가효과)** (단위: 명)

구분	후보지 I			후보지 II		
	시나리오#1	시나리오#2	시나리오#3	시나리오#1	시나리오#2	시나리오#3
지역 R	825	807	587	847	799	652
지역 S	3,508	3,429	2,497	230	217	177
지역 T	229	224	163	4,087	3,854	3,146
합계	4,562	4,460	3,247	5,165	4,871	3,976

파급효과 종합

앞에서 제시한 분석결과를 종합하면 표 8-23과 같다. 단, 공항운영에 따른 고용 증가의 파급효과는 공간범위가 기초행정구역이므로 앞에서 제시한 표 8-16과 같다. 표 8-16과 표 8-23에서와 같이 시나리오별 파급효과를 비교해 볼 때, 기초행정구역이나 광역행정구역 차원에서 후보지 II가 후보지 I보다 파급효과가 큰 것으로 분석되었다. 따라서 N국에서는 지역 T내 도시 F에 국제공항을 건설하는 것이 지역 S내 도시 C에 건설하는 것보다 바람직하다고 할 수 있다.

표 8-23 **국제공항 건설의 파급효과 종합** (단위: 백만원, 명)

구분	파급효과 항목	후보지 I			후보지 II		
		시나리오#1	시나리오#2	시나리오#3	시나리오#1	시나리오#2	시나리오#3
생산액 효과 (백만원)	수출효과	3,185	3,068	1,893	3,830	3,518	2,567
	수입효과	−295	−285	−173	−331	−301	−220
	투자효과	252	240	184	254	220	184
	소비효과	29,465	27,966	21,559	32,671	28,627	23,887
	방문객효과	15,676	15,325	11,158	17,295	16,310	13,313
	합계	48,284	46,315	34,620	53,720	48,374	39,730

구분	파급효과 항목	후보지 I			후보지 II		
		시나리오#1	시나리오#2	시나리오#3	시나리오#1	시나리오#2	시나리오#3
부가 가치액 효과 (백만원)	수출효과	1,165	1,117	706	1,575	1,466	1,070
	수입효과	-115	-111	-68	-135	-123	-90
	투자효과	135	128	98	145	125	105
	소비효과	18,549	17,605	13,572	20,338	17,821	14,870
	방문객효과	9,869	9,648	7,024	10,767	10,153	8,287
	합계	29,603	28,387	21,332	32,691	29,443	24,242
고용효과 (명)	수출효과	539	513	334	831	784	572
	수입효과	-56	-54	-34	-71	-66	-48
	투자효과	68	65	50	75	65	54
	소비효과	8,575	8,139	6,274	9,757	8,549	7,133
	방문객효과	4,562	4,460	3,247	5,165	4,871	3,976
	합계	13,688	13,123	9,872	15,757	14,203	11,687

8.6 요약

국제공항의 건설이 국민 및 지역경제에 미치는 효과는 다양하지만, 문헌을 살펴보면 그러한 효과를 구체적으로 분석하여 제시한 연구는 많지 않은 실정이다. 이에 본 장에서는 국제공항 건설의 파급효과 분석과 입지결정에 대해 설명하였다. 본 장은 크게 6절로 이루어졌으며, 각 절에서 다루어진 내용을 간단히 요약하면 다음과 같다.

1절에서는 국제공항과 관련하여 항공을 통해 해외로 수출되는 제품들과 해외에서 수입되는 제품들의 규모를 물량단위와 금액단위로 살펴보았으며, 이로부터 항공교통이 해외무역에서 중요한 역할을 담당하고 있음을 제시하였다. 그리고 국제공항이 국가와 지역의 경쟁력을 강화하는 데 있어 핵심적인 사회간접자본임을 설명하였다. 또한 세계 주요국가들의 국제공항의 수와 경제규모 및 무역규모 사이의 관계를 살펴보았다. 구체적으로 나라의 경제규모가 크면 클수록 그리고 해외무역의 규모가 클수록 국가 내 국제공항의 수는 많아짐을 설명하였다.

2절에서는 국제공항 건설의 파급효과를 항목화 하였다. 우선 공항 건설의 파급효과는 지속성을 바탕으로 건설기간에만 발생하는 단기효과(파급효과 I)와 공항 건설이 완료된 후 시간이 지남에도 불구하고 지속되는 효과(파급효과 II)로 구분하였다. 여기서는 파급효과 I보다는 파급효과 II에 대해 초점을 맞추어 항목화 하였다. 구체적 말해, 파급효과 II에는 공항운영에 따른 고용창출효과, 해외 접근성 향상에 따른 물류비용 절감효과, 공항 이용자들의 비용절감효과 그리고 외국인 방문 증가효과 등이 포함되었다. 물류비 절감효과는 세부적으로 해외 수출과 수입으로 구분하였다. 그리고 항목화된 효과들의 공간적 범위 및 분석에 있어 주요 고려사항에 대해 설명하였다.

3절에서는 앞 절에서 항목화된 효과를 분석할 수 있는 틀이 정립되었다. 공항운영에 따른 고용창출효과는 수출기반모형을 바탕으로 분석의 틀이 정립되었으며, 해외 접근성 향상에 따른 물류비용 절감효과는 육상 물류비용의 절감에 의해 증가되는 수출과 수입규모를 분석할 수 있는 분석의 틀이 제시되었다. 특히 수출가격과 수입가격의 감소에 따른 효과는 수출과 수입 시 체결되는 계약조건에 따라 크게 달라질 수 있음을 분석에 구체적으로 고려하였다. 공항 이용자들의 비용절감효과는 기존 공항을 이용하면서 지역 이용객들이 지불하였던 시간과 비용의 절감분을 금액으로 전환하여 효과분석의 틀을 제시하였다. 그리고 외국인 방문 증가효과는 해외 무역규모의 증가 결과로 전제하고 분석의 틀이 제시되었다.

4절에서는 분석에 대한 구체적인 이해를 제공하기 위해 가상의 3-지역경제와 두 곳의 국제공항 후보지가 제시되었다. 분석모형에 포함된 많은 파라메타들은 대부분 가정하여 값들을 결정하였다. 5절에서는 3절에서 정립된 분석 틀을 가상의 다지역 경제에 적용하여 항목별로 국제공항 건설에 따른 파급효과를 분석하고 이를 종합함으로써 국제공항의 입지결정을 제시하였다. 본 장의 부록 표는 독자의 이해를 위해 3-지역경제로 구성된 가상의 N국의 다지역 투입산출표이다.

◇ 부록 N국의 세지역 투입산출표 (단위 : 백만원)

지역	부 문	지역 R																
		1	2	3	4	5	6	7	8	9	10	11	12	13	14	15	16	소계
지역 R	1 농림어업	1,436	0	3,026	1	1	8	0	0	0	229	0	3,563	3,683	0	10	15,684	27,640
	2 광업	0	0	−133	40	23	58	10,168	265	785	54	0	2,813	430	−13	−89	496	14,898
	3 음식료 및 담배제조업	4	0	40,963	277	57	817	13	0	0	66	0	0	334,069	0	234	94,479	470,979
	4 섬유가죽	235	3	1,013	1,320,136	3,089	1,026	1,405	4,624	3,360	8,384	291	24,081	112,717	21,917	58,975	230,086	1,791,344
	5 목재/나무/종이제품제조업	324	4	4,910	43,436	358,078	7,110	1,837	3,476	11,307	7,034	337	30,190	94,245	108,614	526,469	919,059	2,116,429
	6 석유석탄화학제품	132	22	1,838	15,405	9,396	29,710	2,508	6,368	10,650	9,700	1,163	24,975	3,442	2,984	12,855	144,345	275,495
	7 비금속/금속광물제조업	46	9	807	8,887	1,162	3,211	77,027	66,721	63,453	24,987	325	354,685	−7,601	1,280	6,296	37,171	638,466
	8 기계	59	33	413	1,547	2,833	6,575	5,732	86,059	24,398	847	574	82,474	8,306	19,467	39,747	79,203	358,267
	9 전자제품	23	6	80	934	2,553	179	804	44,225	201,233	5,330	173	211,432	18,208	82,916	164,177	65,434	797,706
	10 기타제조업	10	1	73	88,053	200	161	27	729	410	12,580	13	17,458	32,788	29,167	31,772	141,714	355,155
	11 전기가스수도	293	139	2,224	11,566	1,147	1,153	1,093	1,033	3,391	670	137,897	4,439	111,246	28,906	121,884	146,605	573,685
	12 건설업	445	20	1,113	10,424	750	760	898	1,036	3,104	315	1,679	5,373	87,826	77,560	1,817,956	202,340	2,211,597
	13 도소매숙박음식	2,041	132	98,631	735,497	117,371	35,964	43,305	122,534	297,657	74,641	5,407	714,837	1,149,707	761,035	397,681	5,574,659	10,131,099
	14 운수창고통신	4,245	1,616	33,371	220,441	88,308	28,107	57,791	37,454	47,663	19,703	3,312	201,050	3,570,074	2,617,516	4,932,955	1,099,596	12,963,203
	15 부동산금융보험	5,819	656	69,887	961,250	188,487	70,184	57,342	156,699	363,947	67,360	26,777	1,795,928	6,223,371	3,730,065	19,701,717	5,503,285	38,922,774
	16 기타	8,944	852	25,919	374,854	179,126	31,841	38,230	61,153	76,967	24,938	10,640	492,972	2,207,356	1,986,265	6,365,803	5,875,216	17,761,077
	소 계	24,056	3,495	284,136	3,792,747	952,581	216,863	298,179	592,377	1,108,326	256,838	188,588	3,966,269	13,949,868	9,467,678	34,178,441	20,129,372	89,409,816
지역 S	1 농림어업	34	0	39,640	97	7	767	0	0	0	269	2	407	62,093	0	69	13,326	116,710
	2 광업	1	0	0	2	2	48	163	48	28	195	0	1,961	0	0	0	54	2,501
	3 음식료 및 담배제조업	1	0	3,089	0	0	86	2	0	0	0	0	0	103,049	0	67	16,890	123,184
	4 섬유가죽	29	1	51	532,988	1,138	568	204	659	492	8,747	5	3,085	8,152	2,038	4,690	9,091	571,938
	5 목재/나무/종이제품제조업	14	0	1,397	855	2,992	200	129	292	975	308	17	6,490	6,638	807	3,343	4,041	28,496
	6 석유석탄화학제품	365	3	956	94,100	5,233	11,678	1,597	3,789	17,122	5,436	1,013	19,560	6,058	2,368	13,020	22,027	204,326
	7 비금속/금속광물제조업	92	22	699	6,684	1,568	2,878	96,419	62,030	33,046	15,450	523	437,127	6,492	3,432	6,692	15,494	688,649
	8 기계	80	62	627	4,814	1,789	876	1,541	14,705	3,029	741	156	24,497	11,691	66,820	26,406	132,603	290,438
	9 전자제품	36	5	248	610	2,969	252	553	24,359	67,336	4,312	154	149,943	48,712	202,655	804,194	85,399	1,391,737
	10 기타제조업	2	0	2	2,547	7	7	2	57	7	757	0	5,690	3,700	807	3,254	6,392	23,233
	11 전기가스수도	925	112	4,115	28,688	7,459	3,301	3,854	6,325	9,694	2,394	12,149	14,829	203,870	123,518	254,978	169,078	845,288
	12 건설업	3	0	7	75	5	5	6	6	20	2	12	56	816	480	11,553	1,284	14,329
	13 도소매숙박음식	30	2	2,050	12,545	1,600	609	625	1,363	3,442	1,008	82	10,048	23,952	11,861	5,945	78,484	153,646
	14 운수창고통신	22	14	1,426	6,473	2,876	957	1,455	1,286	1,558	661	65	6,571	63,068	11,912	15,389	12,137	125,869
	15 부동산금융보험	2	4	56	1,025	117	112	215	207	1,091	40	30	8,770	11,665	8,852	47,566	5,055	84,806
	16 기타	3	0	13	101	38	12	12	25	112	6	7	385	1,172	976	3,515	3,058	9,436
	소 계	1,639	225	54,377	691,604	27,796	22,356	106,777	115,152	137,951	40,325	14,215	689,419	561,129	436,526	1,200,682	574,415	4,674,586
지역 T	1 농림어업	0	0	755	1	0	4	0	0	0	187	0	180	38,572	0	61	1,311	41,072
	2 광업	0	0	0	0	0	0	2	0	0	0	0	16	0	0	0	1	19
	3 음식료 및 담배제조업	0	0	3,890	6	0	38	0	0	0	0	0	0	89,469	0	57	759	94,219
	4 섬유가죽	27	0	53	157,652	209	80	108	243	183	1,290	22	1,365	17,326	1,386	5,104	10,767	195,815
	5 목재/나무/종이제품제조업	8	0	75	426	531	85	70	155	803	283	4	3,139	2,722	300	1,243	2,271	12,116
	6 석유석탄화학제품	11	9	234	5,179	2,039	2,809	1,457	2,570	2,939	2,369	73	16,056	2,714	5,158	5,713	13,838	63,168
	7 비금속/금속광물제조업	19	8	149	1,442	425	557	18,650	17,733	8,765	4,065	273	136,973	1,554	1,162	1,257	3,635	196,717
	8 기계	12	11	85	533	498	341	1,024	12,072	3,506	457	225	22,840	1,467	10,638	7,578	12,687	73,973
	9 전자제품	3	1	21	154	179	18	141	6,457	14,561	670	28	17,386	1,231	5,090	10,994	5,251	62,194
	10 기타제조업	1	0	3	3,133	8	7	2	26	6	628	0	2,702	1,845	466	1,396	4,638	14,861
	11 전기가스수도	16	2	70	486	125	55	65	107	164	40	290	249	3,500	2,078	4,422	2,892	14,561
	12 건설업	6	0	16	165	12	13	15	15	50	5	33	166	1,451	1,162	26,794	2,967	32,872
	13 도소매숙박음식	80	5	5,224	30,490	4,222	1,383	1,815	3,810	8,903	2,641	200	28,331	61,905	27,210	15,136	171,749	363,103
	14 운수창고통신	63	22	3,238	18,284	5,973	2,343	3,369	4,057	7,558	2,530	141	14,249	134,855	59,701	48,546	29,790	334,718
	15 부동산금융보험	7	5	519	2,545	237	296	575	1,210	1,101	170	58	18,053	16,542	16,754	93,917	10,697	162,686
	16 기타	2	0	9	43	38	6	7	15	18	4	3	342	821	3,752	2,699	4,593	12,351
	소 계	255	65	14,339	220,538	14,496	8,036	27,300	48,530	48,557	15,340	1,350	262,044	375,975	134,856	224,917	277,845	1,674,445
중간투입총계		25,951	3,784	352,853	4,704,889	994,873	247,255	432,257	756,359	1,294,833	312,504	204,153	4,917,732	14,886,972	10,039,060	35,604,040	20,981,632	95,758,847
부가가치	피용자보수	22,317	2,633	205,581	2,986,820	810,575	212,095	291,985	642,250	868,125	340,718	134,612	8,195,059	15,184,203	8,982,590	33,263,737	26,071,893	98,215,193
	기타부가가치	52,551	5,333	243,073	2,457,183	740,988	203,943	269,319	368,432	1,155,444	195,425	327,360	5,289,351	17,678,490	9,887,551	51,972,615	10,033,227	100,880,285
	부가가치계	74,868	7,966	448,655	5,444,002	1,551,563	416,038	561,304	1,010,683	2,023,569	536,143	461,971	13,484,409	32,862,694	18,870,141	85,236,351	36,105,121	199,095,478
총투입		102,809	11,849	1,093,145	11,733,692	2,751,686	843,335	1,192,521	2,162,527	5,596,462	1,074,378	686,408	19,388,055	50,203,237	37,638,944	123,932,702	59,203,083	317,614,834

지역	부문	지역 S 1	2	3	4	5	6	7	8	9	10	11	12	13	14	15	16	소계
지역R	1	1,262	0	167	0	0	0	0	0	0	0	0	9	3	0	0	1,292	2,734
	2	0	0	0	0	1	2	345	2	6	0	0	1	0	0	0	1	358
	3	26	0	5,038	8	139	33	1	0	0	0	0	0	6,731	0	35	1,437	13,449
	4	2,558	38	2,341	10,560	512	3,216	10,897	5,205	9,906	18,669	3,208	5,722	8,520	3,172	4,225	29,755	118,503
	5	843	12	10,361	1,004	4,956	4,853	3,575	707	7,302	298	203	2,014	4,524	2,732	8,874	9,009	61,266
	6	1,498	46	1,201	1,032	414	7,726	3,676	2,671	9,523	382	1,852	2,039	493	94	431	12,326	45,405
	7	117	16	167	329	85	733	11,496	6,288	16,360	987	751	10,682	182	41	90	945	49,268
	8	796	40	288	136	156	3,085	4,779	15,267	21,731	178	4,896	6,480	271	495	733	7,853	67,186
	9	177	15	64	76	57	358	3,837	5,582	212,047	191	3,131	10,061	673	2,585	1,197	2,504	242,555
	10	166	11	1,800	578	154	454	182	522	1,160	1,074	154	1,335	2,697	383	595	7,460	18,725
	11	5	0	27	43	3	23	109	7	82	2	400	0	164	21	215	329	1,430
	12	500	45	186	272	46	622	2,800	344	992	24	23,430	191	1,427	646	31,208	14,522	77,257
	13	43,398	470	58,697	50,520	17,781	110,705	162,638	58,225	337,178	8,343	11,442	68,910	49,438	30,277	5,859	168,831	1,182,713
	14	5,640	2,981	24,686	6,584	6,854	22,305	90,316	10,946	43,349	1,599	3,739	10,180	33,564	52,948	48,414	34,327	398,430
	15	8,805	1,279	50,467	24,017	15,419	98,475	405,901	84,918	1,627,331	8,935	182,520	176,885	97,427	111,797	377,415	112,458	3,384,049
	16	2,193	187	2,076	3,083	1,484	6,248	24,578	4,428	26,450	633	2,604	11,601	13,014	10,129	23,830	53,655	186,192
	소 계	67,984	5,140	157,567	98,242	48,061	258,838	725,130	195,112	2,313,418	41,316	238,330	306,110	219,127	215,319	503,122	456,706	5,849,520
지역S	1	280,609	34	1,910,801	826	4,940	2,343	0	0	0	464	10	2,097	75,882	0	105	77,374	2,355,485
	2	3	0	−126	2	14	2,078	125,630	564	509	174	0	21,423	0	−1	17	303	150,588
	3	207,302	0	82,707	653	1	934	354	0	0	11	0	0	266,563	0	321	196,224	755,069
	4	22,426	34	1,261	244,193	431	5,277	7,366	6,038	7,974	68,225	3,665	3,121	2,512	1,266	600	26,922	401,312
	5	39,588	173	30,760	15,361	122,648	37,412	53,182	13,156	97,908	4,913	2,393	28,911	8,591	4,747	17,706	119,896	597,344
	6	125,101	480	37,382	410,434	19,775	605,267	870,196	335,735	668,361	32,507	271,862	108,311	7,027	5,690	3,132	103,685	3,604,946
	7	8,878	730	7,631	11,903	3,541	32,413	13,253,988	672,477	976,486	44,747	17,014	1,216,311	3,291	1,499	4,514	60,136	16,315,559
	8	13,007	2,285	3,596	3,090	1,803	88,633	86,189	570,900	87,264	2,495	23,103	36,940	2,312	57,424	4,622	76,908	1,060,572
	9	5,082	271	958	1,758	1,319	7,872	65,823	94,814	4,579,920	4,528	47,314	175,258	9,544	15,791	37,345	58,629	5,106,226
	10	48	1	93	50	13	57	27	3,879	218	12,030	16	6,351	1,585	254	957	31,188	56,766
	11	17,845	3,262	9,760	65,326	9,294	121,326	798,547	22,632	179,367	2,084	134,683	8,197	52,568	15,307	77,388	91,569	1,609,156
	12	2,753	241	962	1,310	223	3,326	15,060	1,877	5,412	133	127,360	1,037	7,945	3,513	164,275	77,854	413,282
	13	24,282	253	14,657	34,996	10,228	83,805	90,889	25,994	149,697	5,082	7,148	38,412	41,517	18,785	3,420	586,571	1,135,737
	14	35,563	28,912	92,464	61,064	36,218	157,865	729,340	82,199	285,957	9,660	21,289	65,818	192,867	253,883	115,997	161,150	2,330,247
	15	103,773	6,938	48,254	67,228	23,747	159,598	551,961	142,808	853,002	11,222	161,172	253,224	367,927	176,094	753,918	447,766	4,128,632
	16	117,490	11,068	40,309	84,352	27,253	137,699	420,115	112,341	254,761	14,557	103,397	151,681	148,220	158,587	311,476	935,880	3,029,186
	소 계	1,003,751	54,681	2,281,470	1,002,545	261,450	1,445,906	17,068,667	2,085,415	8,146,836	212,833	920,426	2,117,092	1,188,351	712,838	1,495,792	3,052,055	43,050,109
지역T	1	2,637	0	12,331	7	0	31	0	0	0	68	0	1,192	8,930	0	42	4,899	30,138
	2	0	0	0	0	1	4	893	4	16	1	0	18	0	0	0	3	939
	3	32,130	0	48,374	45	0	247	8	0	0	0	0	0	30,011	0	68	654	111,536
	4	3,928	14	587	54,285	164	1,027	3,187	1,430	2,997	25,118	698	1,306	1,201	900	680	5,722	103,244
	5	3,069	32	3,248	1,297	14,760	2,803	5,086	2,032	8,190	3,961	139	10,459	1,528	721	1,965	2,740	62,028
	6	2,837	156	1,353	12,667	1,142	20,335	18,334	22,520	31,472	1,640	2,635	11,029	834	2,018	468	5,263	134,703
	7	1,333	120	1,077	1,591	424	4,995	328,817	88,711	81,491	6,335	3,173	108,038	655	345	511	2,657	630,276
	8	1,668	443	529	569	423	6,534	24,923	89,442	36,425	832	8,120	20,017	522	7,953	1,450	15,546	215,395
	9	142	14	55	84	43	394	6,361	9,042	181,446	173	1,888	7,921	240	547	445	1,088	209,883
	10	75	3	518	154	41	124	57	868	281	5,197	43	1,775	873	119	334	5,882	16,344
	11	4,212	428	1,797	13,274	1,641	11,754	60,695	5,033	36,415	431	7,576	1,579	9,679	3,107	14,059	12,905	184,585
	12	41	4	18	21	3	65	238	31	87	2	2,505	18	109	58	2,517	1,155	6,870
	13	14,875	154	29,208	18,620	6,173	39,158	63,484	18,113	92,861	3,208	3,583	25,433	26,224	10,343	2,118	71,689	425,244
	14	3,581	1,828	12,703	8,548	4,893	20,620	94,402	10,792	41,379	1,213	1,285	7,691	9,283	19,290	5,730	8,256	251,494
	15	604	274	1,446	824	323	2,932	13,788	1,806	6,321	169	2,660	4,006	6,008	8,915	11,614	8,512	70,203
	16	519	18	593	1,054	188	4,030	5,177	2,433	2,127	336	4,989	2,613	2,615	2,248	3,464	9,168	41,571
	소 계	71,652	3,490	113,836	113,039	30,220	115,050	625,449	252,255	521,508	48,685	39,295	203,093	98,712	56,564	45,466	156,139	2,494,453
중간투입총계		1,143,386	63,311	2,552,873	1,213,827	339,731	1,819,795	18,419,246	2,532,782	10,981,761	302,834	1,198,051	2,626,295	1,506,189	984,722	2,044,380	3,664,900	51,394,082
부가가치	피용자보수	338,384	45,384	359,530	549,929	221,631	1,163,542	2,963,552	1,318,821	3,452,075	128,995	643,771	2,501,244	1,243,728	1,189,994	2,004,171	6,140,902	24,265,653
	기타부가가치	3,292,942	103,421	1,474,508	527,466	188,505	1,279,239	6,645,215	729,265	5,909,057	55,824	2,907,643	1,627,202	1,634,375	1,148,794	4,406,551	2,390,195	34,320,200
	부가가치계	3,631,326	148,805	1,834,038	1,077,395	410,135	2,442,781	9,608,767	2,048,086	9,361,132	184,819	3,551,415	4,128,446	2,878,103	2,338,788	6,410,721	8,531,097	58,585,854
총투입		4,897,207	213,044	4,791,173	2,948,771	864,742	6,674,565	34,763,087	5,266,815	35,499,266	581,007	4,956,317	7,040,261	4,562,820	3,972,381	8,633,097	12,680,950	138,345,504

지역	부 문	지역 T 1	2	3	4	5	6	7	8	9	10	11	12	13	14	15	16	소계	중간수요 총계
지역R	1	0	0	2	0	0	0	0	0	0	0	0	2	5	0	0	5	15	30,389
	2	0	0	0	0	0	0	1	0	0	0	0	0	0	0	0	0	2	15,259
	3	1	0	3,152	5	8	114	0	0	0	0	0	0	8,378	0	4	1,543	13,205	497,633
	4	452	3	843	56,436	407	1,408	3,290	5,616	1,180	4,148	1,690	5,882	22,280	7,170	8,708	29,960	149,474	2,059,321
	5	261	2	1,494	997	6,762	1,043	1,309	1,251	842	352	231	1,911	6,808	4,312	12,182	20,612	60,369	2,238,065
	6	349	2	760	751	249	1,554	1,110	2,469	645	223	445	2,802	954	206	356	21,280	34,154	355,054
	7	39	1	204	319	73	488	7,311	6,319	1,524	572	234	7,561	343	158	78	537	25,759	713,493
	8	469	2	155	121	73	1,279	2,046	20,013	1,969	73	1,930	4,575	693	1,237	814	6,184	41,632	467,085
	9	377	1	49	101	64	135	741	14,281	14,777	303	1,804	14,441	2,407	3,880	5,170	5,826	64,357	1,104,618
	10	86	1	37	3,033	31	95	78	748	163	1,003	72	2,147	4,933	997	1,362	11,496	26,282	400,162
	11	0	0	3	22	1	2	18	6	2	1	34	1	46	11	43	57	246	575,362
	12	190	6	211	269	31	252	756	546	221	36	11,277	307	3,736	3,710	78,473	9,008	109,027	2,397,881
	13	12,867	26	39,672	40,224	5,081	18,364	47,405	75,431	21,534	4,737	5,411	60,076	96,413	63,120	12,004	194,594	696,960	12,010,772
	14	2,120	145	8,263	5,636	3,196	6,344	19,619	12,375	4,345	1,346	1,824	9,251	78,686	104,678	119,276	47,809	424,913	13,786,547
	15	9,670	106	27,744	27,101	6,816	26,284	84,530	94,951	30,774	4,708	71,955	161,102	252,785	290,835	668,263	158,348	1,915,972	44,222,796
	16	2,293	8	1,820	3,491	912	2,499	7,497	6,887	2,350	443	1,934	9,778	28,966	24,809	67,876	97,052	258,613	18,205,883
	소 계	29,174	304	84,409	138,505	23,704	59,863	175,710	240,892	80,325	17,944	98,841	279,836	507,435	505,120	974,610	604,311	3,820,983	99,080,319
지역S	1	3,749	1	71,439	170	3,589	552	1	0	0	116	4	953	51,806	0	8	20,917	153,305	2,625,500
	2	9	0	2	12	2	83	6,951	273	22	45	10	2,199	0	0	8	47	9,663	162,753
	3	1,657	0	19,381	152	0	896	1	0	0	3	0	0	109,946	0	25	11,467	143,528	1,021,781
	4	1,424	0	133	127,681	256	4,857	502	1,091	386	7,315	148	481	834	1,523	356	1,279	148,266	1,121,516
	5	3,257	2	3,443	4,015	16,209	2,491	3,489	3,130	3,122	1,458	202	9,257	17,586	3,522	8,274	12,269	91,728	717,568
	6	11,135	7	9,652	38,632	2,187	56,454	24,387	43,782	16,187	5,962	13,804	40,325	6,171	2,134	2,279	15,384	288,483	4,097,754
	7	918	14	5,948	5,233	900	13,245	1,361,325	321,712	40,486	13,315	3,133	291,408	3,196	2,576	1,534	6,531	2,071,474	19,075,682
	8	2,395	79	1,039	2,307	537	4,751	8,817	226,984	2,923	352	2,265	12,588	3,907	67,673	3,934	56,958	397,510	1,748,520
	9	3,438	5	210	682	286	904	3,700	79,471	34,919	1,479	5,881	102,742	6,864	29,613	9,984	18,573	298,751	6,796,714
	10	61	0	6	321	3	19	10	35,884	12	5,375	8	7,652	1,642	466	1,484	8,118	61,062	141,061
	11	61	3	277	896	153	388	2,711	959	265	54	1,016	318	2,782	1,365	4,811	3,198	19,257	2,473,702
	12	10	1	15	21	3	20	60	45	17	3	935	25	294	286	6,313	719	8,766	436,377
	13	1,954	4	10,938	7,782	918	3,998	7,154	11,066	3,070	851	1,043	10,278	23,793	12,567	2,191	62,137	159,745	1,449,127
	14	664	42	2,039	1,355	774	1,655	4,574	2,029	419	193	189	2,096	6,958	15,748	3,302	2,825	44,864	2,500,980
	15	232	3	528	251	90	706	3,796	7,446	1,622	137	245	3,882	6,983	5,129	7,905	4,289	43,243	4,256,681
	16	119	0	304	916	56	579	1,003	776	230	69	865	1,149	2,520	2,328	4,565	6,617	22,096	3,060,718
	소 계	31,084	162	125,353	190,427	25,964	91,598	1,428,481	734,649	103,680	36,726	29,751	485,354	245,281	144,931	56,973	231,327	3,961,740	51,686,435
지역T	1	34,137	0	510,114	114	14	24	0	0	0	126	0	5,102	23,295	0	16	24,267	597,210	668,420
	2	0	0	−83	0	5	297	8,696	188	11	4	0	1,537	0	−3	−1	62	10,712	11,671
	3	2,681	0	86,940	182	0	1,845	1	0	0	3	0	0	153,084	0	55	80,942	325,733	531,489
	4	22,348	4	283	251,985	707	9,288	2,303	8,022	897	44,607	1,855	5,420	8,444	6,521	1,868	32,741	397,293	696,352
	5	22,615	8	10,964	12,424	47,876	8,414	11,297	11,818	5,832	9,175	785	37,138	23,991	13,541	27,360	94,443	337,682	411,825
	6	22,400	38	32,445	48,153	11,069	99,115	86,875	170,348	42,214	16,443	9,954	110,032	13,919	16,984	5,258	68,070	753,317	951,188
	7	1,186	27	7,001	8,943	1,343	18,004	1,161,970	480,140	80,286	21,628	6,626	653,756	4,257	4,611	2,891	44,529	2,497,198	3,324,191
	8	18,154	76	1,494	2,045	1,075	12,259	33,937	659,989	13,512	1,355	11,144	53,672	3,347	70,896	5,827	71,999	960,781	1,250,148
	9	2,305	5	140	581	232	694	5,768	73,293	131,073	1,067	5,778	62,643	2,813	6,524	4,597	16,291	313,805	585,882
	10	282	0	32	1,195	18	47	25	22,509	99	7,713	27	23,210	5,460	1,155	2,285	38,642	102,699	133,905
	11	3,554	284	17,379	71,715	9,326	30,540	157,769	59,796	16,399	3,636	94,495	20,252	206,289	93,722	278,323	224,940	1,288,421	1,487,567
	12	533	19	738	1,005	122	942	2,829	2,047	831	133	42,226	1,148	14,010	13,829	292,672	33,759	406,843	446,586
	13	14,910	33	84,905	56,101	6,829	25,092	72,612	90,958	24,060	6,449	6,417	83,050	178,841	82,542	16,242	889,679	1,638,721	2,427,068
	14	54,322	2,076	125,488	65,756	35,221	81,413	212,742	110,835	28,330	9,529	14,460	92,437	623,053	590,771	323,950	225,180	2,595,565	3,181,777
	15	75,112	434	52,037	78,242	18,300	58,580	150,220	235,351	57,593	12,494	99,602	391,989	992,713	544,574	1,861,878	826,536	5,455,656	5,688,544
	16	79,410	428	31,615	77,785	19,675	48,361	177,162	112,032	34,266	8,433	46,470	143,597	409,899	393,616	456,336	1,214,844	3,253,930	3,307,852
	소 계	353,949	3,432	961,494	676,226	151,811	394,916	2,084,208	2,037,327	435,402	142,796	339,838	1,684,985	2,663,415	1,839,283	3,279,558	3,886,924	20,935,565	25,104,463
중간투입총계		414,208	3,898	1,171,255	1,005,159	201,479	546,378	3,688,399	3,012,868	619,407	197,466	468,430	2,450,175	3,416,130	2,489,334	4,311,141	4,722,562	28,718,287	175,871,217
부가가치	피용자보수	373,319	2,127	232,907	549,046	141,603	381,919	988,773	1,546,985	393,139	104,710	345,848	2,637,476	3,111,499	2,799,006	3,201,877	7,350,545	24,160,778	146,641,624
	기타부가가치	326,558	4,526	344,193	307,954	119,415	329,971	1,111,188	991,948	295,332	60,516	1,409,606	1,666,933	3,904,639	2,859,239	7,534,582	2,358,522	23,625,123	158,825,609
	부가가치계	699,877	6,653	577,100	856,999	261,017	711,890	2,099,961	2,538,933	688,471	165,226	1,755,454	4,304,410	7,016,138	5,658,245	10,736,459	9,709,067	47,785,901	305,467,233
총투입		1,229,833	10,589	2,072,027	2,382,940	594,182	1,756,556	6,865,013	6,804,119	1,675,519	412,440	2,479,753	7,144,592	10,848,706	10,174,993	15,207,654	14,917,559	84,576,873	540,537,211

지역	부문	지역 R						지역 S						지역 T						최종수요 총계
		민간소비	정부소비	고정자본	재고	수출	계	민간소비	정부소비	고정자본	재고	수출	계	민간소비	정부소비	고정자본	재고	수출	계	
지역R	1	23,469	0	419	20,418	1,000	45,306	70	0	3	0	8,000	8,073	42	0	0	0	20,000	20,042	73,421
	2	−2,430	0	0	−1,965	25	−4,370	0	0	0	0	1,000	1,000	0	0	0	0	60	60	−3,310
	3	512,508	0	0	191,231	1,100	704,838	28,442	0	0	0	38,000	66,442	38,232	0	0	0	86,000	124,232	895,512
	4	2,044,825	0	772	4,275,421	3,000,000	9,321,018	426,705	0	153	0	380,000	806,859	526,325	0	170	0	220,000	746,495	10,874,371
	5	−52,418	0	0	−1,256,161	2,000,000	691,421	1,826	0	0	0	10,600	12,426	2,774	0	0	0	7,000	9,774	713,621
	6	−10,543	0	0	−55,333	180,000	114,124	4,162	0	0	0	420,000	424,162	5,995	0	0	0	124,000	129,995	668,281
	7	−87,963	0	−98,457	−687,036	220,000	−653,456	906	0	556	0	1,000,000	1,001,462	737	0	285	0	320,000	321,023	669,028
	8	57,776	0	170,984	−202,954	900,000	925,806	7,643	0	92,755	0	196,000	296,398	7,950	0	15,288	0	800,000	823,238	2,045,442
	9	218,102	0	101,216	1,226,885	3,500,000	5,046,203	22,075	0	54,180	0	1,400,000	1,476,255	34,101	0	15,286	0	120,000	169,386	6,691,845
	10	68,338	0	15,359	157,229	600,000	840,927	5,534	0	9,528	0	8,000	23,062	7,813	0	2,413	0	20,000	30,226	894,215
	11	328,268	0	0	−201,729	500	127,039	707	0	0	0	2,200	2,907	101	0	0	0	1,000	1,101	131,046
	12	0	0	19,929,170	−2,102,196	62,000	17,888,974	0	0	0	0	800	800	0	0	0	0	400	400	17,890,174
	13	12,073,533	0	527,510	20,315,990	5,700,000	38,617,033	532,726	0	102,497	0	70,000	705,223	679,909	0	70,299	0	320,000	1,070,208	40,392,465
	14	6,403,559	0	13,228	12,132,402	11,000,000	29,549,189	205,404	0	223	0	176,000	381,626	321,145	0	437	0	600,000	921,582	30,852,397
	15	21,824,943	592,586	6,456,549	45,723,854	6,000,000	80,597,932	358,739	0	679,372	0	38,000	1,076,111	351,231	0	634,633	0	50,000	1,035,864	82,709,906
	16	18,882,158	18,049,429	0	4,161,581	1,200,000	42,293,167	283,266	0	0	0	10,000	293,266	392,367	0	0	0	18,400	410,767	42,997,200
	소계	62,284,123	18,642,015	27,116,750	83,697,636	34,364,625	226,105,150	1,878,205	0	939,267	0	3,758,600	6,576,071	2,368,723	0	738,811	0	2,706,860	5,814,394	238,495,615
지역S	1	253,892	0	829	0	200	254,921	366,606	0	18,523	1,457,514	40,000	1,882,643	223,285	0	858	0	10,000	234,143	2,371,708
	2	0	0	0	0	5	5	−40	0	0	46,196	5,000	51,156	0	0	0	0	30	30	51,191
	3	402,356	0	0	0	220	402,576	804,759	0	0	2,385,685	190,000	3,380,443	343,373	0	0	0	43,000	386,373	4,169,392
	4	18,596	0	88	0	600,000	618,683	51,373	0	1,596	−366,424	1,900,000	1,586,545	11,701	0	326	0	110,000	122,027	2,327,255
	5	7,109	0	0	0	400,000	407,109	−6,844	0	0	−220,446	53,000	−174,290	10,855	0	0	0	3,500	14,355	247,174
	6	29,126	0	0	0	36,000	65,126	60,710	0	0	2,252,863	2,100,000	4,413,573	36,113	0	0	0	62,000	98,113	4,576,811
	7	10,599	0	6,392	0	44,000	60,991	−8,111	0	−73,160	13,539,593	5,000,000	18,458,322	5,773	0	2,319	0	160,000	168,092	18,687,405
	8	13,904	0	69,475	0	180,000	263,379	18,430	0	421,268	2,003,706	980,000	3,423,403	10,446	0	21,067	0	400,000	431,513	4,118,295
	9	1,098,237	0	157,744	0	700,000	1,955,981	282,439	0	389,047	20,133,424	7,000,000	27,804,910	313,379	0	68,282	0	60,000	441,661	30,202,552
	10	12,854	0	5,254	0	120,000	138,108	22,734	0	33,691	252,685	40,000	349,111	24,163	0	8,564	0	10,000	42,727	529,946
	11	287,311	0	0	0	100	287,411	187,199	0	0	2,190,275	11,000	2,388,474	6,230	0	0	0	500	6,730	2,682,615
	12	0	0	0	0	12,400	12,400	0	0	5,341,791	1,495,493	4,000	6,841,284	0	0	0	0	200	200	6,853,884
	13	186,768	0	7,040	0	1,140,000	1,333,808	1,387,247	0	52,734	−253,518	350,000	1,536,462	222,118	0	11,304	0	160,000	393,422	3,263,693
	14	49,649	0	984	0	2,200,000	2,250,633	1,102,106	0	12,793	−2,503,472	880,000	−508,572	29,051	0	289	0	300,000	329,340	2,071,401
	15	29,853	0	9,186	0	1,200,000	1,239,039	3,619,497	10,885	618,576	−1,201,067	190,000	3,237,890	24,087	0	399	0	25,000	49,486	4,526,416
	16	102,281	0	0	0	240,000	342,281	4,160,375	6,843,562	0	−1,458,111	50,000	9,595,826	72,925	0	0	0	9,200	82,125	10,020,232
	소계	2,502,534	0	256,991	0	6,872,925	9,632,450	12,048,478	6,854,447	6,816,858	39,754,397	18,793,000	84,267,179	1,333,501	0	113,408	0	1,353,430	2,800,339	96,699,969
지역T	1	77,299	0	15	0	100	77,413	29,498	0	337	0	4,000	33,835	135,283	0	1,596	313,286	100,000	550,165	661,414
	2	0	0	0	0	3	3	0	0	0	0	500	500	−603	0	0	−1,251	300	−1,554	−1,052
	3	162,591	0	0	0	110	162,701	87,975	0	0	0	19,000	106,975	365,979	0	0	774,884	430,000	1,570,863	1,840,538
	4	92,505	0	41	0	300,000	392,547	64,819	0	215	0	190,000	255,034	204,489	0	2,943	231,575	1,100,000	1,539,007	2,186,588
	5	374	0	0	0	200,000	200,374	667	0	0	0	5,300	5,967	−21,095	0	0	92,110	35,000	106,015	312,356
	6	4,888	0	0	0	18,000	22,888	3,143	0	0	0	210,000	213,143	25,418	0	0	373,917	620,000	1,019,336	1,255,367
	7	4,938	0	5,645	0	22,000	32,583	2,369	0	8,221	0	500,000	510,590	−6,154	0	−36,088	2,439,891	1,600,000	3,997,649	4,540,822
	8	143,045	0	210,772	0	90,000	443,817	37,428	0	101,131	0	98,000	236,559	47,913	0	178,103	1,847,578	4,000,000	6,073,595	6,753,971
	9	15,305	0	10,946	0	350,000	376,251	6,127	0	20,501	0	700,000	726,628	45,282	0	44,343	−352,468	600,000	337,158	1,440,037
	10	5,491	0	1,403	0	60,000	66,894	6,853	0	9,341	0	4,000	20,195	42,953	0	12,599	84,894	100,000	240,446	327,535
	11	9,190	0	0	0	50	9,240	28,456	0	0	0	1,100	29,556	440,932	0	0	757,459	5,000	1,203,391	1,242,186
	12	0	0	0	0	6,200	6,200	0	0	0	0	400	400	0	0	6,460,342	579,064	2,000	7,041,406	7,048,006
	13	456,929	0	17,576	0	570,000	1,044,506	243,431	0	31,887	0	35,000	310,318	2,838,581	0	82,379	2,945,855	1,600,000	7,466,814	8,821,638
	14	110,275	0	4,783	0	1,100,000	1,215,058	55,966	0	2,188	0	88,000	146,153	1,939,332	0	16,281	2,676,391	3,000,000	7,632,004	8,993,216
	15	28,258	0	34,446	0	600,000	662,704	52,394	0	3,238	0	19,000	74,632	5,472,433	54,689	902,670	2,251,982	250,000	8,931,774	9,669,110
	16	72,938	0	0	0	120,000	192,938	34,337	0	0	0	5,000	39,337	6,022,633	6,652,862	0	−940,063	92,000	11,827,432	12,059,707
	소계	1,184,026	0	285,628	0	3,436,463	4,906,116	653,463	0	177,059	0	1,879,300	2,709,823	17,553,376	6,707,551	7,665,169	14,075,106	13,534,300	59,535,502	67,151,441

지역	부문	총수요	수입				총산출
			지역R	지역S	지역T	수입계	
지역R	1	103,809	1,000	0	0	1,000	102,809
	2	11,949	100	0	0	100	11,849
	3	1,393,145	300,000	0	0	300,000	1,093,145
	4	12,933,692	1,200,000	0	0	1,200,000	11,733,692
	5	2,951,686	200,000	0	0	200,000	2,751,686
	6	1,023,335	180,000	0	0	180,000	843,335
	7	1,382,521	190,000	0	0	190,000	1,192,521
	8	2,512,527	350,000	0	0	350,000	2,162,527
	9	7,796,462	2,200,000	0	0	2,200,000	5,596,462
	10	1,294,378	220,000	0	0	220,000	1,074,378
	11	706,408	20,000	0	0	20,000	686,408
	12	20,288,055	900,000	0	0	900,000	19,388,055
	13	52,403,237	2,200,000	0	0	2,200,000	50,203,237
	14	44,638,944	7,000,000	0	0	7,000,000	37,638,944
	15	126,932,702	3,000,000	0	0	3,000,000	123,932,702
	16	61,203,083	2,000,000	0	0	2,000,000	59,203,083
	소계	337,575,934	19,961,100	0	0	19,961,100	317,614,834
지역S	1	4,997,207	0	100,000	0	100,000	4,897,207
	2	213,944	0	900	0	900	213,044
	3	5,191,173	0	400,000	0	400,000	4,791,173
	4	3,448,771	0	500,000	0	500,000	2,948,771
	5	964,742	0	100,000	0	100,000	864,742
	6	8,674,565	0	2,000,000	0	2,000,000	6,674,565
	7	37,763,087	0	3,000,000	0	3,000,000	34,763,087
	8	5,866,815	0	600,000	0	600,000	5,266,815
	9	36,999,266	0	1,500,000	0	1,500,000	35,499,266
	10	671,007	0	90,000	0	90,000	581,007
	11	5,156,317	0	200,000	0	200,000	4,956,317
	12	7,290,261	0	250,000	0	250,000	7,040,261
	13	4,712,820	0	150,000	0	150,000	4,562,820
	14	4,572,381	0	600,000	0	600,000	3,972,381
	15	8,783,097	0	150,000	0	150,000	8,633,097
	16	13,080,950	0	400,000	0	400,000	12,680,950
	소계	148,386,404	0	10,040,900	0	10,040,900	138,345,504
지역T	1	1,329,833	0	0	100,000	100,000	1,229,833
	2	10,619	0	0	30	30	10,589
	3	2,372,027	0	0	300,000	300,000	2,072,027
	4	2,882,940	0	0	500,000	500,000	2,382,940
	5	724,182	0	0	130,000	130,000	594,182
	6	2,206,556	0	0	450,000	450,000	1,756,556
	7	7,865,013	0	0	1,000,000	1,000,000	6,865,013
	8	8,004,119	0	0	1,200,000	1,200,000	6,804,119
	9	2,025,919	0	0	350,000	350,000	1,675,919
	10	461,440	0	0	49,000	49,000	412,440
	11	2,729,753	0	0	250,000	250,000	2,479,753
	12	7,494,592	0	0	350,000	350,000	7,144,592
	13	11,248,706	0	0	400,000	400,000	10,848,706
	14	12,174,993	0	0	2,000,000	2,000,000	10,174,993
	15	15,357,654	0	0	150,000	150,000	15,207,654
	16	15,367,559	0	0	450,000	450,000	14,917,559
	소계	92,255,903	0	0	7,679,030	7,679,030	84,576,873

찾 아 보 기

ㅈ

ㅊ

ㅋ

ㅌ

ㅍ

ㅎ

참고문헌

1. 국내문헌

- 고용노동부, 2009, 고용형태별 근로실태조사.
- 관광지식정보시스템(www.tour.go.kr), 2010, 관광수입액과 외국인 관광객수.
- 김광식, 1987, "접근성의 개념과 측정치," 대한교통학회지, 제5권 1호, pp.33~46.
- 김홍배, 2003, "정보화 시대의 지역경제 : 공간경제 vs. 비공간경제," 윤대식 엮음, 지역발전과 지역혁신, 영남대학교 출판부.
- 김홍배, 2009, 「도시 및 지역경제 분석론」, 기문당.
- 김홍배, 2008, 「정책평가기법 : 비용-편익분석론」, 나남출판.
- 김홍배, 2005, "도시와 경제성장," 도시와 인간, 나남출판.
- 김홍배 · 원제무 · 박재룡 · 이택준, 1997, "경부고속전철이 지역경제에 미치는 영향," 국토계획 32(1), pp.201~212.
- 김홍배, 1996, "교육시설과 지역성장," 국토계획, 제31권 제2호, pp.145~152.
- 남광우 · 이성호, 2001, "인구밀도 및 인구잠재력의 공간적 변동성에 관한 연구," 국토계획, 제36권 4호.
- 노화준 외, 1996, "정부출현 연구기관 종합평가 모형에 관한 연구 : 평가요소의 개발과 가중치 설정," 한국정책학회보, 제5권 1호.
- 대한국토도시계획학회, 2003, 「도시계획론」, 보성각
- 신기철, 1998, "정보네크워크 도시규범 : 그 개념과 과제 Why Netropolis, and How?," 제1회 한양도시포럼 논문집.
- 이성근 · 윤민석, 1994, 「AHP기법을 이용한 마케팅 의사결정」, 도서출판 석정.

- 이희연, 1998, 「경제지리학」, 법문사.
- 인천공항공사, 2009, 「Creating difference 2009 annual report」.
- 조근태 · 조용곤 · 강현수, 2005, 「앞서 가는 리더들의 계층 분석적 의사결정」, 동현출판사.
- 철원 플라즈마산업기술연구원, 2007, 「철원플라즈마 산업단지 입지결정 및 사업기본계획연구」.
- 통계청, 2009, 주민등록인구.
- 통계청, 2009, 국가통계포털(www.kosis.kr), 우리나라 GDP(1980~2008) 추이.
- 통계청, 2005, 「인구주택 총조사」.
- 한국무역협회, 2009, 「품목별 수출입 자료」.
- 한국공항공사, 2009, 「공항별 항공통계」.
- 한국은행, 2011, 「국민계정」.
- 한국은행, 2009, 「2005년 다지역 산업연관표」.
- 한국인터넷진흥원, 2010, 「2010년 인터넷 인용실태 조사」.
- 한국항공진흥협회, 2010, 「2008년 세계항공통계」, 항공통계(세계편).
- 화물운임표, 2010, http://www.2434.co.kr, (주)전국지방화물.
- 황명찬, 1985, 「지역개발론」, 경영문화원.

2. 국외문헌

- Airport council international, 2002, The Economic Impact of U.S. Airports.
- Alonso, W., 1964, 「Location and Landuse : Toward a General of Land Rent」, East-West Center.

- Berry, B.J.L., 1971, 「Hierarchical Diffusion : the Basis of Developmental Filtering and Spread in a System of Growth Centers, in Hansen」, N.M.,(ed) Growth Centers in Regional Economic Development, New York, The Free Press.
- Berry, B. J. L., 1961, "City Size Distribution and Economic Development," Economic Development and Cultural Change, vol.9, 573~587.
- Colorado aeronautics division, 2008, 「Airports Colorado Economic Impact Study」.
- Dicken, Peter and Lloyd, Peter E., 「Location in Space」, 1990, Harper Collins Publishers.
- Boudeville, J.R., 1966, 「Problems of Regional Economic Planning」, Edinburgh, Edinburgh Univ. Press.
- Darwent, D.F., 1969, "Growth Poles and Growth Centers in Regional Planning : A Review," Environment and Planning, vol.2, pp.5~31.
- Davidoff, P. and Reiner, T., 1973, "A Choice theory of Planning," In Faludi, A.(ed), A Reader in Planning Theory, Oxford, Pergamon.
- E. Domar, 1957, 「Essays in the Theory of Economic Growth」.
- Doxiadis, C. A., 1968, 「EKISTICS」, London, Hutchinson.
- Friedmann, J. 1966, 「Regional Development Policy : A Case Study of Venezuela」, Cambridge, Mass., MIT Press.
- Fujita, M. and Mori,T., 1999, "On the Evolution of Hierarchical Urban System," European Economic Review, vol.43, pp.9~51.

- Gabaix, X., 1999, "Zipf's Law for Cities : An Explanation," Quarterly Journal of Economics, vol.114.3, 739~67.
- Gore, C., 1984, 「Regions in Question」, Methuen & Co. Ltd.
- Gore, Charles, 1980, 「Regions in Question」, Methuen, London and New York.
- S, Graham, "Viewpoint Telecommunications and the Future of Cities : debunking the Myths," vol.14, pp21~29, 1997.
- R. F. Harrod, 1948, 「Toward a Dynamic Economics」.
- Hartsfield-Jackson Atlanta International Airport, 2005, 「Connection the region to the world」, Hartsfield-Jackson Atlanta International Airport.
- Higgins, B., 1972, "Growth Pole Policy in Canada," in N. M. Hansen, Growth Centers In Regional Economic Development, pp.204~228, New York, The Free Press.
- Higgins, B. and Savoie, D. J., 1997, 「Regional Development Theories and Their Application」, Transaction Publishers, New Brunswick, New Jersey.
- Hirschman, A. O., 1958, 「The Strategy of Economic Development, Hew Haven」, Yale Univ. Press.
- Hoover, E. M., 「Location Theory and the Shoe and Leather Industries」, Cambridge.
- Houston Airport System, 2004, 「Economic Impact Study Houston Airport System」.
- Kaldor, 1975, "What is Wrong with Economic Theory?," Quarterly Journal of Economics.

- Isard, W., 1956, 「Location and Space Economy」. Cambridge, Mass. MIT Press, Chapter 3.
- H. B. Kim, 2000, "What Makes a Regional Model Regional?," presented in Seminar on Cultural Uniqueness and Regional Economy, Fryske Akademy, the Netherlands, November 22.
- H. B. Kim, J. S. Choi and I. N. Jeong, 2011, "Impact Analysis of an International Airport Construction on a Regional Economy," presented at the 50th Anniversary Meeting of Western Regional Science Association, in Monterey, California.
- Lasuen, J. R., "A Generalization of the Growth pole Notion," in Thoman, R. S.(ed.) Proceedings of the Commission on Regional Aspects of Development of the International Geographical Union, Vol. I, Methodology and Case Studies, Canada.
- Lemelin, A. and Polese, M., 1995, "What About the Bell-shaped Relationship Between Primacy and Development?," International Regional Science Review, vol.18, 3, pp.313~330.
- R. F. Love, J. G. Morris, and G. O. Wesolowsky, 1988, 「Facilities Location : Models and Methods」, North-Holland.
- Dr N. Mason, 1994, "Evidence to the Manchester Airport Second Runway Inquiry," York Consulting Ltd.
- Martin associates, 2009, 「The 2007 Economic Impact of the Port of Seattle」.
- Martin J. Beckmann, 1999, 「Lectures on Location Theory」, Springer.
- McCann, P., 2001, 「Urban and Regional Economics」, Oxford Univ. Press.

- McCrone, G., 1969, 「Regional Policy in Britain」, London, George Allen & Unwin.
- Mera, K. 1973, "On the Urban Agglomeration and Economic Efficiency," Economic Development and Cultural Change, vol.21, pp.309~324.
- Nichols, V., 1969, "Growth Poles : An Evaluation of the Propulsive Effects," Environment and Planning, vol.1, pp.193~208.
- Northwest Corridor LRT Line, 2000, 「Preliminary Engineering and Environmental Impact Statement」.
- O'Kelly, M. E., 1988, "Aggregate Rent and Surplus Measurement in a von Thünen Model," Geographical Analysis, vol.20. No.3 pp.87~196.
- Parr, J. B., 1999, "Growth-pole Strategy in Regional Economic Planning : A Retrospective View," Urban Studies, vol.36. no.7, pp.1195~1215.
- Parr, J.B., 1973, "Growth Poles, Regional Development and Central place Theory," papers and Proceedings of the Regional Science Association, vol.31, pp.172-212.
- Perroux, F., "A Note on the Notion of Growth Pole," Economie Appliquee, 1955, nos1 and 2.
- Perroux, F., "Economic Space : Theory and Applications," Quarterly Journal of Economics, vol.64, 1950, pp.89~104.
- Rabenau, B.V., 1985, "Imperfect Factor Mobility and Urban Growth," Modeling and Simulation, 1985.
- Rabenau, B. V., 1979, "Urban Growth with Agglomeration Economies and Diseconomies," Geographia Polonica.

- Richardson, H. W. Regional Economics, 1978.
- John A. W. Robertson, 1995, "Airports and Economic Regeneration," Journal of Air Transport Management 2(2), pp.81-88.
- Rosen, Kenneth T. and Resnick, Mitchel, 1980, "The Size Distribution of Cities : An Examination of the Pareto Law and Primacy," Journal of Urban Economics, vol.8, 165~186.
- T. L. Saaty, 「The Analytic Hierarchy Process : Planning, Priority Setting, and Resource Allocation」, The Wharton School, University of Pennsylvania, 1980.
- L, Salomon, "Telecommunications, Cities and Technological Opportunism," The Annals of Regional Science, vol.39,, pp.75~90, 1996.
- Sinclair, R., 1967, "Von Thünen and Urban Sprawl," Annals of the Association of American Geographers, vol.57, pp.72~87.
- Wilbur Smith Associates, 2007, 「Economic Impact of Chicago Executive Airport」.
- Solow, R., 1956, "A Contribution to the Theory of Economic Growth," American Economic Review.
- Tarrant, J. R., 1973, "Comments on the Lösch Central Place System," Geographical Analysis, pp.113~121.
- Ternent, J. A. S., 1976, "Urban Concentration and Dispersal : Urban Policies in Latin America," in Development Planning and Spatial Structure, edited by A. G. Gilbert, New York.
- Zipf, G. K., Human Behavior and the Principle of Least Effort, Addison-Wesley, Reading, Mass., 1949.

저자 | 김홍배

한양대학교 졸업(전공: 도시공학)
한양대학교 공학석사(전공: 도시개발)
오하이오 주립대학 도시 및 지역계획학 박사(전공: 지역경제)
현재/ 한양대학교 도시공학과 교수

주요저서

• 도시 및 지역경제분석론, 기문당, 2001
• 정책평가기법: 비용-편익분석론, 나남출판, 2003

주요논문

• Impact Anaysis of a Water Quality Enhancing Policy: A Simple Input-Output Approach
• Regional Development Control as a Global Warming Prevention Policy: A Recursive Computable General Equilibrium Approach
• 인구구조 변화와 장래 노동시장의 변화 전망

입지론 공간구조와 시설 입지

2011년 8월 15일 1판 1쇄 인쇄
2011년 8월 20일 1판 1쇄 발행

저　　자　김 홍 배
발 행 인　강 해 작
발 행 처　기 문 당
주　　소　서울 성동구 무학봉 28길 4-1 (왕십리동 966-22)
전　　화　02) 2295-6171(代)~5
팩　　스　02) 2296-8188
출판등록　1976. 10. 7 (1-44)
홈페이지　http://기문당
　　　　　http://www.kimoondang.com
I S B N　978-89-6225-352-8　93540

정　　가　18,000원